1 数と式

1. 展開，因数分解 （複号同順）

$(a\pm b)^2=a^2\pm 2ab+b^2$　$(a+b)(a-b)=a^2-b^2$

$(ax+b)(cx+d)=acx^2+(ad+bc)x+bd$

$(a\pm b)^3=a^3\pm 3a^2b+3ab^2\pm b^3$

$(a\pm b)(a^2\mp ab+b^2)=a^3\pm b^3$

$(a+b+c)^2=a^2+b^2+c^2+2ab+2bc+2ca$

$(a+b+c)(a^2+b^2+c^2-ab-bc-ca)$

$\quad=a^3+b^3+c^3-3abc$

2. 式の計算 $(a>0,\ b>0)$

・$\sqrt{a+b\pm 2\sqrt{ab}}=\sqrt{a}\pm\sqrt{b}$ （$a>b$，複号同順）

・$A\geqq 0$ なら $|A|=A$，$A<0$ なら $|A|=-A$

・$|A|<B \iff -B<A<B$

$|A|>B \iff A>B$ または $A<-B$

・$x^2+y^2=(x+y)^2-2xy$, $(x-y)^2=(x+y)^2-4xy$,

$x^3+y^3=(x+y)^3-3xy(x+y)$

・$\dfrac{a}{b}=\dfrac{c}{d}=k$ ならば　$a=bk$，$c=dk$

2 方程式と不等式

3. 2次方程式・不等式 $(a\neq 0)$

・$ax^2+bx+c=0$ の解　$x=\dfrac{-b\pm\sqrt{b^2-4ac}}{2a}$

2解を α，β とすると　$\alpha+\beta=-\dfrac{b}{a}$，$\alpha\beta=\dfrac{c}{a}$

・$(x-\alpha)(x-\beta)>0$，$\alpha<\beta$ の解　$x<\alpha$，$\beta<x$

$(x-\alpha)(x-\beta)<0$，$\alpha<\beta$ の解　$\alpha<x<\beta$

3 2次関数

4. 2次関数のグラフ $(a\neq 0)$

$y=ax^2+bx+c=a\left(x+\dfrac{b}{2a}\right)^2-\dfrac{b^2-4ac}{4a}$

のグラフは，放物線 $y=ax^2$ を平行移動したもの。

軸 $x=-\dfrac{b}{2a}$，頂点 $\left(-\dfrac{b}{2a},\ -\dfrac{b^2-4ac}{4a}\right)$

$a>0$ なら 下に凸，$a<0$ なら 上に凸

4 式と証明，論理と集合

5. 等式・不等式の証明

・$A=B$ の証明　$A-B$ を変形して $=0$ を示す。

・$A>B$ の証明　$A-B$ を変形して >0 を示す。

・$a\geqq 0$，$b\geqq 0$ のとき　$\dfrac{a+b}{2}\geqq\sqrt{ab}$

・$(ax+by)^2\leqq(a^2+b^2)(x^2+y^2)$

6. 必要条件・十分条件

・$p\Longrightarrow q$ が真であるとき

q は p であるための 必要条件，

p は q であるための 十分条件

・$p\Longrightarrow q$，$q\Longrightarrow p$ がともに真であるとき

q は p（p は q）であるための 必要十分条件

5 整数の性質

7. 最大公約数，最小公倍数の性質

2つの自然数 a，b の最大公約数を g，最小公倍数を l とする。$a=ga'$，$b=gb'$ とすると

① a'，b' は互いに素である。

② $l=ga'b'=ab'=a'b$

③ $ab=gl$　　特に，$g=1$ のとき　$ab=l$

6 場合の数と確率

8. 集合の要素の個数

$n(A\cup B)=n(A)+n(B)-n(A\cap B)$

9. 順　列

${}_n\mathrm{P}_r=n(n-1)(n-2)\cdots\cdots(n-r+1)=\dfrac{n!}{(n-r)!}$

・円順列　$(n-1)!$　　・じゅず順列　$\dfrac{(n-1)!}{2}$

・重複順列　異なる n 個のものから重複を許して r 個取る順列　n^r（$n<r$ でもよい）

10. 組合せ

${}_n\mathrm{C}_r=\dfrac{{}_n\mathrm{P}_r}{r!}=\dfrac{n!}{r!(n-r)!}$　　・${}_n\mathrm{C}_r={}_n\mathrm{C}_{n-r}$

・同じものを含む順列 $(p+q+r+\cdots\cdots=n)$

${}_n\mathrm{C}_p\times{}_{n-p}\mathrm{C}_q\times{}_{n-p-q}\mathrm{C}_r\times\cdots\cdots=\dfrac{n!}{p!q!r!\cdots\cdots}$

・重複組合せ　異なる n 個のものから重複を許して r 個取る組合せ　${}_n\mathrm{H}_r={}_{n+r-1}\mathrm{C}_r$

11. 二項定理，多項定理

・$(a+b)^n=a^n+{}_n\mathrm{C}_1a^{n-1}b+{}_n\mathrm{C}_2a^{n-2}b^2+\cdots\cdots$

$\quad+{}_n\mathrm{C}_ra^{n-r}b^r+\cdots\cdots+{}_n\mathrm{C}_{n-1}ab^{n-1}+b^n$

一般項（第 $r+1$ 項）は　${}_n\mathrm{C}_ra^{n-r}b^r$

・$(a+b+c)^n$ の一般項は　$\dfrac{n!}{p!q!r!}a^pb^qc^r$

ただし，p，q，r は0以上の整数，$p+q+r=n$

12. 確　率

・基本　$0\leqq P(A)\leqq 1$，$P(\varnothing)=0$，$P(U)=1$

・和事象　$P(A\cup B)=P(A)+P(B)-P(A\cap B)$

A，B が排反なら　$P(A\cup B)=P(A)+P(B)$

・余事象　$P(\overline{A})=1-P(A)$

・反復試行　1回の試行で事象 A が起こる確率を p とする。この試行を n 回行うとき，事象 A が r 回起こる確率は　${}_n\mathrm{C}_r p^r(1-p)^{n-r}$

・乗法定理　$P(A\cap B)=P(A)P_A(B)$

$P_A(B)$ …… 事象 A が起こったときに事象 B が起こる 条件付き確率

7 図形の性質

13. 三角形の外心・内心・重心・垂心

① 外心 …… 3辺の垂直二等分線の交点。

② 内心 …… 3つの内角の二等分線の交点。

③ 重心 …… 3つの中線の交点。重心は各中線を2：1に内分する。

④ 垂心 …… 三角形の各頂点から対辺またはその延長に下ろした垂線の交点。

14. チェバの定理，メネラウスの定理

・チェバの定理

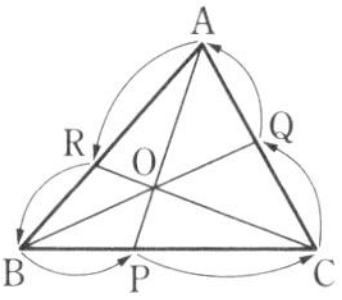

$$\frac{\mathrm{AR}}{\mathrm{RB}}\cdot\frac{\mathrm{BP}}{\mathrm{PC}}\cdot\frac{\mathrm{CQ}}{\mathrm{QA}}=1$$

・メネラウスの定理

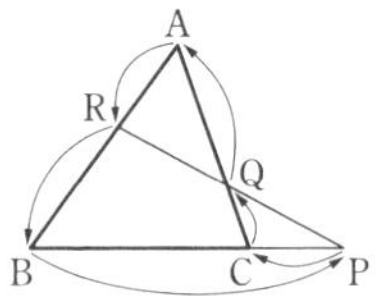

$$\frac{\mathrm{AR}}{\mathrm{RB}}\cdot\frac{\mathrm{BP}}{\mathrm{PC}}\cdot\frac{\mathrm{CQ}}{\mathrm{QA}}=1$$

8 図形と方程式

15. 直線の方程式

・点 $(x_1,\ y_1)$ を通る直線：x 軸に垂直 $\longrightarrow$ $x=x_1$

傾き m $\longrightarrow$ $y-y_1=m(x-x_1)$

・2直線 $y=m_1x+n_1$，$y=m_2x+n_2$ が

平行 $\Longleftrightarrow$ $m_1=m_2$，垂直 $\Longleftrightarrow$ $m_1m_2=-1$

・点 $(x_1,\ y_1)$ と直線 $ax+by+c=0$ の距離は

$$\frac{|ax_1+by_1+c|}{\sqrt{a^2+b^2}}$$

16. 円の方程式

・中心 $(a,\ b)$，半径 r $\longrightarrow$ $(x-a)^2+(y-b)^2=r^2$

・円 $x^2+y^2=r^2$ 上の点 $(x_1,\ y_1)$ における接線

$$x_1x+y_1y=r^2$$

9 三角比・三角関数

17. 正弦定理，余弦定理　（R は外接円の半径）

・$\dfrac{a}{\sin A}=\dfrac{b}{\sin B}=\dfrac{c}{\sin C}=2R$

・$a^2=b^2+c^2-2bc\cos A$，$\cos A=\dfrac{b^2+c^2-a^2}{2bc}$

18. 三角形の面積　$(2s=a+b+c)$

・2辺とその間の角 $\longrightarrow$ $S=\dfrac{1}{2}bc\sin A$

・3辺 $\longrightarrow$ $S=\sqrt{s(s-a)(s-b)(s-c)}$　（ヘロン）

19. 三角関数の加法定理　（複号同順）

・$\sin(\alpha\pm\beta)=\sin\alpha\cos\beta\pm\cos\alpha\sin\beta$

・$\cos(\alpha\pm\beta)=\cos\alpha\cos\beta\mp\sin\alpha\sin\beta$

・$\tan(\alpha\pm\beta)=\dfrac{\tan\alpha\pm\tan\beta}{1\mp\tan\alpha\tan\beta}$

20. 三角関数の合成

$$a\sin\theta+b\cos\theta=\sqrt{a^2+b^2}\sin(\theta+\alpha)$$

ただし　$\sin\alpha=\dfrac{b}{\sqrt{a^2+b^2}}$，$\cos\alpha=\dfrac{a}{\sqrt{a^2+b^2}}$

10 指数関数・対数関数

21. 指数法則　（$a>0$，$b>0$，m，n は実数）

$a^ma^n=a^{m+n}$，$(a^m)^n=a^{mn}$，$(ab)^n=a^nb^n$，$\dfrac{a^m}{a^n}=a^{m-n}$

22. 対数の性質　（$a>0$，$a\neq1$，$x>0$，$y>0$）

・$x=a^y \Longleftrightarrow y=\log_a x$

・$\log_a xy=\log_a x+\log_a y$，$\log_a \dfrac{x}{y}=\log_a x-\log_a y$，

$\log_a x^n=n\log_a x$，$\log_x y=\dfrac{\log_a y}{\log_a x}$　$(x\neq1)$

11 ベクトル

23. ベクトルと成分　$\vec{a}=(a_1,\ a_2)$，$\vec{b}=(b_1,\ b_2)$

に対し，$\vec{a}$ と $\vec{b}$ のなす角を θ とする。

・$s\vec{a}+t\vec{b}=(sa_1+tb_1,\ sa_2+tb_2)$　（s，t は実数）

・大きさ　$|\vec{a}|=\sqrt{a_1{}^2+a_2{}^2}$

・相等　$\vec{a}=\vec{b} \Longleftrightarrow a_1=b_1,\ a_2=b_2$

・内積　$\vec{a}\cdot\vec{b}=|\vec{a}||\vec{b}|\cos\theta=a_1b_1+a_2b_2$

24. 位置ベクトル　2点 $\mathrm{A}(\vec{a})$，$\mathrm{B}(\vec{b})$ に対し

・$\overrightarrow{\mathrm{AB}}=\vec{b}-\vec{a}$

・線分 AB を $m：n$ に分ける点の位置ベクトル

内分 … $\dfrac{n\vec{a}+m\vec{b}}{m+n}$，外分 … $\dfrac{-n\vec{a}+m\vec{b}}{m-n}$

25. ベクトルと図形　$\overrightarrow{\mathrm{AB}}=\vec{a}$，$\overrightarrow{\mathrm{CD}}=\vec{b}$ とする。

・線分の長さ　$\mathrm{AB}=|\vec{a}|=\sqrt{\vec{a}\cdot\vec{a}}$

・点 P は直線 AB 上 $\Longleftrightarrow$ $\overrightarrow{\mathrm{AP}}=k\vec{a}$　（k は実数）

・垂直条件　$\mathrm{AB}\perp\mathrm{CD} \Longleftrightarrow \vec{a}\cdot\vec{b}=0$

・点 P は平面 ABC 上 $\Longleftrightarrow$ $\overrightarrow{\mathrm{AP}}=s\overrightarrow{\mathrm{AB}}+t\overrightarrow{\mathrm{AC}}$

（s，t は実数）

26. 球面の方程式　中心 $(a,\ b,\ c)$，半径 r

$\longrightarrow$ $(x-a)^2+(y-b)^2+(z-c)^2=r^2$

チャート式®シリーズ　**入試必携 168**

理系対策　数学ⅠⅡAB/Ⅲ

見て解いて確かめる応用自在の定石手帳（ハンドブック）　チャート研究所 編著

受験生の皆さんにとっては，限られた時間内で，入試に備えて多くの勉強をしなければなりません。ただ，どんな勉強をすればよいのか，最低限どれだけの知識が必要かなど，悩みが多いことと思います。そうした悩みにお応えしようとして創り出されたのが，本書「入試必携 168」です。

本書では，「効率よい入試対策」を皆さんに提示するために，数学ⅠⅡABⅢの全範囲から，基本的かつ重要な内容を 168 の定石としてまとめました。教科書の学習が終わったときや試験直前など，それまでに学習した内容がきちんと理解できているかどうか，公式や問題解法のパターンなどを一通り確認したいときがあると思います。このようなときには，是非，本書に目を通してください。この 168 の内容をしっかり押さえることで受験勉強にも安心して取りかかることができます。

他にもいろいろな使い方が考えられますが，1 度やったらそれで終わりというのではなく，何度も何度もご使用下さい。必ず確固たる実力が身についてくることと思います。皆さんのご健闘をお祈りいたします。

●本 書 の 構 成●

内容一覧　p. 2，3 において，本書で取り上げた 168 の内容を示した。

指　　針　各ページの上部にあり，例題の解法の方針や手順を簡潔にまとめた。また，特に重要な箇所を赤字で示した。

例　　題　入試問題から，基本的かつ重要な問題を 168 題選定した。学習指導要領の範囲外であるが，入試ではよく出題されるタイプの問題（2 重根号，重複組合せなど）も取り上げている。また，**Ⅰ**，**Ⅱ** などは科目名を示している。

解　　答　例題の解答。指針に関連する内容や重要な箇所を赤字で示した部分もある。

POINT　重要な公式など，入試に直接役立つ内容をまとめた。

類　　題　例題の類問。例題や POINT で学習した内容が理解できているかどうかをチェックすることができる。

索　　引　最大・最小の問題など，問題のテーマ別に分類した。不得意なタイプの問題を集中的に攻略したいときは，この索引を有効に活用してほしい。

答 の 部　類題の解答。重要な箇所を太字で示した部分もある。

1 式の展開

$(a+b+c)(a+b-c)$
$\longrightarrow$ $a+b=X$ とおく
$(a+b)^2(a-b)^2$
$\longrightarrow$ $\{(a+b)(a-b)\}^2$

複雑な式の展開
式の形に応じた工夫が必要
(1) 同じ式はまとめて **おき換え**
(2), (3) 左から順に展開すると大変。
多くの式の積 $\longrightarrow$ **組み合わせ** に注意

例題 1

I II

次の式を展開せよ。

(1) $(a+b-c-d)(a-b-c+d)$

(2) $(a^6+a^3b^3+b^6)(a^2+ab+b^2)(a-b)$

(3) $(x+1)(x+2)(x+3)(x+4)$

解答

(1) $(a+b-c-d)(a-b-c+d)=\{(a-c)+(b-d)\}\{(a-c)-(b-d)\}$
$=(a-c)^2-(b-d)^2$
$=a^2-2ac+c^2-(b^2-2bd+d^2)$
$=\boldsymbol{a^2-b^2+c^2-d^2-2ac+2bd}$ 答

(2) $(a^6+a^3b^3+b^6)(a^2+ab+b^2)(a-b)=(a-b)(a^2+ab+b^2)(a^6+a^3b^3+b^6)$
$=(a^3-b^3)\{(a^3)^2+a^3b^3+(b^3)^2\}$
$=(a^3)^3-(b^3)^3=\boldsymbol{a^9-b^9}$ 答

(3) $(x+1)(x+2)(x+3)(x+4)=\{(x+1)(x+4)\}\{(x+2)(x+3)\}$
$=(x^2+5x+4)(x^2+5x+6)$
$=(x^2+5x)^2+10(x^2+5x)+24$
$=(x^4+10x^3+25x^2)+10x^2+50x+24$
$=\boldsymbol{x^4+10x^3+35x^2+50x+24}$ 答

POINT ▸ 展開の公式（すべて複号同順）

❶ $(a\pm b)^2=a^2\pm 2ab+b^2$
❷ $(a+b)(a-b)=a^2-b^2$
❸ $(x+a)(x+b)=x^2+(a+b)x+ab$　　$(ax+b)(cx+d)=acx^2+(ad+bc)x+bd$
❹ $(a\pm b)^3=a^3\pm 3a^2b+3ab^2\pm b^3$
❺ $(a\pm b)(a^2\mp ab+b^2)=a^3\pm b^3$
❻ $(a+b+c)^2=a^2+b^2+c^2+2ab+2bc+2ca$

類題 1　次の式を展開せよ。

(1) $(ab-1)^3(a^2b^2+ab+1)^3$

(2) $(x+y+z)(x-y+z)(x+y-z)(-x+y+z)$

2 因数分解

基本方針

共通因数のくくり出し
1つの文字について整理
公式が適用できる形に

(1) **次数が最低の文字 z について整理**
(2) x, y どちらか1つの文字について整理
⟶ 2次3項式の形を導き **たすき掛け**
(3) 複2次式の因数分解
⟶ **項を加えて引いて平方の差へ**

例題 2　I

次の式を因数分解せよ。

(1) $x^2y-2xyz-y-xy^2+x-2z$　　(2) $2x^2-3xy-2y^2+x+3y-1$

(3) $x^4-3x^2y^2+y^4$

解答

(1) $x^2y-2xyz-y-xy^2+x-2z=(-2xy-2)z+x^2y-xy^2+x-y$
$=-2(xy+1)z+xy(x-y)+(x-y)$
$=-2(xy+1)z+(x-y)(xy+1)$
$=\boldsymbol{(xy+1)(x-y-2z)}$ 答

(2) $2x^2-3xy-2y^2+x+3y-1$
$=2x^2+(-3y+1)x-2y^2+3y-1$
$=2x^2+(-3y+1)x-(2y^2-3y+1)$
$=2x^2+(-3y+1)x-(y-1)(2y-1)$
$=\boldsymbol{(x-2y+1)(2x+y-1)}$ 答

1	$-(2y-1)$	⟶	$-4y+2$
2	$y-1$	⟶	$y-1$
2	$-(y-1)(2y-1)$		$-3y+1$

(3) $x^4-3x^2y^2+y^4=(x^4-2x^2y^2+y^4)-x^2y^2$
$=(x^2-y^2)^2-(xy)^2$
$=\{(x^2-y^2)+xy\}\{(x^2-y^2)-xy\}$
$=\boldsymbol{(x^2+xy-y^2)(x^2-xy-y^2)}$ 答

POINT ▸ 因数分解の要領

❶ まず，**共通因数** をくくり出す。
❷ 1つの文字（特に，**次数が最低の文字**）**について整理** する。
❸ 公式が適用できる形に **変形** する。…… おき換え，組み合わせ，平方の差に変形など
❹ 2次方程式の **解** を利用 ⟶ *p*. 15 参照　❺ **因数定理** の利用 ⟶ *p*. 16 参照

類題 2　次の式を因数分解せよ。

(1) $3x^2-7xy+2y^2+11x-7y+6$　　(2) $x(y^2-z^2)+y(z^2-x^2)+z(x^2-y^2)$

(3) $(x+1)(x+3)(x+4)(x+6)+8$　　(4) $9x^4+2x^2+1$

3 整式の割り算

A を B で割ったときの
商 Q，余り R

$$A=BQ+R$$

等式 $A=BQ+R$ が基本

(割られる式)＝(割る式)×(商)＋(余り)

(1) 整数の割り算と同じように計算。

(2) 問題の条件を等式 $A=BQ+R$ に代入する。

例題 3 II

(1) $2x^3+3x^2+4x-2$ を $2x-1$ で割ったときの商と余りを求めよ。

(2) x^2+3x-1 で割ると，商が $2x-1$，余りが 3 である整式 A を求めよ。

解　答

(1) $2x^3+3x^2+4x-2$ を $2x-1$ で割ると

$$
\begin{array}{r|l}
 & x^2+2x\ +3 \\
\hline
2x-1 & 2x^3+3x^2+4x-2 \\
 & 2x^3-\ x^2 \\
\cline{2-2}
 & \quad 4x^2+4x \\
 & \quad 4x^2-2x \\
\cline{2-2}
 & \qquad 6x-2 \\
 & \qquad 6x-3 \\
\cline{2-2}
 & \qquad\quad 1
\end{array}
$$

係数だけ取り出して計算してもよい。

$$
\begin{array}{rr|rrrr}
 & & 1 & 2 & 3 & \\
\hline
2 & -1 & 2 & 3 & 4 & -2 \\
 & & 2 & -1 & & \\
\cline{3-6}
 & & & 4 & 4 & \\
 & & & 4 & -2 & \\
\cline{4-6}
 & & & & 6 & -2 \\
 & & & & 6 & -3 \\
\cline{5-6}
 & & & & & 1
\end{array}
$$

したがって　**商 x^2+2x+3，余り 1**　答

(2) 条件から，等式 $A=(x^2+3x-1)(2x-1)+3$ が成り立つ。

右辺を計算して　$A=(2x^3+5x^2-5x+1)+3=\boldsymbol{2x^3+5x^2-5x+4}$　答

POINT ▶ 割り算の等式

整式 $A(x)$ を整式 $B(x)$ で割ったときの商を $Q(x)$，余りを $R(x)$ とすると

$$A(x)=B(x)Q(x)+R(x)$$

ただし　$R(x)=0$　または　$\{R(x)$ の次数$\}<\{B(x)$ の次数$\}$

特に，余り $R(x)$ が割る式 $B(x)$ より次数が低い整式であることは，割り算に関する問題を考えるときに大きなカギを握る。

類題 3　$6x^3+x^2-x-15$ を整式 B で割ると，商が $3x^2+5x+7$，余りが 6 であるという。整式 B を求めよ。

4 分数式の計算

$$\frac{A}{B}\times\frac{C}{D}=\frac{AC}{BD}$$

$$\frac{A}{B}\div\frac{C}{D}=\frac{A}{B}\times\frac{D}{C}=\frac{AD}{BC}$$

$$\frac{A}{C}+\frac{B}{C}=\frac{A+B}{C}$$

(1) **(分子の次数)<(分母の次数)** の形に。
(2) 各項の分数式を差の形に **(部分分数分解)**。
(3) 繁分数式 ⟶ 繁分数式の形を解消。
　[1] 分子，分母を **それぞれ計算** する。
　[2] **分母・分子に同じ式を掛ける。**

例題 4 Ⅱ

次の計算をせよ。(3) は，既約分数式で表せ。

(1) $\dfrac{2x^2+7x+7}{x+2}-\dfrac{2x^2-x-7}{x-2}$

(2) $\dfrac{1}{x(x+1)}+\dfrac{1}{(x+1)(x+2)}+\dfrac{1}{(x+2)(x+3)}$

(3) $\dfrac{\dfrac{1}{1-x}+\dfrac{1}{1+x}}{\dfrac{1}{1-x}-\dfrac{1}{1+x}}$

解答

(1) $(\text{与式})=\left(2x+3+\dfrac{1}{x+2}\right)-\left(2x+3-\dfrac{1}{x-2}\right)=\dfrac{1}{x+2}+\dfrac{1}{x-2}=\boldsymbol{\dfrac{2x}{(x+2)(x-2)}}$ 答

(2) $(\text{与式})=\left(\dfrac{1}{x}-\dfrac{1}{x+1}\right)+\left(\dfrac{1}{x+1}-\dfrac{1}{x+2}\right)+\left(\dfrac{1}{x+2}-\dfrac{1}{x+3}\right)$

$=\dfrac{1}{x}-\dfrac{1}{x+3}=\boldsymbol{\dfrac{3}{x(x+3)}}$ 答

(3) [解法 1] $\dfrac{1}{1-x}+\dfrac{1}{1+x}=\dfrac{2}{(1-x)(1+x)}$，$\dfrac{1}{1-x}-\dfrac{1}{1+x}=\dfrac{2x}{(1-x)(1+x)}$

であるから　$(\text{与式})=\dfrac{2}{(1-x)(1+x)}\div\dfrac{2x}{(1-x)(1+x)}=\dfrac{2}{2x}=\boldsymbol{\dfrac{1}{x}}$ 答

[解法 2] 分母・分子に $(1-x)(1+x)$ を掛けて

$(\text{与式})=\dfrac{(1+x)+(1-x)}{(1+x)-(1-x)}=\dfrac{2}{2x}=\boldsymbol{\dfrac{1}{x}}$ 答

POINT ▸ 分数式の計算

計算結果は，既約分数式（これ以上約分できない分数式）または整式で表す。

❶ **分子の次数を分母の次数より下げる。**　$\dfrac{A}{B}=Q+\dfrac{R}{B}$　◀ $A\div B$ の商 Q，余り R

❷ **部分分数分解**　$a\neq b$ のとき　$\dfrac{1}{(x+a)(x+b)}=\dfrac{1}{b-a}\left(\dfrac{1}{x+a}-\dfrac{1}{x+b}\right)$

❸ 3 つ以上の分数式の加法・減法では，計算する分数式の **組み合わせ** にも注意。

類題 4　次の計算をせよ。

(1) $\dfrac{1}{x}+\dfrac{1}{x+1}-\dfrac{1}{x+2}-\dfrac{1}{x+3}$

(2) $\dfrac{x+1}{x+2}-\dfrac{x+2}{x+3}-\dfrac{x+3}{x+4}+\dfrac{x+4}{x+5}$

5 平方根の計算

$\sqrt{A^2}$ の扱いは要注意

2 重根号 $\sqrt{p+2\sqrt{q}}$
⟶ **和が p，積が q の 2 数** を発見せよ

(1) **$A \geqq 0$ なら　$\sqrt{A^2}=A$**
$A<0$ なら　$\sqrt{A^2}=-A$ に注意。

(2) まず，$\sqrt{p\pm2\sqrt{q}}$ の形にする。
⟶ 中の $\sqrt{\ }$ の前を 2 にして，**和が p，積が q の 2 数を見つける。**

例題 5 I

(1) $x=a+1$ のとき，$P=\sqrt{x^2-4a}$ を a の式で表せ。

(2) 次の 2 重根号をはずして簡単にせよ。

(ア) $\sqrt{17-4\sqrt{15}}$　　(イ) $\sqrt{2+\sqrt{3}}$

解答

(1) $P=\sqrt{x^2-4a}=\sqrt{(a+1)^2-4a}=\sqrt{a^2-2a+1}=\sqrt{(a-1)^2}$

$a-1\geqq0$　すなわち　**$a\geqq1$ のとき**　$P=\boldsymbol{a-1}$

$a-1<0$　すなわち　**$a<1$ のとき**　$P=-(a-1)=\boldsymbol{1-a}$　答

(2) (ア) $\sqrt{17-4\sqrt{15}}=\sqrt{17-2\sqrt{2^2\cdot15}}=\sqrt{17-2\sqrt{60}}$

$=\sqrt{(12+5)-2\sqrt{12\cdot5}}=\sqrt{12}-\sqrt{5}$　◀ $\sqrt{5}-\sqrt{12}$ は誤り！

$=\boldsymbol{2\sqrt{3}-\sqrt{5}}$　答

(イ) $\sqrt{2+\sqrt{3}}=\sqrt{\dfrac{4+2\sqrt{3}}{2}}=\dfrac{\sqrt{(3+1)+2\sqrt{3\cdot1}}}{\sqrt{2}}=\dfrac{\sqrt{3}+1}{\sqrt{2}}=\boldsymbol{\dfrac{\sqrt{6}+\sqrt{2}}{2}}$　答

POINT ▶ 平方根の扱い

❶ $\sqrt{A^2}=\begin{cases} A & (A\geqq0 \text{ のとき}) \\ -A & (A<0 \text{ のとき}) \end{cases}$　すなわち　$\sqrt{A^2}=|A|$

❷ **2 重根号 $\sqrt{p+2\sqrt{q}}$ の一重化**

$a+b=p$，$ab=q$（和が p，積が q）となる 2 数 a，b $(a>b>0)$ **を見つけて**

[1]　$\sqrt{p+2\sqrt{q}}=\sqrt{(a+b)+2\sqrt{ab}}=\sqrt{(\sqrt{a}+\sqrt{b})^2}=\boldsymbol{\sqrt{a}+\sqrt{b}}$

[2]　$\sqrt{p-2\sqrt{q}}=\sqrt{(a+b)-2\sqrt{ab}}=\sqrt{(\sqrt{a}-\sqrt{b})^2}=\boldsymbol{\sqrt{a}-\sqrt{b}}$

注意　[2] の場合，$\sqrt{p-2\sqrt{q}}>0$ であるから，$\sqrt{b}-\sqrt{a}$ ではなく $\sqrt{a}-\sqrt{b}$ である。

類題 5　次の式を簡単にせよ。(3) は，分母を有理化せよ。

(1) $\sqrt{(a-1)^2}-\sqrt{(a-3)^2}$　　(2) $\sqrt{8+\sqrt{15}}+\sqrt{8-\sqrt{15}}$

(3) $\dfrac{1}{\sqrt{2}+\sqrt{3}+\sqrt{5}}$

6 整数部分，小数部分

(実数)
＝(整数部分)＋(小数部分)

$\sqrt{7}=2.64575\cdots\cdots$
$=2+0.64575\cdots\cdots$

[1] まず，整数部分を求める。
実数 x の整数部分は
$n \leqq x < n+1$ を満たす整数 n

[2] 実数 x の小数部分は
$x-(x$ の整数部分$)$

例題 6 I

$\dfrac{2}{\sqrt{3}-1}$ の整数部分を a，小数部分を b とするとき，次の式の値を求めよ。

(1) a，b　　(2) $a^2-4ab-b^2$　　(3) $\dfrac{1}{a-b-1}-\dfrac{1}{a+b+1}$

〔東京農大〕

解答

$$\frac{2}{\sqrt{3}-1}=\frac{2(\sqrt{3}+1)}{(\sqrt{3}-1)(\sqrt{3}+1)}=\frac{2(\sqrt{3}+1)}{2}=\sqrt{3}+1$$

(1) $1<\sqrt{3}<2$ であるから　　$2<\sqrt{3}+1<3$

したがって　　$a=2$，　$b=\sqrt{3}+1-2=\sqrt{3}-1$　答

◀ $\sqrt{3}+1=a+b$

(2) $a^2-4ab-b^2=2^2-4\cdot 2(\sqrt{3}-1)-(\sqrt{3}-1)^2$
$=4-8\sqrt{3}+8-(4-2\sqrt{3})$
$=8-6\sqrt{3}$　答

(3) $\dfrac{1}{a-b-1}-\dfrac{1}{a+b+1}=\dfrac{1}{2-(\sqrt{3}-1)-1}-\dfrac{1}{(\sqrt{3}+1)+1}$
$=\dfrac{1}{2-\sqrt{3}}-\dfrac{1}{2+\sqrt{3}}=\dfrac{2+\sqrt{3}-(2-\sqrt{3})}{(2-\sqrt{3})(2+\sqrt{3})}$
$=2\sqrt{3}$　答

POINT ▶ 整数部分，小数部分

❶ 実数 x の **整数部分**　　$n \leqq x < n+1$ を満たす整数 n
❷ 実数 x の **小数部分**　　$x-(x$ の整数部分$)$

注意 $\sqrt{3} \fallingdotseq 1.732$ であるから　$\sqrt{3}+1 \fallingdotseq 2.732$　　よって　$a=2$，$b \fallingdotseq 0.732$
しかし，この方法による小数部分 b の値は正確でないから，❷ の要領で求める。

❸ **ガウス記号** $[x]$ は，x を超えない最大の整数を表す。n を整数とすると
$n \leqq x < n+1$　ならば　$[x]=n$

類題 6　$6-2\sqrt{2}$ の整数部分を a，小数部分を b とするとき，a^2+b^2 の値を求めよ。

7 式の値

x, y の対称式
→ $x+y$, xy で表す
高次式の値
→ 次数を下げる

重要
[1] $x^2+y^2=(x+y)^2-2xy$
[2] $x^3+y^3=(x+y)^3-3xy(x+y)$
[3] $(x-y)^2=(x+y)^2-4xy$

(2) 直接代入すると，計算が面倒。まず，$\sqrt{5}$ を消去することを考える。

例題 7

I II

(1) $x=\dfrac{1}{2+\sqrt{3}}$，$y=\dfrac{1}{2-\sqrt{3}}$ のとき，$\dfrac{x^3+y^3}{x^2+y^2}$ の値を求めよ。〔福岡大〕

(2) $x=\dfrac{1+\sqrt{5}}{2}$ のとき，$P=x^4+x^3-3x^2-x+1$ の値を求めよ。

解答

(1) $x+y=\dfrac{1}{2+\sqrt{3}}+\dfrac{1}{2-\sqrt{3}}=\dfrac{2-\sqrt{3}+2+\sqrt{3}}{(2+\sqrt{3})(2-\sqrt{3})}=\dfrac{4}{2^2-(\sqrt{3})^2}=4$

$xy=\dfrac{1}{(2+\sqrt{3})(2-\sqrt{3})}=\dfrac{1}{2^2-(\sqrt{3})^2}=1$

したがって　$\dfrac{x^3+y^3}{x^2+y^2}=\dfrac{(x+y)^3-3xy(x+y)}{(x+y)^2-2xy}=\dfrac{4^3-3\cdot1\cdot4}{4^2-2\cdot1}=\dfrac{52}{14}=\mathbf{\dfrac{26}{7}}$　答

(2) $x=\dfrac{1+\sqrt{5}}{2}$ から　$2x=1+\sqrt{5}$　ゆえに　$2x-1=\sqrt{5}$

両辺を平方して　$(2x-1)^2=(\sqrt{5})^2$　整理して　$x^2-x-1=0$　…… ①

$P=x^4+x^3-3x^2-x+1$ を x^2-x-1 で割ると，商 x^2+2x，余り $x+1$ となる。

よって，等式 $P=(x^2-x-1)(x^2+2x)+x+1$ が成り立つ。

$x=\dfrac{1+\sqrt{5}}{2}$ を代入すると，① から　$P=0\cdot(x^2+2x)+\dfrac{1+\sqrt{5}}{2}+1=\mathbf{\dfrac{3+\sqrt{5}}{2}}$　答

POINT ▶ 式の形に応じた工夫

❶ **対称式**　x, y の対称式は，基本対称式 $x+y$, xy で表す。

❷ **高次式**　**次数を下げる**。無理数（または虚数）を消去して得られる方程式に注目。
例題では，$(B=)x^2-x-1=0$, $Q=x^2+2x$ から，割り算の等式 $P=BQ+R$ を利用
⟶ 余り R は1次以下の整式または定数であるから，代入後の計算もらくになる。

類題 7

(1) $x<0$ かつ $x-\dfrac{1}{x}=1$ のとき，次の式の値を求めよ。

(ア) $x+\dfrac{1}{x}$　(イ) $x^2+\dfrac{1}{x^2}$　(ウ) $x^5+\dfrac{1}{x^5}$　〔九州共立大〕

(2) $x=\sqrt{7+4\sqrt{3}}$ のとき，$P=x^5-4x^4+2x^3-4x^2+x-2$ の値を求めよ。

8 比例式

$$\frac{x}{a}=\frac{y}{b}=k$$

$$\longrightarrow x=ak,\ y=bk$$

比例式は　$=k$ とおく

(1) [1]　x, y, z をそれぞれ k で表す。
　[2]　[1] で得られた式を代入する。

(2)　$=k$ とおいて得られる 3 つの式の辺々を加えて k の値を求める。

例題 8　II

(1)　$\dfrac{2x-y}{5}=\dfrac{3y-z}{4}=\dfrac{4z-3x}{8}$ $(\neq 0)$ のとき，$\dfrac{xy+yz+zx}{x^2+y^2+z^2}$ の値を求めよ。

(2)　$\dfrac{y+z}{x}=\dfrac{z+x}{y}=\dfrac{x+y}{z}$ のとき，この式の値を求めよ。

解　答

(1)　$\dfrac{2x-y}{5}=\dfrac{3y-z}{4}=\dfrac{4z-3x}{8}=k$ とおくと，$k\neq 0$ で

$2x-y=5k$ …… ①,　$3y-z=4k$ …… ②,　$4z-3x=8k$ …… ③

② × 4 + ③ から　$12y-3x=24k$　よって　$x-4y=-8k$ …… ④

①, ④ から　$x=4k$, $y=3k$

$y=3k$ を ② に代入すると　$9k-z=4k$　ゆえに　$z=5k$

よって　$\dfrac{xy+yz+zx}{x^2+y^2+z^2}=\dfrac{4k\cdot 3k+3k\cdot 5k+5k\cdot 4k}{(4k)^2+(3k)^2+(5k)^2}=\dfrac{47k^2}{50k^2}=\dfrac{47}{50}$　答

(2)　$\dfrac{y+z}{x}=\dfrac{z+x}{y}=\dfrac{x+y}{z}=k$ とおくと　$y+z=xk$, $z+x=yk$, $x+y=zk$

辺々を加えると　$2(x+y+z)=(x+y+z)k$　したがって

$x+y+z\neq 0$ のとき　$k=2$,　$x+y+z=0$ のとき　$k=\dfrac{y+z}{x}=\dfrac{-x}{x}=-1$　答

POINT ▸ 比例式の扱い

比例式 $\dfrac{x}{a}=\dfrac{y}{b}$ が与えられたときは，一般に次の 2 つの方針が考えられる。

[1]　$\dfrac{x}{a}=\dfrac{y}{b}=k$ **とおく** $\longrightarrow$ $x=ak$, $y=bk$　[2]　$ay=bx$ とする $\longrightarrow$ $y=\dfrac{bx}{a}$ など

[1], [2] ともに，4 文字を 3 文字にして処理することができるが，[2] は分数が出てくるので，[1] の方が計算がらくになることが多い。

類題 8　$\dfrac{a+1}{b+c+2}=\dfrac{b+1}{c+a+2}=\dfrac{c+1}{a+b+2}$ のとき，この式の値を求めよ。ただし，$a\neq -1$, $b\neq -1$, $c\neq -1$ とする。　〔類　東北学院大〕

9 複素数

複素数 $a+bi$
a, b は実数
虚数単位 i
$i^2=-1$

(1) **i を普通の文字と考えて計算** する。
i^2 が出てきたら, $i^2=-1$ とする。
(2) **複素数の相等**（a, b, c, d は実数）
$$a+bi=c+di \iff a=c,\ b=d$$
まず, 等式を i について整理する。

例題 9 II

(1) $\dfrac{2+3i}{1+2i}+\dfrac{2i}{3-i}$ を計算せよ。

(2) 次の等式を満たす実数 x, y の値を求めよ。
$$(3+2i)x+(1-3i)y=7+i$$

解 答

(1) $$\frac{2+3i}{1+2i}+\frac{2i}{3-i}=\frac{(2+3i)(1-2i)}{(1+2i)(1-2i)}+\frac{2i(3+i)}{(3-i)(3+i)}$$ ◀分母の実数化。

$$=\frac{2+(-4+3)i-6i^2}{1^2-(2i)^2}+\frac{6i+2i^2}{3^2-i^2}$$ ◀$i^2=-1$

$$=\frac{8-i}{5}+\frac{2(-1+3i)}{10}=\frac{\mathbf{7+2i}}{\mathbf{5}}$$ 答

(2) 等式の左辺を変形すると
$$3x+y+(2x-3y)i=7+i$$
x, y は実数であるから, $3x+y$, $2x-3y$ も実数である。 ◀この断り書きは重要。
よって　　$3x+y=7$, $2x-3y=1$
この連立方程式を解いて　　$\boldsymbol{x=2,\ y=1}$ 答

POINT ▶ 複素数

a, b, c, d は実数とする。

❶ **四則計算**　**i を普通の文字と考えて計算** し, i^2 が出てきたら $\boldsymbol{i^2=-1}$ とする。
分母が $a+bi$ のときは $a-bi$（分母と共役な複素数）を分母・分子に掛けて,
分母を実数化 する。　$\dfrac{1}{a+bi}=\dfrac{a-bi}{(a+bi)(a-bi)}=\dfrac{a-bi}{a^2+b^2}$

❷ **相等**　$\boldsymbol{a+bi=c+di \iff a=c,\ b=d}$　特に　$\boldsymbol{a+bi=0 \iff a=b=0}$

❸ **負の数の平方根**　$a>0$ のとき　$x^2=-a$ の解は　$x=\pm\sqrt{-a}=\pm\sqrt{a}\,i$

類題 9　実数 x, y が等式 $(1+2i)x^2+(2+yi)x-3(1+i)=0$（$i$ は虚数単位）を満たすとき, x, y の値を求めよ。〔摂南大〕

10 2次方程式

解の公式

$$x=\frac{-b\pm\sqrt{b^2-4ac}}{2a}$$

2次方程式の解法
因数分解 または **解の公式**
(3) 係数が分数のままでは扱いにくい。
⟶ 両辺に -4 を掛けて整数にする。
(4) $ax^2+bx+c=0$ の形に整理する。

例題 10 I II

次の2次方程式を解け。

(1) $4x^2-21x-18=0$　　(2) $5x^2-5x+1=0$

(3) $-\dfrac{1}{4}x^2+x-3=0$　　(4) $(3+x)^2=(2+x)(2-x)$

解答

(1) 左辺を因数分解して　$(x-6)(4x+3)=0$

よって　$x=6,\ -\dfrac{3}{4}$　答

1 ╲╱	-6 ⟶	-24
4 ╱╲	3 ⟶	3
4	-18	-21

(2) $x=\dfrac{-(-5)\pm\sqrt{(-5)^2-4\cdot5\cdot1}}{2\cdot5}=\dfrac{5\pm\sqrt{5}}{10}$　答

(3) 両辺に -4 を掛けて　$x^2-4x+12=0$

よって　$x=\dfrac{-(-2)\pm\sqrt{(-2)^2-1\cdot12}}{1}=2\pm\sqrt{-8}=2\pm2\sqrt{2}\,i$　答

(4) 両辺を展開して整理すると　$2x^2+6x+5=0$

よって　$x=\dfrac{-3\pm\sqrt{3^2-2\cdot5}}{2}=\dfrac{-3\pm\sqrt{-1}}{2}=\dfrac{-3\pm i}{2}$　答

POINT ▶ 2次方程式の解の公式

2次方程式 $ax^2+bx+c=0$ の解は　$x=\dfrac{-b\pm\sqrt{b^2-4ac}}{2a}$

特に，$b=2b'$（x の係数が偶数）のとき　$x=\dfrac{-b'\pm\sqrt{b'^2-ac}}{a}$　◀上の(3)，(4)で使用。

また，(3)，(4)のように，実数係数の方程式が虚数解をもつとき，2つの解は互いに共役な複素数である。

類題 10　次の2次方程式を解け。

(1) $3x^2+5x-12=0$　　(2) $(1-x)(1+3x)=4$

(3) $\dfrac{1}{3}x^2+\dfrac{5}{2}x+1=0$　　(4) $3(x+1)^2-2(x+1)-1=0$

11 2次方程式の解の判別

判別式

$D=b^2-4ac$

係数は実数

(2次の係数)$\neq 0$

判別式 D の符号を調べる

(1) 係数に文字 k を含むから，k の値で場合分けして答える。

⟶ 2次不等式の解法は p. 25 参照。

(2) 重解をもつ $\Longleftrightarrow$ $D=0$

例題 11 I II

(1) k は定数とする。2次方程式 $x^2+kx-k+3=0$ の解を判別せよ。

(2) 2次方程式 $x^2-(4k-1)x+3k^2+k-2=0$ が重解をもつように，定数 k の値を定めよ。また，そのときの重解を求めよ。

解答

与えられた2次方程式の判別式を D とする。

(1) $D=k^2-4\cdot1\cdot(-k+3)=k^2+4k-12=(k+6)(k-2)$

$D>0$ すなわち $k<-6,\ 2<k$ のとき 異なる2つの実数解
$D=0$ すなわち $k=-6,\ 2$ のとき 重解
$D<0$ すなわち $-6<k<2$ のとき 異なる2つの虚数解
答

(2) $D=\{-(4k-1)\}^2-4\cdot1\cdot(3k^2+k-2)=4k^2-12k+9=(2k-3)^2$

重解をもつための条件は $D=0$

ゆえに $(2k-3)^2=0$ よって $k=\dfrac{3}{2}$ 答

このとき，重解は $x=-\dfrac{-(4k-1)}{2\cdot1}=\dfrac{4k-1}{2}=\dfrac{1}{2}\left(4\cdot\dfrac{3}{2}-1\right)=\dfrac{5}{2}$ 答

POINT ▶ 2次方程式の解の判別

❶ 2次方程式 $ax^2+bx+c=0$ ($a,\ b,\ c$ は実数) の判別式を $D=b^2-4ac$ とすると，次のことが成り立つ。

$D>0 \Longleftrightarrow$ 異なる2つの実数解をもつ
$D=0 \Longleftrightarrow$ 実数の重解をもつ
(以上2つについて) $D\geqq 0 \Longleftrightarrow$ 実数解をもつ
$D<0 \Longleftrightarrow$ 異なる2つの虚数解をもつ ◀互いに共役な複素数。

参考 $b=2b'$ のときは，$\dfrac{D}{4}=b'^2-ac$ の符号を調べてもよい。これは $D/4$ とも書く。

❷ 2次方程式 $ax^2+bx+c=0$ が重解をもつとき，その重解は $x=-\dfrac{b}{2a}$

類題 11 実数を係数とする x についての方程式 $ax^2+2(a-4)x+5a-8=0$ が実数解をもつとき，定数 a の値の範囲を求めよ。 〔類 中部大〕

12 2次方程式の解と係数の関係

解と係数の関係

$\alpha+\beta=-\dfrac{b}{a}$

$\alpha\beta=\dfrac{c}{a}$

(1) まず，**解と係数の関係を書き出す**。
次に，2つの解 α^3，β^3 の和と積を求めて
$\longrightarrow$ $x^2-(\text{和})x+(\text{積})=0$

(2) $ax^2+bx+c=a(x-\alpha)(x-\beta)$
とおき，両辺に適当な数値を代入するとよい。

例題 12 II

(1) 2次方程式 $3x^2-x-3=0$ の2つの解を α，β とするとき，α^3，β^3 を解とする2次方程式を求めよ。

(2) 方程式 $(x-1)(x-2)+(x-2)x+x(x-1)=0$ の2つの解を α，β とするとき，$\alpha\beta$，$(\alpha-1)(\beta-1)$，$(2-\alpha)(2-\beta)$ の値をそれぞれ求めよ。

解答

(1) 解と係数の関係により，$\alpha+\beta=\dfrac{1}{3}$，$\alpha\beta=-1$ であるから

$$\alpha^3+\beta^3=(\alpha+\beta)^3-3\alpha\beta(\alpha+\beta)=\left(\frac{1}{3}\right)^3-3\cdot(-1)\cdot\frac{1}{3}=\frac{28}{27}$$
$$\alpha^3\beta^3=(\alpha\beta)^3=(-1)^3=-1$$

よって，求める2次方程式は　$x^2-\dfrac{28}{27}x-1=0$　◀これでも正解。

すなわち　$27x^2-28x-27=0$　答　◀普通，係数を整数にして答える。

(2) 方程式の解が α，β であるから，次の等式が成り立つ。

$$(x-1)(x-2)+(x-2)x+x(x-1)=3(x-\alpha)(x-\beta) \quad \cdots\cdots ①$$

① の両辺に $x=0$，1，2 を代入すると，それぞれ

$$(-1)(-2)=3(-\alpha)(-\beta),\quad -1\cdot1=3(1-\alpha)(1-\beta),\quad 2\cdot1=3(2-\alpha)(2-\beta)$$

したがって　$\alpha\beta=\dfrac{2}{3}$，$(\alpha-1)(\beta-1)=-\dfrac{1}{3}$，$(2-\alpha)(2-\beta)=\dfrac{2}{3}$　答

POINT ▶ 2次方程式の解と係数の関係

2次方程式 $ax^2+bx+c=0$ の2つの解を α，β とする。

❶ **解と係数の関係**　$\alpha+\beta=-\dfrac{b}{a}$，$\alpha\beta=\dfrac{c}{a}$

❷ **2次式の因数分解**　$ax^2+bx+c=a(x-\alpha)(x-\beta)$　◀右辺の a を忘れないように。

❸ **2次方程式の作成**　2数 α，β を解とする2次方程式の1つは
$(x-\alpha)(x-\beta)=0$　すなわち　$x^2-(\alpha+\beta)x+\alpha\beta=0$

類題 12　2次方程式 $x^2-(m+9)x+9m=0$ の2つの解の比が $1:3$ となるとき，定数 m の値と2つの解を求めよ。〔類 東京工科大〕

13 剰余の定理，因数定理

$P(x)$ を 1 次式 $x-k$ で割った余りは

$P(k)$

割り算の等式　次数に注目

$A(x)=B(x)Q(x)+R(x)$

$R(x)$ の次数は $B(x)$ より低いことがカギ。

(2)　2 次式で割った余りは 1 次式または定数であるから，余りは $ax+b$ とおける。

例題 13　II

(1)　$P(x)=x^3-6x^2+ax+b$ が x^2-3x+2 で割り切れるとき，定数 a，b の値を求めよ。

(2)　整式 $P(x)$ を $x-1$ で割ったときの余りは 5，$x+2$ で割ったときの余りは -1 である。このとき，$P(x)$ を x^2+x-2 で割ったときの余りを求めよ。

解　答

(1)　$P(x)$ は x^2-3x+2 すなわち $(x-1)(x-2)$ で割り切れるから

$$P(1)=0 \quad \text{かつ} \quad P(2)=0$$

よって　　$a+b-5=0$，$2a+b-16=0$

この連立方程式を解いて　　$a=11$，$b=-6$　答

(2)　$P(x)$ を x^2+x-2 すなわち $(x-1)(x+2)$ で割ったときの商を $Q(x)$ とし，余りを $ax+b$ とすると，次の等式が成り立つ。

$$P(x)=(x-1)(x+2)Q(x)+ax+b$$

この等式の両辺に $x=1$，$x=-2$ を代入して　　$P(1)=a+b$，$P(-2)=-2a+b$

また，$P(x)$ を $x-1$ で割ったときの余りは 5，$x+2$ で割ったときの余りは -1 であるから　　$P(1)=5$，$P(-2)=-1$　◀剰余の定理。

よって　　$a+b=5$，$-2a+b=-1$

これを解いて　　$a=2$，$b=3$　　ゆえに，求める余りは　　$2x+3$　答

POINT ▶ 剰余の定理，因数定理

❶ **剰余の定理**　整式 $P(x)$ を 1 次式 $x-k$ で割ったときの余りは　$P(k)$

整式 $P(x)$ を 1 次式 $ax+b$ で割ったときの余りは　$P\left(-\dfrac{b}{a}\right)$

❷ **因数定理**　整式 $P(x)$ が $x-k$ を因数にもつ $\Longleftrightarrow$ $P(k)=0$

$P(k)=0$ となる k の値の候補は　$\pm\dfrac{\text{定数項の約数}}{\text{最高次の係数の約数}}$

類題 13　整式 $P(x)$ を x^2+1 で割ると $x+4$ 余り，$x-2$ で割ると 1 余るという。このとき，$P(x)$ を $(x^2+1)(x-2)$ で割ったときの余りを求めよ。

14 高次方程式

高次式	(1) 高次方程式（3 次以上の方程式）
↓ 因数分解 おき換え	**分解して　1 次・2 次の方程式へ**
低次の積	(2) 1 の 3 乗根 ω の性質 $\omega^2+\omega+1=0$, $\omega^3=1$ を用いて 次数を下げる。

例題 | 14　II

(1) 4 次方程式 $x^4-4x^2-12x-9=0$ を解け。　〔東京工科大〕

(2) 1 の 3 乗根のうち，虚数であるものの 1 つを ω とする。このとき，$\omega^{2n}+\omega^n+1$（ただし，n は自然数）の値を求めよ。

解答

(1) $P(x)=x^4-4x^2-12x-9$ とすると　$P(-1)=0$, $P(3)=0$

ゆえに，$P(x)$ は $x+1$, $x-3$ を因数にもち

$P(x)=(x+1)(x-3)(x^2+2x+3)$

よって　$(x+1)(x-3)(x^2+2x+3)=0$

したがって　$x=-1,\ 3,\ -1\pm\sqrt{2}\,i$　答

1	0	−4	−12	−9	|−1
	−1	1	3	9	
1	−1	−3	−9	|3	
	3	6	9		
1	2	3	0		

別解　$x^4-4x^2-12x-9=0$ から　$x^4-(2x+3)^2=0$

ゆえに　$\{x^2+(2x+3)\}\{x^2-(2x+3)\}=0$ から。

(2) ω は 1 の 3 乗根であるから　$\omega^3=1$, $\omega^2+\omega+1=0$

$P=\omega^{2n}+\omega^n+1=(\omega^n)^2+\omega^n+1$ とし，m を自然数とすると

[1] $n=3m-2$ のとき　$\omega^n=\omega^{3m-2}=\omega^{3(m-1)+1}=(\omega^3)^{m-1}\cdot\omega=\omega$

よって　$P=\omega^2+\omega+1=0$

[2] $n=3m-1$ のとき　$\omega^n=\omega^{3m-1}=\omega^{3(m-1)+2}=(\omega^3)^{m-1}\cdot\omega^2=\omega^2$

よって　$P=(\omega^2)^2+\omega^2+1=\omega^4+\omega^2+1=\omega^3\cdot\omega+\omega^2+1=\omega^2+\omega+1=0$

[3] $n=3m$ のとき　$\omega^n=\omega^{3m}=(\omega^3)^m=1$

よって　$P=1^2+1+1=3$

以上から　**n が 3 の倍数のとき 3，n が 3 の倍数でないとき 0**　答

POINT ▸ 高次方程式の解法

❶ 因数分解して，1 次・2 次の方程式に帰着させる。

❷ 高次式を因数分解するには　[1] **公式やおき換え**　[2] **因数定理**　を利用する。

類題 14　次の方程式を解け。

(1) $x^3-3x^2+x+1=0$　　(2) $x(x+1)(x+2)(x+3)=24$

10

15 高次方程式の解と係数

$x=\alpha$ が方程式
$f(x)=0$ の解
$\Longleftrightarrow\ f(\alpha)=0$

1 与えられた解を方程式に代入する。
2 1で得られた連立方程式を解く。
3 求めた a, b の値を方程式に代入し，因数分解して他の解を求める。
別解 3次方程式の解と係数の関係を利用。

例題 15 II

3次方程式 $x^3+ax^2+x+b=0$ の解のうち，2つは -1 と 2 である。このとき，定数 a, b の値と他の解を求めよ。〔創価大〕

解答

$x=-1$, 2 がこの方程式の解であるから

$$(-1)^3+a\cdot(-1)^2-1+b=0,\ 2^3+a\cdot 2^2+2+b=0$$

すなわち　$a+b=2$, $4a+b=-10$

この連立方程式を解いて　$a=-4$, $b=6$

このとき，方程式は　$x^3-4x^2+x+6=0$

左辺を因数分解して　$(x+1)(x-2)(x-3)=0$

◀ $x=-1$, 2 が解であるから，$(x+1)(x-2)$ を因数にもつ。

よって，他の解は　$x=3$

答　$a=-4$, $b=6$, 他の解は $x=3$

別解　他の解を α とすると，解と係数の関係から

$$-1+2+\alpha=-a,\ -1\cdot 2+2\alpha+\alpha\cdot(-1)=1,\ (-1)\cdot 2\alpha=-b$$

すなわち　$\alpha+1=-a$,　$\alpha-2=1$,　$-2\alpha=-b$

この連立方程式を解いて　$a=-4$, $b=6$, $\alpha=3$

POINT ▶ 3次方程式の解と係数の関係

❶ 3次方程式 $ax^3+bx^2+cx+d=0$ の3つの解を α, β, γ とすると

$$\alpha+\beta+\gamma=-\frac{b}{a},\quad \alpha\beta+\beta\gamma+\gamma\alpha=\frac{c}{a},\quad \alpha\beta\gamma=-\frac{d}{a}$$

❷ 3文字 α, β, γ の対称式は，基本対称式 $\alpha+\beta+\gamma$, $\alpha\beta+\beta\gamma+\gamma\alpha$, $\alpha\beta\gamma$ で表される。

$$\alpha^2+\beta^2+\gamma^2=(\alpha+\beta+\gamma)^2-2(\alpha\beta+\beta\gamma+\gamma\alpha)$$
$$\alpha^3+\beta^3+\gamma^3=(\alpha+\beta+\gamma)(\alpha^2+\beta^2+\gamma^2-\alpha\beta-\beta\gamma-\gamma\alpha)+3\alpha\beta\gamma$$

類題 15

3次方程式 $x^3+2x^2+3x+4=0$ の3つの解を α, β, γ とするとき，次の式の値を求めよ。〔東北学院大〕

(1) $\alpha\beta+\beta\gamma+\gamma\alpha$　(2) $\alpha^2+\beta^2+\gamma^2$　(3) $\dfrac{1}{\alpha}+\dfrac{1}{\beta}+\dfrac{1}{\gamma}$

16 方程式の共役な解

実数係数の方程式	実数係数の方程式の虚数解
$a+bi$ が解 $\Longrightarrow$ $a-bi$ も解	**共役な複素数とペアで考える** [1]　$x=1\pm i$ が解 ⟶ 方程式の左辺は $\{x-(1+i)\}\{x-(1-i)\}$ を因数にもつ。 [2]　3 次方程式の解と係数の関係を利用。

例題 16　II

3 次方程式 $x^3+ax^2+bx+2=0$ の 1 つの解が $1+i$ であるとき，実数の定数 a，b の値を求めよ。また，他の解を求めよ。　〔類 広島工大〕

解　答

係数が実数で，$x=1+i$ が解であるから，**$x=1-i$ も解である。**

[解法 1]　x^3+ax^2+bx+2 は

$\{x-(1+i)\}\{x-(1-i)\}$

すなわち **x^2-2x+2 で割り切れる。**

右の割り算において，**(余り)$=0$** とすると

$$2a+b+2=0,\quad -2a-2=0$$

$$\begin{array}{r|l} & x+(a+2) \\ \hline x^2-2x+2 & x^3+ax^2+bx+2 \\ & x^3-2x^2+2x \\ \hline & (a+2)x^2+(b-2)x+2 \\ & (a+2)x^2-2(a+2)x+2(a+2) \\ \hline & (2a+b+2)x-2a-2 \end{array}$$

これを解くと　$\boldsymbol{a=-1,\ b=0}$　答

このとき，方程式は　$(x^2-2x+2)(x+1)=0$

したがって，**他の解は**　$\boldsymbol{x=-1,\ 1-i}$　答

[解法 2]　$x=1\pm i$ 以外の解を α とすると，**解と係数の関係により**

$(1+i)+(1-i)+\alpha=-a$，$(1+i)(1-i)+(1-i)\alpha+\alpha(1+i)=b$，$(1+i)(1-i)\alpha=-2$

すなわち　$2+\alpha=-a$，$2+2\alpha=b$，$2\alpha=-2$

これを解いて　$\boldsymbol{a=-1,\ b=0}$，$\alpha=-1$　また，**他の解は**　$\boldsymbol{x=-1,\ 1-i}$　答

POINT ▶ 高次方程式の性質

❶ **n 次方程式は，** 複素数の範囲で常に **n 個の解をもつ。**（k 重解は k 個の解と考える）

❷ 実数係数の n 次方程式が虚数解 **$a+bi$ を解にもつならば，** それと **共役な複素数 $a-bi$ も解** である。

❸ 実数係数の奇数次の方程式は，少なくとも 1 つの実数解をもつ。

❹ 有理数係数の n 次方程式が **$a+b\sqrt{l}$ を解にもつならば，$a-b\sqrt{l}$ も解** である。

（a，b，l は有理数，$\sqrt{l}$ は無理数：類題 16 (1) 参照）

類題 16

(1)　a，b を有理数とする。3 次方程式 $x^3+ax^2+bx+1=0$ が $1+\sqrt{3}$ を解にもつとき，a，b の値と方程式の解をすべて求めよ。　〔甲南大〕

(2)　a，b を実数とする。4 次方程式 $x^4-x^3+2x^2+ax+b=0$ が $1+2i$ を解にもつとき，a，b の値を求めよ。　〔琉球大〕

17 連立方程式

連立方程式

↓ 文字消去 おき換え

1 文字の方程式

連立方程式 **文字を減らす**

[1] 係数が簡単なもの

[2] 式に現れる回数が少ないもの

を消去の対象にするとよい。

(2) 対称式の形 ⟶ 2 次方程式の解を利用。

例題 | 17

I II

次の連立方程式を解け。

(1) $\begin{cases} 3x-5y+8=0 \\ x^2-5xy+14x+8=0 \end{cases}$ (2) $\begin{cases} xy+(x+y)=11 \\ 2xy-(x+y)=7 \end{cases}$ (3) $\begin{cases} x-y+z=3 \\ 2x+y+5z=12 \\ xy=3z \end{cases}$

解 答

与えられた各方程式を，上から順に (1), (2) は ①，②；(3) は ①，②，③ とする。

(1) ① から　$5y=3x+8$ …… ③

② に代入して　$x^2-x(3x+8)+14x+8=0$

整理すると　$x^2-3x-4=0$　これを解いて　$x=-1,\ 4$

③ から　$x=-1$ のとき　$y=1$，$x=4$ のとき　$y=4$

よって　$(x,\ y)=(-1,\ 1),\ (4,\ 4)$ 答

(2) (①×2−②)÷3 から　$x+y=5$，(①+②)÷3 から　$xy=6$

ゆえに，x，y は 2 次方程式 $t^2-5t+6=0$ の 2 つの解である。

これを解いて　$t=2,\ 3$　よって　$(x,\ y)=(2,\ 3),\ (3,\ 2)$ 答

(3) ①+② から　$x=5-2z$ …… ④，②−①×2 から　$y=2-z$ …… ⑤

④，⑤ を ③ に代入して整理すると　$z^2-6z+5=0$　ゆえに　$z=1,\ 5$

④，⑤ から　$z=1$ のとき　$x=3,\ y=1$；$z=5$ のとき　$x=-5,\ y=-3$

よって　$(x,\ y,\ z)=(3,\ 1,\ 1),\ (-5,\ -3,\ 5)$ 答

POINT ▶ 連立方程式の解法

❶ 基本方針　**変数を 1 つずつ消去** して，1 変数の方程式を導く。

❷ 1 次と 2 次の連立方程式　[1] 1 次式を変形し，2 次式に代入して **1 変数を消去**。

[2] x，y の対称式 …… $x+y=u$，$xy=v$ とおく ⟶ **x，y は $t^2-ut+v=0$ の解**

❸ 2 次と 2 次の連立方程式　x と y の **1 次の関係** を引き出す。

類題 17 次の連立方程式を解け。

(1) $\begin{cases} x+y=7 \\ x^2+y^2=25 \end{cases}$ (2) $\begin{cases} x+y=2z \\ x+3y=10 \\ xy+yz+zx=11 \end{cases}$

18 2次方程式の共通解

共通解を
$x=\alpha$ とおく
問題の条件にも注意

1 **共通解を $x=\alpha$ とおいて**，2つの方程式に代入する。
2 α，k についての連立方程式を解く。
3 問題の条件（本問の場合は実数解）を満たしていることを確認する。

10

例題 18 I

2つの2次方程式 $x^2+(k-1)x+4=0$，$x^2+x+k+2=0$ が共通の実数解をもつとき，定数 k の値を求めよ。また，そのときの共通解を求めよ。

解答

共通解を $x=\alpha$ とおいて，それぞれの方程式に代入すると

$$\alpha^2+(k-1)\alpha+4=0 \quad \cdots\cdots ①$$
$$\alpha^2+\alpha+k+2=0 \quad \cdots\cdots ②$$

①−② から　$(k-2)\alpha-k+2=0$　◀α^2 の項が消える（次数を下げる）。

ゆえに　$(k-2)(\alpha-1)=0$

よって　$k=2$　または　$\alpha=1$

[1] $k=2$ のとき　2つの方程式はともに $x^2+x+4=0$ で，同じ方程式になる。
　この方程式の判別式 D は　$D=1^2-4\cdot1\cdot4=-15<0$
　ゆえに，方程式は異なる2つの虚数解をもち，実数解をもたない。

[2] $\alpha=1$ のとき　② から　$k+4=0$　よって　$k=-4$
　このとき，2つの方程式は $x^2-5x+4=0$，$x^2+x-2=0$ となり，解はそれぞれ
　$x=1,\ 4$；　$x=1,\ -2$　ゆえに，$x=1$ は共通解である。

以上から　**$k=-4$，共通解は $x=1$**　答

参考　k を消去する方針で進めると，②$\times\alpha-$① から　$\alpha^3+3\alpha-4=0$
　したがって　$(\alpha-1)(\alpha^2+\alpha+4)=0$　α は実数であるから　$\alpha=1$

POINT ▶ 共通解

❶ 一方の方程式の解が簡単に求められるなら，それを他方に代入して共通解であるかどうか確かめる。

❷ 文字係数 k を含むときは，**共通解を α とおいて**，それぞれの方程式に代入。α と k を変数とする連立方程式とみて解く。

類題 18　2つの2次方程式 $x^2+kx+k^2-4=0$ と $x^2-3x-k+2=0$ はそれぞれ2つの異なる解をもち，それらのうち，1つだけが一致するという。このとき，定数 k の値と一致する解を求めよ。〔東海大〕

19 2元2次方程式の解（実数条件利用）

・実数解をもつ
$\Longleftrightarrow$ **判別式 $D \geqq 0$**

・実数の性質　$A^2 \geqq 0$
等号は $A=0$ のとき成立

与式を x の2次方程式とみて，x に関する **実数条件** を考える $\longrightarrow$ 判別式 $D \geqq 0$

別解　まず，x について **平方完成** し，次に y について **平方完成** する。

$A^2+B^2=0 \Longleftrightarrow A=B=0$ の利用。

例題 19　II

次の方程式を満たす実数 x，y の値を求めよ。

$$x^2-2xy+2y^2+2x-8y+10=0$$

解答

左辺を **x について整理** すると　$x^2-2(y-1)x+2y^2-8y+10=0$ …… ①

この x についての2次方程式の判別式を D とすると

$$\frac{D}{4}=\{-(y-1)\}^2-1\cdot(2y^2-8y+10)=-(y-3)^2$$

① の解は実数であるから　**$D \geqq 0$**　すなわち　$(y-3)^2 \leqq 0$

y は実数であるから，$(y-3)^2 \leqq 0$ の解は　$y=3$

$y=3$ のとき，① は　$x^2-4x+4=0$　これを解いて　$x=2$

したがって　$\boldsymbol{x=2,\ y=3}$　答

別解　① から　$\{x-(y-1)\}^2-(y-1)^2+2y^2-8y+10=0$

ゆえに　$(x-y+1)^2+y^2-6y+9=0$

よって　$\boldsymbol{(x-y+1)^2+(y-3)^2=0}$

x，y は実数であるから，$x-y+1$，$y-3$ も実数である。

したがって　$x-y+1=0$，$y-3=0$

これを解いて　$\boldsymbol{x=2,\ y=3}$　答

POINT ▶ 実数条件

❶ 実数 A，B について　$A^2+B^2 \geqq 0$　**等号は $A=B=0$ のときに成り立つ。**

❷ 方程式 $f(x,\ y)=0$ において，x の2次方程式とみると

x が実数 であるための条件 $\longrightarrow$ 実数解をもつ $\longrightarrow$ **判別式 $D \geqq 0$**

参考　一般に，未知数の個数が方程式の個数より多いときには解が定まらないが，未知数について整数とか実数の条件があると，解が定まることがある。

類題 19　次の方程式を満たす実数 x，y の値を求めよ。

$$2x^2-2xy+y^2-12x+4y+20=0$$

20 1次不定方程式の整数解

$ax+by=c$ の整数解

1組の解 $(p,\ q)$ を見つけて $a(x-p)+b(y-q)=0$

まず，1組の解を見つける

1. 方程式を満たす整数解 $(p,\ q)$ を見つける。
2. $a(x-p)+b(y-q)=0$ の形に変形。
3. 整数 k を用いて　$x=bk+p,\ y=-ak+q$

解がすぐに見つからなければ，互除法を利用。

例題 | 20 A

次の方程式の整数解をすべて求めよ。

$$26x+11y=5$$

解　答

$x=4,\ y=-9$ は $26x+11y=5$ の整数解の1つである。

ゆえに，方程式は　$26(x-4)+11(y+9)=0$　…… ＊

26 と 11 は互いに素であるから，＊より

$$x-4=11k,\ y+9=-26k\ (k \text{ は整数})$$

よって，解は　$x=11k+4,\ y=-26k-9$ （k は整数）　答　(A)

別解　$26x+11y=5$　…… ①

$x=3,\ y=-7$ は $26x+11y=1$ の整数解の1つである。　◀注意 2. 参照。

ゆえに　$26\cdot3+11\cdot(-7)=1$

両辺に5を掛けて　$26\cdot15+11\cdot(-35)=5$　…… ②

①－② から　$26(x-15)+11(y+35)=0$　…… ③

26 と 11 は互いに素であるから，③ より

$$x-15=11k,\ y+35=-26k\ (k \text{ は整数})$$

よって，解は　$x=11k+15,\ y=-26k-35$ （k は整数）　答　(B)

注意 1.　(B) の k を $k-1$ とおくと，(A) と同じ結果が得られる。

注意 2.　26 と 11 に**ユークリッドの互除法**を用いて，$26x+11y=1$ の1組の解を見つける方法は，次の通り。

$26=11\cdot2+4$　移項すると　$4=26-11\cdot2$

$11=4\cdot2+3$　移項すると　$3=11-4\cdot2$

$4=3\cdot1+1$　移項すると　$1=4-3\cdot1$

ゆえに　$1=4-3\cdot1=4-(11-4\cdot2)\cdot1=4\cdot3-11=(26-11\cdot2)\cdot3-11$

$(26-11\cdot2)\cdot3-11=1$ を整理して　$26\cdot3+11\cdot(-7)=1$

よって，$26x+11y=1$ の整数解の1組として $x=3,\ y=-7$ が得られる。

類題 20　次の方程式の整数解をすべて求めよ。

(1)　$43x+29y=4$　　(2)　$25x-61y=2$

21 いろいろな方程式の整数解

A，B，C が整数のとき
$AB=C$ ならば
A，B は C の約数

$xy+ax+by+c=0$ の方程式
( )( )＝(整数) の形にもち込む
(1) $xy+ax+by=(x+b)(y+a)-ab$ を利用。
(2) 両辺に $4xy$ を掛けて分母を払うと，(1) と同様の形の方程式になる。

例題 21 A

(1) $xy-3x-2y+3=0$ を満たす整数 (x, y) の組をすべて求めよ。
(2) $\dfrac{1}{x}-\dfrac{1}{y}=\dfrac{1}{4}$ を満たす自然数 x，y の値の組をすべて求めよ。
〔(1) 類 創価大 (2) 同志社大〕

解 答

(1) 与式から　$x(y-3)-2(y-3)-6+3=0$　すなわち　$(x-2)(y-3)=3$
x，y は整数であるから，$x-2$，$y-3$ も整数である。
ゆえに　$(x-2, y-3)=(-3, -1), (-1, -3), (1, 3), (3, 1)$
よって　$(x, y)=(-1, 2), (1, 0), (3, 6), (5, 4)$　答

(2) 両辺に $4xy$ を掛けて　$4y-4x=xy$　すなわち　$xy+4x-4y=0$
したがって　$(x-4)(y+4)+16=0$　すなわち　$(x-4)(y+4)=-16$
x，y は自然数であるから，$x-4$，$y+4$ は整数である。
また，$x \geqq 1$，$y \geqq 1$ であるから　$x-4 \geqq -3$，$y+4 \geqq 5$
ゆえに　$(x-4, y+4)=(-2, 8), (-1, 16)$
よって　$(x, y)=(2, 4), (3, 12)$　答

POINT ▶ 方程式の整数解

❶ x，y の 1 次式 $ax+by=n$ 型（a，b は互いに素）　◀ p. 23 参照。
[1] x，y が正の整数という条件があれば，**不等式にもち込んで値を絞り込む。**
[2] **解を 1 つ見つけて**（$x=x_0$，$y=y_0$ とする），$a(x-x_0)+b(y-y_0)=0$ と変形。
k を整数とすると，a，b は互いに素であるから　$x-x_0=bk$，$y-y_0=-ak$

❷ x，y の 2 次式 $xy+ax+by=n$ 型
$xy+ax+by=(x+b)(y+a)-ab$ の変形を用いて **(x の式)(y の式)＝(整数)** を導く。

類題 21

(1) $xy=2x+4y-5$ を満たす正の整数 x，y の組をすべて求めよ。〔学習院大〕
(2) x，y，z は自然数で，$x<y<z$ とするとき，$\dfrac{1}{x}+\dfrac{1}{y}+\dfrac{1}{z}=1$ を満たす x，y，z の値を求めよ。〔神戸薬大〕

22 2 次不等式

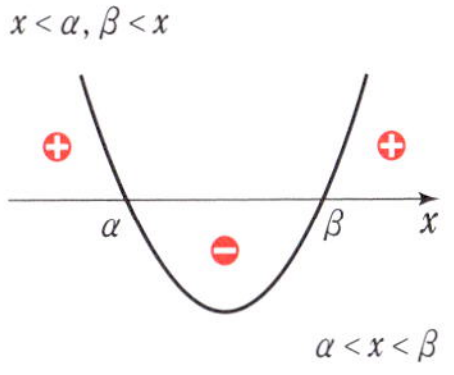

まず，＝0 の 2 次方程式を解く

2 次方程式が異なる 2 つの実数解 α，β（$\alpha<\beta$）をもつとき

$$(x-\alpha)(x-\beta)>0 \iff x<\alpha,\ \beta<x$$
$$(x-\alpha)(x-\beta)<0 \iff \alpha<x<\beta$$

例題 22 I

次の 2 次不等式を解け。

(1)　$2x^2-7x+3<0$　　(2)　$x^2+3>4x-1$　　(3)　$-x^2-8x-17\geqq 0$

解答

(1)　不等式から　$(2x-1)(x-3)<0$

したがって　$\dfrac{1}{2}<x<3$　答

(2)　不等式から　$x^2-4x+4>0$

ゆえに　$(x-2)^2>0$

よって，解は　**2 以外のすべての実数**　答

(2)
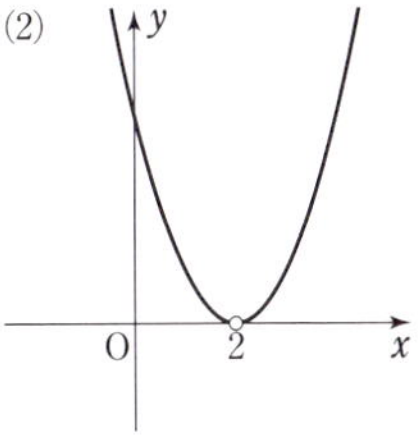

(3)　不等式の両辺に -1 を掛けて　$x^2+8x+17\leqq 0$

$x^2+8x+17=0$ の判別式を D とすると

$$\frac{D}{4}=4^2-1\cdot 17=-1<0$$

x^2 の係数は正であるから　$x^2+8x+17>0$

したがって，**解はない。**　答

別解　$x^2+8x+17\leqq 0$ から　$(x+4)^2+1\leqq 0$

したがって，**解はない。**　答

(3)
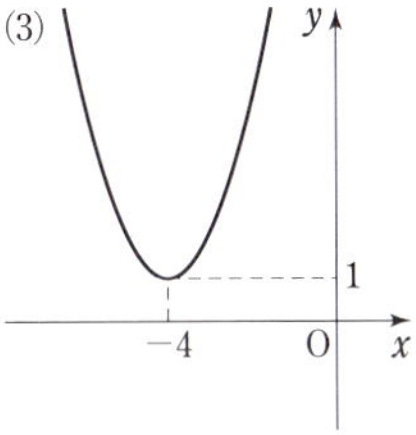

POINT ▸ 2 次不等式の解（$a>0$，$D=b^2-4ac$）

D の符号	$D>0$	$D=0$	$D<0$
$ax^2+bx+c=0$ の解	$x=\alpha$，β（$\alpha<\beta$）	$x=\alpha$（重解）	実数解はない
$ax^2+bx+c>0$	$x<\alpha$，$\beta<x$	α 以外のすべての実数	すべての実数
$ax^2+bx+c<0$	$\alpha<x<\beta$	解はない	解はない
$ax^2+bx+c\geqq 0$	$x\leqq\alpha$，$\beta\leqq x$	すべての実数	すべての実数
$ax^2+bx+c\leqq 0$	$\alpha\leqq x\leqq\beta$	$x=\alpha$	解はない

類題 22　次の 2 次不等式を解け。

(1)　$2x^2+5x+1\geqq 0$　　(2)　$4x^2-12x+9<0$　　(3)　$2x-x^2-2<0$

23 連立不等式

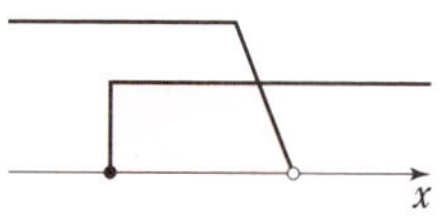

連立不等式の解　数直線の利用

1 それぞれの不等式を解く。

2 それぞれの解の **共通範囲** を求める。

→ **数直線** の利用が有効。

(1)　$A<B<C \iff A<B$ かつ $B<C$

例題 23　I

次の不等式を解け。

(1)　$5x-6<2x+3<7x+13$　　(2)　$\begin{cases} 6x^2+7x-5 \leqq 0 \\ 2x^2>5x+12 \end{cases}$　〔駒沢大〕

解答

(1)　$5x-6<2x+3$ から　$3x<9$

よって　$x<3$　……①

$2x+3<7x+13$ から　$-5x<10$

よって　$x>-2$　……②

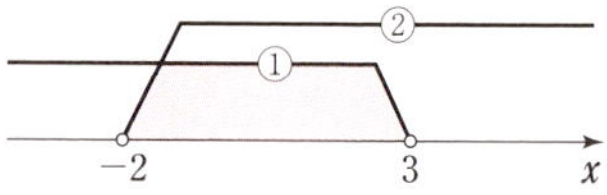

①，② の **共通範囲** を求めて　$\boldsymbol{-2<x<3}$　答

(2)　$6x^2+7x-5 \leqq 0$ から　$(3x+5)(2x-1) \leqq 0$

よって　$-\dfrac{5}{3} \leqq x \leqq \dfrac{1}{2}$　……①

$2x^2>5x+12$ から　$2x^2-5x-12>0$

よって　$(2x+3)(x-4)>0$

ゆえに　$x<-\dfrac{3}{2}$，$4<x$　……②

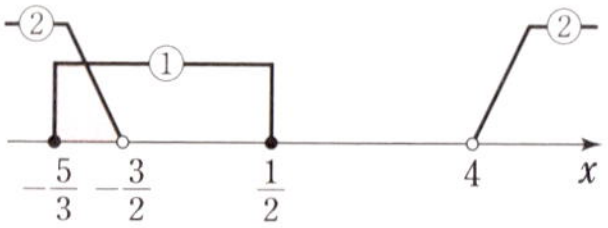

①，② の **共通範囲** を求めて　$\boldsymbol{-\dfrac{5}{3} \leqq x < -\dfrac{3}{2}}$　答

POINT ▶ 連立不等式の解

連立不等式の解は，それぞれの不等式の解の共通範囲であるが，解を数直線上に図示したとき，右の図のように，重なる部分すなわち共通範囲がないこともある。
この場合は「**解はない**」と答える。

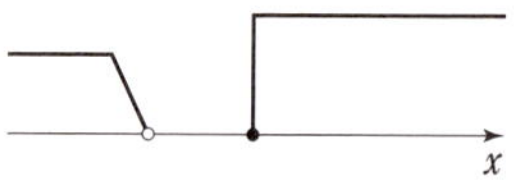

類題 23　2 つの 2 次方程式 $x^2+2ax+4a-3=0$ … ①，$5x^2-4ax+a=0$ … ② について

(1)　①，② がともに実数解をもつような定数 a の値の範囲を求めよ。

(2)　①，② のうち，少なくとも一方の方程式が実数解をもたないとき，定数 a の値の範囲を求めよ。

24 絶対値を含む方程式・不等式

$$|A|=\begin{cases} A & (A\geqq 0) \\ -A & (A<0) \end{cases}$$

絶対値　**場合に分ける**

$|\ \ |$ 内の式が $=0$ となるような x の値が場合分けのポイント。

注意　求めた解が，場合分けの条件を満たすか満たさないかを必ず確認すること。

20

例題 24　I

次の方程式・不等式を解け。〔(1) 摂南大〕

(1)　$x^2-x=|x-2|+1$　　(2)　$|x+3|+|x-1|<6$

解答

(1)　[1]　$x-2<0$　すなわち　$x<2$ のとき

方程式は　$x^2-x=-(x-2)+1$　すなわち　$x^2=3$

よって　$x=\pm\sqrt{3}$　この解は $x<2$ を満たす。

[2]　$x-2\geqq 0$　すなわち　$x\geqq 2$ のとき

方程式は　$x^2-x=x-2+1$　すなわち　$x^2-2x+1=0$

ゆえに　$(x-1)^2=0$　よって　$x=1$　この解は $x\geqq 2$ を満たさない。

以上から，求める解は　$x=\pm\sqrt{3}$　答

(2)　[1]　$x<-3$ のとき　不等式は　$-(x+3)-(x-1)<6$

これを解いて　$x>-4$　$x<-3$ との共通範囲は　$-4<x<-3$

[2]　$-3\leqq x<1$ のとき　不等式は　$x+3-(x-1)<6$

ゆえに　$4<6$　これは常に成り立つ。

[3]　$x\geqq 1$ のとき　不等式は　$x+3+(x-1)<6$

これを解いて　$x<2$　$x\geqq 1$ との共通範囲は　$1\leqq x<2$

以上から，求める解は　$-4<x<2$　答

POINT ▸ 絶対値記号の処理

❶ 場合分け　$|A|=\begin{cases} A & (A\geqq 0) \\ -A & (A<0) \end{cases}$　$|\ \ |$ 内の式の符号が変わる値が場合分けのポイント。

❷ 同値関係　$|A|=B \iff A=\pm B$　かつ　$B\geqq 0$

$|A|<B \iff -B<A<B$

$|A|>B \iff A<-B$　または　$B<A$

類題 24　次の方程式・不等式を解け。〔(1) 東海大　(2) 東北学院大〕

(1)　$3|x+2|=|2x-1|$　　(2)　$|x^2-x-3|\leqq 3$

25 文字係数の方程式・不等式

方程式 $Ax=B$

0 で割らないように

不等式 $Ax>B$

割る数の符号にも注意

$Ax=B$, $Ax>B$ の処理

文字で割るときは要注意

方程式 $Ax=B$ なら，$A\neq0$ と $A=0$ の場合，不等式 $Ax>B$ なら，$A>0$，$A=0$，$A<0$ の場合を考えて処理する。

例題 | 25 I

a は定数とする。次の方程式・不等式を解け。

(1) $a^2x+1=a(x+1)$　　(2) $a(x+1)>x+a^2$

解 答

(1) 与式から　$a(a-1)x=a-1$ …… ①

$a(a-1)\neq0$ すなわち $a\neq0$ かつ $a\neq1$ のとき　$x=\dfrac{1}{a}$

$a=0$ のとき　① から　$0\cdot x=-1$　これを満たす x の値はない。

$a=1$ のとき　① から　$0\cdot x=0$　これはすべての数 x で成り立つ。

答 $\begin{cases} a\neq0 \text{ かつ } a\neq1 \text{ のとき } x=\dfrac{1}{a}, \\ a=0 \text{ のとき 解はない，} \quad a=1 \text{ のとき 解はすべての数} \end{cases}$

(2) 不等式を変形して　$(a-1)x>a(a-1)$ …… ①

[1] $a-1<0$ すなわち $a<1$ のとき　$x<a$

◀負の数 $a-1$ で割るから，不等号の向きが変わる。

[2] $a-1=0$ すなわち $a=1$ のとき

① は　$0\cdot x>0$　これを満たす x の値はない。

[3] $a-1>0$ すなわち $a>1$ のとき　$x>a$

以上から　**$a<1$ のとき $x<a$，$a=1$ のとき 解はない，$a>1$ のとき $x>a$** 答

POINT ▶ 文字係数の方程式・不等式の扱い

❶ **0 で割らないように** ⟶ 0 の場合は，最初の方程式・不等式に戻って考える。

[x の方程式 $Ax=B$ の解]

$A\neq0$ のとき　$x=\dfrac{B}{A}$

$A=0$ のとき $\begin{cases} B\neq0 \text{ ならば} & 0\cdot x=B \text{ …… 解は　ない（不能）} \\ B=0 \text{ ならば} & 0\cdot x=0 \text{ …… 解は　すべての数（不定）} \end{cases}$

（$A=0$ のときは，最初の方程式に戻って考える。）

❷ 不等式なら **割る数の符号** ⟶ 負の数で割ると，不等号の向きが変わる。

類題 25　a は定数とする。次の方程式・不等式を解け。

(1) $(a^2-1)x^2+2ax+1=0$　　(2) $x^2-(a^2+a-2)x+a^3-2a<0$

26 2次関数のグラフ

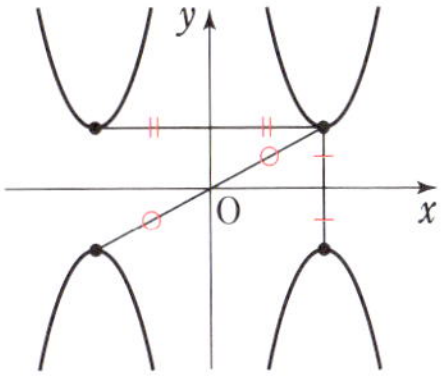

x 軸方向に p, y 軸方向に q の平行移動

$$y=f(x) \longrightarrow y=f(x-p)+q$$

y 軸に関する対称移動 $\longrightarrow$ $y=f(-x)$

本問は，移動後の式がわかっているから，移動を逆にたどる方が簡単。

例題 26

I

2次関数 $y=x^2+ax+b$ のグラフを y 軸方向に2だけ平行移動した後，y 軸に関して対称移動させ，更に x 軸方向に -3 だけ平行移動したところ，$y=x^2$ のグラフと一致したという。このとき，定数 a，b の値を求めよ。

〔武庫川女子大〕

解　答

$y=x^2$ のグラフを x 軸方向に3だけ平行移動すると，その方程式は

$$y=(x-3)^2$$

$y=(x-3)^2$ のグラフを y 軸に関して対称移動すると，その方程式は

$$y=(-x-3)^2 \quad \text{すなわち} \quad y=(x+3)^2$$

$y=(x+3)^2$ のグラフを y 軸方向に -2 だけ平行移動すると，その方程式は

$$y=(x+3)^2-2 \quad \text{すなわち} \quad y=x^2+6x+7$$

これが $y=x^2+ax+b$ と一致するから　$a=6$，$b=7$　答

POINT ▶ 平行移動，対称移動

❶ **平行移動**　x 軸方向に p，y 軸方向に q だけの平行移動によって，次のように移る。

点 $(a,\ b)$ $\longrightarrow$ 点 $(a+p,\ b+q)$，　$y=f(x)$ のグラフ $\longrightarrow$ $y=f(x-p)+q$ のグラフ

❷ **対称移動**　x 軸，y 軸，原点に関する対称移動によって，点 $(a,\ b)$ および $y=f(x)$ のグラフは，次のように移る。

	x 軸	y 軸	原点
点 $(a,\ b)$	$(a,\ -b)$	$(-a,\ b)$	$(-a,\ -b)$
$y=f(x)$ のグラフ	$y=-f(x)$	$y=f(-x)$	$y=-f(-x)$

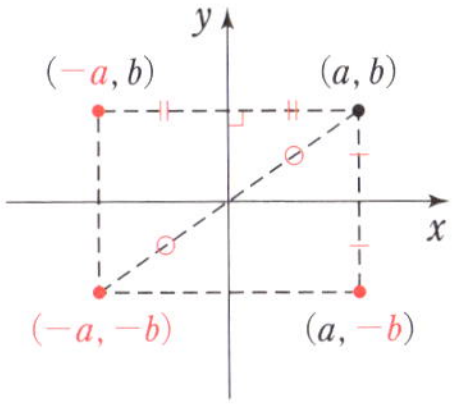

類題 26　2次関数 $y=-3x^2+12x-7$ のグラフは $y=3x^2$ のグラフを x 軸方向に ア[　　] だけ平行移動し，次に x 軸に関して対称に折り返した後，更に y 軸の方向に イ[　　] だけ平行移動したものである。

〔慶応大〕

27 2次関数の決定

$y=ax^2+bx+c$
$y=a(x-p)^2+q$
条件を表しやすい形を選ぶ

問題の条件に応じた都合のよい形を選ぶ。
(1) 通る3点 ⟶ $y=ax^2+bx+c$
(2) 頂点が関係 ⟶ $y=a(x-p)^2+q$
(3) x軸と2点 $(\alpha,\ 0)$, $(\beta,\ 0)$ で交わる
⟶ $y=a(x-\alpha)(x-\beta)$

20

例題 27 I

そのグラフが次の条件を満たす2次関数を求めよ。
(1) 3点 $(0,\ 2)$, $(-2,\ 16)$, $(1,\ 4)$ を通る。
(2) 頂点が点 $(1,\ -3)$ で，点 $(4,\ 6)$ を通る。
(3) x軸と2点 $(1,\ 0)$, $(3,\ 0)$ で交わり，点 $(4,\ 3)$ を通る。

解答

(1) 求める2次関数を $y=ax^2+bx+c$ とする。
グラフが3点 $(0,\ 2)$, $(-2,\ 16)$, $(1,\ 4)$ を通るから

$$2=c,\quad 16=4a-2b+c,\quad 4=a+b+c$$

この連立方程式を解いて　$a=3,\ b=-1,\ c=2$
よって，求める2次関数は　$y=3x^2-x+2$　答

(2) 頂点が点 $(1,\ -3)$ であるから，求める2次関数は，$y=a(x-1)^2-3$ と表される。
グラフが点 $(4,\ 6)$ を通るから　$6=a(4-1)^2-3$　ゆえに　$a=1$
よって，求める2次関数は　$y=(x-1)^2-3$　($y=x^2-2x-2$ でもよい)　答

(3) x軸と2点 $(1,\ 0)$, $(3,\ 0)$ で交わるから，求める2次関数は，次のように表される。

$$y=a(x-1)(x-3)$$

グラフが点 $(4,\ 3)$ を通るから　$3=a(4-1)(4-3)$　ゆえに　$a=1$
よって，求める2次関数は　$y=(x-1)(x-3)$　($y=x^2-4x+3$ でもよい)　答

POINT ▶ 2次関数の決定

条件に適した2次関数の表し方については，次の3つの形が重要である。
❶ 通る3点 ⟶ 一般形 $y=ax^2+bx+c$
❷ 頂点 または 軸，最大値 や 最小値 ⟶ 基本形 $y=a(x-p)^2+q$
❸ x軸との2交点 ⟶ 分解形 $y=a(x-\alpha)(x-\beta)$

類題 27　グラフが2次関数 $y=-3x^2$ のグラフを平行移動したもので，点 $(5,\ -46)$ を通り，頂点が直線 $y=3x-1$ 上にあるような2次関数を求めよ。〔武庫川女子大〕

28 関数の最大・最小 (1)

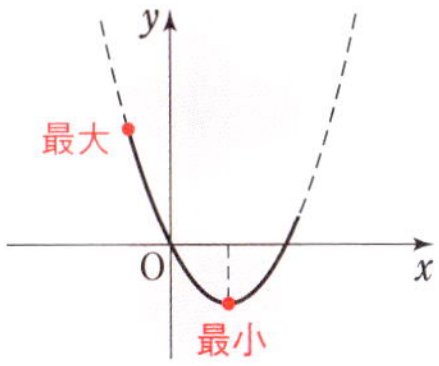

最大・最小　**グラフを利用**
基本形 $y=a(x-p)^2+q$ に変形

(2)　定義域に制限があるときは，**頂点と定義域の端の y の値を比較**して，最大・最小を判断する。

例題 28　I

(1)　2 次関数 $y=3x^2-6x-5$ の最大値または最小値を求めよ。
(2)　関数 $y=-2x^2+6x-7$ $(0\leqq x\leqq 4)$ の最大値，最小値を求めよ。

〔(1) 中央大　(2) 北里大〕

解　答

(1)　$y=3(x^2-2x)-5=3(x^2-2x+1^2)-3\cdot1^2-5$
$=3(x-1)^2-8$

よって　　**$x=1$ のとき最小値 -8** をとる。
最大値はない。　答

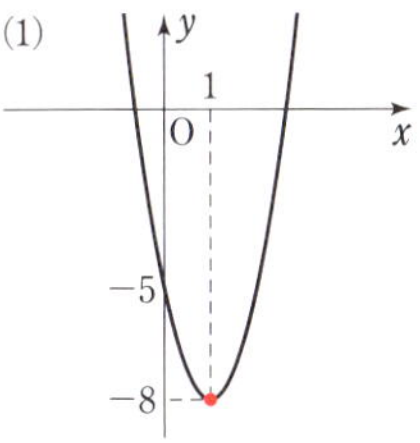

(2)　$y=-2(x^2-3x)-7$
$=-2\left\{x^2-3x+\left(\frac{3}{2}\right)^2\right\}+2\left(\frac{3}{2}\right)^2-7$
$=-2\left(x-\frac{3}{2}\right)^2-\frac{5}{2}$

また　　$x=0$ のとき　$y=-7$
　　　　$x=4$ のとき　$y=-15$

関数のグラフは，右の図の実線部分である。

よって　　**$x=\frac{3}{2}$ のとき最大値 $-\frac{5}{2}$，**
$x=4$ のとき最小値 -15　答

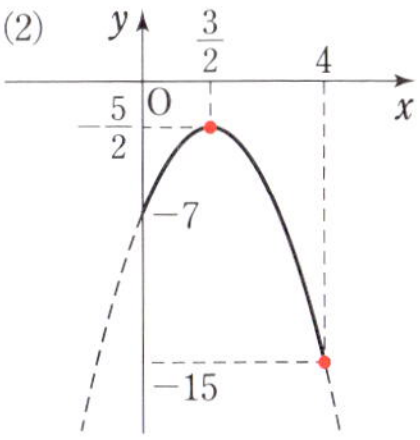

POINT ▸ 2 次関数の最大・最小

まず，基本形 $y=a(x-p)^2+q$ に変形する。

❶　定義域が実数全体の場合　　**$a>0$ のとき　$x=p$ で最小値 q，最大値はない**
　　　　　　　　　　　　　　　$a<0$ のとき　$x=p$ で最大値 q，最小値はない

❷　定義域に $h\leqq x\leqq k$ などの制限がある場合
グラフをかいて，**頂点と定義域の端の y の値を比較** して決める。

類題 28　a を負の定数とする。2 次関数 $f(x)=ax^2-2ax+b$ の $-2\leqq x\leqq 2$ における最大値が 12，最小値が -6 のとき，定数 a，b の値を求めよ。

29 関数の最大・最小 (2) グラフ固定, 区間が動く

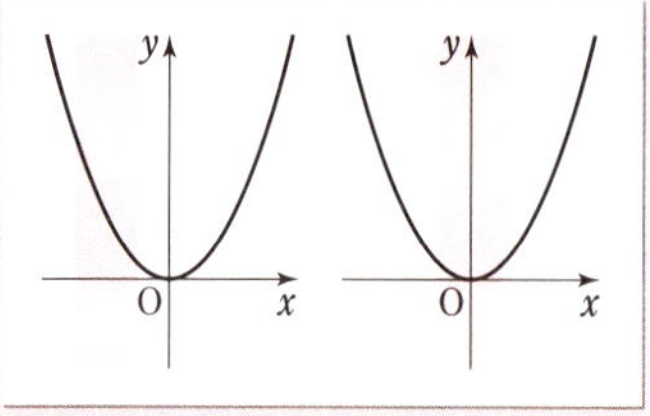

1 $f(x)=a(x-p)^2+q$ の形に変形する。

2 **軸と区間の位置関係に着目** する。

軸が区間の [1] 右外 [2] 内部 [3] 左外

の場合に分ける。

3 **頂点と区間の両端の値を比較** する。

例題 29 I

定義域が $a \leqq x \leqq a+1$ である関数 $f(x)=x^2-2x+2$ の最小値は a の関数である。それを $m(a)$ とするとき, $m(a)$ を求めよ。

解答

関数の式を変形して　$f(x)=(x-1)^2+1$

$y=f(x)$ のグラフは, 下に凸の放物線で, **軸は直線 $x=1$**

また　$f(a)=a^2-2a+2$,　$f(a+1)=a^2+1$

[1] **$a+1<1$** すなわち **$a<0$ のとき**

グラフは, 図 [1] のようになる。

よって　$\boldsymbol{m(a)}=f(a+1)=\boldsymbol{a^2+1}$ 答

◀区間の右端 $x=a+1$ で最小となる。

[2] **$a \leqq 1 \leqq a+1$** すなわち **$0 \leqq a \leqq 1$ のとき**

グラフは, 図 [2] のようになる。

よって　$\boldsymbol{m(a)}=f(1)=\boldsymbol{1}$ 答

◀頂点 $x=1$ で最小となる。

[3] **$1<a$** すなわち **$a>1$ のとき**

グラフは, 図 [3] のようになる。

よって　$\boldsymbol{m(a)}=f(a)=\boldsymbol{a^2-2a+2}$ 答

◀区間の左端 $x=a$ で最小となる。

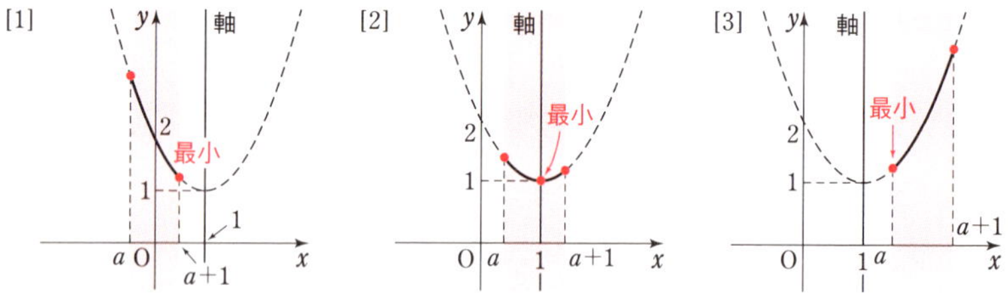

参考 グラフが下に凸のとき, 場合分けの方針は次の通り。

最大 (区間の端) ⟶ 軸が区間の　中央より右, 中央, 中央より左

最小 (頂点または区間の端) ⟶ 軸が区間の　右外, 内, 左外

類題 29 関数 $f(x)=x^2-4x+3$ の定義域が $p-1 \leqq x \leqq p+1$ で, その範囲における $f(x)$ の最小値を q とする。このとき, q を p で表せ。〔神戸学院大〕

30 関数の最大・最小 (3) 区間一定，グラフが動く

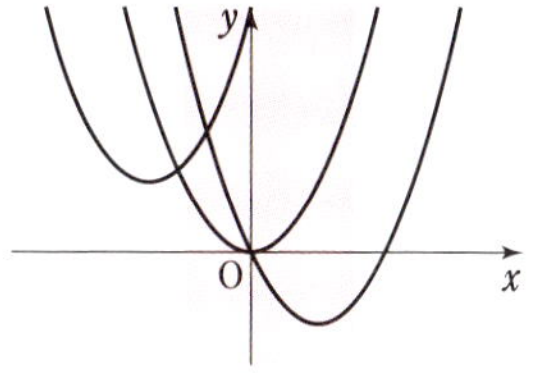

a の値によって，軸 $(x=a)$ の位置が変わる。
最大値 ⟶ 軸が区間の **[1] 中央より左，**
[2] 中央，[3] 中央より右
最小値 ⟶ 軸が区間の **[4] 左外，[5] 内，**
[6] 右外 の場合に分けて考える。

例題 30 I

a を定数とするとき，関数 $f(x)=x^2-2ax+2a^2$ $(0\leqq x\leqq 2)$ の最大値 $M(a)$ と最小値 $m(a)$ を求めよ。 〔類 宇都宮大〕

解 答

関数の式を変形して　$f(x)=(x-a)^2+a^2$

$y=f(x)$ のグラフは下に凸の放物線で，**軸は直線 $x=a$**，区間の中央の値は 1

（[1] ～ [3]：最大値について）　[1] **$a<1$ のとき**　$M(a)=f(2)=2a^2-4a+4$

[2] **$a=1$ のとき**　$M(a)=f(0)=f(2)=2$　[3] **$a>1$ のとき**　$M(a)=f(0)=2a^2$

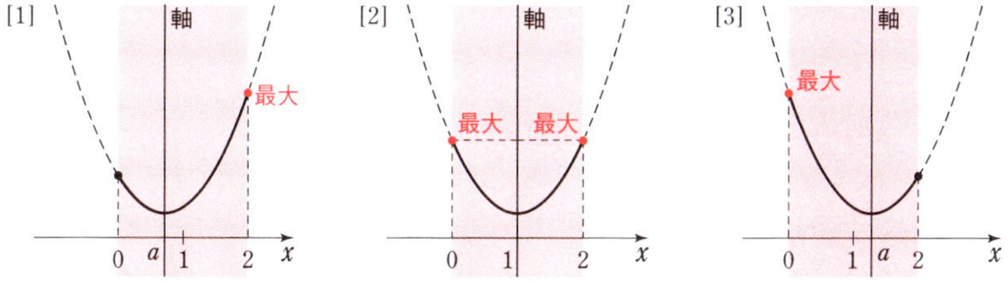

（[4] ～ [6]：最小値について）　[4] **$a<0$ のとき**　$m(a)=f(0)=2a^2$

[5] **$0\leqq a\leqq 2$ のとき**　$m(a)=f(a)=a^2$　[6] **$a>2$ のとき**　$m(a)=f(2)=2a^2-4a+4$

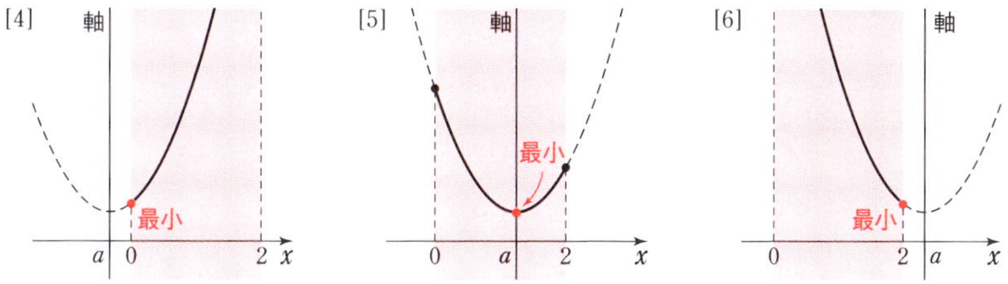

以上から　$M(a)=\begin{cases}2a^2-4a+4 & (a<1)\\ 2a^2 & (a\geqq 1)\end{cases}$　$m(a)=\begin{cases}2a^2 & (a<0)\\ a^2 & (0\leqq a\leqq 2)\\ 2a^2-4a+4 & (a>2)\end{cases}$ 答

類題 30　a を定数とするとき，関数 $f(x)=-3x^2+6ax-2$ $(0\leqq x\leqq 2)$ の最大値 $M(a)$ と最小値 $m(a)$ を求めよ。

31 条件つきの最大・最小(1)

文字の消去
→ **変域に注意**

1. 条件式から **1 つの文字を消去する**。
2. 消去する文字に条件があれば，それを残る文字の条件におき換えておく。
   (2) **(実数)$^2 \geqq 0$** のかくれた条件に注意。
3. 最大値または最小値を求める。

例題 31 I

x, y は実数とする。次のものを求めよ。
(1) $x+y=1$ のとき，x^2+y^2 の最小値
(2) $x^2+y^2=1$ のとき，x^2+2y の最大値

解答

(1) $x+y=1$ から　$y=1-x$ …… ①
① を x^2+y^2 に代入すると　$x^2+y^2=x^2+(1-x)^2=2x^2-2x+1$
$$=2\left(x-\frac{1}{2}\right)^2+\frac{1}{2}$$
これは $x=\frac{1}{2}$ のとき最小値 $\frac{1}{2}$ をとる。このとき，① から　$y=1-\frac{1}{2}=\frac{1}{2}$
よって　$\boldsymbol{x=\frac{1}{2}}$，$\boldsymbol{y=\frac{1}{2}}$ **のとき最小値** $\boldsymbol{\frac{1}{2}}$ 答

(2) $x^2+y^2=1$ から　$x^2=1-y^2$ …… ①
$x^2 \geqq 0$ であるから　$1-y^2 \geqq 0$　これを解いて　$-1 \leqq y \leqq 1$ …… ②
① を x^2+2y に代入すると　$x^2+2y=(1-y^2)+2y=-y^2+2y+1$
$$=-(y-1)^2+2$$
② の範囲において，$-(y-1)^2+2$ は $y=1$ のとき最大値 2 をとる。
このとき，① から　$x^2=0$　ゆえに　$x=0$
よって　$\boldsymbol{x=0}$，$\boldsymbol{y=1}$ **のとき最大値 2** 答

POINT ▶ 条件つきの最大・最小(1)

基本方針　条件式を用いて 1 つの変数を消去する。
　　→ **1 変数の関数に直す**。このとき，**変域に注意** すること。
例えば，例題(2)において，(実数)$^2 \geqq 0$ であるから　$x^2 \geqq 0$
この **消去する文字 x^2 の条件** ($x^2 \geqq 0$) を，**残る文字 y の条件** ($-1 \leqq y \leqq 1$) **におき換えておく**ことを忘れないように！

類題 31　x, y は実数とする。$4x^2+y^2=1$ のとき，$2x+y^2$ のとりうる値の範囲を求めよ。

32 条件つきの最大・最小 (2)

文字消去が難しい

→ $=k$ とおいて

実数条件利用

など

(1) ① $x+y=k$ とおいて，y を消去。

② 条件式に代入して，x が実数である条件を考える ⟶ $D\geqq 0$

(2) $x>0$，$y>0$，和に対して積 xy が一定

⟶ (相加平均)≧(相乗平均) 利用。

例題 32 I II

30

x，y は実数とする。次のものを求めよ。

(1) $x^2+y^2=2$ のとき，$x+y$ の最大値と最小値

(2) $x>0$，$y>0$，$xy=4$ のとき，$x+y$ の最小値

解　答

(1) $x+y=k$ とおくと　　$y=k-x$ ……①

$x^2+y^2=2$ に代入すると　　$x^2+(k-x)^2=2$

整理すると　　$2x^2-2kx+k^2-2=0$ ……②

x の 2 次方程式②が実数解をもつ条件から，②の判別式を D とすると

$$\frac{D}{4}=(-k)^2-2(k^2-2)=-k^2+4\geqq 0 \qquad \text{ゆえに} \qquad -2\leqq k\leqq 2$$

$k=\pm 2$ のとき $D=0$ で，②は重解 $x=-\dfrac{-2k}{2\cdot 2}=\dfrac{k}{2}$ をもつ。

$k=\pm 2$ のとき　　$x=\pm 1$，　①から　　$y=\pm 1$　（複号同順）

よって　　**$x=1$，$y=1$ のとき最大値 2；$x=-1$，$y=-1$ のとき最小値 -2**　答

(2) $x>0$，$y>0$ であるから，(相加平均)≧(相乗平均) により　　$x+y\geqq 2\sqrt{xy}=2\sqrt{4}$

よって　　$x+y\geqq 4$　　等号は $x=y$ すなわち $x=2$，$y=2$ のとき成り立つ。

したがって　　**$x=2$，$y=2$ のとき最小値 4**　答

POINT ▶ 条件つきの最大・最小 (2)

❶ 最大値または最小値を求める式 $=k$ とおいて，条件式に代入

⟶ 実数条件を利用（判別式 $D\geqq 0$）。

参考 (1)を図形的にいえば，直線 $x+y=k$ が円 $x^2+y^2=2$ と共有点をもつような y 切片 k の値の範囲を求めていることと同じである（p. 78 参照）。

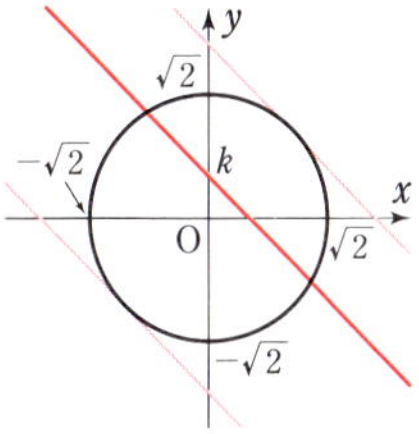

❷ 2 数が正の数，和に対して積が一定

⟶ (相加平均)≧(相乗平均) 利用（p. 41 参照）。

類題 32　実数 x，y が $x^2-2xy+2y^2=2$ を満たすとき，$x+y$ のとりうる値の範囲を求めよ。

33 複雑な方程式の解の個数

定数 k の入った方程式

$f(x)=k$ の形に直してから処理

定数 k を分離する

方程式を $-|x^2-x-2|+x=k$（**k を分離した形**）に変形し，$y=-|x^2-x-2|+x$ のグラフと直線 $y=k$ の共有点の個数を調べる。

絶対値　**場合分け**

例題 | 33　Ⅰ

k は定数とする。方程式 $|x^2-x-2|=x-k$ の異なる実数解の個数を調べよ。

解　答

$|x^2-x-2|=x-k$ から　　$-|x^2-x-2|+x=k$

$y=-|x^2-x-2|+x$　…… ①　とする。

$x^2-x-2=(x+1)(x-2)$ であるから

$x^2-x-2\geqq 0$ の解は　　$x\leqq -1,\ 2\leqq x$

$x^2-x-2<0$ の解は　　$-1<x<2$

① は，$x\leqq -1,\ 2\leqq x$ のとき　　$y=-(x^2-x-2)+x=-x^2+2x+2$

$=-(x-1)^2+3$

$-1<x<2$　　のとき　　$y=-\{-(x^2-x-2)\}+x=x^2-2$

よって，① のグラフは右の図の実線部分のようになる。

与えられた方程式の実数解の個数は，① のグラフと直線 $y=k$ の共有点の個数に等しい。

これを調べて

$k>2$ のとき 0 個；$k=2$ のとき 1 個；

$-1<k<2,\ k<-2$ のとき 2 個；

$k=-1,\ -2$ のとき 3 個；

$-2<k<-1$ のとき 4 個　答

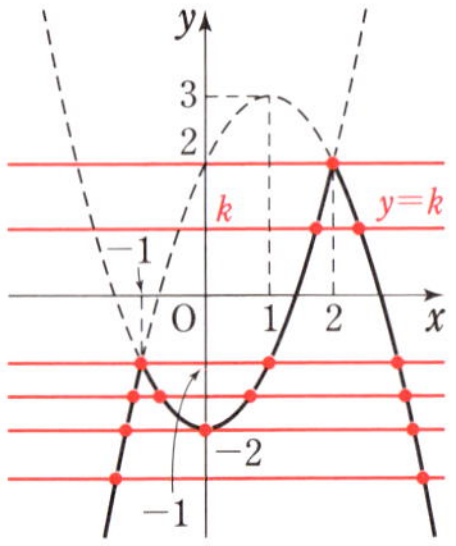

POINT ▸ 複雑な方程式の実数解の個数

例題のようなタイプ（実数解の個数）の問題では，絶対値記号をはずし，場合ごとの実数解の個数を調べることもできるが，解答のように，**グラフを利用** した方が簡明で問題の見通しがよくなることが多い。

類題 33　方程式 $|x^2-2x-3|=x+k$ が異なる 4 つの実数解をもつような定数 k の値の範囲を求めよ。

34 常に成り立つ不等式(絶対不等式)

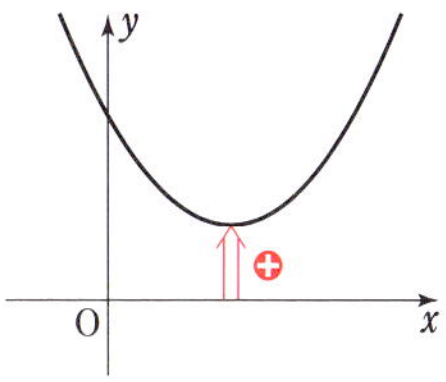

$ax^2+bx+c>0$ $(a \neq 0)$ が常に成り立つ

$\Longleftrightarrow$ グラフが x 軸より上側にある

$\Longleftrightarrow$ **$a>0$ かつ $D=b^2-4ac<0$**

(2) $1 \leqq x \leqq 3$ の範囲でグラフが x 軸より下側にある条件を考える。

例題 34 I

(1) すべての実数 x に対して，不等式 $ax^2-4x+a-3>0$ が成り立つような定数 a の値の範囲を求めよ。

(2) $1 \leqq x \leqq 3$ を満たすすべての x に対して，不等式 $2x^2+(a+1)x-3<0$ が成り立つような定数 a の値の範囲を求めよ。 〔類 創価大〕

解答

(1) $a=0$ のとき，不等式は $-4x-3>0$ となり，例えば $x=0$ のとき成り立たない。

$a \neq 0$ のとき，$ax^2-4x+a-3=0$ の判別式を D とすると，常に不等式が成り立つための条件は　　$a>0$　かつ　$\dfrac{D}{4}=(-2)^2-a(a-3)<0$ …… ①

① を整理して　　$a^2-3a-4>0$　すなわち　$(a+1)(a-4)>0$

これを解いて　　$a<-1,\ 4<a$

$a>0$ との共通範囲を求めて　　**$a>4$**　答

(2) $f(x)=2x^2+(a+1)x-3$ とすると，関数 $y=f(x)$ のグラフは下に凸であるから，$1 \leqq x \leqq 3$ において，$f(x)<0$ が成り立つための条件は

$f(1)<0$　かつ　$f(3)<0$

$f(1)=2+a+1-3<0$ から　　$a<0$

$f(3)=18+3(a+1)-3<0$ から　　$a<-6$

共通範囲を求めて　　**$a<-6$**　答

POINT ▶ すべての実数，ある区間で常に成り立つ不等式

❶ **$ax^2+bx+c>0$ が常に成り立つ $\Longleftrightarrow$ $a>0$ かつ $D<0$** $(D=b^2-4ac)$

または　$a=b=0$ かつ $c>0$

❷ ある区間で　**常に $f(x)>0$ $\Longleftrightarrow$ {区間内の $f(x)$ の最小値}>0**

常に $f(x)<0$ $\Longleftrightarrow$ {区間内の $f(x)$ の最大値}<0

注意 以上のことを丸暗記するよりも，グラフと関連づけて考えた方がわかりやすい。

類題 34 m を定数とし，$f(x)=x^2+m+3$，$g(x)=-mx$ とする。$x \geqq 0$ で，常に $f(x)>g(x)$ となるための m の値の範囲を求めよ。 〔高知大〕

35 2次方程式の解の存在範囲

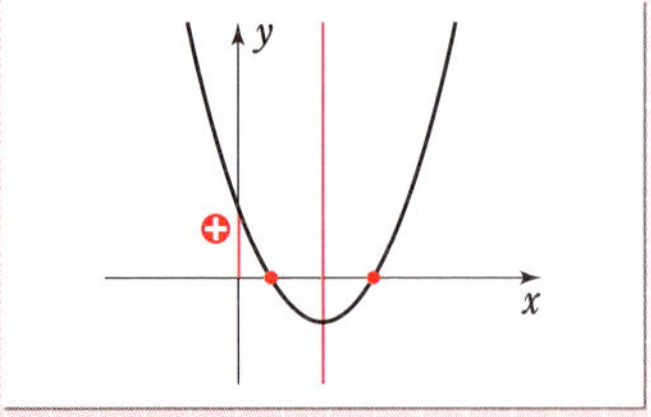

$f(x)=0$ の解と数 k との大小

判別式 D，軸の位置，$f(k)$ に注目

(1) 正，負は 0 との大小であるから，$k=0$ の場合として考える。

(2) 正の解と負の解をもつ $\Longleftrightarrow$ $f(0)<0$

例題 | 35 I

2 次方程式 $x^2-2(3m-1)x+9m^2-8=0$ が次の条件を満たすような定数 m の値の範囲をそれぞれ求めよ。

(1) 異なる 2 つの正の解をもつ。

(2) 一方の解は正，他方の解が負である。

解答

$f(x)=x^2-2(3m-1)x+9m^2-8$ とし，$f(x)=0$ の判別式を D とする。

(1) 異なる 2 つの正の解をもつための条件は，$y=f(x)$ のグラフが x 軸の正の部分と，異なる 2 点で交わることである。ゆえに，次の ①，②，③ が同時に成り立つ。

$\dfrac{D}{4}=\{-(3m-1)\}^2-1\cdot(9m^2-8)>0$ すなわち $-6m+9>0$ …… ①

軸 $x=3m-1$ について $3m-1>0$ …… ②

$f(0)=9m^2-8>0$ …… ③

① から $m<\dfrac{3}{2}$；② から $m>\dfrac{1}{3}$；③ から $m<-\dfrac{2\sqrt{2}}{3}$，$\dfrac{2\sqrt{2}}{3}<m$

共通範囲を求めて $\boldsymbol{\dfrac{2\sqrt{2}}{3}<m<\dfrac{3}{2}}$ 答

(2) 求める条件は $f(0)=9m^2-8<0$ よって $\boldsymbol{-\dfrac{2\sqrt{2}}{3}<m<\dfrac{2\sqrt{2}}{3}}$ 答

POINT ▶

例題は，2 次方程式の解と係数の関係と次の同値関係を利用して解くこともできる。

2 次方程式の 2 つの解を α，β とし，判別式を D とすると

❶ **$\alpha>0$ かつ $\beta>0$ $\Longleftrightarrow$ $D\geqq 0$ かつ $\alpha+\beta>0$ かつ $\alpha\beta>0$**

❷ **$\alpha<0$ かつ $\beta<0$ $\Longleftrightarrow$ $D\geqq 0$ かつ $\alpha+\beta<0$ かつ $\alpha\beta>0$**

❸ **α と β が異符号 $\Longleftrightarrow$ $\alpha\beta<0$**（このとき，常に $D>0$）

> 解の和 $\alpha+\beta$ は軸の条件，解の積 $\alpha\beta$ は $f(0)$ の条件と同じである。

参考 数 k との大小であれば，α を $\alpha-k$，β を $\beta-k$ におき換えて考えるとよい。

類題 35 2 次方程式 $x^2-2ax+1=0$ が，$0<x<3$ の範囲に異なる 2 つの実数解をもつような定数 a の値の範囲を求めよ。〔広島工大〕

36 恒等式

未定係数の決定
係数比較法
数値代入法

恒等式の未知の係数の決定
1 展開して係数を比較 **（係数比較法）**
2 適当な数値を代入 **（数値代入法）**
計算がらくになる値を代入する。
恒等式であることの確認も忘れずに。

例題 36 Ⅱ

次の等式が x についての恒等式であるとき，定数 a，b，c の値を求めよ。

$$\frac{2x^2-6}{(x+1)(x-1)^2}=\frac{a}{x+1}+\frac{b}{x-1}+\frac{c}{(x-1)^2}$$

解答

与えられた等式の両辺に $(x+1)(x-1)^2$ を掛けて

$$2x^2-6=a(x-1)^2+b(x+1)(x-1)+c(x+1) \quad \cdots\cdots ①$$

[係数比較法] 右辺を展開して整理すると

$$2x^2-6=(a+b)x^2+(-2a+c)x+a-b+c$$

両辺の係数を比較して $2=a+b$，$0=-2a+c$，$-6=a-b+c$

これを解いて $\boldsymbol{a=-1}$，$\boldsymbol{b=3}$，$\boldsymbol{c=-2}$ 答

[数値代入法] ① の **両辺に $x=1$，-1，0 を代入すると**

$-4=2c$，$-4=4a$，$-6=a-b+c$

◀ a，b，c の値が求めやすい x の値を代入する。

これを解いて $a=-1$，$b=3$，$c=-2$

このとき，① の右辺は $-(x-1)^2+3(x+1)(x-1)-2(x+1)=2x^2-6$

となり，① は恒等式であるから，与式は恒等式である。

したがって $\boldsymbol{a=-1}$，$\boldsymbol{b=3}$，$\boldsymbol{c=-2}$ 答

POINT ▶ 恒等式の性質

❶ $P(x)=Q(x)$ が恒等式 $\Longleftrightarrow$ **$P(x)$ と $Q(x)$ の次数は等しく，両辺の同じ次数の項の係数は，それぞれ等しい。**

❷ **x にどんな値を代入しても成り立つ**（恒等式の定義）。

❶ の性質を用いたものが係数比較法，❷ の性質を用いたものが数値代入法である。ただし，数値代入法の場合，解答の「このとき」以降のように，**恒等式であることの確認が必要** である。

類題 36

(1) $2x-y-3=0$ を満たすすべての x，y に対して $ax^2+by^2+2cx-9=0$ が成り立つとき，定数 a，b，c の値を求めよ。

(2) $(k+1)x-(3k+2)y+2k+7=0$ がすべての実数 k に対して成り立つとき，x，y の値を求めよ。 〔阪南大〕

37 等式・不等式の証明

$A=B$, $A>B$ の証明
↓ 差をとる
文字の消去
$A-B=0$, $A-B>0$

等式の証明 **複雑な式から簡単な式へ**
不等式 $A>B$ ($A \geqq B$) の証明
差 $A-B$ を作り >0 ($\geqq 0$) を示す
(1) 条件式 **文字を減らす** ことを考える。
(2) $A-B$ を **(実数)$^2 \geqq 0$** が使える形に変形。

例題 37 II

(1) $a+b+c=0$ のとき，次の等式が成り立つことを証明せよ。

$$a^2(b+c)+b^2(c+a)+c^2(a+b)+3abc=0$$

(2) $a^4+b^4 \geqq a^3b+ab^3$ を証明せよ。また，等号が成り立つときを調べよ。

解 答

(1) $a+b+c=0$ から　$c=-a-b$

よって　(左辺)$=a^2(b-a-b)+b^2(-a-b+a)+(a+b)^3+3ab(-a-b)$

$=-a^3-b^3+a^3+3a^2b+3ab^2+b^3-3a^2b-3ab^2=0$　終

別解　$a+b+c=0$ から　$b+c=-a$, $c+a=-b$, $a+b=-c$

よって　(左辺)$=a^2(-a)+b^2(-b)+c^2(-c)+3abc=-(a^3+b^3+c^3-3abc)$

$=-(a+b+c)(a^2+b^2+c^2-ab-bc-ca)=0$　終

(2) $a^4+b^4-(a^3b+ab^3)=a^3(a-b)+b^3(b-a)=(a-b)(a^3-b^3)$

$=(a-b)^2(a^2+ab+b^2)$

$(a-b)^2 \geqq 0$, $a^2+ab+b^2=\left(a+\dfrac{b}{2}\right)^2+\dfrac{3}{4}b^2 \geqq 0$ であるから　◀この断りを忘れずに。

$a^4+b^4-(a^3b+ab^3) \geqq 0$　すなわち　$a^4+b^4 \geqq a^3b+ab^3$

また，**等号は $a=b$ のとき成り立つ。**　答

POINT ▶ 不等式 $A>B$ の証明

❶ 基本方針　$A-B>0$ を示す。
⟶ [1] $A-B$ を，正＋正，正×正　などの形に変形する。
[2] 実数の性質　$a^2 \geqq 0$　(等号は $a=0$ のとき成り立つ)
$a^2+b^2 \geqq 0$　(等号は $a=b=0$ のとき成り立つ)　を利用する。

❷ $A \geqq 0$, $B \geqq 0$ のとき　$A \geqq B \iff A^2 \geqq B^2$　の利用。
⟶ 根号や絶対値を含む不等式の証明に有効 (類題 37 (2) 参照)。

類題 37　次の不等式が成り立つことを証明せよ。また，等号が成り立つときを調べよ。

(1) $a^2+b^2+c^2-ab-bc-ca \geqq 0$

(2) a, b, x, y が正のとき　$\sqrt{ax+by}\sqrt{x+y} \geqq \sqrt{a}\,x+\sqrt{b}\,y$　〔甲南大〕

38 有名な不等式

$a>0$, $b>0$ のとき

$$\frac{a+b}{2} \geqq \sqrt{ab}$$

$a=b$ のとき等号成立

(1) 左辺を展開して
(相加平均)≧(相乗平均)
を利用する。

(2) (前半) $A \leqq B \iff B-A \geqq 0$
(後半) 前半で証明した不等式を利用。

例題 | 38 Ⅱ

(1) $a>0$, $b>0$ のとき, 不等式 $\left(a+\frac{1}{b}\right)\left(b+\frac{4}{a}\right) \geqq 9$ を証明せよ。

(2) 不等式 $(ax+by)^2 \leqq (a^2+b^2)(x^2+y^2)$ を証明せよ。
また, $a>0$, $b>0$, $a^2+b^2=1$ のとき, 不等式 $3a+4b \leqq 5$ を証明せよ。

解答

(1) 左辺を展開して $\left(a+\frac{1}{b}\right)\left(b+\frac{4}{a}\right)=ab+\frac{4}{ab}+5$

$ab>0$, $\frac{4}{ab}>0$ であるから, (相加平均)≧(相乗平均) により

$$ab+\frac{4}{ab} \geqq 2\sqrt{ab \cdot \frac{4}{ab}}=2 \cdot 2=4$$

◀等号は $ab=\frac{4}{ab}$ から, $ab=2$ のとき成立。

よって $\left(a+\frac{1}{b}\right)\left(b+\frac{4}{a}\right)=ab+\frac{4}{ab}+5 \geqq 4+5=9$ 終

(2) $(\text{右辺})-(\text{左辺})=a^2x^2+a^2y^2+b^2x^2+b^2y^2-(a^2x^2+2abxy+b^2y^2)$

$$=a^2y^2-2abxy+b^2x^2=(ay-bx)^2 \geqq 0$$

◀等号は $ay=bx$ のとき成立。

したがって $(ax+by)^2 \leqq (a^2+b^2)(x^2+y^2)$ …… ① 終

① で, $x=3$, $y=4$ とすると, $a^2+b^2=1$ のとき $(3a+4b)^2 \leqq 1 \cdot (3^2+4^2)$

$a>0$, $b>0$ より, $3a+4b>0$ であるから $3a+4b \leqq 5$ 終

POINT ▸ よく使われる不等式

❶ (相加平均)≧(相乗平均) $a>0$, $b>0$ のとき $\frac{a+b}{2} \geqq \sqrt{ab}$
等号は $a=b$ のとき成り立つ。

❷ シュワルツの不等式 $(ax+by)^2 \leqq (a^2+b^2)(x^2+y^2)$
等号は $ay=bx$ のとき成り立つ。

❸ 三角不等式 $|a|-|b| \leqq |a+b| \leqq |a|+|b|$
$|a+b| \leqq |a|+|b|$ の等号は $ab \geqq 0$ のとき成り立つ。

類題 38 $a>0$, $b>0$ のとき, 不等式 $\frac{a+b}{2} \geqq \sqrt{ab} \geqq \frac{2ab}{a+b}$ を証明せよ。

39 集　合 (1)

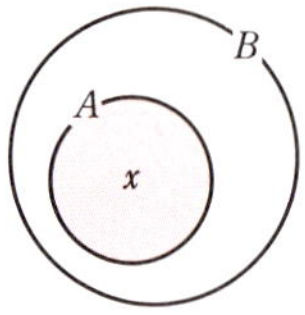

(1)　$A \subset B \iff$「$x \in A$ ならば $x \in B$」

(2)　$\cap$ と $\cup$ を混同しないように注意。

　$A \cap B$ …… **どちらにも共通に属する**

　$A \cup B$ …… **少なくとも一方に属する**

　$\overline{A}$ …… **A に属さない**

例題 | 39　I

(1)　$A=\{x \mid -2 \leqq x \leqq 3\}$, $B=\{x \mid k-6 \leqq x \leqq k\}$ (k は定数) とするとき, $A \subset B$ となる k の値の範囲を求めよ。　〔千葉工大〕

(2)　集合 A, B は, $A=\{x \mid x^2-2x-3 \leqq 0\}$, $B=\{x \mid x^2-5x+4>0\}$ である。ただし, 全体集合は整数全体の集合とし, x は整数とする。このとき, 集合 A, $A \cap B$, $A \cup \overline{B}$ を求めよ。　〔類 昭和女子大〕

解　答

(1)　$A \subset B$ となるための条件は

$$k-6 \leqq -2 \text{ かつ } 3 \leqq k$$

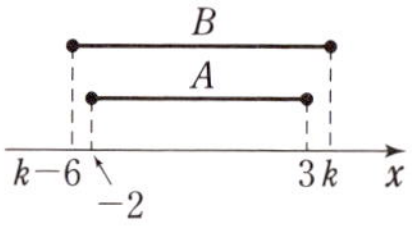

$k-6 \leqq -2$ から　　$k \leqq 4$

$3 \leqq k$ との共通範囲を求めて　　$\boldsymbol{3 \leqq k \leqq 4}$　答

(2)　$x^2-2x-3 \leqq 0$ から　　$(x+1)(x-3) \leqq 0$　　よって　　$-1 \leqq x \leqq 3$　…… ①

したがって　　$\boldsymbol{A=\{-1,\ 0,\ 1,\ 2,\ 3\}}$　答

$x^2-5x+4>0$ から　　$(x-1)(x-4)>0$　　よって　　$x<1$, $4<x$　…… ②

①, ② の共通範囲は, $-1 \leqq x<1$ であるから　　$\boldsymbol{A \cap B=\{-1,\ 0\}}$　答

また, ② から　　$\overline{B}=\{x \mid 1 \leqq x \leqq 4\}$　　すなわち　　$\overline{B}=\{1,\ 2,\ 3,\ 4\}$

したがって　　$\boldsymbol{A \cup \overline{B}=\{-1,\ 0,\ 1,\ 2,\ 3,\ 4\}}$　答

POINT ▸ 集合

❶ **包含関係**　$x \in A$ ならば $x \in B$ であるとき　　$A \subset B$ …… A は B の **部分集合**
　特に, $A \subset B$ かつ $B \subset A$ であるとき　　$A=B$ …… A と B は **等しい**

❷ **共通部分**　$A \cap B=\{x \mid x \in A$ **かつ** $x \in B\}$

❸ **和集合**　$A \cup B=\{x \mid x \in A$ **または** $x \in B\}$

❹ **補集合**　U を全体集合とするとき　$\overline{A}=\{x \mid x \in U$ かつ $x \notin A\}$,
　$A \cup \overline{A}=U$, $A \cap \overline{A}=\varnothing$ (空集合), $\overline{\overline{A}}=A$, $A \subset B$ ならば　$\overline{A} \supset \overline{B}$

類題 39　a を正の定数とする。次の 3 つの集合 $A=\{x \mid x^2-2x-a^2+1<0\}$, $B=\{x \mid x^2-9<0\}$, $C=\{x \mid 3x^2-2ax-a^2<0\}$ について, $C \subset A$ と $C \subset B$ が同時に成り立つとき, a の値の範囲を求めよ。　〔久留米大〕

40 集　合 (2)

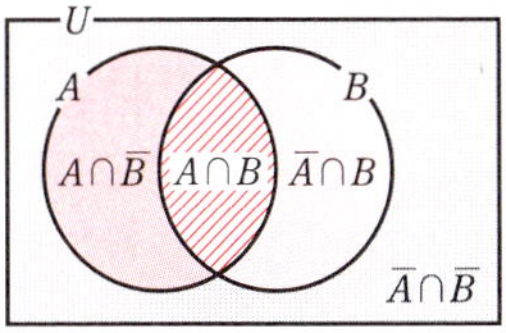

集合の問題　図に表す

U は A, B によって，左の図のように 4 つの部分集合 $A\cap B$, $\overline{A}\cap B$, $A\cap\overline{B}$, $\overline{A}\cap\overline{B}$ に分けられる。わかっているところから **要素を図に書き込んでいく** とよい。

例題 40　I

全体集合 $U=\{1,\ 2,\ 3,\ 4,\ 5,\ 6,\ 7,\ 8,\ 9\}$ の部分集合 A, B について，$A\cap B=\{2\}$, $\overline{A}\cap\overline{B}=\{1,\ 9\}$, $\overline{A}\cap B=\{4,\ 6,\ 8\}$ であるとき，$A\cup B$, A, B を求めよ。

解　答

与えられた集合の要素を **図に書き込むと**，右のようになる。

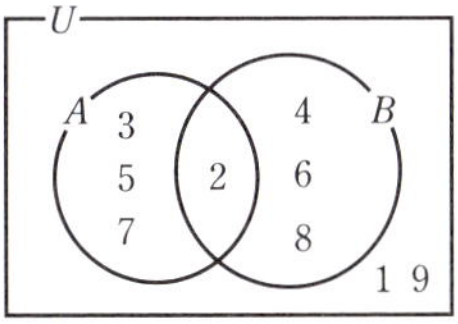

この図から

$\boldsymbol{A\cup B=\{2,\ 3,\ 4,\ 5,\ 6,\ 7,\ 8\}}$,

$\boldsymbol{A=\{2,\ 3,\ 5,\ 7\}}$, $\boldsymbol{B=\{2,\ 4,\ 6,\ 8\}}$　答

参考　図に書き込んで求めたようすを，集合で成り立つ法則に照らし合わせると，次のようになる。

$\overline{A\cup B}=\overline{A}\cap\overline{B}$ であるから　$\overline{A\cup B}=\{1,\ 9\}$

よって　$A\cup B=\{2,\ 3,\ 4,\ 5,\ 6,\ 7,\ 8\}$

次に，$\overline{A}=\overline{A}\cap U=\overline{A}\cap(B\cup\overline{B})=(\overline{A}\cap B)\cup(\overline{A}\cap\overline{B})$

◀分配法則（POINT 参照）を利用している。

であるから　$\overline{A}=\{1,\ 4,\ 6,\ 8,\ 9\}$

よって　$A=\{2,\ 3,\ 5,\ 7\}$

また，$B=U\cap B=(A\cup\overline{A})\cap B=(A\cap B)\cup(\overline{A}\cap B)$ であるから

$B=\{2,\ 4,\ 6,\ 8\}$

POINT ▸ ∩，∪ について成り立つ性質

❶ **ド・モルガンの法則**　$\overline{A\cup B}=\overline{A}\cap\overline{B}$, $\overline{A\cap B}=\overline{A}\cup\overline{B}$

❷ **交換法則**　$A\cap B=B\cap A$, $A\cup B=B\cup A$

❸ **結合法則**　$(A\cap B)\cap C=A\cap(B\cap C)$, $(A\cup B)\cup C=A\cup(B\cup C)$

❹ **分配法則**　$(A\cap B)\cup C=(A\cup C)\cap(B\cup C)$　◀$(a+b)\times c=a\times c+b\times c$ と似ている。

$(A\cup B)\cap C=(A\cap C)\cup(B\cap C)$

類題 40　全体集合 $U=\{1,\ 2,\ 3,\ 4,\ 5,\ 6,\ 7,\ 8,\ 9\}$ の部分集合 A, B について，$A\cap\overline{B}=\{3,\ 9\}$, $\overline{A}\cap B=\{2,\ 4,\ 8\}$, $\overline{A}\cap\overline{B}=\{1,\ 5,\ 7\}$ であるとき，A, B を求めよ。

41 条件の否定

$\overline{p \text{ かつ } q}$

$\Updownarrow$

$\overline{p}$ または $\overline{q}$

「である」と「でない」
「かつ」と「または」が入れ替わる

(2) 「すべて」と「ある」に関する命題の否定は，「すべて」と「ある」を入れ替えて結論を否定する。

例題 41 I

(1) 次の条件の否定を述べよ。ただし，a，b は実数とする。
(ア) a，b はともに負の数である。　(イ) $a=0$　または　$b \neq 0$

(2) 次の命題とその否定の真偽を調べよ。
(ア) すべての実数 x，y について　$x^2-6xy+9y^2>0$
(イ) ある実数 x について　$x^2-2x+3>0$

解答

(1) (ア) $\boldsymbol{a \geqq 0}$　**または**　$\boldsymbol{b \geqq 0}$　答

(イ) $\boldsymbol{a \neq 0}$　**かつ**　$\boldsymbol{b=0}$　答

(2) (ア) $x=y=0$ のとき　$x^2-6xy+9y^2=0$
よって，与えられた命題は　**偽**　答　◀反例が1つでもあれば偽。
否定は　「ある 実数 x，y について　$x^2-6xy+9y^2 \leqq 0$」
$x=y=0$ のとき等号が成り立つから　**真**　答

(イ) $x^2-2x+3=(x-1)^2+2$ であるから，すべての実数 x について

$$x^2-2x+3>0$$

よって，与えられた命題は　**真**　答
否定は　「すべて の実数 x について　$x^2-2x+3 \leqq 0$」
$x^2-2x+3>0$ であるから　**偽**　答

POINT ▶ 条件の否定

❶ 「かつ」，「または」の否定　$\overline{p \text{ かつ } q} \iff \overline{p}$ または $\overline{q}$
$\overline{p \text{ または } q} \iff \overline{p}$ かつ $\overline{q}$

❷ 「すべて～」，「ある～」とその否定
「すべての x について p」の否定は　「ある x について $\overline{p}$」
「ある x について p」　の否定は　「すべての x について $\overline{p}$」

類題 41
(1) 条件「a，b のうち少なくとも一方は 0 である」の否定を述べよ。
(2) 命題「$x^2-8x+15=0$ である自然数 x が存在する」の真偽とその否定の真偽を調べよ。

42 必要条件・十分条件

$p \Longrightarrow q$ が真
（十分）$\Longrightarrow$（必要）

[1] まず，命題を $p \Longrightarrow q$ の形に書き，真偽を調べる。
[2] 逆 $q \Longrightarrow p$ の真偽を調べる。
[3] ○ $\Longrightarrow$ △が真なら，
○は△の **十分条件**，△は○の **必要条件**。

例題 | 42 I

x，y は実数とする。□ に最も適するものを，(a)～(d) の中から選べ。

(1) $x>y$ は，$x^2>y^2$ であるための □。
(2) $x^2>y^2$ は，$x^4>y^4$ であるための □。
(3) $x+y>2$ は，$x>1$ または $y>1$ であるための □。

(a) 必要条件である　(b) 十分条件である
(c) 必要十分条件である　(d) 必要条件でも十分条件でもない

解　答

(1) $x>y \Longrightarrow x^2>y^2$ は **偽**。　（反例）$x=0$，$y=-1$
　$x^2>y^2 \Longrightarrow x>y$ は **偽**。　（反例）$x=-1$，$y=0$　答 (d)

(2) $x^4-y^4=(x^2-y^2)(x^2+y^2)$　また　$x^2+y^2 \geqq 0$ で，
$x^2+y^2=0$ となるのは $x=y=0$ のときである。
よって，$x^2>y^2$ ならば $x^4-y^4>0$　すなわち　$x^4>y^4$
　$x^4>y^4$ ならば $x^2-y^2>0$　すなわち　$x^2>y^2$
は **ともに真** である。　答 (c)

(3) $x+y>2$ の表す領域を P，$x>1$ または $y>1$ の表す領域を Q とすると，図（境界線を含まない）から　$P \subset Q$　答 (b)

(3)
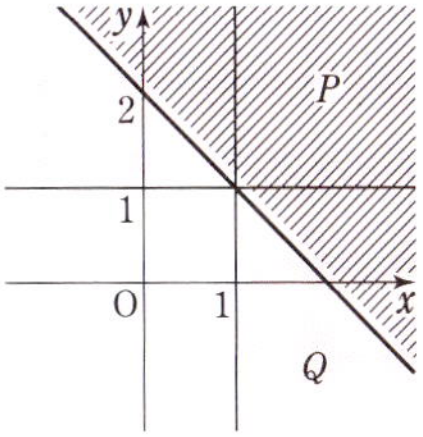

POINT ▶ 必要条件と十分条件

❶ 命題 $p \Longrightarrow q$ が真であるとき，（すなわち $P \subset Q$）
q は p であるための **必要条件**，p は q であるための **十分条件** という。

❷ 命題 $p \Longrightarrow q$，$q \Longrightarrow p$ がともに真，すなわち $p \Longleftrightarrow q$ が真であるとき，
p は q（q は p）であるための **必要十分条件** といい，p と q は互いに **同値** であるという。

類題 42　x，y は実数とする。次の □ に最も適するものを，例題 42 と同様に選べ。

(1) $x>1$ かつ $y>1$ は，$x+y>2$ かつ $xy>1$ であるための □。
(2) $|x-y|=|x+y|$ は，$xy=0$ であるための □。
(3) $x^2+y^2 \leqq 1$ は，$|x|+|y| \leqq 1$ であるための □。
(4) $3x^2+7x-6 \geqq 0$ は，$x^2+7x+12 \geqq 0$ であるための □。

43 逆・裏・対偶

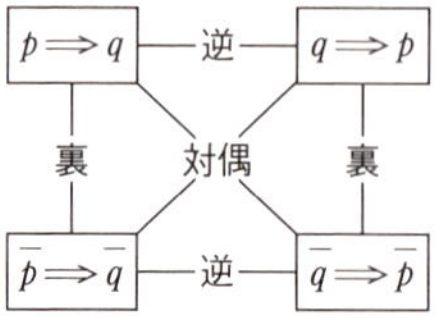

(2) (1)の逆であるが，**命題の真偽とその逆の真偽は必ずしも一致しない** ことに注意。

(3) 「または」が関係する命題は意外と扱いにくいので，**対偶を利用した証明** を考える。

命題の真偽とその対偶の真偽は一致する。

例題 | 43 I

次の命題の真偽を調べよ。ただし，a，b は自然数とする。

(1) a が奇数かつ b が奇数ならば，a^2+b^2 が偶数

(2) a^2+b^2 が偶数ならば，a が奇数かつ b が奇数

(3) a^2+b^2 が奇数ならば，a が奇数または b が奇数　〔類 松山大〕

解答

(1) $a=2m+1$，$b=2n+1$ (m，n は整数) とすると

$$a^2+b^2=(2m+1)^2+(2n+1)^2=2(2m^2+2m+2n^2+2n+1)$$

$2m^2+2m+2n^2+2n+1$ は整数であるから，a^2+b^2 は 2 の倍数，すなわち偶数である。

したがって，命題は **真** である。　答

(2) $a=2$，$b=4$ とすると，$a^2+b^2=20$ であるから，a^2+b^2 は偶数であるが，

「a が奇数かつ b が奇数」ではない。　したがって　**偽**　答

(3) 命題の対偶は 「a が偶数かつ b が偶数ならば，a^2+b^2 が偶数」

$a=2m$，$b=2n$ (m，n は整数) とすると

$$a^2+b^2=(2m)^2+(2n)^2=2(2m^2+2n^2)$$

$2m^2+2n^2$ は整数であるから，a^2+b^2 は偶数である。

したがって，対偶が真であるから，もとの命題も **真** である。　答

POINT ▶ 命題の逆・裏・対偶

❶ 命題 $p \Longrightarrow q$ に対し
　$q \Longrightarrow p$ を **逆**，
　$\overline{p} \Longrightarrow \overline{q}$ を **裏**，
　$\overline{q} \Longrightarrow \overline{p}$ を **対偶** という。

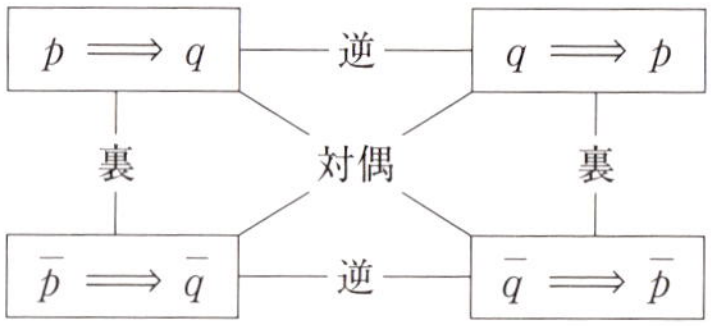

❷ **命題の真偽とその対偶の真偽は一致する。**

❸ 命題の真偽とその逆，裏の真偽は必ずしも一致しない。

類題 43 a は整数とする。命題「a^2 が 3 の倍数ならば，a は 3 の倍数である。」について

(1) この命題の対偶を記せ。

(2) 与えられた命題を証明せよ。　〔獨協大〕

44 背理法

$p \Longrightarrow q$

$\overline{q}$ と仮定して

矛盾を示す

「でない」「少なくとも」の証明

背理法の利用

無理数であることの証明は難しいので，$\sqrt{3}$ が無理数でない（有理数である）と **仮定** し，$\sqrt{3}$ が既約分数で表されるとして **矛盾** を導く。

例題 44 Ⅰ

$\sqrt{3}$ は無理数であることを証明せよ。ただし，$p.46$ 類題 43 で証明したことを用いてよい。

解答

$\sqrt{3}$ が無理数でない，すなわち有理数である **と仮定すると**

$$\sqrt{3}=\frac{a}{b} \quad \cdots\cdots ①\ (a \text{ と } b \text{ は互いに素の自然数})$$

と表される。

① を $a=b\sqrt{3}$ と変形して，両辺を平方すると

$$a^2=3b^2 \quad \cdots\cdots ②$$

したがって，a^2 は 3 の倍数であるから，a も 3 の倍数である。 ◀類題 43 参照。

よって，$a=3k$（k は自然数）と表されるから，② より

$$(3k)^2=3b^2$$

すなわち　$b^2=3k^2$

ゆえに，b^2 は 3 の倍数であるから，b も 3 の倍数である。 ◀類題 43 参照。

これは，a と b が互いに素であることに **矛盾** する。

したがって，$\sqrt{3}$ は無理数である。 終

POINT ▶ 直接証明法と間接証明法

❶ **直接証明法**　$p \Longrightarrow q$ を証明するのに，仮定 p から出発して順に推論を進め，結論 q を導く証明法。

❷ **間接証明法**　**対偶を利用する証明** や **背理法** のように，仮定から間接的に結論を導く証明法。（他に **転換法** もある）

参考 **互いに素**　整数 a と b が 1 以外の公約数をもたないとき，a と b は互いに素であるという。

類題 44　$\sqrt{6}$ は無理数である。このことを用いて，$\sqrt{2}+\sqrt{3}$ が無理数であることを証明せよ。

45 最大公約数と最小公倍数

$$\begin{aligned} a &= a' \times g \\ b &= \phantom{a'\times{}} g \times b' \\ \hline l &= a' \times g \times b' \\ lg &= \underbrace{a' \times g}_{a} \times \underbrace{b' \times g}_{b} \end{aligned}$$

2つの自然数 a, b の最大公約数を g とすると

$a=ga'$, $b=gb'$ （a', b' は互いに素）

このように a, b を最大公約数を用いて表し，最小公倍数や和の条件から，a', b' の値を求める。「a', b' は互いに素」に要注意。

例題 45 A

次の条件を満たす2つの自然数の組 (a, b) をすべて求めよ。ただし，$a<b$ とする。

(1) 最大公約数が12，最小公倍数が144　　(2) 和が336，最大公約数が28

解答

(1) 最大公約数が12であるから，a, b は次のように表される。

$a=12a'$, $b=12b'$ （a', b' は互いに素である自然数 で $a'<b'$）

最小公倍数は $12a'b'$ と表されるから　$12a'b'=144$　すなわち　$a'b'=12$

$a'b'=12$, $a'<b'$ を満たし，互いに素である自然数 a', b' の組は

$(a', b')=(1, 12), (3, 4)$

したがって　**$(a, b)=(12, 144), (36, 48)$** 答

(2) 最大公約数が28であるから，a, b は次のように表される。

$a=28a'$, $b=28b'$ （a', b' は互いに素である自然数 で $a'<b'$）

$a+b=336$ に代入して　$28a'+28b'=336$　すなわち　$a'+b'=12$

$a'+b'=12$, $a'<b'$ を満たし，互いに素である自然数 a', b' の組は

$(a', b')=(1, 11), (5, 7)$

したがって　**$(a, b)=(28, 308), (140, 196)$** 答

POINT ▶ 最大公約数，最小公倍数の性質

2つの自然数 a, b の最大公約数を g，最小公倍数を l とする。$a=ga'$, $b=gb'$ であるとすると，次のことが成り立つ。

❶ a' と b' は互いに素　❷ $l=ga'b'=a'b=ab'$　❸ $ab=gl$

類題 45

次の(A), (B), (C)を満たす3つの自然数の組 (a, b, c) をすべて求めよ。ただし，$a<b<c$ とする。

(A) a, b, c の最大公約数は7

(B) b と c の最大公約数は21，最小公倍数は294

(C) a と b の最小公倍数は84

46 余りによる整数の分類

整数の表現

$2n$, $2n+1$
$3n$, $3n+1$, $3n+2$

整数についての証明問題
[1] **偶数 ($2n$)，奇数 ($2n+1$)**
[2] **3 で割った余り**
0 ($3n$)，1 ($3n+1$)，2 ($3n+2$)
に分類して進める。

例題 | 46 A

n を整数とするとき，次のことを証明せよ。

$$2n^3-3n^2+n \text{ は } 6 \text{ の倍数である}$$

解答

$P=2n^3-3n^2+n$ とすると　$P=n(2n^2-3n+1)=n(n-1)(2n-1)$
ここで，n, $n-1$ は連続した整数であるから，どちらか一方は偶数である。
したがって，P は 2 の倍数である。次に，k を整数とすると

[1] $n=3k$ のとき　$P=3k(3k-1)(6k-1)$

[2] $n=3k+1$ のとき　$P=(3k+1)(3k+1-1)\{2(3k+1)-1\}$
$=3k(3k+1)(6k+1)$

[3] $n=3k+2$ のとき　$P=(3k+2)(3k+2-1)\{2(3k+2)-1\}$
$=3(3k+2)(3k+1)(2k+1)$

したがって，[1]～[3] のいずれの場合も P は 3 の倍数である。
以上により，P は 2 の倍数かつ 3 の倍数であるから，P は 6 の倍数である。 終

別解　$P=n(n-1)(2n-1)=n(n-1)\{(n+1)+(n-2)\}$
$=(n-1)n(n+1)+(n-2)(n-1)n$
$(n-1)n(n+1)$，$(n-2)(n-1)n$ はともに連続する 3 つの整数の積であるから，6 の倍数である。したがって，その和である P も 6 の倍数である。 終

POINT ▶ 整数の表現

❶ すべての整数は，次のようにして表現することができる（n は整数）。
[1] **偶数**，**奇数** に分ける（2 で割った余りが 0，1）。 ⟶ $2n$, $2n+1$
[2] **3 で割った余りが 0，1，2** の場合に分ける。 ⟶ $3n$, $3n+1$, $3n+2$
一般に，p が 2 以上の自然数のとき　pn, $pn+1$, $pn+2$, ……, $pn+(p-1)$

❷ **連続した整数の積** …… $n(n+1)$, $n(n+1)(n+2)$ など
[1] 連続する 2 整数の積 ⟶ 2 の倍数　[2] 連続する 3 整数の積 ⟶ 6 の倍数

類題 46　連続した 4 つの整数の積は，24 で割り切れることを証明せよ。

47 n 進法

$a_k a_{k-1} \cdots\cdots a_1 a_0$（$n$ 進数）

↓ 10 進法

$a_k n^k + a_{k-1} n^{k-1} + \cdots\cdots + a_1 n + a_0$

k 桁の n 進数　10 進法で表す

記数法の底が混在しているときは，**底を統一する**（10 進法で表す）と処理しやすい。
「3 桁の数」とあるから，$a \neq 0$，$c \neq 0$ であることに注意する。

例題 47 A

自然数 N を 6 進法と 9 進法で表すと，それぞれ 3 桁の数 $abc_{(6)}$ と $cab_{(9)}$ になるという。a，b，c の値を求めよ。また，N を 10 進法で表せ。

解答

$abc_{(6)}$ と $cab_{(9)}$ はともに 3 桁の数であり，底について $6<9$ であるから

$1 \leqq a \leqq 5$，$0 \leqq b \leqq 5$，$1 \leqq c \leqq 5$

$abc_{(6)} = a \cdot 6^2 + b \cdot 6^1 + c \cdot 6^0 = \mathbf{36a+6b+c}$ …… ①

$cab_{(9)} = c \cdot 9^2 + a \cdot 9^1 + b \cdot 9^0 = \mathbf{81c+9a+b}$

この 2 数は同じ数であるから　$36a+6b+c=81c+9a+b$

ゆえに　$27a=80c-5b$　すなわち　$27a=5(16c-b)$ …… ②

5 と 27 は互いに素であるから，a は 5 の倍数である。

$1 \leqq a \leqq 5$ であるから　$a=5$

② に代入して整理すると　$16c=b+27$ …… ③

よって，$b+27$ は 16 の倍数である。

$0 \leqq b \leqq 5$ より，$27 \leqq b+27 \leqq 32$ であるから　$b+27=32$

よって　$b=5$　③ から　$c=2$（$1 \leqq c \leqq 5$ を満たす）

以上から　$\mathbf{a=5,\ b=5,\ c=2}$　答

この値を ① に代入して　$\mathbf{N}=36 \cdot 5+6 \cdot 5+2=\mathbf{212}$　答

POINT ▶ n 進数

n を 2 以上の整数とするとき，0 以上の整数は，すべて

$$a_k n^k + a_{k-1} n^{k-1} + \cdots\cdots + a_2 n^2 + a_1 n + a_0$$

（a_0，a_1，a_2，……，a_{k-1}，a_k は 0 以上 $n-1$ 以下の整数）

の形に書くことができる。これを $a_k a_{k-1} \cdots\cdots a_2 a_1 a_0$ のような数字の配列で表す方法が **位取り記数法** である。$n=10$ のとき 10 進法，$n=2$ のとき 2 進法と呼ばれる。

類題 47　ある自然数 N を 5 進法で表すと 3 桁の数 $abc_{(5)}$ となり，3 倍して 9 進法で表すと 3 桁の数 $cba_{(9)}$ となる。a，b，c の値を求めよ。また，N を 10 進法で表せ。
〔阪南大〕

48 集合の要素の個数

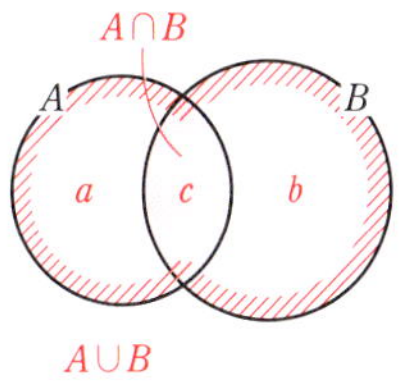

(2) 個数定理の利用。

$n(A\cup B)=n(A)+n(B)-n(A\cap B)$

(3) 4 でも 6 でも割り切れない数

⟶ $n(\overline{A}\cap\overline{B})$ の形。

⟶ **ド・モルガンの法則** が利用できる。

例題 | 48 A

1000 以下の自然数について，次の数の個数を求めよ。

(1) 4 でも 6 でも割り切れる数　　(2) 4 または 6 で割り切れる数

(3) 4 でも 6 でも割り切れない数

(4) 4 で割り切れないが，6 で割り切れる数

解　答

1 から 1000 までの自然数全体の集合を全体集合 U とし，4，6 で割り切れる数全体の集合をそれぞれ A，B とすると

$$A=\{4\cdot1,\ 4\cdot2,\ 4\cdot3,\ \cdots\cdots,\ 4\cdot250\},\quad B=\{6\cdot1,\ 6\cdot2,\ 6\cdot3,\ \cdots\cdots,\ 6\cdot166\}$$

(1) 求める個数は $n(A\cap B)$ である。

$A\cap B$ は，4 と 6 の最小公倍数 12 で割り切れる数の集合であり

$A\cap B=\{12\cdot1,\ 12\cdot2,\ 12\cdot3,\ \cdots\cdots,\ 12\cdot83\}$　　よって　$n(A\cap B)=\mathbf{83}$ 答

(2) 求める個数は $n(A\cup B)$ であるから

$$n(A\cup B)=n(A)+n(B)-n(A\cap B)=250+166-83=\mathbf{333}$$ 答

(3) 求める個数は $n(\overline{A}\cap\overline{B})$ であるから

$$n(\overline{A}\cap\overline{B})=n(\overline{A\cup B})=n(U)-n(A\cup B)=1000-333=\mathbf{667}$$ 答

(4) 求める個数は $n(\overline{A}\cap B)$ であるから

$$n(\overline{A}\cap B)=n(A\cup B)-n(A)=333-250=\mathbf{83}$$ 答

POINT ▸ 個数定理

有限集合 X の要素の個数を $n(X)$ で表す。U，A，B，C が有限集合のとき，

❶ $n(A\cup B)=n(A)+n(B)-n(A\cap B)$

❷ $n(\overline{A})=n(U)-n(A)$　［U は全体集合，A はその部分集合］

❸ $n(A\cup B\cup C)=n(A)+n(B)+n(C)-n(A\cap B)-n(B\cap C)-n(C\cap A)+n(A\cap B\cap C)$

類題 48

150 以下の正の整数全体の集合 {150, 149, ……, 2, 1} で，3 の倍数からなる部分集合を X，4 の倍数からなる部分集合を Y，5 の倍数からなる部分集合を Z とする。このとき，次の集合の要素の個数を求めよ。

(1) $(X\cap Y)\cup Z$　　(2) $X\cup Y\cup Z$　　〔摂南大〕

49 順列

隣り合う

女男男男男女女女

隣り合わない

○男○男○男○男○

隣接するもの

枠に入れて，枠の中で動かす

隣接しないもの

後から 間 または 両端 に入れる

の要領で，各問題の条件を処理する。

例題 | 49　A

男子 4 人，女子 3 人がいる。次の並び方は何通りあるか。

(1) 男子 4 人が皆隣り合うように 7 人が 1 列に並ぶ。

(2) どの 2 人の女子も隣り合わないように 7 人が 1 列に並ぶ。

(3) 女子の両隣には男子が来るように 7 人が円周上に並ぶ。

40

解答

(1) 男子 4 人をまとめて 1 組と考えると，この 1 組と女子 3 人の並び方は　${}_4P_4$ 通り

次に，男子 4 人の並び方が　${}_4P_4$ 通り

よって，求める並び方は　${}_4P_4\times{}_4P_4=4!\times4!=24\times24=\mathbf{576}$ **(通り)**　答

(2) まず，男子 4 人が 1 列に並ぶ並び方は　${}_4P_4$ 通り

次に，男子 4 人の両端とその間の 5 か所に女子 3 人を入れる方法は　${}_5P_3$ 通り

よって，求める並び方は　${}_4P_4\times{}_5P_3=4!\times5\cdot4\cdot3=\mathbf{1440}$ **(通り)**　答

(3) まず，男子 4 人が円周上に並ぶ方法は　$(4-1)!$ 通り

次に，男子と男子の間の 4 か所に女子 3 人を 1 人ずつ入れる方法は　${}_4P_3$ 通り

よって，求める並び方は　$(4-1)!\times{}_4P_3=6\times4\cdot3\cdot2=\mathbf{144}$ **(通り)**　答

POINT ▸ 順列

❶ $r\leqq n$ のとき，異なる n 個のものから，r 個を取り出して並べる順列の総数は

$${}_nP_r=n(n-1)(n-2)\cdots\cdots(n-r+1)=\frac{n!}{(n-r)!}$$

❷ **円順列**　異なる n 個のものの円順列の総数は　$\dfrac{{}_nP_n}{n}=(n-1)!$

❸ **重複順列**　異なる n 個のものから，重複を許して r 個を取り出す順列の総数は　n^r

類題 49　6 個の数字 0，1，2，3，4，5 がある。このとき，異なる 3 個の数字を用いてできる 3 桁の整数は ア□ 個あり，そのうち偶数は イ□ 個ある。また，3 桁の整数のうち，312 より大きい整数は ウ□ 個ある。更に，重複を許してできる 3 桁の整数は エ□ 個ある。〔東京薬大〕

50 組合せ

$$ {}_nC_r = \frac{{}_nP_r}{r!} = \frac{n!}{r!(n-r)!} $$

(2) **組分けの問題** ⟶ 分けるものの区別，できた組の区別がつくかどうかがポイント。

(3) **同じものを含む順列**

$$ \frac{n!}{p!q!r!\cdots\cdots} \quad (p+q+r+\cdots\cdots=n) $$

例題 | 50 A

(1) 大人 6 人，子ども 5 人の中から 4 人を選ぶとき，大人も子どもも含まれる選び方は何通りあるか。

(2) 9 人を 3 人ずつの 3 組に分ける方法は何通りあるか。

(3) SUUGAKU の 7 文字を 1 列に並べる方法は [ア] □ 通りであり，S，G，K，A がこの順にあるように並べる方法は [イ] □ 通りである。

解 答

(1) [1] 大人 3 人，子ども 1 人　[2] 大人 2 人，子ども 2 人　[3] 大人 1 人，子ども 3 人を選ぶ方法を考えると，求める場合の数は

$$ {}_6C_3\times{}_5C_1+{}_6C_2\times{}_5C_2+{}_6C_1\times{}_5C_3=100+150+60=\mathbf{310} $$ **(通り)** 答

(2) まず，3 人ずつの異なる 3 組 A，B，C に分けると　${}_9C_3\times{}_6C_3$ 通り

ここで，A，B，C の区別をなくすと，3! 通りずつ同じ組ができるから

$$ {}_9C_3\times{}_6C_3\div3!=84\times20\div6=\mathbf{280} $$ **(通り)** 答

(3) (ア) U 3 個，S，G，A，K 各 1 個の順列であるから　$\frac{7!}{3!}=\mathbf{840}$ **(通り)** 答

(イ) S，G，K，A を同じ文字□とみて，□ 4 個，U 3 個を 1 列に並べ，4 個の□は左から S，G，K，A とすればよいから　$\frac{7!}{4!3!}=\mathbf{35}$ **(通り)** 答

POINT ▶ 組合せ

❶ 異なる n 個のものから，異なる r 個を取り出す組合せの総数は

$$ {}_nC_r=\frac{{}_nP_r}{r!}=\frac{n(n-1)(n-2)\cdots\cdots(n-r+1)}{r!}=\frac{n!}{r!(n-r)!} $$

❷ ${}_nC_r$ の性質　${}_nC_r={}_nC_{n-r}\ (0\leqq r\leqq n)$　${}_nC_r={}_{n-1}C_{r-1}+{}_{n-1}C_r\ (1\leqq r\leqq n-1,\ n\geqq2)$

類題 50　8 個の異なる品物を A，B，C の 3 人に分ける方法について

(1) A に 3 個，B に 2 個，C に 3 個分ける方法は何通りあるか。

(2) 品物を 1 個ももらえない人がいてもよいとすれば，分け方は何通りあるか。

(3) A，B，C がいずれも，少なくとも 1 個の品物をもらう分け方は何通りあるか。

〔滋賀大〕

51 重複組合せ

n 個から r 個取る重複組合せ

○|○○○|○○ ……

r 個の○と $(n-1)$ 個の仕切り | を並べる順列

重複組合せ $_n\mathrm{H}_r$

異なる n 個から重複を許して r 個取る組合せ

⟶ **r 個の ○ と $(n-1)$ 個の仕切り | の順列**

⟶ $\{(n-1)+r\}$ 個の場所から，r 個の ○ の場所を選ぶ と考える。

例題 | 51 A

次の問いに答えよ。ただし，含まれない数字や文字があってもよいものとする。

(1) 1，2，3，4 の 4 個の数字から重複を許して 3 個の数字を取り出す。このとき，作られる組の総数を求めよ。

(2) x，y，z の 3 種類の文字から作られる 6 次の項は何通りできるか。

解答

(1) **3 つの ○ で数字，3 つの | で仕切りを表し，**

1 つ目の仕切りの左側に ○ があるときは　数字 1
1 つ目と 2 つ目の仕切りの間に ○ があるときは　数字 2
2 つ目と 3 つ目の仕切りの間に ○ があるときは　数字 3
3 つ目の仕切りの右側に ○ があるときは　数字 4　を表すとする。

このとき，3 つの ○ と 3 つの | の順列の総数が求める場合の数となるから

$$_6\mathrm{C}_3=20 \text{ (通り)}$$ 答

(2) **6 つの ○ で x，y，z を表し，2 つの | で仕切りを表す。**

このとき，6 つの ○ と 2 つの | の順列の総数が求める場合の数となるから

$$_8\mathrm{C}_6={}_8\mathrm{C}_2=28 \text{ (通り)}$$ 答

POINT ▶ 重複組合せ

異なる n 個のものから，重複を許して r 個取る組合せの総数は，r 個の ○ と $(n-1)$ 個の仕切り | の順列の総数で　$_{(n-1)+r}\mathrm{C}_r$　すなわち　$_{n+r-1}\mathrm{C}_r$

このような組合せを **重複組合せ** といい，その総数を $_n\mathrm{H}_r$ で表す。

$$_n\mathrm{H}_r={}_{n+r-1}\mathrm{C}_r$$

なお，重複を許して取るから，$n<r$ の場合も考えられる。

類題 51　A，B，C，D の 4 種類の商品を，それぞれ a 個，b 個，c 個，d 個，合わせて 10 個買うものとする。ただし，$a \geqq 1$，$b \geqq 1$，$c \geqq 1$，$d \geqq 1$ とする。

(1) 買い方は全部で何通りあるか。

(2) $a=3$ となる買い方は全部で何通りあるか。

(3) $2 \leqq a \leqq 4$ となる買い方は全部で何通りあるか。〔類 近畿大〕

52 二項定理

$(a+b)^n$ の展開式
における一般項

$${}_n\mathrm{C}_r a^{n-r} b^r$$

二項展開式の係数

1 一般項の式 ${}_n\mathrm{C}_r a^{n-r} b^r$ に当てはめる。
2 指数部分に注目して r の値を求める。
3 r の値を代入して，係数を決定する。
(2) **多項定理**（POINT 参照）を利用する。

例題 52 Ⅱ

次の式の展開式において，[ ] 内の項の係数を求めよ。

(1) $\left(x^2+\dfrac{2}{x^3}\right)^{10}$ $[x^5]$ (2) $(1+x+x^2)^8$ $[x^{12}]$

解答

(1) 展開式の一般項は

$${}_{10}\mathrm{C}_r(x^2)^{10-r}\left(\frac{2}{x^3}\right)^r={}_{10}\mathrm{C}_r x^{20-2r}\cdot\frac{2^r}{x^{3r}}=2^r{}_{10}\mathrm{C}_r x^{20-2r}x^{-3r}=2^r{}_{10}\mathrm{C}_r x^{20-5r}$$

◀ $\dfrac{1}{a^r}=a^{-r}$

x^5 の項は $20-5r=5$ すなわち $r=3$ のとき得られる。
よって，求める係数は $2^3{}_{10}\mathrm{C}_3=8\cdot120=\mathbf{960}$ 答

(2) 展開式の一般項は，$p+q+r=8$（p，q，r は負でない整数）として

$$\frac{8!}{p!q!r!}\cdot1^p\cdot x^q\cdot(x^2)^r=\frac{8!}{p!q!r!}\cdot x^{q+2r}$$

x^{12} の項は $q+2r=12$ のときで，$q=12-2r\geqq0$ であるから $r\leqq6$
また，$p+(12-2r)+r=8$ より，$p=r-4\geqq0$ であるから $r\geqq4$
ゆえに $r=4$，5，6 この r の値に対応した p，q の値を求めて
$(p,\ q,\ r)=(0,\ 4,\ 4)$，$(1,\ 2,\ 5)$，$(2,\ 0,\ 6)$
よって，求める係数は $\dfrac{8!}{0!4!4!}+\dfrac{8!}{1!2!5!}+\dfrac{8!}{2!0!6!}=\mathbf{266}$ 答

POINT ▶ 二項展開式，多項展開式の係数

❶ **二項定理** $(a+b)^n={}_n\mathrm{C}_0a^n+{}_n\mathrm{C}_1a^{n-1}b+{}_n\mathrm{C}_2a^{n-2}b^2+\cdots\cdots$
$+{}_n\mathrm{C}_ra^{n-r}b^r+\cdots\cdots+{}_n\mathrm{C}_{n-1}ab^{n-1}+{}_n\mathrm{C}_nb^n$

❷ **多項定理** $(a+b+c)^n$ の展開式の一般項は

$$\frac{n!}{p!q!r!}a^pb^qc^r \quad (p+q+r=n,\ p\geqq0,\ q\geqq0,\ r\geqq0)$$

類題 52

(1) $(3x^2-y)^7$ を展開して整理したとき，x^8y^3 の係数は ア[ ] であり，逆に係数が，21 となる項の y の次数は イ[ ] である。〔武庫川女子大〕

(2) $\left(x^3-2x+\dfrac{2}{x}\right)^5$ の展開式において x^3 の項の係数を求めよ。〔南山大〕

53 確率の計算

N と a を求めて

$$\frac{a}{N}$$

確率の計算の基本

起こりうるすべての場合の数 N と事象 A の起こる場合の数 a を求めて　$\frac{a}{N}$

(3)　4 の倍数でない場合を考えた方が早い。

例題 53　A

1 から 8 までの番号の付いた 8 枚のカードの中から 3 枚のカードを同時に取り出す。このとき，そのカードの番号について，次の確率を求めよ。

(1)　和が 18 以下となる確率　　(2)　積が奇数となる確率

(3)　積が 4 の倍数となる確率　〔星薬大〕

解答

3 枚のカードの取り出し方は　${}_8C_3=56$（通り）

(1)　和が 18 より大きくなるのは，(8, 7, 6), (8, 7, 5), (8, 7, 4), (8, 6, 5) の 4 通りであるから，求める確率は　$1-\frac{4}{56}=\frac{13}{14}$ 答

◀余事象の確率。

(2)　積が奇数になるのは，3 枚とも奇数のときで，その取り出し方は　${}_4C_3=4$（通り）

したがって，求める確率は　$\frac{4}{56}=\frac{1}{14}$ 答

(3)　積が偶数となる取り出し方は　${}_8C_3-{}_4C_3=52$（通り）

このうち，積が 4 の倍数とならないのは，2 枚が奇数で 1 枚が 2 または 6 の場合である。

そのような取り出し方は　${}_4C_2\times{}_2C_1=6\times2=12$（通り）

したがって，求める確率は　$\frac{52-12}{56}=\frac{5}{7}$ 答

POINT ▶ 確率の基本性質

❶ **確率の定義**　$P(A)=\frac{n(A)}{n(U)}=\frac{\text{事象 } A \text{ の起こる場合の数}}{\text{起こりうるすべての場合の数}}$

❷ 任意の事象 A に対して　$\mathbf{0\leqq P(A)\leqq 1}$　特に　$P(\varnothing)=0$, $P(U)=1$

❸ **余事象の確率**　$P(\overline{A})=1-P(A)$

類題 53

箱の中に 1 から 9 までの番号が書かれた 9 個の玉が入っている。箱の中から 2 個の玉を同時に取り出すとき，次の確率を求めよ。〔類　松山大〕

(1)　2 個の玉に書かれた数の積が偶数である確率

(2)　2 個の玉に書かれた数の和が 3 の倍数となる確率

(3)　一方の玉に書かれた数が他方の玉に書かれた数の約数となる確率

54 確率の加法定理

A, B が排反事象

$$P(A \cup B) = P(A) + P(B)$$

事象 A, B が **互いに排反**（同時に起こらない）なら，確率の加法定理が利用できる。

$$P(A \cup B) = P(A) + P(B)$$

これは 3 つの事象 A, B, C が互いに排反であるときも成り立つ。

例題 | 54 A

1 つの袋の中に，赤玉 4 個，青玉 3 個，黄玉 2 個を入れてよくかき混ぜる。この袋の中から 3 個の玉を同時に取り出すとき，取り出された玉のうち，2 個が同じ色で残りの 1 個がこれらと異なる色である確率を求めよ。〔奈良県医大〕

解答

玉の取り出し方の総数は　${}_9C_3 = 84$（通り）

2 個が同じ色で残りの 1 個が異なる色であるという事象は，3 つの事象

A：赤玉が 2 個，赤玉以外が 1 個　　B：青玉が 2 個，青玉以外が 1 個

C：黄玉が 2 個，黄玉以外が 1 個

の和事象であり，A, B, C は互いに排反である。

A が起こる場合の数は　${}_4C_2 \times {}_{3+2}C_1 = 6 \times 5 = 30$（通り）

B が起こる場合の数は　${}_3C_2 \times {}_{4+2}C_1 = 3 \times 6 = 18$（通り）

C が起こる場合の数は　${}_2C_2 \times {}_{4+3}C_1 = 1 \times 7 = 7$（通り）

よって，求める確率は　$P(A \cup B \cup C) = \dfrac{30}{84} + \dfrac{18}{84} + \dfrac{7}{84} = \dfrac{55}{84}$　答

POINT ▶ 確率の加法定理

❶ **確率の加法定理**　事象 A, B が互いに排反であるとき（$A \cap B = \varnothing$ のとき）

$$P(A \cup B) = P(A) + P(B)$$

事象 A, B, C が互いに排反であるとき（$A \cap B = \varnothing$, $B \cap C = \varnothing$, $C \cap A = \varnothing$ のとき）

$$P(A \cup B \cup C) = P(A) + P(B) + P(C)$$

❷ **和事象の確率**　一般に　$P(A \cup B) = P(A) + P(B) - P(A \cap B)$

類題 54

2 つの組 A，B があって各組は

A 組：男子 2 人，女子 3 人　　B 組：男子 4 人，女子 1 人

のように構成されている。この 2 つの組を合わせた合計 10 人の生徒から任意に 3 人の委員を選ぶとき，次の確率を求めよ。〔類 北海学園大〕

(1) 3 人の委員の中にいずれの組の女子生徒も含まれる確率

(2) 3 人の委員が B 組の生徒だけになるか，または男子生徒だけになる確率

55 反復試行の確率

n 回中 r 回起こる確率

$${}_n\mathrm{C}_r\, p^r(1-p)^{n-r}$$

Aの3勝1敗：${}_4\mathrm{C}_3\left(\frac{2}{3}\right)^3\left(1-\frac{2}{3}\right)$ は**誤り**！

［○○○×の場合も含まれているから。］

最後の試合にAが勝って優勝が決まるから，

優勝が決まる直前の試合までの勝敗がポイント。

例題 | 55 A

AとBが試合をして，先に3勝した方を優勝とする。AがBに勝つ確率を $\frac{2}{3}$ とするとき，Aが優勝する確率を求めよ。ただし，引き分けはないものとする。 〔中部大〕

解答

Aが優勝する場合は，次の［1］～［3］のいずれかで，これらは互いに排反である。

［1］ 3戦全勝で優勝する。　　その確率は　$\left(\frac{2}{3}\right)^3=\frac{8}{27}$

［2］ 3勝1敗で優勝する。

3試合までがAの2勝1敗で，4試合目にAが勝つ場合であるから，その確率は

$${}_3\mathrm{C}_2\left(\frac{2}{3}\right)^2\left(1-\frac{2}{3}\right)\times\frac{2}{3}=\frac{8}{27}$$

［3］ 3勝2敗で優勝する。

4試合までが2勝2敗で，5試合目にAが勝つ場合であるから，その確率は

$${}_4\mathrm{C}_2\left(\frac{2}{3}\right)^2\left(1-\frac{2}{3}\right)^2\times\frac{2}{3}=\frac{16}{81}$$

よって，求める確率は　$\frac{8}{27}+\frac{8}{27}+\frac{16}{81}=\mathbf{\frac{64}{81}}$　答

POINT ▶ 反復試行の確率

❶ 同じ条件のもとで同じ試行を何回か繰り返すとき，各回の試行は独立である。このような独立な試行の繰り返しを **反復試行** という。

❷ 1回の試行で事象 A が起こる確率を p とする。この試行を n 回繰り返し行うとき，事象 A がちょうど r 回起こる確率は　${}_n\mathrm{C}_r\, p^r(1-p)^{n-r}$

類題 55

数直線上を動く点Pを考える。点Pは，原点0から出発し，1秒ごとに，確率 $\frac{3}{4}$ で正の方向に2移動し，確率 $\frac{1}{4}$ で負の方向に1移動する。

(1) 6秒後の点Pの位置が原点0である確率を求めよ。

(2) 最も確率が大きい6秒後の点Pの位置を求めよ。 〔東洋大〕

56 確率の乗法定理

A，B がともに起こる

$$P(A\cap B)$$
$$=P(A)P_A(B)$$

非復元抽出の問題
乗法定理の利用が有効
(2)，(3)　A の引いた結果によって，B が引くときの当たりくじの本数が変わることに注意する。

例題 56　A

7 本のくじの中に当たりくじが 3 本ある。このくじをまず A が 2 本引き，次に B が 2 本引く。ただし，引いたくじはもとに戻さないものとする。
(1)　A が 1 本だけ当たる確率を求めよ。
(2)　A が 1 本だけ当たり，なおかつ B も 1 本だけ当たる確率を求めよ。
(3)　B が 1 本だけ当たる確率を求めよ。　〔琉球大〕

解　答

(1)　$\dfrac{{}_3C_1\cdot{}_4C_1}{{}_7C_2}=\dfrac{3\cdot4}{21}=\dfrac{4}{7}$　答

(2)　A が 1 本だけ当たりくじを引いたとき，残り 5 本のくじに当たりくじは 2 本ある。
よって，求める確率は　$\dfrac{4}{7}\times\dfrac{{}_2C_1\cdot{}_3C_1}{{}_5C_2}=\dfrac{4}{7}\times\dfrac{2\cdot3}{10}=\dfrac{12}{35}$　答

(3)　A が引いた当たりくじの本数は，[1] 0 本 [2] 1 本 [3] 2 本 の場合があり，これらは互いに排反である。この各場合が起こったとき，残り 5 本のくじに当たりくじは [1] 3 本 [2] 2 本 [3] 1 本 ある。[2] は (2) の結果が利用できるから，求める確率は

$$\frac{{}_4C_2}{{}_7C_2}\times\frac{{}_3C_1\cdot{}_2C_1}{{}_5C_2}+\frac{12}{35}+\frac{{}_3C_2}{{}_7C_2}\times\frac{{}_1C_1\cdot{}_4C_1}{{}_5C_2}=\frac{6}{21}\times\frac{6}{10}+\frac{12}{35}+\frac{3}{21}\times\frac{4}{10}=\frac{4}{7}$$　答

POINT ▸ 確率の乗法定理

❶ 事象 A が起こったときに，事象 B が起こる確率を，A が起こったときの B が起こる **条件付き確率** といい，$P_A(B)$ で表す。
❷ **確率の乗法定理**　2 つの事象 A，B がともに起こる確率 $P(A\cap B)$ は
$$P(A\cap B)=P(A)P_A(B)$$

類題 56　赤，青，白 2 個ずつ，合わせて 6 個の玉が袋に入っている。袋の中から無作為に 2 個の玉を取り出し，それらが同じ色であれば手もとに残し，異なる色であれば袋に戻す。このとき，次の確率を求めよ。　〔龍谷大〕
(1)　この操作を繰り返し，2 回目に初めて玉が手もとに残る確率
(2)　この操作を 2 回繰り返したとき，手もとに残る玉が 2 個である確率
(3)　この操作を 3 回繰り返したとき，すべての玉が手もとに残る確率

57 三角形の重心

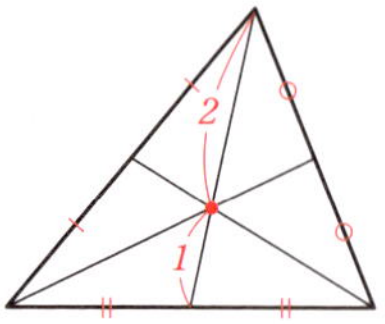

三角形の重心：3 つの中線の交点

重心は中線を 2：1 に内分する

(1) 線分 AM は中線であるから，中線定理（POINT 参照）を利用する。

(2) 中線は頂点側から 2：1 に内分される。

例題 57 A

AB＝7，BC＝8，CA＝9 である △ABC の重心を G とし，辺 BC の中点を M とする。

(1) 線分 AM の長さを求めよ。　　(2) 線分 AG の長さを求めよ。

解答

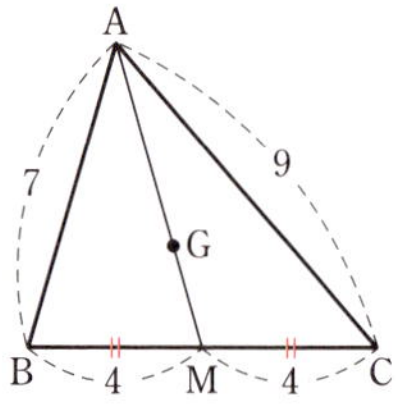

(1) 中線定理により

$$\mathbf{AB^2+AC^2=2(AM^2+BM^2)}$$

BC＝8 であるから　　BM＝4

これと AB＝7，CA＝9 を代入して

$$7^2+9^2=2(AM^2+4^2)$$

整理して　　$AM^2=49$

AM＞0 であるから　　**AM＝7**　答

(2) G は △ABC の重心であるから　　**AG：GM＝2：1**

よって　　AG：AM＝2：3

したがって　　$\mathbf{AG}=\dfrac{2}{3}AM=\dfrac{\mathbf{14}}{\mathbf{3}}$　答

POINT ▶ 三角形の重心，中線定理

❶ **重心**　三角形の 3 つの中線は 1 点で交わり，その点を三角形の重心という。重心は各中線を **2：1** に内分する。

❷ **中線定理**　△ABC の辺 BC の中点を M とすると

$$\mathbf{AB^2+AC^2=2(AM^2+BM^2)}$$

注意 中線定理の逆は成り立たない。

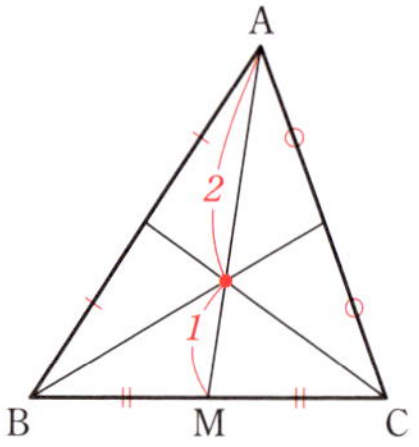

類題 57

(1) AB＝4，BC＝6，CA＝8 である △ABC の重心を G とするとき，線分 AG の長さを求めよ。

(2) 平行四辺形 ABCD において，AB＝a，AD＝b，AC＝c とするとき，対角線 BD の長さを求めよ。

58 三角形の内心

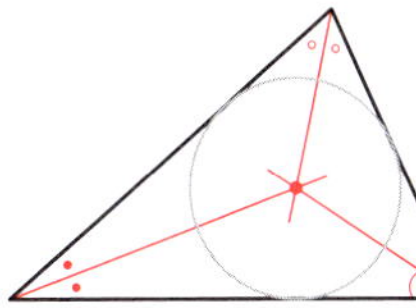

内心：3 つの内角の二等分線の交点

(1) **角の二等分線の定理** を利用する。

(2) △ABC は内心 I によって，3 つの三角形に分けられる。面積に関する等式を作って半径を求める。

例題 58 A

AB=3，BC=5，CA=4 である △ABC の内心を I とし，直線 AI と辺 BC の交点を D とする。

(1) AI：ID を求めよ。 (2) 内接円の半径 r を求めよ。

解答

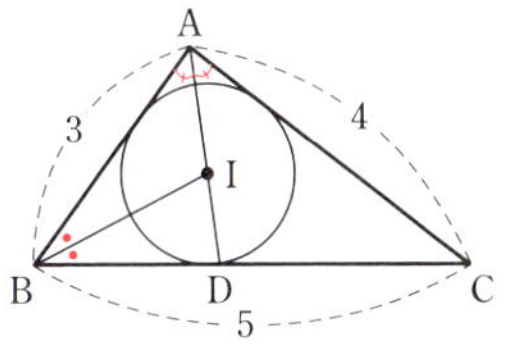

(1) △ABC において，AD は ∠A の二等分線であるから

BD：DC=AB：AC=3：4

よって $\mathrm{BD}=\dfrac{3}{7}\mathrm{BC}=\dfrac{15}{7}$

△ABD において，BI は ∠B の二等分線であるから

AI：ID=BA：BD=$3:\dfrac{15}{7}$=21：15=**7：5** 答

(2) △ABC は ∠A=90° の直角三角形で，その面積は $\triangle\mathrm{ABC}=\dfrac{1}{2}\cdot3\cdot4=6$

△ABC=△ABI+△BCI+△CAI であるから $\triangle\mathbf{ABC}=\dfrac{1}{2}r(\mathbf{AB}+\mathbf{BC}+\mathbf{CA})$

ゆえに $6=\dfrac{1}{2}r(3+5+4)$ これを解いて $r=1$ 答

POINT ▶ 三角形の内心，外心，垂心

❶ **内心** 三角形の内角の二等分線の交点。

❷ **外心** 三角形の辺の垂直二等分線の交点。

❸ **垂心** 頂点から対辺に下ろした垂線の交点。

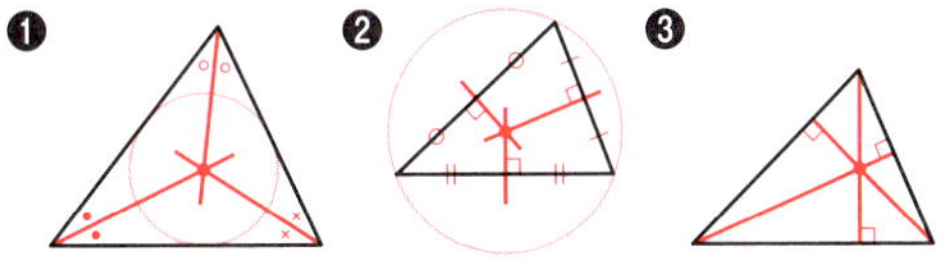

類題 58 △ABC の辺 BC，CA，AB の中点をそれぞれ L，M，N とする。このとき，△ABC の外心 O は △LMN についてどのような点か。

59 チェバ・メネラウスの定理

頂点 ⟶ 分点 ⟶ 頂点 ⟶ 分点 ⟶ …… で

三角形をひと回り

3 頂点からの直線が 1 点で交わる

⟶ **チェバの定理**

三角形と頂点を通らない 1 直線

⟶ **メネラウスの定理**

定理を適用する三角形・直線を正確につかむ。

例題 | 59 A

△ABC の辺 AB を 5：2 に内分する点を P，辺 AC を 4：3 に内分する点を Q とする。直線 BQ，CP の交点を R とし，直線 AR と BC の交点を S とするとき，AR：RS を求めよ。

解答

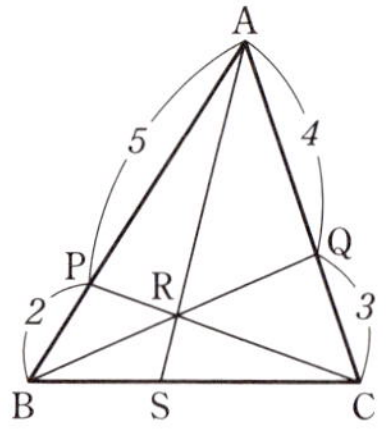

△ABC において，チェバの定理から

$$\frac{BS}{SC}\cdot\frac{CQ}{QA}\cdot\frac{AP}{PB}=1 \quad \text{すなわち} \quad \frac{BS}{SC}\cdot\frac{3}{4}\cdot\frac{5}{2}=1$$

よって $\dfrac{BS}{SC}=\dfrac{8}{15}$

次に，△ABS と直線 CP について，メネラウスの定理から

$$\frac{BC}{CS}\cdot\frac{SR}{RA}\cdot\frac{AP}{PB}=1 \quad \text{すなわち} \quad \frac{23}{15}\cdot\frac{SR}{RA}\cdot\frac{5}{2}=1$$

よって $\dfrac{AR}{RS}=\dfrac{23}{6}$ したがって **AR：RS＝23：6** 答

POINT ▶ チェバの定理，メネラウスの定理

❶ チェバの定理

❷ メネラウスの定理（右図参照）

$$\frac{BD}{DC}\cdot\frac{CE}{EA}\cdot\frac{AF}{FB}=1 \text{（式は同じ形）}$$

❶

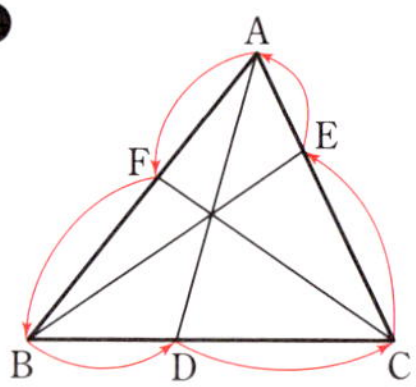

❷

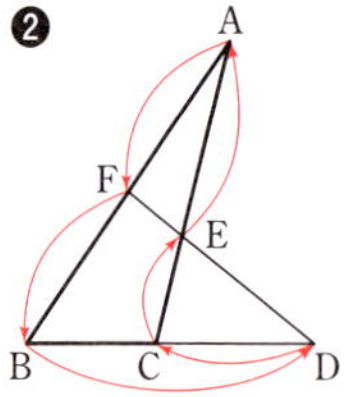

類題 59 △ABC の 3 辺 BC，CA，AB 上にそれぞれ点 P，Q，R があり，AP，BQ，CR が 1 点で交わっているとする。QR と BC が平行でないとき，直線 QR と直線 BC の交点を S とすると，BP：BS＝CP：CS が成り立つことを示せ。

〔東北学院大〕

60 三角形の辺と角

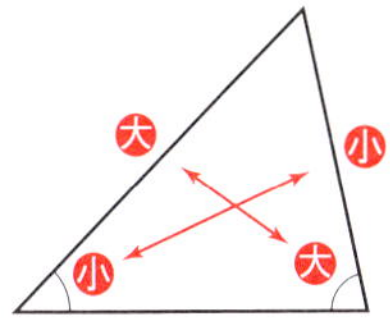

(1) **辺の大小 ⟺ 角の大小**

PC＜PB ⟶ ∠PBC＜∠PCB を示す。

(2) **三角形の成立条件**

$$|a-b|<c<a+b$$

に代入して，不等式を解く。

例題 | 60 A

(1) △ABC において，AC＜AB のとき，∠B，∠C の二等分線の交点を P とするとき，PC＜PB であることを証明せよ。

(2) 3 辺の長さが $x+5$，$2x+1$，$4x$ である三角形が存在するための x のとりうる値の範囲を求めよ。

解答

(1) ∠B＜∠C であるから　$\frac{1}{2}\angle B<\frac{1}{2}\angle C$　よって　∠PBC＜∠PCB

ゆえに，△PBC において　PC＜PB　終

(2) 三角形が存在するための条件は

$|(2x+1)-(x+5)|<4x<(2x+1)+(x+5)$　すなわち　$|x-4|<4x<3x+6$

$|x-4|<4x$ から　$-4x<x-4<4x$

$-4x<x-4$ を解いて　$x>\frac{4}{5}$　…… ①

$x-4<4x$ を解いて　$x>-\frac{4}{3}$　…… ②

$4x<3x+6$ から　$x<6$　…… ③

①，②，③ の共通範囲をとって　$\frac{4}{5}<x<6$　答

POINT ▸ 三角形の辺と角

❶ **三角形の辺と角の大小関係**　1 つの三角形において

1　大きい辺に向かい合う角は，小さい辺に向かい合う角より大きい。

2　大きい角に向かい合う辺は，小さい角に向かい合う辺より大きい。

❷ **三角形の 3 辺の長さの性質**　1 つの三角形において

1　2 辺の長さの和は，他の 1 辺の長さより大きい。

2　2 辺の長さの差は，他の 1 辺の長さより小さい。　➡　**三角形の成立条件** $|a-b|<c<a+b$

類題 60　△ABC の内部の点を P とするとき，$AP+BP+CP>\frac{1}{2}(AB+BC+CA)$ であることを証明せよ。

61 円に関する基本定理

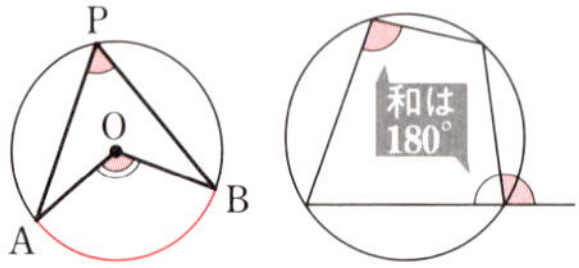

円周角の定理，円に内接する四角形の性質を駆使する。特に，よく利用されるのは

1 **円周角は 中心角の半分**
2 **円に内接する四角形の対角の和は 180°**

例題 61 A

図のように，四角形 ABCD に外接する円がある。

$\overset{\frown}{AD}$ の中点を E とし，AE の延長と辺 CD の延長との交点を F とする。

$\overset{\frown}{AB}:\overset{\frown}{AE}=3:2$，$\angle ABC=102°$，$\angle EFD=48°$ のとき，$\angle x$ の大きさを求めよ。

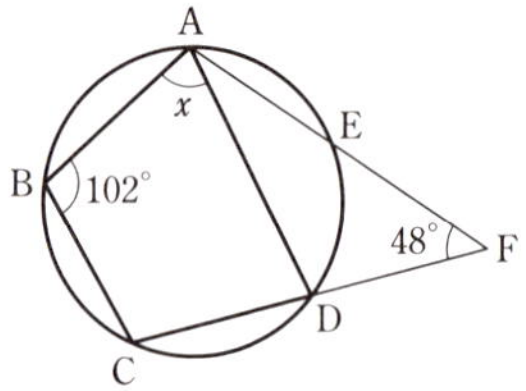

解 答

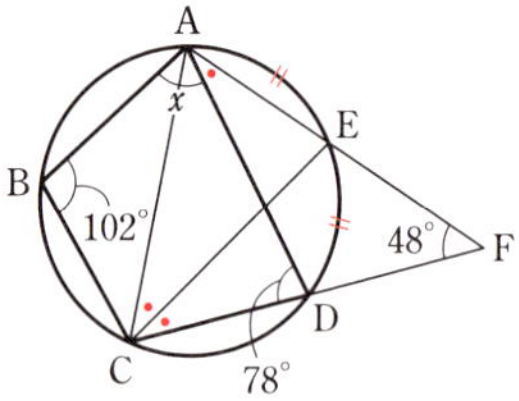

四角形 ABCD は円に内接しているから

$\angle ADC=180°-\angle ABC=78°$

よって　$\angle DAE=78°-\angle AFD=30°$

$\overset{\frown}{ED}$ に対する円周角から　$\angle DCE=\angle DAE=30°$

$\overset{\frown}{ED}=\overset{\frown}{AE}$ であるから　$\angle ACE=\angle DCE=30°$

$\overset{\frown}{AB}=\frac{3}{2}\overset{\frown}{AE}$ であるから　$\angle ACB=\frac{3}{2}\angle ACE=45°$

したがって　$\angle x=180°-\angle BCD=180°-(30°+30°+45°)=\mathbf{75°}$　答

POINT ▶ 円周角の定理，円に内接する四角形の性質

❶ **円周角の定理**　1つの弧に対する円周角は一定であり，その弧に対する中心角の半分である。

❷ **円周角と弧**　等しい円周角に対する弧の長さは等しい。長さの等しい弧に対する円周角は等しい。

❸ **円に内接する四角形の性質**　四角形が円に内接するとき
[1]　対角の和は **180°**　　[2]　内角は，その対角の外角に等しい。

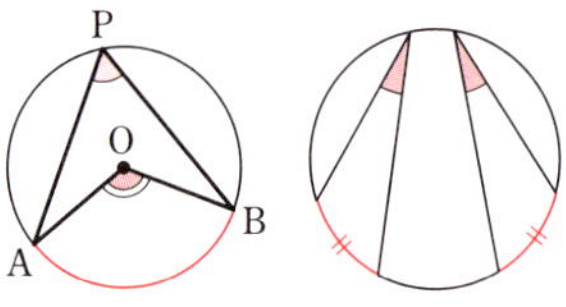

類題 61　△ABC は鋭角三角形で，その頂点 B，C から対辺にそれぞれ垂線 BD，CE を引きその交点を F とする。直線 AF が辺 BC と交わる点を G とするとき，AG⊥BC であることを証明せよ。

62 円と接線

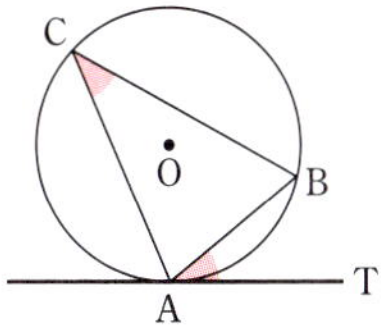

円の接線の性質

1 **接線は半径に垂直**

2 接線と弦の問題には **接弦定理**

3 円外の 1 点からその円に引いた **2 本の接線の長さは等しい**

例題 | 62 A

右の図において，四角形 ABCD は円 O に内接し，直線 TT′ は点 B で円 O に接している。

$\overset{\frown}{AB}=\overset{\frown}{AD}$，∠TBA＝47° のとき，∠BCD＝ア□°，∠BAD＝イ□° である。

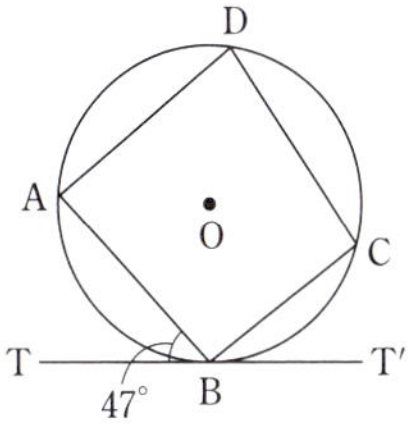

解　答

接弦定理により　　**∠ACB＝∠TBA**＝47°

$\overset{\frown}{AB}=\overset{\frown}{AD}$ であるから　　∠ACD＝∠ACB＝47°

よって　　∠BCD＝∠ACB＋∠ACD

＝ア **94°**　答

四角形 ABCD は円に内接しているから

∠BAD＝180°－∠BCD

＝180°－94°＝イ **86°**　答

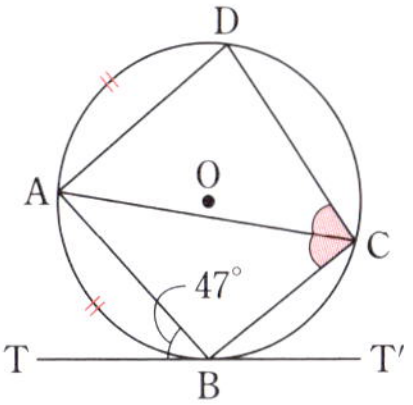

POINT ▶ 円と接線

円の接線に関する性質については，次の ❶，❷，❸ が特に重要である。右の図でしっかり確認しておこう。

❶ 接線⊥半径　　❷ 接弦定理

❸ 接線の長さが等しい

❶

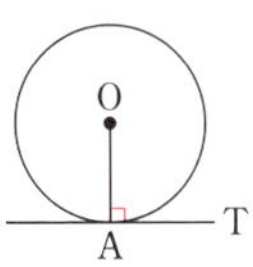

❷

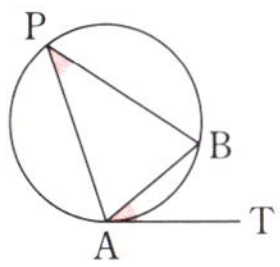

❸

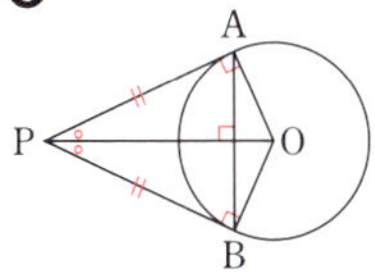

類題 62

右の図において，∠x，∠y の大きさを求めよ。ただし，O は円の中心で，AE，AF は円 O と点 B，点 C で接している。

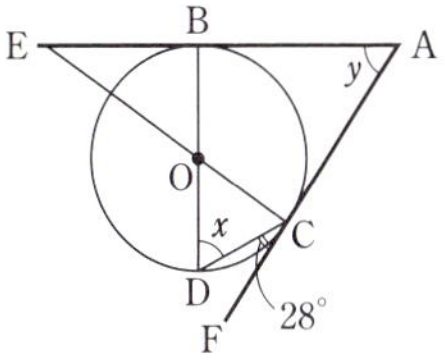

63 方べきの定理

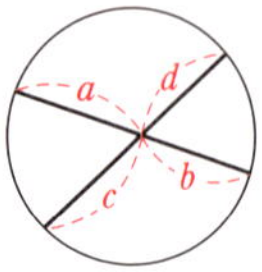

$ab=cd$

[1]　**交わる2つの弦**
[2]　**2本の割線**（円と2点で交わる直線）
[3]　**接線と割線**
　→ **方べきの定理を利用**
例題は [2] のタイプである。

例題 | 63　**A**

半径5の円Oがある。円O外の点Pを通る直線がこの円と2点A，Bで交わり，Pに近い方の点をAとする。OP=10，AB=6のとき，線分PAの長さを求めよ。
〔滋賀大〕

解　答

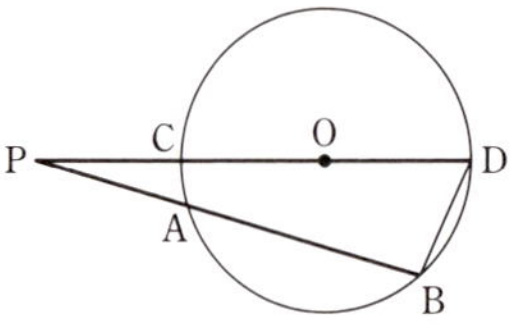

図のように，直線OPと円Oの交点をC，Dとする。

方べきの定理から　　**PA・PB=PC・PD**

よって　　$PA(PA+AB)=(PO-OC)(PO+OD)$

ゆえに　　$PA(PA+6)=(10-5)(10+5)$

整理して　　$PA^2+6PA-75=0$

これを解いて　　$PA=-3\pm2\sqrt{21}$

PA>0であるから　　$PA=\mathbf{-3+2\sqrt{21}}$　答

POINT ▶ 方べきの定理

❶ 円の2つの弦AB，CDの交点，またはそれらの延長の交点をPとすると
PA・PB=PC・PD

❷ 円の外部の点Pから円に引いた接線の接点をTとする。Pを通る直線がこの円と2点A，Bで交わるとき　　$\mathbf{PA\cdot PB=PT^2}$

❶
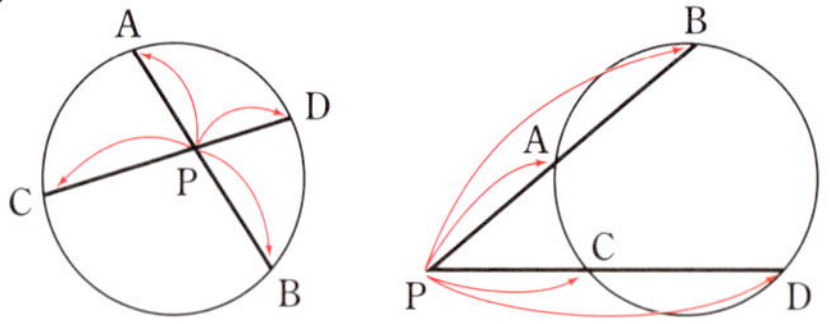

❷
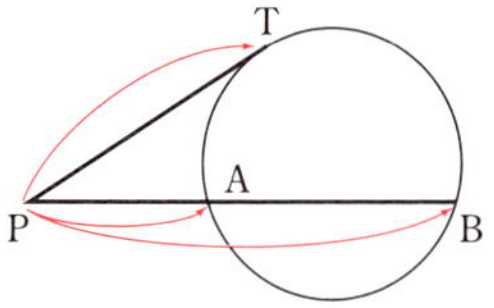

類題 63

右の図のように，ABを直径とする半径3の円Oがあり，円周上の点Dにおける円Oの接線とABの延長との交点をCとする。BC：DC=1：2であるとき

(1)　線分BCの長さを求めよ。

(2)　△ABDの面積を求めよ。

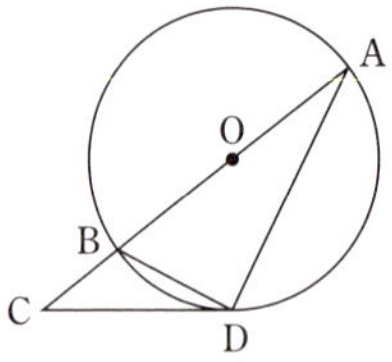

64　2 つ の 円

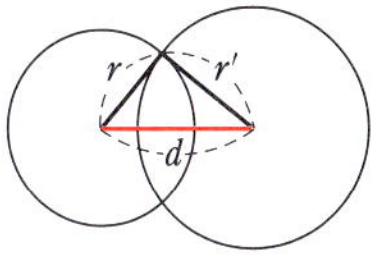

$|r-r'|<d<r+r'$

2 つの円についての問題

2 つの円を結びつける

① 2 円の中心を通る直線（**中心線**）

② **共通弦**　　③ **共通接線**

(2) **接線⊥半径** を手掛かりに進める。

例題 64　A

半径 6 の円 O と半径 4 の円 O′ が異なる 2 点で交わり，2 円の中心間の距離を d とする。

(1) d のとりうる値の範囲を求めよ。

(2) $d=8$ とする。右の図のように，円 O，O′ の共通接線の接点を，それぞれ A，B とするとき，線分 AB の長さを求めよ。

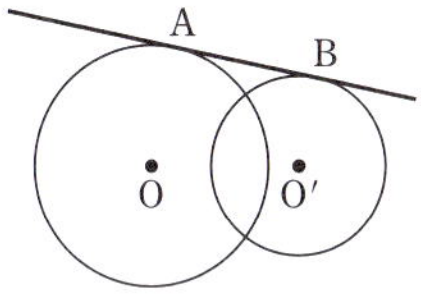

解答

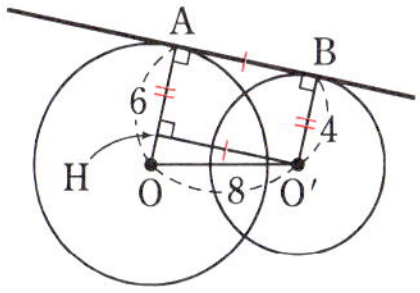

(1) $|6-4|<d<6+4$ から　　$\mathbf{2<d<10}$　答

(2) O′ から OA に引いた垂線を O′H とすると，OA⊥AB，O′B⊥AB であるから，四角形 ABO′H は長方形となる。

ゆえに　　AB＝HO′，HA＝O′B＝4

よって　　OH＝OA－HA＝6－4＝2

△OO′H において，∠H＝90° であるから，三平方の定理により

$$HO'^2=OO'^2-OH^2=8^2-2^2=60$$

HO′＞0 であるから　　$HO'=2\sqrt{15}$　　したがって　　$\mathbf{AB}=HO'=\mathbf{2\sqrt{15}}$　答

POINT ▶ 2 つの円の位置関係

2 円の半径を r，r'（$r>r'$），中心間の距離を d とする。

[1] 離れている	[2] 外接する	[3] 2点で交わる	[4] 内接する	[5] 内部にある
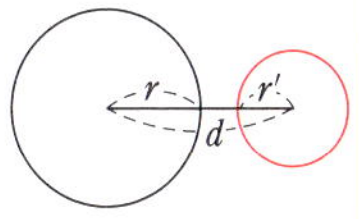	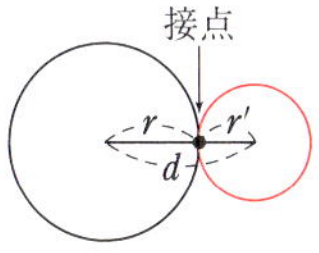	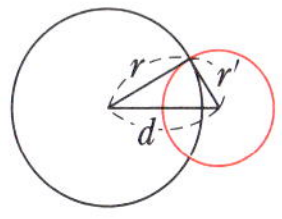	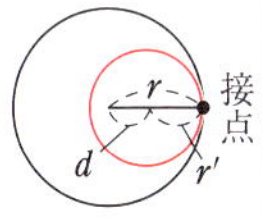	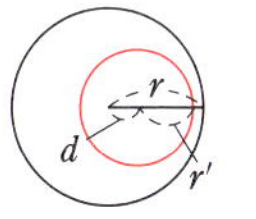
$d>r+r'$	$d=r+r'$	$r-r'<d<r+r'$	$d=r-r'$	$d<r-r'$

類題 64　半径が異なる 2 つの円 O，O′ がある。2 つの円は OO′＝16 のとき外接し，OO′＝4 のとき内接する。2 つの円の半径を求めよ。

65 点の座標

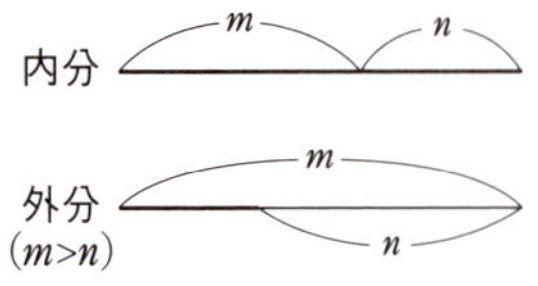

2 点 $(x_1,\ y_1)$，$(x_2,\ y_2)$ を結ぶ線分を $m:n$ に内分する点の座標は

$$\left(\frac{nx_1+mx_2}{m+n},\ \frac{ny_1+my_2}{m+n}\right)$$

外分の場合は n を $-n$ におき換えるとよい。

例題 | 65 Ⅱ

(1) 2 点 P$(-2,\ 1)$，Q$(6,\ -3)$ を結ぶ線分 PQ を 3 : 1 に内分する点の座標は ア□ で，線分 PQ を 1 : 3 に外分する点の座標は イ□ である。

(2) 直線 $y=x+1$ 上の点 P$(p,\ q)$ が 2 点 A$(1,\ -1)$，B$(2,\ 1)$ から等距離にあるとき，p，q の値を求めよ。〔福井工大〕

解答

(1) (ア) $\left(\frac{1\cdot(-2)+3\cdot6}{3+1},\ \frac{1\cdot1+3\cdot(-3)}{3+1}\right)$ から　　$(4,\ -2)$ 答

(イ) $\left(\frac{(-3)\cdot(-2)+1\cdot6}{1+(-3)},\ \frac{(-3)\cdot1+1\cdot(-3)}{1+(-3)}\right)$ から　　$(-6,\ 3)$ 答

(2) 点 P$(p,\ q)$ は直線 $y=x+1$ 上の点であるから　　$q=p+1$ …… ①

AP=BP より，$AP^2=BP^2$ であるから

$$(p-1)^2+(q+1)^2=(p-2)^2+(q-1)^2$$

整理すると　　$2p+4q=3$ …… ②

連立方程式 ①，② を解いて　　$p=-\frac{1}{6}$，$q=\frac{5}{6}$ 答

POINT ▶ 平面上の点の座標

2 点 A$(x_1,\ y_1)$，B$(x_2,\ y_2)$ に対して

❶ 線分 AB を $m:n$ に内分する点の座標は　$\left(\frac{nx_1+mx_2}{m+n},\ \frac{ny_1+my_2}{m+n}\right)$

❷ 線分 AB を $m:n$ に外分する点の座標は　$\left(\frac{-nx_1+mx_2}{m-n},\ \frac{-ny_1+my_2}{m-n}\right)$

❸ 3 点 A$(x_1,\ y_1)$，B$(x_2,\ y_2)$，C$(x_3,\ y_3)$ を頂点とする △ABC の重心 G の座標は

$$\left(\frac{x_1+x_2+x_3}{3},\ \frac{y_1+y_2+y_3}{3}\right)$$

類題 65

(1) 三角形 ABC において，辺 AB の中点の座標が $(1,\ -2)$ であり，重心の座標が $(0,\ 1)$ であるとき，点 C の座標を求めよ。〔千葉工大〕

(2) 点 A$(1,\ 1)$ と点 B$(-1,\ -1)$ を結んだ線分 AB を 1 辺とする正三角形の頂点で，第 2 象限にあるものを求めよ。〔東京電機大〕

66 直線の方程式(1)

平行 $\Longleftrightarrow$ 傾きが一致

垂直 $\Longleftrightarrow$ 傾きの積が -1

2 直線の平行・垂直

[1] $y=mx+n$ の形 $\longrightarrow$ **傾きに注目**

[2] $ax+by+c=0$ の形（POINT 参照）

$\longrightarrow$ **x，y の係数に注目**

特に，係数に文字を含む場合に有効である。

例題 66　II

(1) 点 A(2, 1) を通り，直線 ℓ : $x-2y=4$ に平行な直線の方程式は ア□，点 A を通り ℓ に垂直な直線の方程式は イ□ である。〔類 京都産大〕

(2) 直線 $(a-1)x-4y+2=0$ と直線 $x+(a-5)y+3=0$ は，$a=$ ウ□ のとき垂直に交わり，$a=$ エ□ のとき平行となる。〔名城大〕

解答

(1) $x-2y=4$ から　$y=\dfrac{1}{2}x-2$　よって，直線 ℓ の傾きは $\dfrac{1}{2}$

(ア) 求める直線の方程式は　$y-1=\dfrac{1}{2}(x-2)$

すなわち　$\boldsymbol{y=\dfrac{1}{2}x}$ 答

◀点 (x_1, y_1) を通り，傾きが m の直線の方程式は $\boldsymbol{y-y_1=m(x-x_1)}$

(イ) 直線 ℓ に垂直な直線の傾きを m とすると，$\dfrac{1}{2}m=-1$ から　$m=-2$

求める直線の方程式は　$y-1=-2(x-2)$　すなわち　$\boldsymbol{y=-2x+5}$ 答

(2) (ウ) 2 直線が垂直になるとき　$(a-1)\cdot 1-4(a-5)=0$

よって　$-3a+19=0$　これを解いて　$\boldsymbol{a=\dfrac{19}{3}}$ 答

(エ) 2 直線が平行になるとき　$(a-1)(a-5)-(-4)\cdot 1=0$

よって　$(a-3)^2=0$　これを解いて　$\boldsymbol{a=3}$ 答

POINT ▶ 2 直線の位置関係

❶ 2 直線 $y=m_1x+n_1$，$y=m_2x+n_2$ の平行条件・垂直条件

平行 $\Longleftrightarrow$ $m_1=m_2$（傾きが等しい）　垂直 $\Longleftrightarrow$ $m_1m_2=-1$（傾きの積が -1）

❷ 2 直線 $a_1x+b_1y+c_1=0$，$a_2x+b_2y+c_2=0$ の平行条件・垂直条件

平行 $\Longleftrightarrow$ $a_1b_2-a_2b_1=0$　垂直 $\Longleftrightarrow$ $a_1a_2+b_1b_2=0$

参考　点 (x_1, y_1) を通り，直線 $ax+by+c=0$ に平行・垂直な直線の方程式は

平行　$a(x-x_1)+b(y-y_1)=0$　垂直　$b(x-x_1)-a(y-y_1)=0$

類題 66　2 直線 $x+2y=8$，$2x-y=1$ の交点を通り，直線 $y=\dfrac{2}{3}x+1$ に直交する直線の方程式を求めよ。〔類 明治大〕

67 直線の方程式(2)

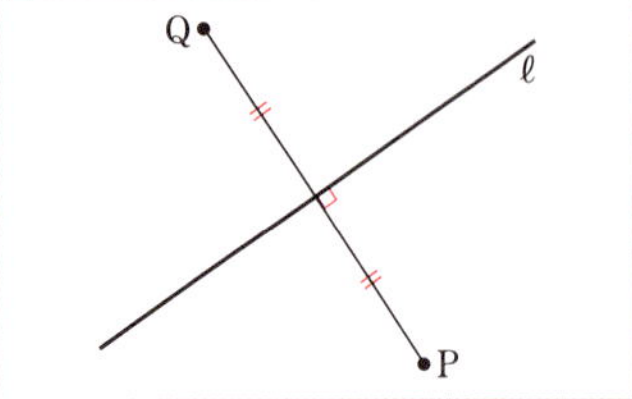

直線 ℓ に関して，点 P と点 Q が対称

$\iff \begin{cases} PQ \perp \ell \\ \text{線分 PQ の中点が } \ell \text{ 上にある} \end{cases}$

Q の座標を $(p,\ q)$ として，上で示した条件を式に表す。

例題 67 Ⅱ

点 P(4, 2) とし，直線 $y=3x+2$ を ℓ とする。

(1) 点 P と直線 ℓ の距離を求めよ。

(2) 直線 ℓ に関して点 P と対称な点 Q の座標を求めよ。

解 答

(1) $y=3x+2$ より，$3x-y+2=0$ であるから，点 P(4, 2) と直線 ℓ の距離は

$$\frac{|3\cdot4-2+2|}{\sqrt{3^2+(-1)^2}}=\frac{12}{\sqrt{10}}=\frac{6\sqrt{10}}{5}$$ 答

(2) 点 Q の座標を $(p,\ q)$ とする。

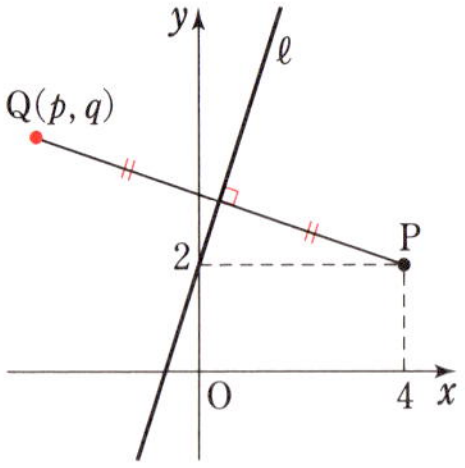

直線 PQ は直線 ℓ に垂直であるから　$\dfrac{q-2}{p-4}\cdot3=-1$

よって　$p+3q-10=0$ …… ①

線分 PQ の中点 $\left(\dfrac{4+p}{2},\ \dfrac{2+q}{2}\right)$ は直線 ℓ 上にあるから

$$3\cdot\frac{4+p}{2}-\frac{2+q}{2}+2=0$$

よって　$3p-q+14=0$ …… ②

求める点 Q の座標は，①，② を連立して解くと　$\left(-\dfrac{16}{5},\ \dfrac{22}{5}\right)$ 答

POINT ▶ 点対称・線対称

❶ **点と直線の距離**　点 $(x_1,\ y_1)$ と直線 $ax+by+c=0$ の距離は　$\dfrac{|ax_1+by_1+c|}{\sqrt{a^2+b^2}}$

❷ **点対称**　点 A に関して，点 P と点 Q が対称 $\iff$ **線分 PQ の中点が A**

❸ **線対称**　直線 ℓ に関して，点 P と点 Q が対称 $\iff \begin{cases} PQ \perp \ell \\ \text{線分 PQ の中点が } \ell \text{ 上にある} \end{cases}$

類題 67

直線 $y=2x-1$ を ℓ とする。

(1) 直線 ℓ に関して，点 P(0, 4) と対称な点 Q の座標を求めよ。

(2) 直線 ℓ に関して，直線 $y=-3x+4$ と対称な直線の方程式を求めよ。

68 円の方程式

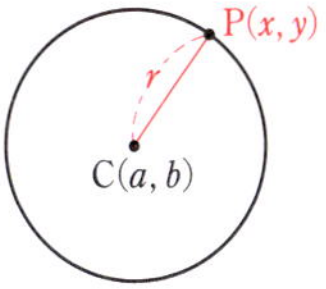

$(x-a)^2+(y-b)^2=r^2$

円の方程式の決定

[1] **基本形** $(x-a)^2+(y-b)^2=r^2$

…… **中心**，**半径** から攻める場合に有効。

[2] **一般形** $x^2+y^2+lx+my+n=0$

条件に応じた都合のよい形を選ぶ。

例題 68 II

(1) 2 点 A$(-2,\ -1)$ と B$(4,\ 5)$ を直径の両端とする円の方程式を求めよ。〔立教大〕

(2) 3 直線 $x+3y-7=0$，$x-3y-1=0$，$x-y+1=0$ の囲む三角形の外接円の方程式を求めよ。〔西南学院大〕

解答

(1) **中心は** 線分 AB の中点で，その座標は $\left(\dfrac{-2+4}{2},\ \dfrac{-1+5}{2}\right)$ すなわち $(1,\ 2)$

ゆえに，**半径は** $\sqrt{\{1-(-2)\}^2+\{2-(-1)\}^2}=3\sqrt{2}$

よって，求める円の方程式は $(x-1)^2+(y-2)^2=18$ 答

(2) 連立方程式 $x+3y-7=0$，$x-3y-1=0$ を解いて $x=4$，$y=1$

連立方程式 $x-3y-1=0$，$x-y+1=0$ を解いて $x=-2$，$y=-1$

連立方程式 $x-y+1=0$，$x+3y-7=0$ を解いて $x=1$，$y=2$

ゆえに，三角形の頂点の座標は $(4,\ 1)$，$(-2,\ -1)$，$(1,\ 2)$

外接円の方程式を $x^2+y^2+lx+my+n=0$ とする。

この円は 3 点 $(4,\ 1)$，$(-2,\ -1)$，$(1,\ 2)$ を通るから，これらの座標を代入して

$$16+1+4l+m+n=0,\quad 4+1-2l-m+n=0,\quad 1+4+l+2m+n=0$$

これを解いて $l=-3$，$m=3$，$n=-8$

よって，求める外接円の方程式は $x^2+y^2-3x+3y-8=0$ 答

POINT ▸ 円の方程式

❶ **中心 $(a,\ b)$，半径 r** の円の方程式は $(x-a)^2+(y-b)^2=r^2$

特に，中心が原点の場合 $x^2+y^2=r^2$

❷ **一般形** 方程式 $x^2+y^2+lx+my+n=0$ $(l^2+m^2-4n>0)$ は円を表す。

注意 $l^2+m^2-4n=0$ ならば 1 点を表し，$l^2+m^2-4n<0$ ならば表す図形はない。

類題 68 3 点 A$(3,\ 0)$，B$(3,\ 4)$，C$(0,\ 4)$ を頂点とする三角形 ABC を考える。三角形 ABC の外接円と内接円の方程式をそれぞれ求めよ。〔西南学院大〕

69 円と直線

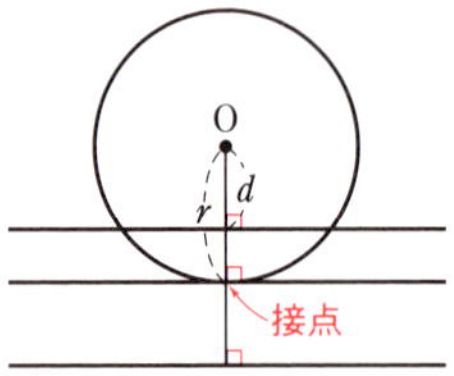

(1) 円と直線の位置関係
1 判別式　2 点と直線の距離
交点の座標が必要ないから，2 を利用。
(2) 接線の公式 $\boldsymbol{x_1x+y_1y=r^2}$ の利用。点 P が円上の点でないことに注意。

例題 69　II

(1) 点 $(3,\ 1)$ を通り，傾き m の直線 ℓ と円 $C : x^2+y^2=5$ が異なる 2 点で交わるとき，定数 m の値の範囲を求めよ。
(2) 点 $\mathrm{P}(7,\ 1)$ から，円 $x^2+y^2=25$ に引いた接線の方程式を求めよ。

解答

(1) 直線 ℓ の方程式は　$y-1=m(x-3)$　すなわち　$mx-y-3m+1=0$
円 C の半径は $\sqrt{5}$ であるから，求める条件は　$\dfrac{|-3m+1|}{\sqrt{m^2+1}}<\sqrt{5}$
$\sqrt{m^2+1}>0$ であるから　$|-3m+1|<\sqrt{5}\sqrt{m^2+1}$
両辺は負でないから平方して　$(-3m+1)^2<5(m^2+1)$
整理すると　$2m^2-3m-2<0$　ゆえに　$(2m+1)(m-2)<0$
したがって　$\boldsymbol{-\dfrac{1}{2}<m<2}$　答

(2) 接点の座標を $(x_1,\ y_1)$ とすると，接線の方程式は　$\boldsymbol{x_1x+y_1y=25}$　…… ①
これが点 $\mathrm{P}(7,\ 1)$ を通るから　$7x_1+y_1=25$　…… ②
また，点 $(x_1,\ y_1)$ は円 $x^2+y^2=25$ 上にあるから　${x_1}^2+{y_1}^2=25$　…… ③
②，③ を連立して解くと　$(x_1,\ y_1)=(3,\ 4),\ (4,\ -3)$
よって，接線の方程式は，① から　$\boldsymbol{3x+4y=25,\ 4x-3y=25}$　答

POINT ▶ 円と直線の位置関係

円の半径を r とし，円の中心と直線の距離を d とする。また，円と直線の方程式から y（または x）を消去して得られる 2 次方程式の判別式を D とすると

円と直線が
- **異なる 2 点で交わる** $\iff d<r \iff D>0$
- **1 点で接する** $\iff d=r \iff D=0$ …… **接点 $\iff$ 重解**
- **共有点をもたない** $\iff d>r \iff D<0$

類題 69　点 $(1,\ 2)$ から，円 $(x-4)^2+(y+2)^2=16$ に引いた接線の方程式を求めよ。

70 2曲線の交点を通る図形

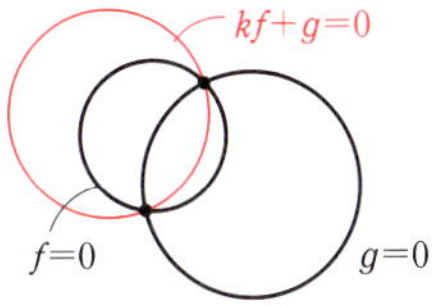

2曲線 $f=0$, $g=0$ の交点を通る図形

方程式 $kf+g=0$(k は定数)を考える

$kf+g=0$ が2次方程式なら　円

$kf+g=0$ が1次方程式なら　直線

(1)　直線を表すように, $k=-1$ を代入する。

例題 | 70　Ⅱ

2つの円 C_1：$x^2+y^2=3$, C_2：$x^2+y^2-4x-2y=2$ について

(1)　C_1, C_2 の2つの交点を通る直線の方程式を求めよ。

(2)　C_1, C_2 の2つの交点と点 $(-2,\ 2)$ を通る円の中心と半径を求めよ。

解答

k を定数とし, 次の方程式を考える。

$$k(x^2+y^2-3)+x^2+y^2-4x-2y-2=0 \quad \cdots\cdots ①$$

① は2円 C_1, C_2 の2つの交点を通る直線または円を表す。

(1)　① で $k=-1$ とすると　　$-4x-2y+1=0$

これは, x, y の1次方程式で直線を表す。

したがって, 求める方程式は　**$4x+2y-1=0$**　答

(2)　① が点 $(-2,\ 2)$ を通るとして, $x=-2$, $y=2$ を代入すると

$5k+10=0$　　ゆえに　　$k=-2$

① に代入して整理すると　$x^2+y^2+4x+2y-4=0$

すなわち　$(x+2)^2+(y+1)^2=9$

よって, 求める円の中心は **点 $(-2,\ -1)$**, 半径は **3** である。　答

POINT ▶ 2曲線の交点を通る図形

2円 $x^2+y^2+lx+my+n=0$, $x^2+y^2+l'x+m'y+n'=0$ の2つの交点A, Bを通る円, または直線の方程式は, 次のように表される。

$$k(x^2+y^2+lx+my+n)+x^2+y^2+l'x+m'y+n'=0 \quad (k \text{ は定数})$$

❶ $k \neq -1$ のとき　2点A, Bを通る円（円 $x^2+y^2+lx+my+n=0$ を除く）

❷ $k=-1$ のとき　直線AB：$(l-l')x+(m-m')y+(n-n')=0$

類題 70

(1)　2つの円 $x^2+y^2=16$, $x^2+y^2-2x-4y=8$ の交点と原点を通る円の方程式を求めよ。〔西南学院大〕

(2)　2つの円 $x^2+y^2+4x-6y+9=0$, $x^2+y^2+2x-4y=0$ の2つの交点を通る直線の方程式を求めよ。〔芝浦工大〕

71 円の弦の長さ

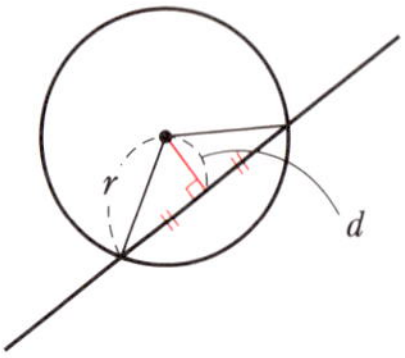

円の弦に関する問題

円の中心から弦に垂線を引く

⟶ 直角三角形が2つできる。

⟶ 点と直線の距離 d，円の半径 r が利用できる。

例題 71 Ⅱ

直線 $y=2x-1$ …… ① が円 $x^2+y^2=2$ …… ② によって切り取られてできる弦の長さ l を求めよ。

解答

円 ② の中心は原点，半径は $\sqrt{2}$ である。

① より，$2x-y-1=0$ であるから，円 ② の中心 $(0,\ 0)$ と

直線 ① の距離は　$\dfrac{|-1|}{\sqrt{2^2+(-1)^2}}=\dfrac{1}{\sqrt{5}}$

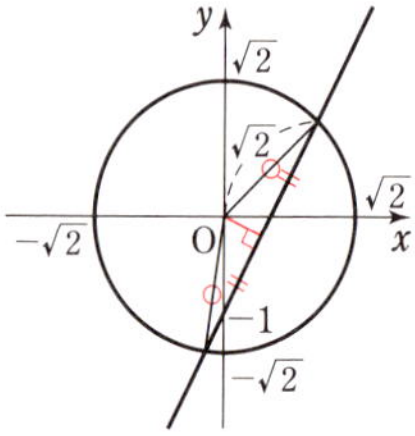

よって，求める弦の長さは

$$l=2\sqrt{(\sqrt{2})^2-\left(\frac{1}{\sqrt{5}}\right)^2}=\frac{2\cdot3}{\sqrt{5}}=\frac{6\sqrt{5}}{5}$$ 答

別解　①，② から y を消去すると　$x^2+(2x-1)^2=2$

すなわち　$5x^2-4x-1=0$ …… ③

円と直線の交点の座標を $(\alpha,\ 2\alpha-1)$，$(\beta,\ 2\beta-1)$ とすると，α，β は2次方程式 ③ の実数解であるから，解と係数の関係より　$\alpha+\beta=\dfrac{4}{5}$，$\alpha\beta=-\dfrac{1}{5}$

ゆえに　$l^2=(\beta-\alpha)^2+\{(2\beta-1)-(2\alpha-1)\}^2=5(\beta-\alpha)^2=5\{(\alpha+\beta)^2-4\alpha\beta\}$

よって，求める弦の長さは　$l=\sqrt{5\left\{\left(\frac{4}{5}\right)^2-4\left(-\frac{1}{5}\right)\right\}}=\sqrt{\frac{36}{5}}=\frac{6\sqrt{5}}{5}$ 答

POINT ▶ 円の中心と弦

円 O の直径でない弦を AB とする。

❶ 中心 O と弦 AB の中点を結ぶ直線は，**AB に垂直** である。

❷ 中心 O から弦 AB に下ろした垂線は，**弦 AB を 2 等分する**。

❸ 弦 AB の垂直二等分線は，**円の中心 O を通る**。

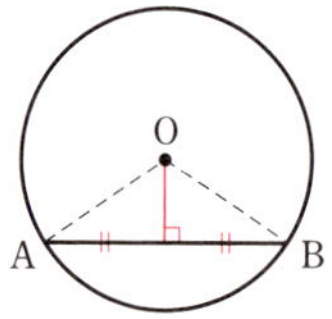

類題 71　円 $C:x^2+y^2-4x-2y+3=0$ と直線 $\ell:y=-x+k$ が異なる2点で交わるような k の値の範囲を求めよ。また，ℓ が C によって切り取られてできる線分の長さが2となるとき，k の値を求めよ。〔名城大〕

72 軌　跡 (1)

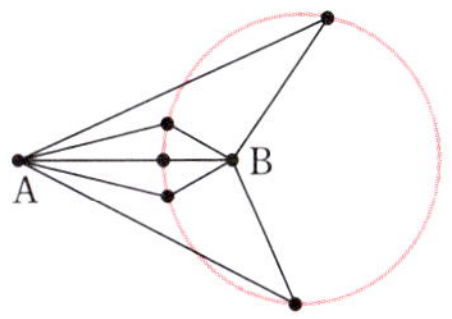

軌跡と方程式

軌跡上の点 $(x,\ y)$ の関係式を導く

条件は　　OP：AP＝2：1

$\iff$ OP＝2AP $\iff$ $OP^2=4AP^2$

整理して得られる方程式の表す図形を求める。

例題 | 72　II

2 点 O(0, 0), A(3, 0) からの距離の比が 2：1 であるような点 P の軌跡を求めよ。

解　答

点 P の座標を $(x,\ y)$ とする。P の満たす条件は

OP：AP＝2：1

ゆえに　　OP＝2AP

すなわち　　$OP^2=4AP^2$

よって　　$x^2+y^2=4\{(x-3)^2+y^2\}$

整理して　　$x^2-8x+y^2+12=0$

すなわち　　$(x-4)^2+y^2=4$

したがって，点 P の軌跡は，**中心が点 (4, 0)，半径が 2 の円** である。 答

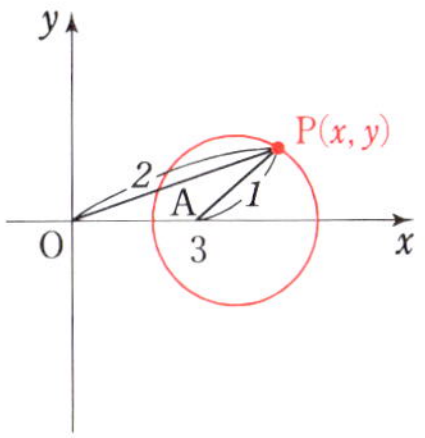

◀求める軌跡は
円 $(x-4)^2+y^2=4$
と答えてもよい。

参考　一般に，**AP：BP＝m：n** を満たす点 P の軌跡は

① **$m=n$** ならば　線分 AB の **垂直二等分線**

② **$m\neq n$** ならば　線分 AB を m：n に内分する点と外分する点を直径の両端とする **円**

なお，この円を **アポロニウスの円** という。

POINT ▸ 軌跡を求める手順

1 軌跡上の任意の点 P の **座標を $(x,\ y)$** とする。

2 条件から **$x,\ y$ の関係式を導く**。

3 2 から，軌跡の方程式を導き，その方程式の表す **図形を求める**。

4 その図形上の点が **条件を満たしていることを確認する**。

注意 4 は，計算の逆をたどることによって，逆が成り立つことが明らかな場合は省略することが多い。

類題 72　平面上の定点 A(0, 0) と B(6, 0) に対して $AP^2+BP^2=50$ の関係にある点 P の軌跡を求めよ。　〔明治薬大〕

73 軌　跡 (2)

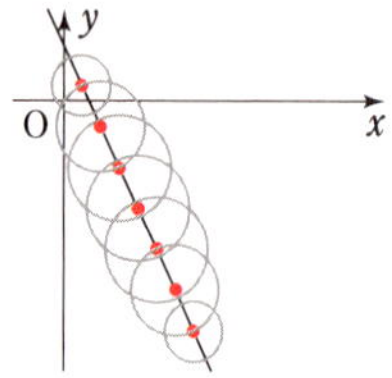

(1) 連動して動く点の軌跡
⟶ 他の動点の条件を求める。
⟶ **つなぎの文字を消去して x, y の関係式を導く**

(2) 媒介変数と軌跡　**媒介変数の消去**

例題 73　II

(1) xy 平面上に定点 A(0, 1) と点 P がある。線分 AP の中点が放物線 $y=x^2$ 上にあるような点 P の軌跡の方程式を求めよ。〔小樽商大〕

(2) 方程式 $x^2+y^2-4kx+(6k-2)y+14k^2-8k+1=0$ が円を表すとき，定数 k の値の範囲を求めよ。また，k の値がこの範囲で変化するとき，この円の中心の軌跡を求めよ。〔西南学院大〕

解　答

(1) 点 P の座標を (x, y)，線分 AP の中点 M の座標を (s, t) とすると　$s=\dfrac{x}{2}$，$t=\dfrac{y+1}{2}$　…… ①

M は放物線 $y=x^2$ 上にあるから　$t=s^2$

求める軌跡の方程式は，① を $t=s^2$ に代入して

$$\frac{y+1}{2}=\left(\frac{x}{2}\right)^2 \quad すなわち \quad y=\frac{1}{2}x^2-1$$ 答

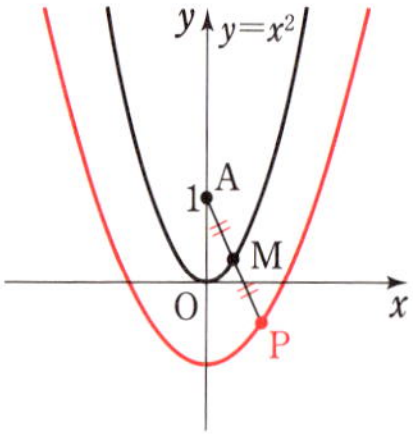

(2) 円の方程式を変形して

$$(x-2k)^2+\{y+(3k-1)\}^2=-k^2+2k$$

これが円を表すための条件は　$-k^2+2k>0$　　これを解いて　$0<k<2$　答

また，この円の中心の座標を (x, y) とすると　$x=2k$，$y=-3k+1$

k を消去すると　$y=-\dfrac{3}{2}x+1$

また，$0<k<2$ であるから　$0<2k<4$　すなわち　$0<x<4$

よって，求める軌跡は，**直線 $y=-\dfrac{3}{2}x+1$ の $0<x<4$ の部分。**　答

POINT ▶ (2) のように，**x, y を結びつける変数に条件があるとき，その条件を忘れないように注意**する。

類題 73　直線 $y=mx$ が放物線 $y=x^2+1$ と異なる 2 点 P，Q で交わるとする。m がこの条件を満たしながら変化するとき，m のとりうる値の範囲を求めよ。また，このとき，線分 PQ の中点 M の軌跡を求めよ。〔星薬大〕

74 領 域

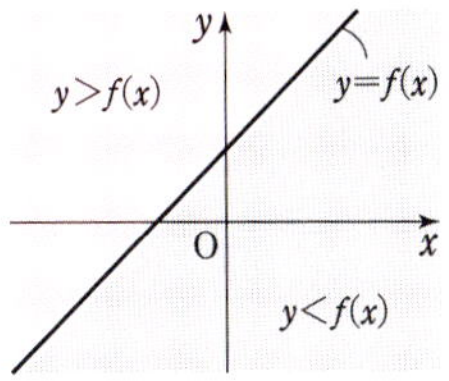

領域の図示

>, < を = に　まず，境界線をかく

$AB<0$ の形 ⟶ **連立不等式** に分ける。

$$AB<0 \iff \begin{cases} A>0 \\ B<0 \end{cases} \text{ または } \begin{cases} A<0 \\ B>0 \end{cases}$$

例題 | 74 Ⅱ

次の不等式の表す領域を図示せよ。

$$(x+y-1)(x^2+y^2-4)<0$$

解　答

与えられた不等式は，次のように表される。

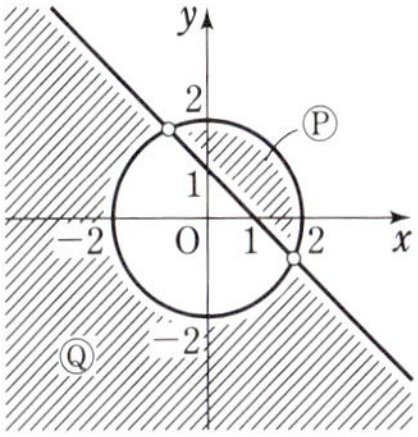

Ⓟ $\begin{cases} x+y-1>0 \\ x^2+y^2-4<0 \end{cases}$ **または** Ⓠ $\begin{cases} x+y-1<0 \\ x^2+y^2-4>0 \end{cases}$

すなわち

Ⓟ $\begin{cases} y>-x+1 \\ x^2+y^2<4 \end{cases}$ または Ⓠ $\begin{cases} y<-x+1 \\ x^2+y^2>4 \end{cases}$

したがって，求める領域は，Ⓟ の表す領域と Ⓠ の表す領域の **和集合** で，**右図の斜線部分。ただし，境界線を含まない。** 答

参考　$f(x,\ y)=(x+y-1)(x^2+y^2-4)$ とし，境界線 $f(x,\ y)=0$ で分けられた 4 つのブロックから任意の点を選んで $f(x,\ y)$ の符号を調べ，領域を決定する。

$f(3,\ 0)=2\cdot5>0$　　：正領域　　$f(1,\ 1)=1\cdot(-2)<0$　：負領域

$f(0,\ 0)=(-1)\cdot(-4)>0$：正領域　　$f(-3,\ 0)=(-4)\cdot5<0$：負領域

一般に，曲線 $f(x,\ y)=0$ は座標平面をいくつかの部分（ブロック）に分ける。$f(x,\ y)$ が x，y の整式のとき，$f(x,\ y)$ の **符号**（正・負）は，それぞれの部分で **一定** である。

POINT ▶ 不等式の表す領域

❶ $y>f(x)$ の表す領域は　　曲線 $y=f(x)$ の **上側**

　$y<f(x)$ の表す領域は　　曲線 $y=f(x)$ の **下側**

❷ $x^2+y^2>r^2$ の表す領域は　　円 $x^2+y^2=r^2$ の **外部**

　$x^2+y^2<r^2$ の表す領域は　　円 $x^2+y^2=r^2$ の **内部**

注意　1. **境界線の断りを必ず入れる。** ≧，≦ なら含む；　>，< なら含まない

　　2. **領域内の 1 点の座標を不等式に代入して調べる** とよい。　◀検算にあたる。

類題 74　次の不等式の表す領域を図示せよ。

(1)　$|x|-|y|>0$　　　(2)　$(x-y-2)(x^2+y^2-5)>0$

75 領域における最大・最小

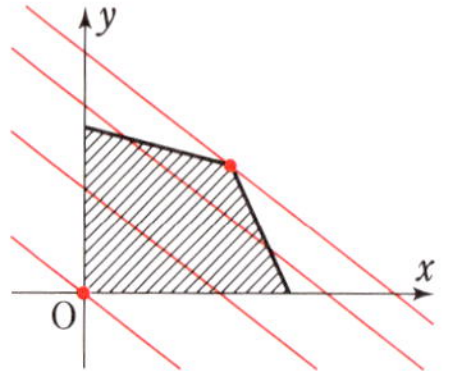

領域と最大・最小

$(x,\ y$ の式$)=k$ とおいて，図をかく

条件の不等式の表す領域 D と $=k$ の図形が **共有点をもつような k の値の範囲** を考える（**領域の端点，接点に注意**）。

例題 75 II

x，y が 4 つの不等式 $x \geqq 0$，$y \geqq 0$，$2x+5y \leqq 10$，$2x+y \leqq 6$ を同時に満たすとき，$4x+3y-3$ のとりうる値の範囲を求めよ。

解答

連立方程式 $2x+5y=10$，$2x+y=6$ の解は　$x=\dfrac{5}{2}$，$y=1$

与えられた連立不等式の表す領域 D は，4 点 $(0,\ 0)$，$(3,\ 0)$，$\left(\dfrac{5}{2},\ 1\right)$，$(0,\ 2)$ を頂点とする四角形の周および内部である。

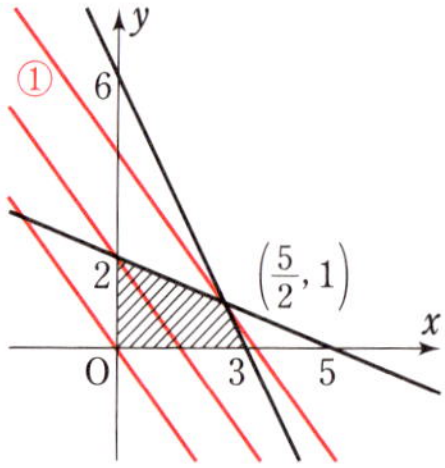

$4x+3y-3=k$ とおくと

$$y=-\frac{4}{3}x+\frac{k}{3}+1 \quad \cdots\cdots \text{①}$$

これは傾き $-\dfrac{4}{3}$，y 切片 $\dfrac{k}{3}+1$ の直線を表す。図から，

直線 ① が **点 $\left(\dfrac{5}{2},\ 1\right)$ を通る** とき，k は最大で

$$k=4\cdot\frac{5}{2}+3\cdot1-3=10$$

◀ 直線 ① と境界線の傾きに注意。$-2<-\dfrac{4}{3}<-\dfrac{2}{5}$ であるから，左のことがいえる。

直線 ① が **点 $(0,\ 0)$ を通る** とき，k は最小で

$$k=4\cdot0+3\cdot0-3=-3$$

以上から　$\boldsymbol{-3 \leqq 4x+3y-3 \leqq 10}$　答

POINT ▶ 線形計画法

x，y がいくつかの 1 次不等式を満たすとき，1 次式 $ax+by$ の最大・最小を考える問題を **線形計画法** の問題という。線形計画法では，条件の表す領域が多角形になり，直線 $ax+by=k$ がその頂点を通る場合を調べれば，最大値・最小値が求められる。

類題 75

(1)　連立不等式 $\begin{cases} x^2+y^2-4x-2y+3 \leqq 0 \\ x+3y-3 \geqq 0 \end{cases}$ の表す領域を図示せよ。

(2)　(1) の領域で $x+y$ のとりうる値の範囲を求めよ。　〔鳥取大〕

76 点，曲線が通過する範囲

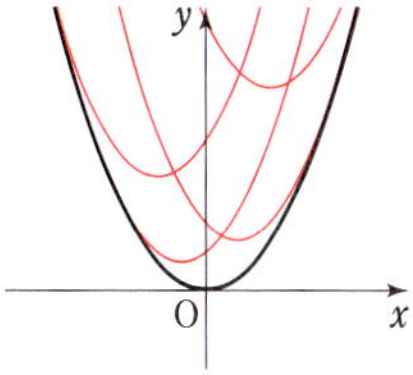

動く範囲の問題　**実数条件 $D \geqq 0$ の利用**

(1)　$x+y=u$，$xy=v$ とおいて，点 $(u,\ v)$ の関係式を導く。

(2)　**a についての方程式** とみて，実数 a が存在する条件を考える。

例題 | 76　II

(1)　実数 x，y が $x^2+y^2=1$ という関係を満たしながら動くとき，点 $\mathrm{P}(x+y,\ xy)$ の軌跡を求めよ。〔名古屋大〕

(2)　a がすべての実数値をとって変化するとき，放物線 $y=x^2+ax+a^2$ が通る座標平面上の範囲を図示せよ。

解　答

(1)　$x+y=u$，$xy=v$ とおく。　　$x^2+y^2=1$ から　　$(x+y)^2-2xy=1$

よって　　$u^2-2v=1$　　　したがって　　$v=\dfrac{1}{2}u^2-\dfrac{1}{2}$　…… ①

また，x，y は 2 次方程式 $t^2-ut+v=0$ の 2 つの実数解であるから，判別式を D とすると　　$D=(-u)^2-4v \geqq 0$　…… ②

① を ② に代入して　　$-u^2+2 \geqq 0$　　　これを解いて　　$-\sqrt{2} \leqq u \leqq \sqrt{2}$

よって，点 $(u,\ v)$ の動く範囲は，放物線 $v=\dfrac{1}{2}u^2-\dfrac{1}{2}$ の $-\sqrt{2} \leqq u \leqq \sqrt{2}$ の部分。

ゆえに，求める軌跡は，**放物線 $y=\dfrac{1}{2}x^2-\dfrac{1}{2}$ の $-\sqrt{2} \leqq x \leqq \sqrt{2}$ の部分** である。 答

(2)　a について整理すると　　$a^2+xa+x^2-y=0$　…… ①

放物線が点 $(x,\ y)$ を通るための条件は，① を満たす実数 a が存在することである。

① の判別式を D とすると　　$D=x^2-4(x^2-y) \geqq 0$

ゆえに　　$-3x^2+4y \geqq 0$　　　よって　　$y \geqq \dfrac{3}{4}x^2$

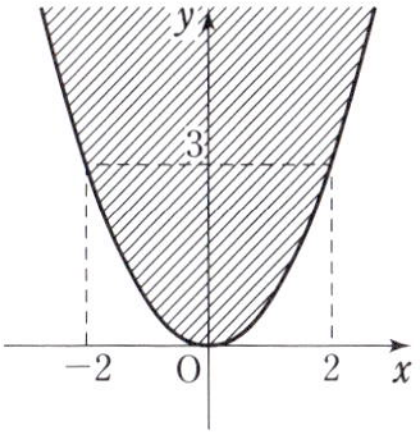

答　**〔図〕斜線部分。ただし，境界線を含む。**

POINT ▶ 曲線 $f(x,\ y,\ a)=0$ の通過範囲 $\Longleftrightarrow$ 実数 a が存在する点 $(x,\ y)$ の範囲
（a は実数の定数）

類題 76　座標平面上の点 $(p,\ q)$ は $x^2+y^2 \leqq 8$，$y \geqq 0$ で表される領域を動く。このとき，点 $(p+q,\ pq)$ の動く範囲を図示せよ。〔関西大〕

77 三角比の相互関係

$\sin^2\theta+\cos^2\theta=1$

$\tan\theta=\dfrac{\sin\theta}{\cos\theta}$

三角比の計算

$\sin\theta$, $\cos\theta$ で表して

$\sin^2\theta+\cos^2\theta=1$

(3) $\sin\theta$, $\cos\theta$ の **対称式** $\longrightarrow$

$\sin\theta+\cos\theta$, $\sin\theta\cos\theta$ で表す。

例題 77 I

θ は鋭角で，$\tan\theta+\dfrac{1}{\tan\theta}=3$ のとき，次の式の値を求めよ。

(1) $\sin\theta\cos\theta$　　(2) $\sin\theta+\cos\theta$　　(3) $\sin^3\theta+\cos^3\theta$

〔名古屋学院大〕

解　答

(1) $\tan\theta+\dfrac{1}{\tan\theta}=\dfrac{\sin\theta}{\cos\theta}+\dfrac{\cos\theta}{\sin\theta}=\dfrac{\sin^2\theta+\cos^2\theta}{\sin\theta\cos\theta}=\dfrac{1}{\sin\theta\cos\theta}$

$\tan\theta+\dfrac{1}{\tan\theta}=3$ であるから　　$\boldsymbol{\sin\theta\cos\theta=\dfrac{1}{3}}$　答

(2) $(\sin\theta+\cos\theta)^2=\sin^2\theta+\cos^2\theta+2\sin\theta\cos\theta=1+2\cdot\dfrac{1}{3}=\dfrac{5}{3}$

θ は鋭角であるから　　$\sin\theta+\cos\theta>0$

よって　　$\boldsymbol{\sin\theta+\cos\theta=\sqrt{\dfrac{5}{3}}=\dfrac{\sqrt{15}}{3}}$　答

(3) $\sin^3\theta+\cos^3\theta=(\sin\theta+\cos\theta)(\sin^2\theta-\sin\theta\cos\theta+\cos^2\theta)$

$=\dfrac{\sqrt{15}}{3}\cdot\left(1-\dfrac{1}{3}\right)=\boldsymbol{\dfrac{2\sqrt{15}}{9}}$　答

POINT ▶ 三角比の相互関係，補角・余角の公式

❶ 相互関係　[1] $\tan\theta=\dfrac{\sin\theta}{\cos\theta}$　[2] $\sin^2\theta+\cos^2\theta=1$　[3] $1+\tan^2\theta=\dfrac{1}{\cos^2\theta}$

❷ $\sin(180^\circ-\theta)=\sin\theta$，$\cos(180^\circ-\theta)=-\cos\theta$，$\tan(180^\circ-\theta)=-\tan\theta$

❸ $\sin(90^\circ\pm\theta)=\cos\theta$，$\cos(90^\circ\pm\theta)=\mp\sin\theta$，$\tan(90^\circ\pm\theta)=\mp\dfrac{1}{\tan\theta}$　(複号同順)

類題 77　$0^\circ\leqq\theta\leqq180^\circ$ とする。次の式の値を求めよ。　〔(1) 東北学院大　(2) 名城大〕

(1) $\tan\theta=-\dfrac{7}{24}$ のとき，$\sin\theta$ と $\cos\theta$ の値をそれぞれ求めよ。

(2) $\sin\theta+\cos\theta=\dfrac{\sqrt{3}}{2}$ のとき，$\sin\theta\cos\theta$，$\sin\theta-\cos\theta$ の値を求めよ。

70

78 正弦定理・余弦定理

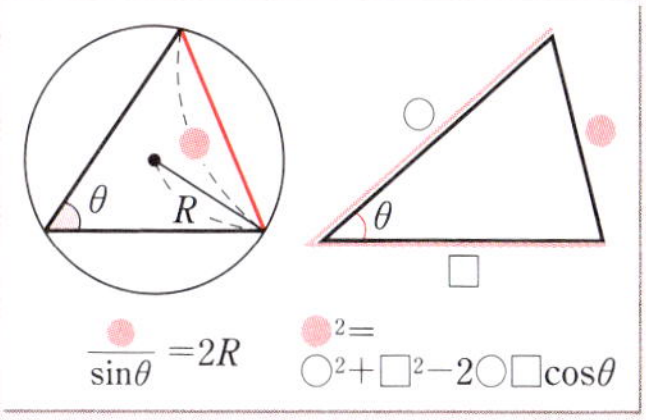

正弦定理・余弦定理のどちらを使うかは
2角と1辺（外接円の半径）── **正弦定理**
3辺 または **2辺とその間の角**
── **余弦定理** の方針で進めるとよい。
(3) 内接円の半径については，p. 61 も参照。

$\dfrac{●}{\sin\theta} = 2R$

$●^2 = ○^2 + □^2 - 2○□\cos\theta$

例題 78

△ABC において ∠A=60°，AB=2，BC=$\sqrt{7}$ とする。
(1) 辺 CA の長さを求めよ。　　(2) △ABC の面積 S を求めよ。
(3) △ABC の内接円の半径 r を求めよ。　〔類 東北学院大〕

解 答

(1) CA=x とすると，余弦定理から　　$(\sqrt{7})^2 = x^2 + 2^2 - 2 \cdot 2x \cos 60°$
　　整理して　$x^2 - 2x - 3 = 0$　　これを解いて　$x = -1, 3$
　　$x > 0$ であるから　$x = 3$　すなわち　**CA=3**　答

(2) $S = \dfrac{1}{2} AB \cdot AC \sin A = \dfrac{1}{2} \cdot 2 \cdot 3 \sin 60° = \dfrac{3\sqrt{3}}{2}$　答

(3) $2s = AB + BC + CA$ とすると　$S = rs$
　　(2)から　$\dfrac{1}{2} r(2 + \sqrt{7} + 3) = \dfrac{3\sqrt{3}}{2}$　　ゆえに　$(5 + \sqrt{7})r = 3\sqrt{3}$
　　よって　$r = \dfrac{3\sqrt{3}}{5 + \sqrt{7}} = \dfrac{3\sqrt{3}(5 - \sqrt{7})}{(5 + \sqrt{7})(5 - \sqrt{7})} = \dfrac{3\sqrt{3}(5 - \sqrt{7})}{18} = \dfrac{5\sqrt{3} - \sqrt{21}}{6}$　答

POINT ▶ 正弦定理・余弦定理

❶ 正弦定理　$\dfrac{a}{\sin A} = \dfrac{b}{\sin B} = \dfrac{c}{\sin C} = 2R$　（R は外接円の半径）

❷ 余弦定理　$a^2 = b^2 + c^2 - 2bc \cos A$，$b^2 = c^2 + a^2 - 2ca \cos B$，
　　　　　　$c^2 = a^2 + b^2 - 2ab \cos C$

❸ 三角形の面積　$S = \dfrac{1}{2} bc \sin A = \dfrac{1}{2} ca \sin B = \dfrac{1}{2} ab \sin C$

　$2s = a + b + c$，内接円の半径を r とすると　$S = rs$

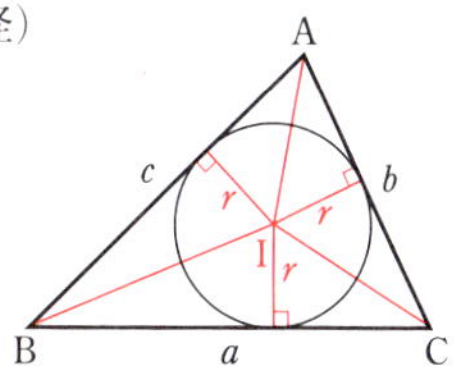

類題 78

△ABC において，$\dfrac{\sin A}{6} = \dfrac{\sin B}{5} = \dfrac{\sin C}{4}$ が成り立っている。
(1) $\cos A$，$\sin A$ の値を求めよ。
(2) △ABC の内接円の半径が1であるとき，辺 AB の長さ，△ABC の面積，
△ABC の外接円の半径を求めよ。　〔関西大〕

79 円に内接する四角形

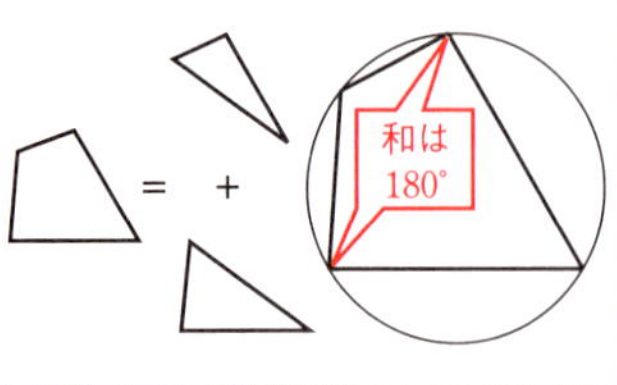

円に内接する四角形の問題

① 対角線で 2 つの三角形に分割

② 四角形の対角の和は 180° （p. 64 参照）

分割してできる 2 つの三角形に **余弦定理** を適用し，BD^2 を 2 通りに表す。

例題 | 79　I

円に内接する四角形 ABCD がある。AB=8，BC=3，CD=5，DA=5 であるとき，線分 BD の長さ，$\sin A$ および四角形 ABCD の面積 S を求めよ。

〔類　岐阜経大〕

解　答

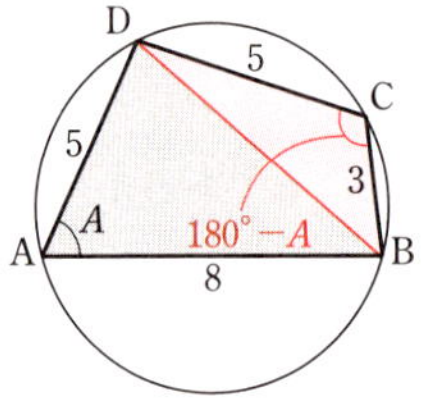

四角形 ABCD は円に内接するから　　$C=180°-A$

△ABD，△CDB にそれぞれ余弦定理を適用して

$$BD^2=8^2+5^2-2\cdot8\cdot5\cos A$$
$$=89-80\cos A \quad \cdots\cdots ①$$
$$BD^2=5^2+3^2-2\cdot5\cdot3\cos(180°-A)$$
$$=34-30\cos(180°-A)$$
$$=34+30\cos A \quad \cdots\cdots ②$$

◀ $\cos(180°-A)=-\cos A$

①，② から　　$89-80\cos A=34+30\cos A$

ゆえに　　$\cos A=\dfrac{1}{2}$　　　① から　　$BD^2=89-80\cdot\dfrac{1}{2}=49$

BD>0 であるから　　**BD=7**　答

$\cos A=\dfrac{1}{2}$ から　　$A=60°$　　　よって　　$\sin A=\sin 60°=\dfrac{\sqrt{3}}{2}$　答

また，$C=180°-A=120°$ から　　$\sin C=\sin 120°=\dfrac{\sqrt{3}}{2}$

したがって　　$S=△ABD+△CDB=\dfrac{1}{2}\cdot5\cdot8\sin A+\dfrac{1}{2}\cdot5\cdot3\sin C$

$$=20\cdot\frac{\sqrt{3}}{2}+\frac{15}{2}\cdot\frac{\sqrt{3}}{2}=\frac{55\sqrt{3}}{4}$$　答

類題 79　半径 R の円 O に内接する四角形 ABCD は

$$AB=AD=\sqrt{3},\quad \cos\angle BAD=-\frac{1}{3},\quad \cos\angle ABC=\frac{\sqrt{3}}{3}$$

を満たす。このとき，BD=ア□，R=イ□，$\sin\angle ABC$=ウ□，AC=エ□，CD=オ□ である。

〔センター試験〕

70

80 三角形の形状決定

条件式から	三角形の辺と角の等式
辺だけの関係 **角だけの関係** で表す	**角を消去して，辺だけの関係にもち込む** $\sin A=\dfrac{a}{2R}$，$\cos A=\dfrac{b^2+c^2-a^2}{2bc}$ などを活用。 答えでは等しい辺や直角である角を示しておく。

例題 80 I

△ABC において，$a\cos A=b\cos B$ が成り立つとき，この三角形はどのような形か。

解 答

余弦定理により　$\cos A=\dfrac{b^2+c^2-a^2}{2bc}$，$\cos B=\dfrac{c^2+a^2-b^2}{2ca}$

これを $a\cos A=b\cos B$ に代入して　$a\cdot\dfrac{b^2+c^2-a^2}{2bc}=b\cdot\dfrac{c^2+a^2-b^2}{2ca}$

両辺に $2abc$ を掛けて分母を払うと　$a^2(b^2+c^2-a^2)=b^2(c^2+a^2-b^2)$

ゆえに　$a^4-b^4-(a^2-b^2)c^2=0$

よって　$(a^2-b^2)(a^2+b^2-c^2)=0$

したがって　$a^2-b^2=0$　または　$a^2+b^2-c^2=0$

[1] $a^2-b^2=0$ のとき　$(a+b)(a-b)=0$

$a>0$，$b>0$ であるから　$a+b>0$　よって　$a-b=0$　すなわち　$a=b$

したがって，△ABC は BC=CA の二等辺三角形である。

[2] $a^2+b^2-c^2=0$ のとき　$c^2=a^2+b^2$

したがって，△ABC は ∠C=90° の直角三角形である。

答　**BC=CA の二等辺三角形　または　∠C=90° の直角三角形**

POINT ▶ 三角形の形状決定

❶ **辺だけの関係に直す**　$\sin A=\dfrac{a}{2R}$，$\cos A=\dfrac{b^2+c^2-a^2}{2bc}$ などを利用。

❷ **角だけの関係に直す**　$a=2R\sin A$，$a=b\cos C+c\cos B$ などを利用。

参考　上の例題を ❷ の方針で解くと　$2R\sin A\cos A=2R\sin B\cos B$

ゆえに　$\sin 2A=\sin 2B$　よって　$2A=2B$　または　$2A=180°-2B$

したがって　$A=B$　または　$A=90°-B$

類題 80　△ABC において，$(\cos A+\cos B)\sin C=\sin A+\sin B$ が成り立つとき，この三角形はどのような形か。

81 空間図形の計量

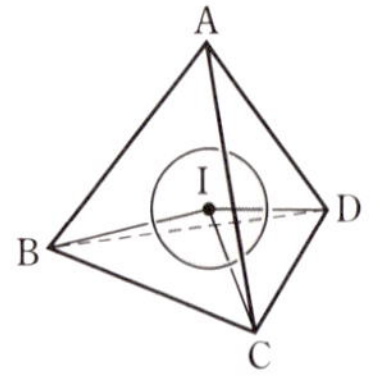

空間図形の問題 **平面図形を取り出す**

頂点から底面に下ろした垂線によってできる **直角三角形** や底面の **正三角形** を活用。

$$(\text{四面体の体積})=\frac{1}{3}\times(\text{底面積})\times(\text{高さ})$$

例題 81 I

1 辺の長さが 2 である正四面体 ABCD に内接する球の中心を I とする。

(1) 正四面体 ABCD の体積 V_0 を求めよ。

(2) 球の半径 r を求めよ。また，球の表面積 S と体積 V を求めよ。

解答

(1) 点 A から底面の △BCD に垂線 AH を下ろすと，

△ABH≡△ACH≡△ADH で　　BH=CH=DH

よって，**H は △BCD の外心** である。

△BCD において，正弦定理により

$$\frac{2}{\sin 60^\circ}=2\text{BH} \qquad \text{ゆえに} \qquad \text{BH}=\frac{2}{\sqrt{3}}$$

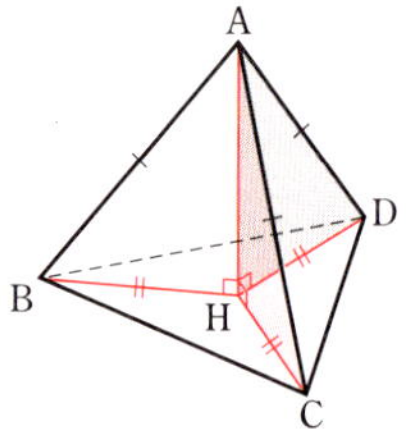

よって　　$\text{AH}=\sqrt{\text{AB}^2-\text{BH}^2}=\sqrt{2^2-\left(\frac{2}{\sqrt{3}}\right)^2}=\frac{2\sqrt{6}}{3}$

ゆえに　　$V_0=\frac{1}{3}\triangle\text{BCD}\cdot\text{AH}=\frac{1}{3}\cdot\frac{1}{2}\cdot2^2\sin60^\circ\cdot\frac{2\sqrt{6}}{3}=\frac{2\sqrt{2}}{3}$　答

(2) 4 つの四面体 IABC，IACD，IABD，IBCD は合同で　　**$V_0=4\times$(四面体 IBCD)**

ゆえに　　$\frac{2\sqrt{2}}{3}=4\times\frac{1}{3}\triangle\text{BCD}\cdot r$

よって，$\frac{2\sqrt{2}}{3}=\frac{4\sqrt{3}}{3}r$ から　　$r=\frac{\sqrt{6}}{6}$　答

したがって　　$S=4\pi\left(\frac{\sqrt{6}}{6}\right)^2=\frac{2}{3}\pi$，$V=\frac{4}{3}\pi\left(\frac{\sqrt{6}}{6}\right)^3=\frac{\sqrt{6}}{27}\pi$　答

POINT ▶ 正四面体

正四面体の頂点から底面に下ろした垂線の足は，底面の正三角形の重心に（外心・内心にも）一致する。この考えを利用して，面積や高さ，体積を求めることができる。

類題 81　半径 r の球面上に 4 点 A，B，C，D がある。四面体 ABCD の各辺の長さは，$\text{AB}=\sqrt{3}$，AC=AD=BC=BD=CD=2 を満たしている。このとき，r の値を求めよ。〔東京大〕

82 三角関数のグラフ

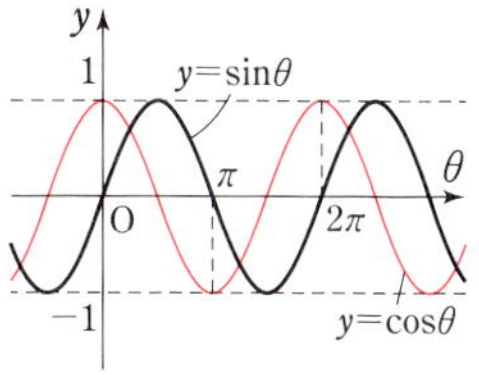

$y=af(\theta)$ のグラフ ⟶ y 軸方向に $|a|$ 倍

$y=f(b\theta)$ のグラフ ⟶ θ 軸方向に $\dfrac{1}{|b|}$ 倍

$y=f(\theta-p)+q$ のグラフ ⟶
θ 軸方向に p，y 軸方向に q だけ平行移動

例題 | 82 Ⅱ

次の関数のグラフをかけ。また，その周期を求めよ。

$$y=3\cos\left(2\theta-\frac{\pi}{3}\right)-1$$

解答

$y=3\cos\left(2\theta-\dfrac{\pi}{3}\right)-1=3\cos 2\left(\theta-\dfrac{\pi}{6}\right)-1$

ゆえに，この関数のグラフは，$y=\cos\theta$ のグラフを y 軸方向に 3 倍に拡大し，θ 軸方向に $\dfrac{1}{2}$ 倍に縮小したものを θ 軸方向に $\dfrac{\pi}{6}$，y 軸方向に -1 だけ平行移動したものである。

よって，グラフは〔図〕。周期は $\dfrac{2\pi}{2}=\pi$ 答

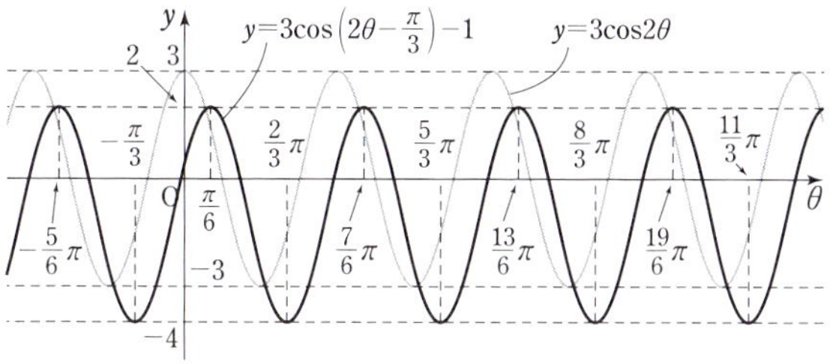

POINT ▶ 三角関数のグラフ

❶ $\boldsymbol{y=\sin\theta}$ のグラフ　値域 $-1\leqq y\leqq 1$，周期 2π，原点に関して対称（奇関数）

❷ $\boldsymbol{y=\cos\theta}$ のグラフ　値域 $-1\leqq y\leqq 1$，周期 2π，y 軸に関して対称（偶関数）

❸ $\boldsymbol{y=\tan\theta}$ のグラフ　値域は **実数全体**，周期 π，原点に関して対称（奇関数）

❹ p を周期とする **周期関数 $f(x)$**　x のどんな値に対しても　$f(x+p)=f(x)$

$f(x)$ の周期が p なら $f(ax)$ の周期は　$\dfrac{p}{|a|}$

類題 82　次の関数のグラフをかけ。また，その周期を求めよ。

$$y=2\sin\left(\frac{\theta}{2}+\frac{\pi}{3}\right)+1$$

80

83 三角関数の加法定理

$\sin(\alpha\pm\beta)$
$=\sin\alpha\cos\beta$
$\pm\cos\alpha\sin\beta$　など

(1)　$3\theta=2\theta+\theta$ とみて，加法定理や 2 倍角の公式を駆使する。次のことにも注意。
かくれた条件　$\sin^2\theta+\cos^2\theta=1$
(3)　**(1)，(2) は (3) のヒント**　(1)，(2) で示した等式を利用して，方程式を作る。

例題 | 83　II

(1)　等式 $\sin 3\theta=3\sin\theta-4\sin^3\theta$ を証明せよ。
(2)　$\theta=18^\circ$ のとき，$\cos 2\theta=\sin 3\theta$ が成り立つことを示せ。
(3)　$\sin 18^\circ$ の値を求めよ。　〔熊本大〕

解答

(1)　$\sin 3\theta=\sin(2\theta+\theta)=\sin 2\theta\cos\theta+\cos 2\theta\sin\theta$
$=2\sin\theta\cos\theta\cos\theta+(1-2\sin^2\theta)\sin\theta$
$=2\sin\theta(1-\sin^2\theta)+\sin\theta-2\sin^3\theta=3\sin\theta-4\sin^3\theta$　終

(2)　$\theta=18^\circ$ のとき　$5\theta=90^\circ$
よって　$\cos 2\theta=\cos(5\theta-3\theta)=\cos(90^\circ-3\theta)=\sin 3\theta$　終

(3)　$\theta=18^\circ$ のとき，$\sin\theta=x$ とおくと　$0<x<1$　…… ①
(1) から　$\sin 3\theta=3x-4x^3$
また　$\cos 2\theta=1-2\sin^2\theta=1-2x^2$
(2) より，$\cos 2\theta=\sin 3\theta$ であるから　$1-2x^2=3x-4x^3$
整理して　$4x^3-2x^2-3x+1=0$　ゆえに　$(x-1)(4x^2+2x-1)=0$
よって　$x=1,\ \dfrac{-1\pm\sqrt{5}}{4}$　① から　$x=\sin 18^\circ=\dfrac{-1+\sqrt{5}}{4}$　答

80

POINT ▶ 三角関数の加法定理

❶ $\sin(\alpha+\beta)=\sin\alpha\cos\beta+\cos\alpha\sin\beta$　$\sin(\alpha-\beta)=\sin\alpha\cos\beta-\cos\alpha\sin\beta$
❷ $\cos(\alpha+\beta)=\cos\alpha\cos\beta-\sin\alpha\sin\beta$　$\cos(\alpha-\beta)=\cos\alpha\cos\beta+\sin\alpha\sin\beta$
❸ $\tan(\alpha+\beta)=\dfrac{\tan\alpha+\tan\beta}{1-\tan\alpha\tan\beta}$　$\tan(\alpha-\beta)=\dfrac{\tan\alpha-\tan\beta}{1+\tan\alpha\tan\beta}$

参考　$\alpha-\beta$ の公式は，$\alpha+\beta$ の公式で **β を $-\beta$ におき換えると** 得られる。また，2 倍角の公式や半角の公式は，加法定理から容易に導くことができる。

類題 83　$0\leqq\alpha\leqq\dfrac{\pi}{2}$，$0\leqq\beta\leqq\dfrac{\pi}{2}$ で，$\sin\alpha+\cos\beta=\dfrac{5}{4}$，$\cos\alpha+\sin\beta=\dfrac{5}{4}$ のとき，$\sin(\alpha+\beta)$，$\tan(\alpha+\beta)$ の値を求めよ。　〔工学院大〕

84 三角関数の等式の証明

△ABC の問題

$A+B+C=\pi$

を有効に活用

等式の証明　**公式を駆使して変形**

特に，△ABC の内角 A，B，C についての等式

$\longrightarrow$ $A+B+C=\pi$ の活用。

この式から，C を消去して A，B だけの式を導く。…… 条件式　**文字を減らす**

例題 84　Ⅱ

△ABC において，次の等式が成り立つことを証明せよ。

$$\sin A+\sin B+\sin C=4\cos\frac{A}{2}\cos\frac{B}{2}\cos\frac{C}{2}$$

解答

$A+B+C=\pi$ であるから　$C=\pi-(A+B)$

$$\sin A+\sin B+\sin C=(\sin A+\sin B)+\sin\{\pi-(A+B)\}$$
$$=(\sin A+\sin B)+\sin(A+B)$$

↓ 和 ⟶ 積の公式　　$\sin 2\alpha=2\sin\alpha\cos\alpha$

$$=2\sin\frac{A+B}{2}\cos\frac{A-B}{2}+2\sin\frac{A+B}{2}\cos\frac{A+B}{2}$$
$$=2\sin\frac{A+B}{2}\left(\cos\frac{A-B}{2}+\cos\frac{A+B}{2}\right)$$

↓ 和 ⟶ 積の公式

$$=2\sin\frac{A+B}{2}\cdot 2\cos\frac{A}{2}\cos\frac{-B}{2}$$
$$=4\sin\left(\frac{\pi}{2}-\frac{C}{2}\right)\cos\frac{A}{2}\cos\frac{B}{2}$$ ◀ $\cos(-\theta)=\cos\theta$
$$=4\cos\frac{A}{2}\cos\frac{B}{2}\cos\frac{C}{2}$$ 終　◀ $\sin\left(\frac{\pi}{2}-\theta\right)=\cos\theta$

POINT ▶ 三角関数に関する等式の証明

❶ 三角関数の相互関係，加法定理などの公式を利用する。
[1] 多くの場合，**sin，cos で表す** 方針で変形すると，計算しやすくなる。
[2] α と 2α など，角が混在している場合は，倍角・半角の公式を用いて **角を統一する**。

❷ 多くの式の和 ⟶ 適当に組み合わせる。2 項ずつ組み合わせて **和 ⟶ 積の公式**。

❸ 条件式の使い方 ⟶ **文字を減らす** 方針で変形。
特に，△ABC が関係するときは，$A+B+C=\pi$ を有効に活用する。

類題 84　次の等式を証明せよ。

$$\sin^2\alpha+\sin^2\beta+\sin^2(\alpha+\beta)+2\cos\alpha\cos\beta\cos(\alpha+\beta)=2$$ 〔宮崎大〕

85 三角方程式・三角不等式

三角方程式・不等式	三角関数の式
↓ 1種類に おき換え (積)$=0$，(積)>0 など	**関数の種類と角を統一する** $\sin^2\theta+\cos^2\theta=1$ などの相互関係や2倍角の公式などを駆使して，**(積)$=0$，(積)>0 などの形を導く**。

例題 85 Ⅱ

$0\leqq\theta<2\pi$ のとき，次の方程式，不等式を解け。

(1) $2\sin^2\theta-9\cos\theta+3=0$　　(2) $\sin 2\theta>\cos\theta$

解答

(1) 与式から　$2(1-\cos^2\theta)-9\cos\theta+3=0$

すなわち　$2\cos^2\theta+9\cos\theta-5=0$

ゆえに　$(\cos\theta+5)(2\cos\theta-1)=0$

$\cos\theta+5>0$ であるから　$2\cos\theta-1=0$

よって　$\cos\theta=\dfrac{1}{2}$

$0\leqq\theta<2\pi$ であるから　$\boldsymbol{\theta=\dfrac{\pi}{3},\ \dfrac{5}{3}\pi}$ 答

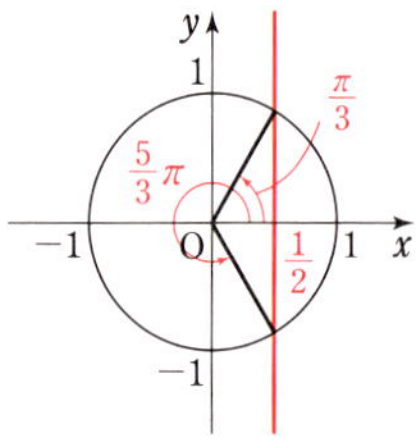

(2) 与式から　$2\sin\theta\cos\theta-\cos\theta>0$　すなわち　$\cos\theta(2\sin\theta-1)>0$

ゆえに　$\begin{cases}\cos\theta>0\\ \sin\theta>\dfrac{1}{2}\end{cases}$ …… ①　または　$\begin{cases}\cos\theta<0\\ \sin\theta<\dfrac{1}{2}\end{cases}$ …… ②

$0\leqq\theta<2\pi$ の範囲で解くと

① の解は　$\dfrac{\pi}{6}<\theta<\dfrac{\pi}{2}$，　② の解は　$\dfrac{5}{6}\pi<\theta<\dfrac{3}{2}\pi$

よって，不等式の解は　$\boldsymbol{\dfrac{\pi}{6}<\theta<\dfrac{\pi}{2},\ \dfrac{5}{6}\pi<\theta<\dfrac{3}{2}\pi}$ 答

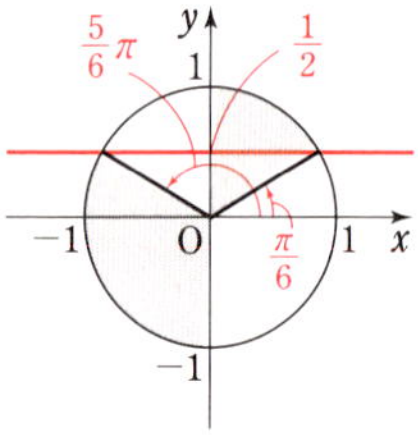

POINT ▶ 三角方程式・三角不等式の解法

1. 三角関数の **種類と角を統一する**。
   ⟶ 相互関係，加法定理，倍角の公式，和と積の公式，三角関数の合成（p. 89 参照）などを利用する。
2. **おき換え** ⟶ $\sin\theta=x$ など，このとき x のとりうる値の範囲に注意。
3. 因数分解して，**(積)$=0$，(積)>0 などの形を導く**。

類題 85　$0\leqq\theta<2\pi$ のとき，次の方程式，不等式を解け。

(1) $\sin\theta+\sin 3\theta=0$　　(2) $\cos\theta-3\sqrt{3}\cos\dfrac{\theta}{2}+4>0$

86 三角関数の合成

$a\sin\theta+b\cos\theta$

↓ 点 P$(a,\ b)$ をとる
OP と α を定める

$\sqrt{a^2+b^2}\sin(\theta+\alpha)$

$a\sin\theta+b\cos\theta$ の形の式
合成して　$r\sin(\theta+\alpha)$ の形へ
$$a\sin\theta+b\cos\theta=\sqrt{a^2+b^2}\sin(\theta+\alpha)$$
なお，α は，普通 $0\leqq\alpha<2\pi$ または $-\pi<\alpha\leqq\pi$ の範囲にとる。

例題 | 86　II

$0\leqq\theta<2\pi$ のとき，次の方程式，不等式を解け。

(1) $\sqrt{3}\sin\theta-\cos\theta=\sqrt{3}$　　(2) $1-\cos\theta>\sin\theta$

解　答

(1) $\sqrt{3}\sin\theta-\cos\theta=2\sin\left(\theta-\frac{\pi}{6}\right)$ であるから，方程式は　$\sin\left(\theta-\frac{\pi}{6}\right)=\frac{\sqrt{3}}{2}$

$0\leqq\theta<2\pi$ より，$-\frac{\pi}{6}\leqq\theta-\frac{\pi}{6}<\frac{11}{6}\pi$ であるから　$\theta-\frac{\pi}{6}=\frac{\pi}{3},\ \frac{2}{3}\pi$

したがって，解は　$\theta=\frac{\pi}{2},\ \frac{5}{6}\pi$　答

(2) 与式から　$\sin\theta+\cos\theta<1$ …… ①

$\sin\theta+\cos\theta=\sqrt{2}\sin\left(\theta+\frac{\pi}{4}\right)$ であるから，① は　$\sin\left(\theta+\frac{\pi}{4}\right)<\frac{1}{\sqrt{2}}$ …… ②

$0\leqq\theta<2\pi$ より，$\frac{\pi}{4}\leqq\theta+\frac{\pi}{4}<\frac{9}{4}\pi$ であるから，② より　$\frac{3}{4}\pi<\theta+\frac{\pi}{4}<\frac{9}{4}\pi$

したがって，解は　$\frac{\pi}{2}<\theta<2\pi$　答

POINT ▶ $a\sin\theta+b\cos\theta$ の変形（三角関数の合成）

$a\sin\theta+b\cos\theta$ の形の式（同じ周期の sin，cos の和）は，$r\sin(\theta+\alpha)$ の形に変形できる。

$$a\sin\theta+b\cos\theta=\sqrt{a^2+b^2}\sin(\theta+\alpha)$$

ただし　$\sin\alpha=\frac{b}{\sqrt{a^2+b^2}},\ \cos\alpha=\frac{a}{\sqrt{a^2+b^2}}$

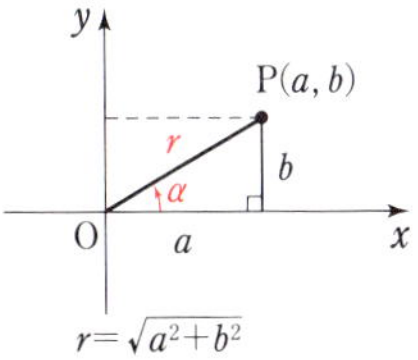

類題 86　関数 $f(\theta)=\sin\theta+\cos\theta+2\sqrt{2}\sin\theta\cos\theta$ $(0\leqq\theta<2\pi)$ について

(1) $\sin\theta+\cos\theta=t$ とおくとき，$f(\theta)$ を t で表せ。また，t のとりうる値の範囲を求めよ。

(2) $f(\theta)=0$ を満たす θ の値をすべて求めよ。　〔類　金沢大〕

80

87 三角関数の最大・最小

おき換えで
2次関数の問題に
または
三角関数の合成利用

三角関数の式 **1種類の関数で表す**

(1) 右辺を2倍角の公式を用いて変形すると，y は $\sin\theta$ の2次式で表される。
⟶ **おき換え** で2次関数の問題に。

(2) **合成して** $r\sin(\theta+\alpha)$ の形に変形。

例題 87 II

次の関数の最大値と最小値を求めよ。

(1) $y=\cos 2\theta+2\sin\theta+1$ $(0\leqq\theta<2\pi)$

(2) $y=\sin\theta+\sqrt{3}\cos\theta$ $(0\leqq\theta\leqq\pi)$

解答

(1) $y=\cos 2\theta+2\sin\theta+1=(1-2\sin^2\theta)+2\sin\theta+1=-2\sin^2\theta+2\sin\theta+2$

$\sin\theta=t$ とおくと，$0\leqq\theta<2\pi$ であるから　**$-1\leqq t\leqq 1$**

また　$y=-2t^2+2t+2=-2\left(t-\dfrac{1}{2}\right)^2+\dfrac{5}{2}$

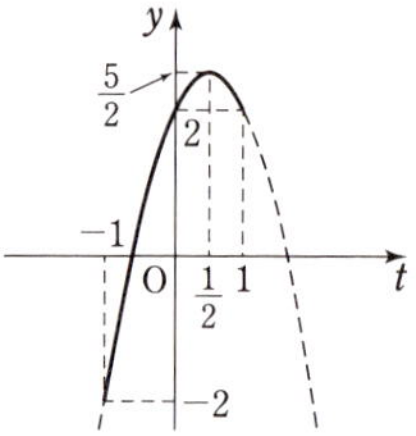

$-1\leqq t\leqq 1$ において，y は $t=\dfrac{1}{2}$ で最大，$t=-1$ で最小となる。したがって

$\sin\theta=\dfrac{1}{2}$　すなわち　$\theta=\dfrac{\pi}{6}$，$\dfrac{5}{6}\pi$ **で最大値** $\dfrac{5}{2}$

$\sin\theta=-1$　すなわち　$\theta=\dfrac{3}{2}\pi$ **で最小値** -2　答

(2) $y=\sqrt{1^2+(\sqrt{3})^2}\left(\dfrac{1}{2}\sin\theta+\dfrac{\sqrt{3}}{2}\cos\theta\right)=2\sin\left(\theta+\dfrac{\pi}{3}\right)$

$0\leqq\theta\leqq\pi$ であるから　$\dfrac{\pi}{3}\leqq\theta+\dfrac{\pi}{3}\leqq\dfrac{4}{3}\pi$

よって，$\theta+\dfrac{\pi}{3}=\dfrac{\pi}{2}$　すなわち　$\theta=\dfrac{\pi}{6}$ **で最大値** $2\cdot 1=2$，

$\theta+\dfrac{\pi}{3}=\dfrac{4}{3}\pi$　すなわち　$\theta=\pi$ **で最小値** $2\cdot\left(-\dfrac{\sqrt{3}}{2}\right)=-\sqrt{3}$　答

POINT ▶ 三角関数の最大・最小

1種類 の関数で表し，❶ **2次関数の問題に帰着** させる。❷ **三角関数の合成** を利用する。
なお，❶，❷ いずれも変数のとりうる値の範囲に注意する。

類題 87　$0<\theta<2\pi$ のとき，$y=2\sin^2\theta+3\sin\theta\cos\theta+6\cos^2\theta$ の最大値を求めよ。
〔東北学院大〕

80

88 指数の計算

$a^0=1$

$a^{\frac{m}{n}}=\sqrt[n]{a^m}$

$a^{-r}=\dfrac{1}{a^r}$

指数の計算 **指数法則の利用**

1. 累乗根の形のものは a^p の形に直す。
2. 底を素因数分解する。
3. **指数法則** を利用して計算する。

(3) 式の値 **$x\cdot x^{-1}=1$ がカギ** となる。

例題 | 88 II

(1) $8^{\frac{4}{9}}\div3^{-\frac{1}{3}}\times6^{\frac{2}{3}}=$ □

(2) $\sqrt[3]{3^5}\div\sqrt[6]{2^3\cdot3^4}\times(\sqrt{2})^3$ を簡単にせよ。

(3) $x^{\frac{1}{3}}-x^{-\frac{1}{3}}=3$ のとき，$x-x^{-1}$ と x^2+x^{-2} の値を求めよ。

解答

(1) $8^{\frac{4}{9}}\div3^{-\frac{1}{3}}\times6^{\frac{2}{3}}=(2^3)^{\frac{4}{9}}\times3^{\frac{1}{3}}\times(2\times3)^{\frac{2}{3}}=2^{\frac{4}{3}+\frac{2}{3}}\times3^{\frac{1}{3}+\frac{2}{3}}$ ◀ ÷(　)は ×(　)$^{-1}$ とする。

$=2^2\times3=12$ 答

(2) $\sqrt[3]{3^5}\div\sqrt[6]{2^3\cdot3^4}\times(\sqrt{2})^3=3^{\frac{5}{3}}\div\left(2^{\frac{3}{6}}\cdot3^{\frac{4}{6}}\right)\times2^{\frac{3}{2}}$

$=3^{\frac{5}{3}}\times\left(2^{-\frac{1}{2}}\cdot3^{-\frac{2}{3}}\right)\times2^{\frac{3}{2}}$ ◀ ÷(　)は ×(　)$^{-1}$ とする。

$=3^{\frac{5}{3}-\frac{2}{3}}\times2^{-\frac{1}{2}+\frac{3}{2}}$

$=3\times2=6$ 答

(3) $x-x^{-1}=\left(x^{\frac{1}{3}}\right)^3-\left(x^{-\frac{1}{3}}\right)^3=\left(x^{\frac{1}{3}}-x^{-\frac{1}{3}}\right)^3+3x^{\frac{1}{3}}x^{-\frac{1}{3}}\left(x^{\frac{1}{3}}-x^{-\frac{1}{3}}\right)$

$=3^3+3\cdot1\cdot3=36$ 答

また　$x^2+x^{-2}=(x-x^{-1})^2+2xx^{-1}=36^2+2\cdot1=1298$ 答

POINT ▶ 指数の拡張

$a>0$，$b>0$ で，m，n が正の整数，r が有理数のとき

❶ **指数の拡張**　$a^{\frac{m}{n}}=\sqrt[n]{a^m}$　$a^{-r}=\dfrac{1}{a^r}$

❷ **指数法則**　$a^ma^n=a^{m+n}$　$(a^m)^n=a^{mn}$　$(ab)^n=a^nb^n$

注意 m，n が正の整数の場合だけでなく，実数の場合も成り立つ。

❸ **累乗根の性質**　$\sqrt[n]{a}\sqrt[n]{b}=\sqrt[n]{ab}$，$\dfrac{\sqrt[n]{a}}{\sqrt[n]{b}}=\sqrt[n]{\dfrac{a}{b}}$，$(\sqrt[n]{a})^m=\sqrt[n]{a^m}$，$\sqrt[m]{\sqrt[n]{a}}=\sqrt[mn]{a}$

類題 88　$a>0$ とする。$9^a+9^{-a}=14$ のとき，次の式の値を求めよ。

(1) 3^a+3^{-a}　(2) 3^a-3^{-a}　(3) 27^a+27^{-a}　(4) 27^a-27^{-a}

〔流通科学大〕

89 対数の計算

積の対数 ⟷ 対数の和
商の対数 ⟷ 対数の差
k 乗の対数 ⟷ 対数の k 倍

対数の計算
1 分解する か まとめる
2 異なる底は そろえる
底をそろえるときは，**底の変換公式** を用いる。

例題 89 Ⅱ

(1) $(\log_2 3+\log_4 9)(\log_3 4-\log_9 2)$ を簡単にせよ。

(2) $\log_{10}2=a$，$\log_{10}3=b$ とするとき，$\log_{10}72$，$\log_{12}\sqrt[3]{96}$ を a，b で表せ。

解答

(1) $$(\log_2 3+\log_4 9)(\log_3 4-\log_9 2)=\left(\log_2 3+\frac{\log_2 9}{\log_2 4}\right)\left(\frac{\log_2 4}{\log_2 3}-\frac{\log_2 2}{\log_2 9}\right)$$
$$=\left(\log_2 3+\frac{2\log_2 3}{2}\right)\left(\frac{2}{\log_2 3}-\frac{1}{2\log_2 3}\right)$$
$$=2\log_2 3\cdot\frac{3}{2\log_2 3}=3$$ 答

(2) $\log_{10}72=\log_{10}(2^3\cdot 3^2)=3\log_{10}2+2\log_{10}3=3a+2b$ 答

$$\log_{12}\sqrt[3]{96}=\frac{1}{3}\log_{12}96=\frac{\log_{10}96}{3\log_{10}12}=\frac{\log_{10}(2^5\cdot 3)}{3\log_{10}(2^2\cdot 3)}=\frac{1}{3}\cdot\frac{5\log_{10}2+\log_{10}3}{2\log_{10}2+\log_{10}3}$$
$$=\frac{5a+b}{3(2a+b)}$$ 答

80

POINT ▶ 対数の性質

$a>0$，$b>0$，$c>0$，$M>0$，$N>0$ で，$a\neq 1$，$b\neq 1$，$c\neq 1$，p，k は実数とする。

❶ 対数の定義　$a^p=M \iff p=\log_a M$　　$\log_a a^p=p$

❷ 対数の性質　$\log_a MN=\log_a M+\log_a N$　　$\log_a \frac{M}{N}=\log_a M-\log_a N$
　$\log_a M^k=k\log_a M$

❸ 底の変換公式　$\log_a b=\frac{\log_c b}{\log_c a}$　　特に　$\log_a b=\frac{1}{\log_b a}$

類題 89　$5^a=2$，$5^b=3$ とするとき，$\log_5 72$，$\log_5 1.35$ を a，b で表せ。
〔近畿大〕

90 大小比較（指数・対数）

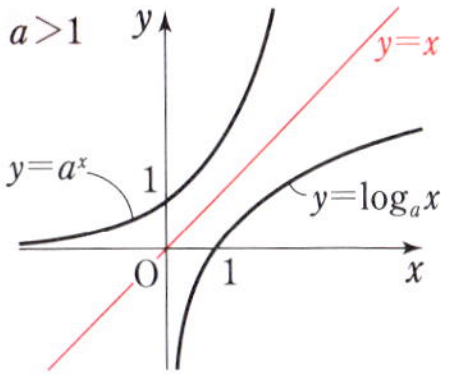

大小比較　**基本は　底をそろえる**

底と 1 の大小関係に注意 して，指数関数・対数関数の性質から判断する。

(2)　底をそろえるのは無理であるから，各数を **n 乗して比較** してみる。

例題 90　Ⅱ

次の各組の数の大小を不等号を用いて表せ。

(1)　$\sqrt[3]{2}$，$\sqrt[4]{8}$，$16^{\frac{1}{6}}$　　(2)　$\sqrt{2}$，$\sqrt[3]{3}$，$\sqrt[4]{5}$　　(3)　$\dfrac{3}{2}$，$\log_4 10$，$\log_2 3$

解答

(1)　$\sqrt[3]{2}=2^{\frac{1}{3}}$，　$\sqrt[4]{8}=\sqrt[4]{2^3}=2^{\frac{3}{4}}$，　$16^{\frac{1}{6}}=(2^4)^{\frac{1}{6}}=2^{\frac{2}{3}}$

底 2 は 1 より大きいから　$2^{\frac{1}{3}}<2^{\frac{2}{3}}<2^{\frac{3}{4}}$　すなわち　$\sqrt[3]{2}<16^{\frac{1}{6}}<\sqrt[4]{8}$　答

(2)　3 つの数をそれぞれ 12 乗すると　◀ 2，3，4 の最小公倍数は 12

$(\sqrt{2})^{12}=\left(2^{\frac{1}{2}}\right)^{12}=2^6=64$，　$(\sqrt[3]{3})^{12}=\left(3^{\frac{1}{3}}\right)^{12}=3^4=81$，　$(\sqrt[4]{5})^{12}=\left(5^{\frac{1}{4}}\right)^{12}=5^3=125$

$64<81<125$ であるから　$(\sqrt{2})^{12}<(\sqrt[3]{3})^{12}<(\sqrt[4]{5})^{12}$

$\sqrt{2}>0$，$\sqrt[3]{3}>0$，$\sqrt[4]{5}>0$ であるから　$\sqrt{2}<\sqrt[3]{3}<\sqrt[4]{5}$　答

(3)　$\dfrac{3}{2}=\log_2 2^{\frac{3}{2}}=\log_2\sqrt{8}$，　$\log_4 10=\dfrac{\log_2 10}{\log_2 4}=\dfrac{1}{2}\log_2 10=\log_2\sqrt{10}$

底 2 は 1 より大きく，$\sqrt{8}<3<\sqrt{10}$ であるから　$\log_2\sqrt{8}<\log_2 3<\log_2\sqrt{10}$

すなわち　$\dfrac{3}{2}<\log_2 3<\log_4 10$　答

POINT ▸ 指数関数 $y=a^x$，対数関数 $y=\log_a x$ の増減

❶ $a>1$ のとき　増加関数

$x_1<x_2$　ならば　$\begin{cases} a^{x_1}<a^{x_2} \\ \log_a x_1<\log_a x_2 \end{cases}$

❷ $0<a<1$ のとき　減少関数

$x_1<x_2$　ならば　$\begin{cases} a^{x_1}>a^{x_2} \\ \log_a x_1>\log_a x_2 \end{cases}$

$a>1$のとき

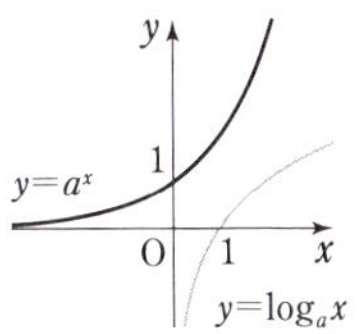

$0<a<1$のとき

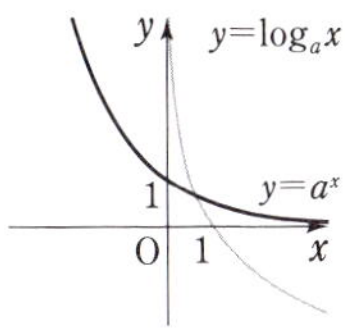

類題 90　5 つの数 0，1，$a=\log_5 2^{1.5}$，$b=\log_5 3^{1.5}$，$c=\log_5 0.5^{1.5}$ を小さい順に並べると ^{ア}□$<0<{}^{イ}$□$<{}^{ウ}$□$<{}^{エ}$□ である。〔センター試験〕

91 指数方程式・指数不等式

底に注意	まず，底をそろえる
$0<(\text{底})<1$ $(\text{底})>1$	方程式 ⟶ $a^x=a^k$ の形を導く。 不等式 ⟶ $a^x<a^k$，$a^x>a^k$ などの形を導く。 ただし，**底と 1 の大小関係に要注意**。 $0<a<1$ なら　不等号の向きが変わる

例題 91 Ⅱ

次の方程式，不等式を解け。

(1) $9^{x+1}+8\cdot3^x-1=0$　　(2) $\left(\dfrac{1}{9}\right)^x-\dfrac{1}{3^x}-6>0$

解答

(1) 与式から　$9\cdot(3^x)^2+8\cdot3^x-1=0$　　$3^x=t$ とおくと　$t>0$ …… ①

方程式は　$9t^2+8t-1=0$　　ゆえに　$(t+1)(9t-1)=0$

① より，$t+1>0$ であるから　$t=\dfrac{1}{9}$　すなわち　$3^x=\dfrac{1}{9}$

よって　$3^x=3^{-2}$　　したがって　$x=-2$ 答

(2) 与式から　$\left(\dfrac{1}{3}\right)^{2x}-\left(\dfrac{1}{3}\right)^x-6>0$　　◀底を 3 にそろえると $(3^{-x})^2-3^{-x}-6>0$

$\left(\dfrac{1}{3}\right)^x=t$ とおくと　$t>0$ …… ①

不等式は　$t^2-t-6>0$　　よって　$(t+2)(t-3)>0$

① より，$t+2>0$ であるから　$t-3>0$

したがって　$t>3$　すなわち　$\left(\dfrac{1}{3}\right)^x>3$　　◀$3=\left(\dfrac{1}{3}\right)^{-1}$

底 $\dfrac{1}{3}$ は 1 より小さいから　$x<-1$ 答

POINT ▶ 指数方程式・指数不等式

底をそろえて，指数についての方程式，不等式を作る。

❶ 指数方程式　$a>0$，$a\neq1$ のとき　$a^x=a^k \iff x=k$

❷ 指数不等式　$a>1$ のとき　$a^x>a^k \iff x>k$　**大小一致**

　　　　　　$0<a<1$ のとき　$a^x>a^k \iff x<k$　**大小反対**

❸ おき換え　$a^x=t$ のおき換えにより，整式の方程式・不等式を導く。$a^x>0$ に注意。

類題 91 次の方程式，不等式を解け。

(1) $4^x-3\cdot2^{x+2}+32=0$　　(2) $4^x+1\leqq2^{x+1}+2^{x-1}$　〔東洋大〕

92 対数方程式・対数不等式

要注意！

(真数) > 0

底と1の大小関係

底をそろえて，真数を比較

1. **真数条件** を書き出す。
2. **底をそろえる。**
3. 真数についての方程式・不等式を解く。
4. **真数条件をチェック** する。

例題 92 Ⅱ

次の方程式，不等式を解け。〔(1) 立教大 (2) 神戸薬大〕

(1) $\log_9 x^2+\log_3(x-4)=3$　　(2) $\log_2(x-2)<1+\log_{\frac{1}{2}}(x-4)$

解答

(1) **真数は正** であるから　$x^2>0,\ x-4>0$　よって　$x>4$ ……①

方程式から　$\dfrac{\log_3 x^2}{\log_3 9}+\log_3(x-4)=3$　すなわち　$\log_3 x+\log_3(x-4)=3$

ゆえに　$\log_3 x(x-4)=3$　よって　$x(x-4)=3^3$

整理して　$x^2-4x-27=0$　これを解いて　$x=2\pm\sqrt{31}$

①から，解は　$x=2+\sqrt{31}$ 答

(2) **真数は正** であるから　$x-2>0,\ x-4>0$　よって　$x>4$ ……①

不等式から　$\log_2(x-2)<\log_2 2+\dfrac{\log_2(x-4)}{\log_2\frac{1}{2}}$

ゆえに　$\log_2(x-2)+\log_2(x-4)<\log_2 2$　よって　$\log_2(x-2)(x-4)<\log_2 2$

底2は1より大きいから　$(x-2)(x-4)<2$　すなわち　$x^2-6x+6<0$

これを解いて　$3-\sqrt{3}<x<3+\sqrt{3}$ ……②

①，②から，解は　$4<x<3+\sqrt{3}$ 答

POINT ▶ 対数方程式・対数不等式

まず，**真数条件** (>0) を押さえる。底に文字があるときは，底の条件 (>0，≠1) も。

❶ 対数方程式　$a>0,\ a\neq1$ のとき　$\log_a M=\log_a N \iff M=N$

❷ 対数不等式　$a>1$ のとき　$\log_a M>\log_a N \iff M>N$　**大小一致**

　$0<a<1$ のとき　$\log_a M>\log_a N \iff M<N$　**大小反対**

類題 92　次の方程式，不等式を解け。

(1) $5\log_3 3x^2-4(\log_3 x)^2+1=0$　〔龍谷大〕

(2) $\log_{\frac{1}{4}}(6-x)+\dfrac{1}{2}\log_{\frac{1}{2}}x<-\dfrac{1}{2}+\log_{\frac{1}{4}}(3x-2)$　〔東京経大〕

93 関数の最大・最小 ー指数・対数ー

おき換えなどで，整式に関する問題に帰着

条件の式と最大・最小を求めようとする式の形が異なる。
⟶ **式の形を統一する**（本問の場合は条件を対数で表す）。
⟶ 整式で表された関数の問題に帰着。

例題 93 Ⅱ

$x \geqq 10$，$y \geqq 1$，$xy=10^3$ のとき，$z=(\log_{10}x)(\log_{10}y)$ の最大値と最小値を求めよ。また，そのときの x，y の値を求めよ。

解答

$x \geqq 10$，$y \geqq 1$，$xy=10^3$ において，それぞれ両辺の常用対数をとると

$$\log_{10}x \geqq 1,\ \log_{10}y \geqq 0,\ \log_{10}xy=3$$

$\log_{10}x=X$，$\log_{10}y=Y$ とおくと　$X \geqq 1$，$Y \geqq 0$，$X+Y=3$

$Y \geqq 0$，$X+Y=3$ から　$Y=3-X \geqq 0$　ゆえに　$X \leqq 3$

$X \geqq 1$ との共通範囲は　$1 \leqq X \leqq 3$ …… ①

また　$z=XY=X(3-X)=-X^2+3X$

$$=-\left(X-\frac{3}{2}\right)^2+\frac{9}{4}$$

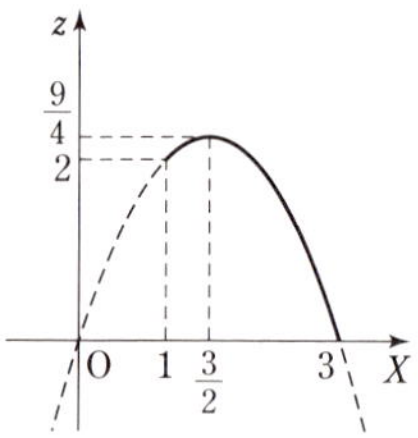

① の範囲において，z は $X=\frac{3}{2}$ のとき最大値 $\frac{9}{4}$，

$X=3$ のとき最小値 0 をとる。

$X=\frac{3}{2}$ のとき，$Y=\frac{3}{2}$ で　$x=10^{\frac{3}{2}}=10\sqrt{10}$，$y=10^{\frac{3}{2}}=10\sqrt{10}$

$X=3$ のとき，$Y=0$ で　$x=10^3=1000$，$y=10^0=1$

答　$x=10\sqrt{10}$，$y=10\sqrt{10}$ のとき最大値 $\frac{9}{4}$；

$x=1000$，$y=1$ のとき最小値 0

POINT ▸ 指数・対数関数の最大・最小

1 **真数条件，底の条件** に注意。　2 式の形が異なるときは **統一する**。
3 **おき換え** または **まとめる** ことにより，整式に関する問題にもち込む。
4 **変域に注意** して，最大値・最小値を求める。

類題 93 $f(x)=6(2^x+2^{-x})-2(4^x+4^{-x})$ とする。$2^x+2^{-x}=t$ とおくとき，$f(x)$ を t を用いて表せ。また，関数 $f(x)$ の最大値を求めよ。〔福岡大〕

94 桁数，小数首位の問題

N の桁数・小数首位

常用対数 $\log_{10}N$ の整数部分に着目

1 N の **常用対数** をとる。
2 $\log_{10}N$ の値を計算する。
3 桁数：$n-1 \leqq \log_{10}N < n$
小数首位：$-n \leqq \log_{10}N < -n+1$
を満たす自然数 n の値を求める。

例題 | 94 II

$\log_{10}2=0.3010$，$\log_{10}3=0.4771$ とする。

(1) 5^{35} は何桁の整数か。

(2) 0.06^{35} は小数第何位に初めて 0 でない数字が現れるか。

解　答

(1) $\log_{10}5^{35}=35\log_{10}\dfrac{10}{2}=35(\log_{10}10-\log_{10}2)=35(1-0.3010)=24.4650$

ゆえに　$24<\log_{10}5^{35}<25$

よって　$10^{24}<5^{35}<10^{25}$

したがって，5^{35} は **25 桁** の整数である。 答

(2) $\log_{10}0.06^{35}=\log_{10}\left(\dfrac{6}{100}\right)^{35}=35\log_{10}\dfrac{6}{100}=35(\log_{10}6-\log_{10}100)$

$=35(\log_{10}2+\log_{10}3-2)=35(0.3010+0.4771-2)$

$=-42.7665$

ゆえに　$-43<\log_{10}0.06^{35}<-42$

よって　$10^{-43}<0.06^{35}<10^{-42}$

したがって，0.06^{35} は **小数第 43 位** に初めて 0 でない数字が現れる。 答

POINT ▶ 桁数・小数首位の問題

❶ 正の数 N の **整数部分が n 桁** $\Longleftrightarrow$ $10^{n-1}\leqq N<10^{n}$ $\Longleftrightarrow$ $n-1\leqq\log_{10}N<n$

❷ 正の数 N の **小数第 n 位に初めて 0 でない数が現れる** $\Longleftrightarrow$ $\dfrac{1}{10^{n}}\leqq N<\dfrac{1}{10^{n-1}}$

$\Longleftrightarrow$ $10^{-n}\leqq N<10^{-n+1}$ $\Longleftrightarrow$ $-n\leqq\log_{10}N<-n+1$

90

類題 94　$\log_{10}2=0.3010$，$\log_{10}3=0.4771$ とする。

(1) 45^{10} の桁数を求めよ。

(2) $\left(\dfrac{8}{15}\right)^{20}$ は小数第何位に初めて 0 以外の数字が現れるか。

95 ベクトルの成分

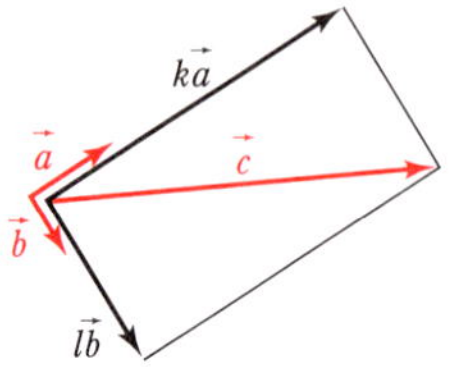

(1) $\vec{c}=k\vec{a}+l\vec{b}$ とおいて，両辺の x 成分，y 成分がそれぞれ等しいとする。

$$(a_1,\ a_2)=(b_1,\ b_2) \iff a_1=b_1,\ a_2=b_2$$

(2) **$|\vec{p}|$ は $|\vec{p}|^2$ として扱う**

⟶ 2 次関数の最小問題にもち込む。

例題 | 95 B

$\vec{a}=(-2,\ 3)$，$\vec{b}=(1,\ -2)$ とする。

(1) $\vec{c}=(-4,\ 3)$ を $k\vec{a}+l\vec{b}$ (k，l は実数) の形に表せ。

(2) $\vec{b}$ と (1) の $\vec{c}$，実数 t に対して，$\vec{d}=\vec{c}+t\vec{b}$ とする。$|\vec{d}|$ の最小値を求めよ。

解　答

(1) $\vec{c}=k\vec{a}+l\vec{b}$ とすると　$(-4,\ 3)=k(-2,\ 3)+l(1,\ -2)$

すなわち　$(-4,\ 3)=(-2k+l,\ 3k-2l)$

したがって　$\boldsymbol{-2k+l=-4,\ 3k-2l=3}$

2 式を連立して解くと　$k=5,\ l=6$

よって　$\boldsymbol{\vec{c}=5\vec{a}+6\vec{b}}$　答

(2)　$\vec{d}=\vec{c}+t\vec{b}=(-4,\ 3)+t(1,\ -2)=(-4+t,\ 3-2t)$

ゆえに　$|\vec{d}|^2=(-4+t)^2+(3-2t)^2=5t^2-20t+25=5(t-2)^2+5$

$|\vec{d}|\geqq 0$ であるから，$|\vec{d}|^2$ が最小となるとき，$|\vec{d}|$ も最小となる。　◀この断りは重要。

よって，$|\vec{d}|$ は **$t=2$ のとき，最小値 $\sqrt{5}$** をとる。　答

POINT ▸ ベクトルの成分と演算

$\vec{e_1}=(1,\ 0)$，$\vec{e_2}=(0,\ 1)$，k，l は実数とする。

❶ **ベクトルの成分**　$\vec{a}=(a_1,\ a_2) \iff \vec{a}=a_1\vec{e_1}+a_2\vec{e_2}$

❷ **ベクトルの相等**　$(a_1,\ a_2)=(b_1,\ b_2) \iff a_1=b_1,\ a_2=b_2$

❸ **ベクトル $\vec{a}=(a_1,\ a_2)$ の大きさ**　$|\vec{a}|=\sqrt{a_1^2+a_2^2}$

❹ **演算**　$(a_1,\ a_2)+(b_1,\ b_2)=(a_1+b_1,\ a_2+b_2)$　　$k(a_1,\ a_2)=(ka_1,\ ka_2)$

一般に　$k(a_1,\ a_2)+l(b_1,\ b_2)=(ka_1+lb_1,\ ka_2+lb_2)$

類題 95

(1) $\vec{a}=(3,\ -2)$，$\vec{b}=(1,\ -4)$，$\vec{c}=(-1,\ 2)$ とする。$\vec{a}+t\vec{b}$ が $\vec{c}$ と平行であるとき，実数 t の値を求めよ。

(2) $\vec{a}=(-3,\ 4)$，$\vec{b}=(-2,\ -3)$，$\vec{c}=\vec{a}+t\vec{b}$ (t は実数) とするとき，$|\vec{c}|$ の最小値を求めよ。

96 ベクトルの内積

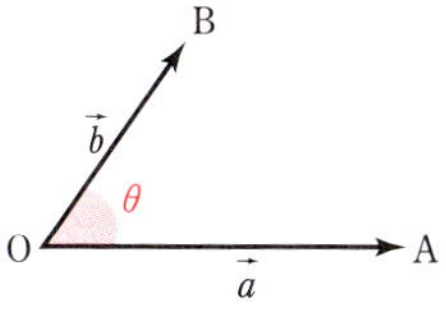

$\vec{a}\cdot\vec{b}=|\vec{a}||\vec{b}|\cos\theta$

大きさ，なす角　**内積を利用**

なす角　$\cos\theta=\dfrac{\vec{a}\cdot\vec{b}}{|\vec{a}||\vec{b}|}$

垂直　$\vec{a}\perp\vec{b} \iff \vec{a}\cdot\vec{b}=0$

大きさ　$|\vec{p}|$ は $|\vec{p}|^2=\vec{p}\cdot\vec{p}$ として扱う

例題 | 96　B

(1)　2つのベクトル $\vec{a}=(1,\ x)$，$\vec{b}=(2,\ -1)$ について，$\vec{a}+\vec{b}$ と $2\vec{a}-3\vec{b}$ が垂直であるとき，x の値を求めよ。

(2)　$|\vec{a}|=1$，$|\vec{b}|=3$，$|\vec{a}-\vec{b}|=\sqrt{7}$ のとき，$\vec{a}$ と $\vec{b}$ のなす角 θ を求めよ。

解　答

(1)　$\vec{a}+\vec{b}=(3,\ x-1)$，$2\vec{a}-3\vec{b}=2(1,\ x)-3(2,\ -1)=(-4,\ 2x+3)$

$\vec{a}+\vec{b}\neq\vec{0}$，$2\vec{a}-3\vec{b}\neq\vec{0}$ であるから，$(\vec{a}+\vec{b})\perp(2\vec{a}-3\vec{b})$ であるための条件は

$(\vec{a}+\vec{b})\cdot(2\vec{a}-3\vec{b})=0$　　ゆえに　$3\times(-4)+(x-1)(2x+3)=0$

整理すると　$2x^2+x-15=0$　　$(x+3)(2x-5)=0$ から　$\boldsymbol{x=-3,\ \dfrac{5}{2}}$　答

(2)　$|\vec{a}-\vec{b}|=\sqrt{7}$ から　$|\vec{a}-\vec{b}|^2=7$

よって　$(\vec{a}-\vec{b})\cdot(\vec{a}-\vec{b})=7$　　ゆえに　$|\vec{a}|^2-2\vec{a}\cdot\vec{b}+|\vec{b}|^2=7$

$|\vec{a}|=1$，$|\vec{b}|=3$ から　$1-2\vec{a}\cdot\vec{b}+9=7$　　したがって　$\vec{a}\cdot\vec{b}=\dfrac{3}{2}$

よって　$\cos\theta=\dfrac{\vec{a}\cdot\vec{b}}{|\vec{a}||\vec{b}|}=\dfrac{\frac{3}{2}}{1\times3}=\dfrac{1}{2}$　　$0^\circ\leqq\theta\leqq180^\circ$ であるから　$\boldsymbol{\theta=60^\circ}$　答

POINT ▶ ベクトルの内積

$\vec{a}=(a_1,\ a_2)$，$\vec{b}=(b_1,\ b_2)$，$\vec{a}\neq\vec{0}$，$\vec{b}\neq\vec{0}$ とする。

❶　$\vec{a}$ と $\vec{b}$ のなす角を θ $(0^\circ\leqq\theta\leqq180^\circ)$ とすると　$\vec{a}\cdot\vec{b}=|\vec{a}||\vec{b}|\cos\theta=a_1b_1+a_2b_2$

❷　**垂直条件**　$\vec{a}\perp\vec{b} \iff \vec{a}\cdot\vec{b}=0 \iff a_1b_1+a_2b_2=0$

❸　**平行条件**　$\vec{a}\parallel\vec{b} \iff \vec{a}\cdot\vec{b}=|\vec{a}||\vec{b}|$ または $\vec{a}\cdot\vec{b}=-|\vec{a}||\vec{b}| \iff a_1b_2-a_2b_1=0$

類題 96

$\vec{0}$ でないベクトル $\vec{a}$，$\vec{b}$ が $|\vec{a}+\vec{b}|=\sqrt{7}$ と $|\vec{a}-\vec{b}|=\sqrt{3}$ を満たすとする。

(1)　内積 $\vec{a}\cdot\vec{b}=$ ア□

(2)　$\vec{a}+2\vec{b}$ と $\vec{a}-\vec{b}$ が直交するとき　$|\vec{a}|=$ イ□，$|\vec{b}|=$ ウ□

(3)　(2)のとき，$\vec{a}$ と $\vec{b}$ のなす角を θ とすると　$\cos\theta=$ エ□　〔明治大〕

97 空間ベクトルの成分と内積

空間ベクトル $(x,\ y,\ z)$

平面の場合に
z 成分が加わる

(1) 距離の問題　**2乗の形にして扱う**

$\mathrm{AB}=\mathrm{BC} \iff \mathrm{AB}^2=\mathrm{BC}^2$

(2) 垂直，大きさ　**内積を利用**

$\vec{e}=(x,\ y,\ z)$ とし，$\overrightarrow{\mathrm{AB}}\perp\vec{e}$，$\overrightarrow{\mathrm{AC}}\perp\vec{e}$，

$|\vec{e}|=1$ を内積の条件で表す。

例題 | 97　B

a は正の定数とする。3点 A$(2,\ 2,\ 2)$，B$(2,\ 2,\ 6)$，C$(0,\ a,\ 4)$ を頂点とする正三角形がある。このとき，次のものを求めよ。〔類　甲南大〕

(1) a の値　　(2) $\overrightarrow{\mathrm{AB}}$，$\overrightarrow{\mathrm{AC}}$ に垂直で，大きさが1のベクトル $\vec{e}$

解答

(1) $\mathrm{AB}=\mathrm{BC}=\mathrm{CA}$ から　$\mathbf{AB^2=BC^2=CA^2}$

$\mathrm{AB}^2=\mathrm{BC}^2$ から　$(6-2)^2=(-2)^2+(a-2)^2+(4-6)^2$

$\mathrm{AB}^2=\mathrm{CA}^2$ から　$(6-2)^2=2^2+(2-a)^2+(2-4)^2$

整理すると，ともに $(a-2)^2=8$ となり，これを解くと　$a=2\pm2\sqrt{2}$

$a>0$ であるから　$\boldsymbol{a=2+2\sqrt{2}}$　答

(2) $\vec{e}=(x,\ y,\ z)$ とする。　また　$\overrightarrow{\mathrm{AB}}=(0,\ 0,\ 4)$，$\overrightarrow{\mathrm{AC}}=(-2,\ 2\sqrt{2},\ 2)$

$\overrightarrow{\mathrm{AB}}\perp\vec{e}$ より，$\overrightarrow{\mathrm{AB}}\cdot\vec{e}=0$ であるから　$4z=0$　すなわち　$z=0$　…… ①

$\overrightarrow{\mathrm{AC}}\perp\vec{e}$ より，$\overrightarrow{\mathrm{AC}}\cdot\vec{e}=0$ であるから　$-2x+2\sqrt{2}y+2z=0$

すなわち　$-x+\sqrt{2}y+z=0$　…… ②

$|\vec{e}|=1$ より，$|\vec{e}|^2=1$ であるから　$x^2+y^2+z^2=1$　…… ③

①，② から　$x=\sqrt{2}y$　　これと ① を ③ に代入して　$3y^2=1$

ゆえに　$y=\pm\dfrac{\sqrt{3}}{3}$　　よって　$\vec{e}=\left(\pm\dfrac{\sqrt{6}}{3},\ \pm\dfrac{\sqrt{3}}{3},\ 0\right)$（複号同順）　答

POINT ▶ 空間ベクトル

❶ 和，差，実数倍，平行などの性質は **平面ベクトルと同じ。**

❷ **成分と内積**　$\vec{a}=(a_1,\ a_2,\ a_3)$，$\vec{b}=(b_1,\ b_2,\ b_3)$ とする。

大きさ　$|\vec{a}|=\sqrt{a_1^2+a_2^2+a_3^2}$　　**相等**　$\vec{a}=\vec{b} \iff a_1=b_1,\ a_2=b_2,\ a_3=b_3$

内積　$\vec{a}\cdot\vec{b}=a_1b_1+a_2b_2+a_3b_3$

類題 97　$\vec{a}=(1,\ 0,\ -1)$，$\vec{b}=(-2,\ 1,\ 3)$，$\vec{c}=(0,\ -1,\ 0)$ として，x，y を実数とする。ベクトル $\vec{r}=x\vec{a}+y\vec{b}+\vec{c}$ の大きさ $|\vec{r}|$ を最小にする x，y の値を求めよ。また，そのときの $|\vec{r}|$ の最小値を求めよ。〔芝浦工大〕

98 位置ベクトル

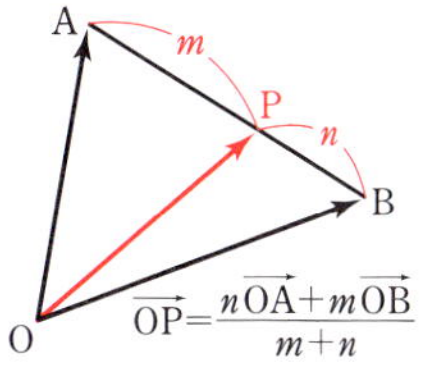

線分 AB を $m:n$ に分ける点 P

$\mathrm{AP}:\mathrm{BP}=m:n \iff \overrightarrow{AP}=\dfrac{m}{m+n}\overrightarrow{AB}$

$\iff \overrightarrow{OP}=\dfrac{n\overrightarrow{OA}+m\overrightarrow{OB}}{m+n}$　　$mn>0$ **内分**　$mn<0$ **外分**

例題 | 98　　B

△ABC において，辺 BC を 3：1 に内分する点を P とし，線分 AP を 3：1 に内分する点を Q とする。

(1)　$\overrightarrow{BQ}$ を $\overrightarrow{AB}$，$\overrightarrow{AC}$ で表せ。

(2)　△QBC の重心を G とするとき，$\overrightarrow{AG}$ を $\overrightarrow{AB}$，$\overrightarrow{AC}$ で表せ。

解　答

(1)　条件から　$\overrightarrow{AP}=\dfrac{1\cdot\overrightarrow{AB}+3\overrightarrow{AC}}{3+1}=\dfrac{1}{4}\overrightarrow{AB}+\dfrac{3}{4}\overrightarrow{AC}$

$$\overrightarrow{AQ}=\frac{3}{4}\overrightarrow{AP}=\frac{3}{4}\left(\frac{1}{4}\overrightarrow{AB}+\frac{3}{4}\overrightarrow{AC}\right)$$

$$=\frac{3}{16}\overrightarrow{AB}+\frac{9}{16}\overrightarrow{AC}$$

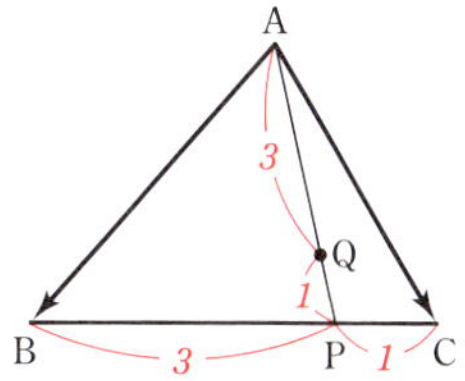

よって　$\overrightarrow{BQ}=\overrightarrow{AQ}-\overrightarrow{AB}=\left(\dfrac{3}{16}\overrightarrow{AB}+\dfrac{9}{16}\overrightarrow{AC}\right)-\overrightarrow{AB}$

$$=-\frac{13}{16}\overrightarrow{AB}+\frac{9}{16}\overrightarrow{AC}$$ 答

(2)　$\overrightarrow{AG}=\dfrac{\overrightarrow{AQ}+\overrightarrow{AB}+\overrightarrow{AC}}{3}=\dfrac{1}{3}\left\{\left(\dfrac{3}{16}\overrightarrow{AB}+\dfrac{9}{16}\overrightarrow{AC}\right)+\overrightarrow{AB}+\overrightarrow{AC}\right\}=\dfrac{19}{48}\overrightarrow{AB}+\dfrac{25}{48}\overrightarrow{AC}$　答

POINT ▸ 位置ベクトル

A($\vec{a}$)，B($\vec{b}$)，C($\vec{c}$)，P($\vec{p}$)，Q($\vec{q}$) とする。　❶ $\overrightarrow{AB}=\vec{b}-\vec{a}$

❷ 線分 AB を $m:n$ に内分する点 P　$\vec{p}=\dfrac{n\vec{a}+m\vec{b}}{m+n}$，　外分する点 Q　$\vec{q}=\dfrac{-n\vec{a}+m\vec{b}}{m-n}$

❸ △ABC の重心 G($\vec{g}$)　$\vec{g}=\dfrac{\vec{a}+\vec{b}+\vec{c}}{3}$

類題 98　AB=4，BC=3，CA=2 の三角形 ABC について，∠A の二等分線が辺 BC と交わる点を D，∠B の二等分線が線分 AD と交わる点を I とする。〔岡山理大〕

(1)　$\overrightarrow{AD}$ を $\overrightarrow{AB}$，$\overrightarrow{AC}$ で表せ。　　(2)　$\overrightarrow{AI}$ を $\overrightarrow{AB}$，$\overrightarrow{AC}$ で表せ。

99 ベクトルの等式と点の位置

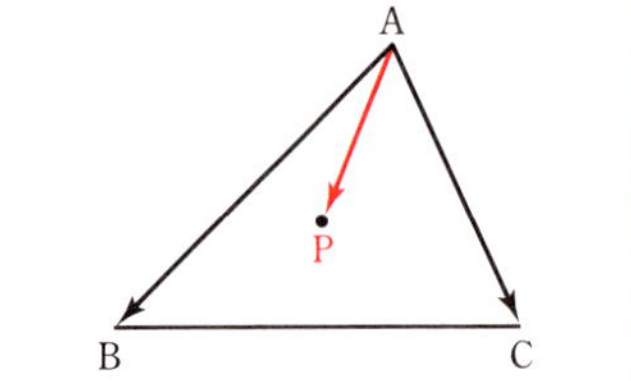

等式 $a\overrightarrow{\mathrm{AP}}+b\overrightarrow{\mathrm{BP}}+c\overrightarrow{\mathrm{CP}}=\vec{0}$ と点 P の位置

$\overrightarrow{\mathrm{AP}}=\bigcirc\cdot\dfrac{\square\overrightarrow{\mathrm{AB}}+\triangle\overrightarrow{\mathrm{AC}}}{\triangle+\square}$ **を導く**

(2)　三角形の面積比　**等高なら底辺の比**

(1) でわかった線分比を活用する。

例題 | 99　　B

△ABC と点 P に対して，$2\overrightarrow{\mathrm{AP}}+3\overrightarrow{\mathrm{BP}}+\overrightarrow{\mathrm{CP}}=\vec{0}$ が成り立つ。

(1)　点 P はどのような位置にあるか。

(2)　△PBC，△PCA，△PAB の面積の比を求めよ。

解　答

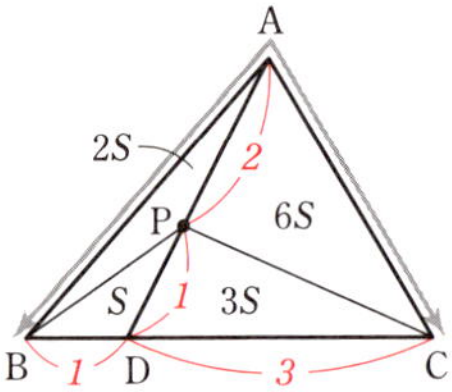

(1)　等式から　　$2\overrightarrow{\mathrm{AP}}+3(\overrightarrow{\mathrm{AP}}-\overrightarrow{\mathrm{AB}})+(\overrightarrow{\mathrm{AP}}-\overrightarrow{\mathrm{AC}})=\vec{0}$

ゆえに　　$\overrightarrow{\mathrm{AP}}=\dfrac{3\overrightarrow{\mathrm{AB}}+\overrightarrow{\mathrm{AC}}}{6}=\dfrac{4}{6}\cdot\dfrac{3\overrightarrow{\mathrm{AB}}+\overrightarrow{\mathrm{AC}}}{4}$

$=\dfrac{2}{3}\cdot\dfrac{3\overrightarrow{\mathrm{AB}}+\overrightarrow{\mathrm{AC}}}{1+3}$

よって，**辺 BC を 1：3 に内分する点を D とすると，**
点 P は線分 AD を 2：1 に内分する点 である。　答

(2)　△PBD$=S$ とすると　　△PCD$=3$△PBD$=3S$

したがって　　△PBC＝△PBD＋△PCD$=4S$

また　　△PAB$=2$△PBD$=2S$，△PCA$=2$△PCD$=6S$

よって　　**△PBC：△PCA：△PAB**$=4S:6S:2S=$**2：3：1**　答

POINT ▸ 等式と三角形の面積比

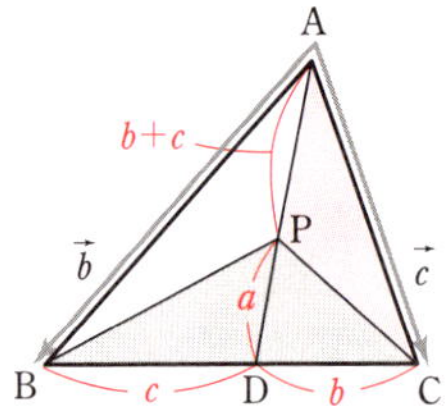

△ABC の内部の点 P が，等式 $a\overrightarrow{\mathrm{AP}}+b\overrightarrow{\mathrm{BP}}+c\overrightarrow{\mathrm{CP}}=\vec{0}$
$(a>0,\ b>0,\ c>0)$ を満たすとき

△PBC：△PCA：△PAB$=a:b:c$

［説明］　等式から　　$\overrightarrow{\mathrm{AP}}=\dfrac{b+c}{a+b+c}\cdot\dfrac{b\overrightarrow{\mathrm{AB}}+c\overrightarrow{\mathrm{AC}}}{c+b}$

辺 BC を $c:b$ に内分する点を D とすると，点 P は線分 AD を $(b+c):a$ に内分する点である。

類題 99　△ABC とその内部の点 P があり，△PAB，△PBC，△PCA の面積比を 3：1：2 とする。点 A，B，C の位置ベクトルを $\vec{a}$，$\vec{b}$，$\vec{c}$ とするとき，点 P の位置ベクトル $\vec{p}$ を $\vec{a}$，$\vec{b}$，$\vec{c}$ を用いて表せ。　〔東北福祉大〕

100 共線条件（一直線上にある条件）

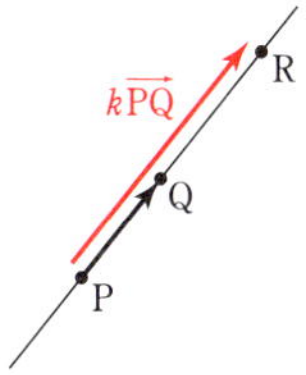

3 点 P，Q，R が一直線上にある
$\iff \overrightarrow{PR}=k\overrightarrow{PQ}$ 共線は k 倍

(1) 例えば，$\overrightarrow{DF}=k\overrightarrow{EF}$ が成り立つような実数 k が存在することを示す。
(2) $\overrightarrow{AC}=k\overrightarrow{AB}$ を成分で表す。

例題 | 100 B

(1) △ABC において，辺 BC を 3：1 に外分する点を D，辺 CA を 2：3 に内分する点を E，辺 AB を 1：2 に内分する点を F とするとき，3 点 D，E，F は一直線上にあることを示せ。

(2) 3 点 A$(-1,\ 10,\ -3)$，B$(2,\ y,\ 3)$，C$(3,\ 6,\ z)$ が一直線上にあるとき，y，z の値を求めよ。

解　答

(1) $\overrightarrow{AB}=\vec{b}$，$\overrightarrow{AC}=\vec{c}$ とする。

条件から　$\overrightarrow{AD}=\dfrac{-\vec{b}+3\vec{c}}{3-1}=-\dfrac{1}{2}\vec{b}+\dfrac{3}{2}\vec{c}$，$\overrightarrow{AE}=\dfrac{3}{5}\vec{c}$，$\overrightarrow{AF}=\dfrac{1}{3}\vec{b}$

ゆえに　$\overrightarrow{DF}=\overrightarrow{AF}-\overrightarrow{AD}=\dfrac{5}{6}\vec{b}-\dfrac{3}{2}\vec{c}$，$\overrightarrow{EF}=\overrightarrow{AF}-\overrightarrow{AE}=\dfrac{1}{3}\vec{b}-\dfrac{3}{5}\vec{c}$

よって　$\overrightarrow{DF}=\dfrac{5}{2}\overrightarrow{EF}$　　したがって，3 点 D，E，F は一直線上にある。 終

(2) 3 点 A，B，C が一直線上にあるとき，$\overrightarrow{AC}=k\overrightarrow{AB}$ となる実数 k が存在する。

ゆえに　$(4,\ -4,\ z+3)=k(3,\ y-10,\ 6)$

よって　$4=3k$ …… ①，$-4=(y-10)k$ …… ②，$z+3=6k$ …… ③

① から　$k=\dfrac{4}{3}$　　②，③ に代入して　$-4=(y-10)\cdot\dfrac{4}{3}$，$z+3=6\cdot\dfrac{4}{3}$

したがって　$y=7$，$z=5$ 答

POINT ▸ 共線条件・平行条件

❶ **共線条件**　3 点 A，B，C が一直線上にある $\iff$ $\overrightarrow{AC}=k\overrightarrow{AB}$（$k$ は実数）

❷ **平行条件**　$\overrightarrow{AB}\,/\!/\,\overrightarrow{CD}$ $\iff$ $\overrightarrow{AB}=k\overrightarrow{CD}$（$k$ は実数）

類題 100

平行六面体 ABCD-EFGH において，辺 AB，AD の中点をそれぞれ P，Q とし，四角形 EFGH の対角線の交点を R とすると，直線 AG は △PQR の重心 K を通ることを示せ。

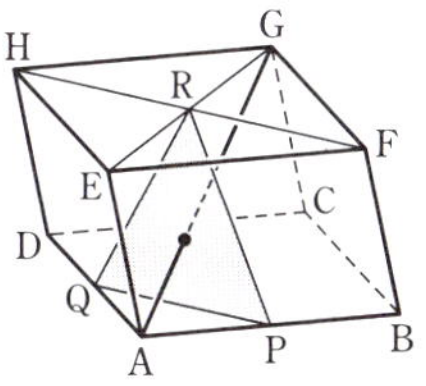

101 交点の位置ベクトル

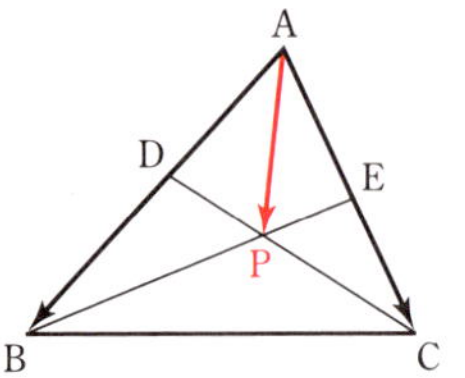

2 直線の交点　**2 通りに表し係数比較**

線分 CD と線分 BE の交点 P ⟶

P は CD 上にも BE 上にもあると考える。

（後半）Q は直線 BC 上の点 ⟶

$\overrightarrow{AB}$, $\overrightarrow{AC}$ で表したとき　**係数の和が 1**

例題 | 101　B

△ABC において，辺 AB を 2：1 に内分する点を D，辺 AC を 3：1 に内分する点を E とし，線分 CD，BE の交点を P とする。$\overrightarrow{AP}$ を $\overrightarrow{AB}$，$\overrightarrow{AC}$ で表せ。また，直線 AP と辺 BC の交点を Q とするとき，BQ：QC を求めよ。

解　答

BP：PE$=s:(1-s)$，CP：PD$=t:(1-t)$ とすると

$$\overrightarrow{AP}=(1-s)\overrightarrow{AB}+s\overrightarrow{AE}=(1-s)\overrightarrow{AB}+\frac{3}{4}s\overrightarrow{AC}$$

$$\overrightarrow{AP}=(1-t)\overrightarrow{AC}+t\overrightarrow{AD}=\frac{2}{3}t\overrightarrow{AB}+(1-t)\overrightarrow{AC}$$

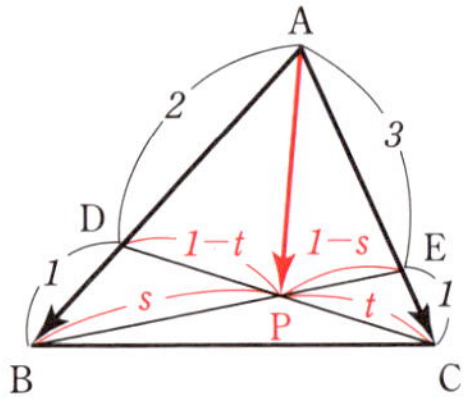

$\overrightarrow{AB}\neq\vec{0}$，$\overrightarrow{AC}\neq\vec{0}$，$\overrightarrow{AB}\not\parallel\overrightarrow{AC}$ であるから

$$1-s=\frac{2}{3}t,\quad \frac{3}{4}s=1-t$$

これを解いて　$s=\dfrac{2}{3}$，$t=\dfrac{1}{2}$　　よって　$\overrightarrow{AP}=\dfrac{1}{3}\overrightarrow{AB}+\dfrac{1}{2}\overrightarrow{AC}$　答

次に，3 点 A，P，Q は一直線上にあるから，$\overrightarrow{AQ}=k\overrightarrow{AP}$（$k$ は実数）と表される。

ゆえに　$\overrightarrow{AQ}=\dfrac{1}{3}k\overrightarrow{AB}+\dfrac{1}{2}k\overrightarrow{AC}$　…… ①

Q は辺 BC 上の点であるから　$\dfrac{1}{3}k+\dfrac{1}{2}k=1$　　これを解いて　$k=\dfrac{6}{5}$

① に代入して　$\overrightarrow{AQ}=\dfrac{2}{5}\overrightarrow{AB}+\dfrac{3}{5}\overrightarrow{AC}=\dfrac{2\overrightarrow{AB}+3\overrightarrow{AC}}{3+2}$　　よって　**BQ：QC＝3：2**　答

POINT ▸ ベクトルの分解

$\vec{a}\neq\vec{0}$，$\vec{b}\neq\vec{0}$，$\vec{a}\not\parallel\vec{b}$ とし，s，t，s'，t' は実数とする。

❶ 任意のベクトル $\vec{p}$ は，$\vec{p}=s\vec{a}+t\vec{b}$ の形に **ただ 1 通り** に表される。

❷ $s\vec{a}+t\vec{b}=s'\vec{a}+t'\vec{b} \iff s=s',\ t=t'$

類題 101　平行四辺形 ABCD において，辺 AD の中点を E とし，BD と CE の交点を P とする。$\overrightarrow{AP}$ を $\overrightarrow{AB}$，$\overrightarrow{AD}$ で表せ。

102 垂直条件

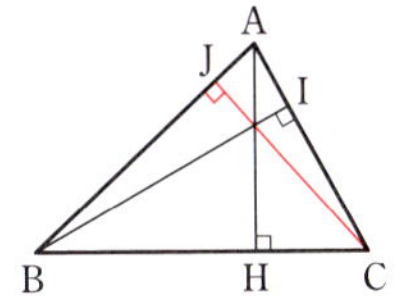

$CJ \perp AB \Leftrightarrow \overrightarrow{CJ}\cdot\overrightarrow{AB}=0$

図形の問題

ベクトルの条件に直す

特に，なす角・垂直・線分の長さ（の平方）の問題には，**内積利用** が有効。与えられた条件をベクトルで表し，$\overrightarrow{AH}\cdot\overrightarrow{BC}=0$ を示す。

例題 | 102 B

△ABC の外心を O，重心を G とし，線分 OG の G を越える延長上に OH=3OG となる点 H をとる。このとき，AH⊥BC であることを証明せよ。

解答

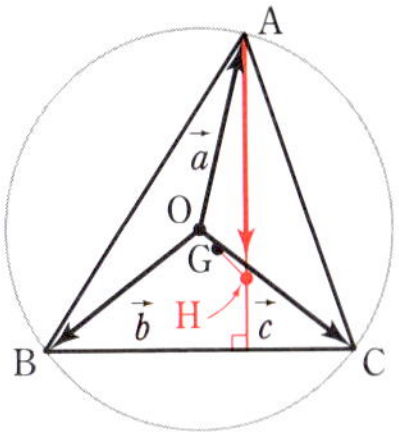

$\overrightarrow{OA}=\vec{a}$，$\overrightarrow{OB}=\vec{b}$，$\overrightarrow{OC}=\vec{c}$ とすると，点 O は △ABC の外心であるから　　OA=OB=OC

よって　　$|\vec{a}|=|\vec{b}|=|\vec{c}|$

点 G は △ABC の重心であるから　　$\overrightarrow{OG}=\dfrac{\vec{a}+\vec{b}+\vec{c}}{3}$

ゆえに　　$\overrightarrow{AH}=\overrightarrow{OH}-\overrightarrow{OA}=3\overrightarrow{OG}-\overrightarrow{OA}$

$=(\vec{a}+\vec{b}+\vec{c})-\vec{a}=\vec{b}+\vec{c}$

また　　$\overrightarrow{BC}=\overrightarrow{OC}-\overrightarrow{OB}=\vec{c}-\vec{b}$

よって　　$\overrightarrow{AH}\cdot\overrightarrow{BC}=(\vec{c}+\vec{b})\cdot(\vec{c}-\vec{b})=|\vec{c}|^2-|\vec{b}|^2=0$

したがって，$\overrightarrow{AH}\perp\overrightarrow{BC}$ であるから　　AH⊥BC　終

参考　同様にして，BH⊥CA，CH⊥AB であることも証明できる。したがって，点 H は △ABC の **垂心** であることがわかる。更に，$\overrightarrow{OH}=3\overrightarrow{OG}$ から，外心 O，重心 G，垂心 H はこの順に一直線上にあって OG：GH=1：2 である。

POINT ▶ 図形のベクトル化（内積利用）

❶ **なす角**　$\overrightarrow{AB}\cdot\overrightarrow{CD}=|\overrightarrow{AB}||\overrightarrow{CD}|\cos\theta$ から　　$\cos\theta=\dfrac{\overrightarrow{AB}\cdot\overrightarrow{CD}}{|\overrightarrow{AB}||\overrightarrow{CD}|}$

❷ **垂直**　$AB\perp CD \Longleftrightarrow \overrightarrow{AB}\cdot\overrightarrow{CD}=0$　　ただし　$\overrightarrow{AB}\neq\vec{0}$，$\overrightarrow{CD}\neq\vec{0}$

❸ **大きさ**　$AB^2=|\overrightarrow{AB}|^2=\overrightarrow{AB}\cdot\overrightarrow{AB}$（次ページ参照）

類題 102　△OAB において，OA：OB=1：2 である。辺 AB の中点を M とし，線分 OM を $k:(1-k)$ の比に内分する点を N とする。ただし，$0<k<1$ とする。

(1) $\overrightarrow{OA}=\vec{a}$，$\overrightarrow{OB}=\vec{b}$ とするとき，$\overrightarrow{NA}$ を $\vec{a}$ と $\vec{b}$ を用いて表せ。

(2) ON⊥NA，∠AOB=60° のとき，k の値を求めよ。　〔龍谷大〕

100

103 線分の長さ

$\mathrm{AB}=|\overrightarrow{\mathrm{AB}}|$

$|\overrightarrow{\mathrm{AB}}|^2=\overrightarrow{\mathrm{AB}}\cdot\overrightarrow{\mathrm{AB}}$

三角形の形状問題では，次のことを調べる。
　[1]　**辺の関係**　　（相等，三平方）
　[2]　**2 辺のなす角**（90°，60° など）
線分の長さ，角の大きさを調べるには，
内積を利用する。

例題 103　　B

点 O を中心とする円を考える。この円の円周上に 3 点 A，B，C があって，$\overrightarrow{\mathrm{OA}}+\overrightarrow{\mathrm{OB}}+\overrightarrow{\mathrm{OC}}=\vec{0}$ を満たしている。このとき，三角形 ABC は正三角形であることを証明せよ。　〔大阪大〕

解　答

円の半径を r とすると　$|\overrightarrow{\mathrm{OA}}|=|\overrightarrow{\mathrm{OB}}|=|\overrightarrow{\mathrm{OC}}|=r$　…… ①　◀ O は △ABC の外心。

$\overrightarrow{\mathrm{OA}}+\overrightarrow{\mathrm{OB}}+\overrightarrow{\mathrm{OC}}=\vec{0}$ から　$\overrightarrow{\mathrm{OA}}+\overrightarrow{\mathrm{OB}}=-\overrightarrow{\mathrm{OC}}$

ゆえに　$|\overrightarrow{\mathrm{OA}}+\overrightarrow{\mathrm{OB}}|^2=|-\overrightarrow{\mathrm{OC}}|^2$　すなわち　$|\overrightarrow{\mathrm{OA}}|^2+2\overrightarrow{\mathrm{OA}}\cdot\overrightarrow{\mathrm{OB}}+|\overrightarrow{\mathrm{OB}}|^2=|\overrightarrow{\mathrm{OC}}|^2$

① を代入して　$r^2+2\overrightarrow{\mathrm{OA}}\cdot\overrightarrow{\mathrm{OB}}+r^2=r^2$　よって　$\overrightarrow{\mathrm{OA}}\cdot\overrightarrow{\mathrm{OB}}=-\dfrac{r^2}{2}$　…… ②

したがって　$|\overrightarrow{\mathrm{AB}}|^2=|\overrightarrow{\mathrm{OB}}-\overrightarrow{\mathrm{OA}}|^2=|\overrightarrow{\mathrm{OB}}|^2-2\overrightarrow{\mathrm{OA}}\cdot\overrightarrow{\mathrm{OB}}+|\overrightarrow{\mathrm{OA}}|^2$

$$=r^2-2\left(-\frac{r^2}{2}\right)+r^2=3r^2$$

$|\overrightarrow{\mathrm{AB}}|>0$ であるから　$|\overrightarrow{\mathrm{AB}}|=\sqrt{3}\,r$　同様にして　$|\overrightarrow{\mathrm{BC}}|=|\overrightarrow{\mathrm{CA}}|=\sqrt{3}\,r$

よって，**AB＝BC＝CA** が示され，三角形 ABC は正三角形である。　終

POINT ▸ 角に着目した場合の証明

$\overrightarrow{\mathrm{OA}}$ と $\overrightarrow{\mathrm{OB}}$ のなす角である ∠AOB は中心角であるから，この角の大きさを求め，円周角の定理により，△ABC の内角である ∠ACB の大きさがわかる。

$\cos\angle\mathrm{AOB}=\dfrac{\overrightarrow{\mathrm{OA}}\cdot\overrightarrow{\mathrm{OB}}}{|\overrightarrow{\mathrm{OA}}||\overrightarrow{\mathrm{OB}}|}$ であり，①，② を代入すると　$\cos\angle\mathrm{AOB}=-\dfrac{1}{2}$

ゆえに　∠AOB＝120°　よって　∠ACB＝60°　◀円周角の定理。

同様にして，∠BAC＝∠ABC＝60° であることが示される。

類題 103　四面体 OABC において，OA＝OB，$\overrightarrow{\mathrm{OC}}\perp\overrightarrow{\mathrm{AB}}$ である。　〔中央大〕

(1)　AC＝BC であることを示せ。

(2)　三角形 ABC の重心を G とすると，$\overrightarrow{\mathrm{OG}}\perp\overrightarrow{\mathrm{AB}}$ であることを証明せよ。

104 ベクトル方程式

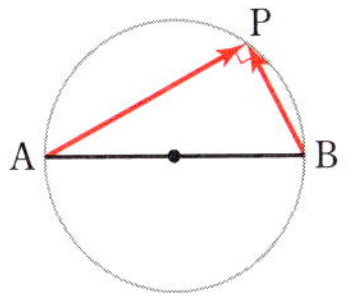

$\overrightarrow{AP}\cdot\overrightarrow{BP}=0$

$|\vec{x}|$ は $|\vec{x}|^2$ として扱う に従い，与式を平方して整理し，POINT で示したベクトル方程式のいずれかの形にもち込む。
本問の場合，条件式が意味するものから答えてもよい。⟶ 参考 参照。

例題 104 B

異なる 2 つの定点 $A(\vec{a})$，$B(\vec{b})$ に対して，点 $P(\vec{p})$ が $|\vec{p}-\vec{a}|=2|\vec{p}-\vec{b}|$ を満たしながら動くとき，点 P の軌跡を求めよ。

解　答

与式から　$|\vec{p}-\vec{a}|^2=4|\vec{p}-\vec{b}|^2$　すなわち　$(\vec{p}-\vec{a})\cdot(\vec{p}-\vec{a})=4(\vec{p}-\vec{b})\cdot(\vec{p}-\vec{b})$

ゆえに　$|\vec{p}|^2-2\vec{a}\cdot\vec{p}+|\vec{a}|^2=4(|\vec{p}|^2-2\vec{b}\cdot\vec{p}+|\vec{b}|^2)$

$$3|\vec{p}|^2+2\vec{a}\cdot\vec{p}-8\vec{b}\cdot\vec{p}-|\vec{a}|^2+4|\vec{b}|^2=0$$

$$3|\vec{p}|^2+2(\vec{a}-4\vec{b})\cdot\vec{p}-(\vec{a}+2\vec{b})\cdot(\vec{a}-2\vec{b})=0$$

$$\{3\vec{p}-(\vec{a}+2\vec{b})\}\cdot\{\vec{p}+(\vec{a}-2\vec{b})\}=0$$

$$\left(\vec{p}-\frac{\vec{a}+2\vec{b}}{2+1}\right)\cdot\left(\vec{p}-\frac{-\vec{a}+2\vec{b}}{2-1}\right)=0$$

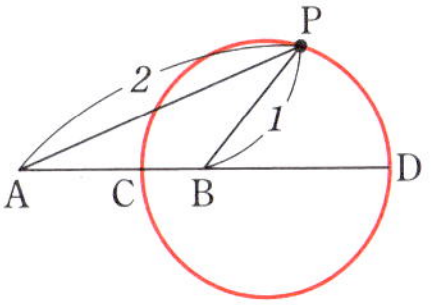

よって，点 P の軌跡は，**線分 AB を 2：1 に内分，外分する点をそれぞれ C，D とするとき，線分 CD を直径とする円**　答

参考　与式から　$|\overrightarrow{AP}|=2|\overrightarrow{BP}|$　すなわち　**AP：BP＝2：1**
ゆえに，点 P は線分 AB を 2：1 に内分，外分する点を直径の両端とする円を描く。
…… 2 定点 A，B からの距離の比が一定の軌跡（アポロニウスの円）　◀ p. 75 参照。

POINT ▸ ベクトル方程式

直線または円上の任意の点 P の位置ベクトルを $\vec{p}$ とし，$\vec{d}\neq\vec{0}$，$\vec{n}\neq\vec{0}$ とする。

❶ 点 $A(\vec{a})$ を通り，$\vec{d}$ に平行な直線　$\vec{p}=\vec{a}+t\vec{d}$　$\vec{d}$ は直線の **方向ベクトル**
❷ 異なる 2 点 $A(\vec{a})$，$B(\vec{b})$ を通る直線　$\vec{p}=(1-t)\vec{a}+t\vec{b}$　❶，❷ で t は媒介変数
❸ 点 $A(\vec{a})$ を通り，$\vec{n}$ に垂直な直線　$\vec{n}\cdot(\vec{p}-\vec{a})=0$　$\vec{n}$ は直線の **法線ベクトル**
❹ 点 $C(\vec{c})$ を中心とする半径 r の円　$|\vec{p}-\vec{c}|=r$
❺ 2 点 $A(\vec{a})$，$B(\vec{b})$ を直径の両端とする円　$(\vec{p}-\vec{a})\cdot(\vec{p}-\vec{b})=0$

類題 104　△OAB において，∠AOB の二等分線を ℓ とし，直線 ℓ 上の点を P とするとき，$\overrightarrow{OP}$ を $\overrightarrow{OA}$，$\overrightarrow{OB}$ を用いて表せ。

105 点の存在範囲

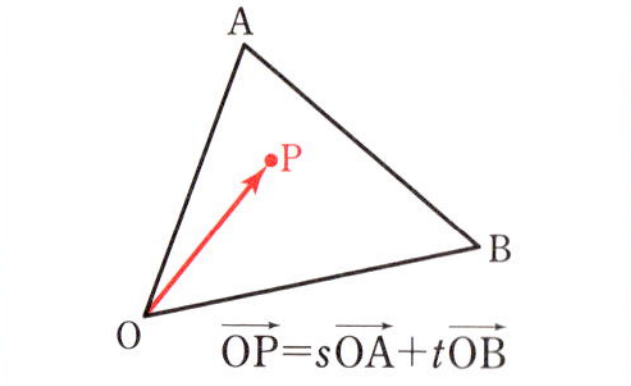

$\mathrm{P}(s\vec{a}+t\vec{b})$ の存在範囲

1 **$s+t=1$ なら 直線**

2 **$s+t\leqq1$，$s\geqq0$，$t\geqq0$ なら**
三角形の周および内部

$=k$，$\leqq k$ なら **$=1$，$\leqq1$ に導く** 工夫をする。

例題 | 105 B

O を原点とし，A(2, 1)，B(1, 2) とする。実数 s，t が次の条件を満たしながら変化するとき，$\overrightarrow{\mathrm{OP}}=s\overrightarrow{\mathrm{OA}}+t\overrightarrow{\mathrm{OB}}$ で表される点 P の存在範囲を図示せよ。

(1)　$s+2t=3$　　　(2)　$s\geqq0$，$t\geqq0$，$s+2t\leqq3$

解答

(1)　$s+2t=3$ から　　$\dfrac{s}{3}+\dfrac{2}{3}t=1$

$\dfrac{s}{3}=s'$，$\dfrac{2}{3}t=t'$ とおくと　　$s'+t'=1$

$\overrightarrow{\mathrm{OP}}=\dfrac{s}{3}(3\overrightarrow{\mathrm{OA}})+\dfrac{2}{3}t\left(\dfrac{3}{2}\overrightarrow{\mathrm{OB}}\right)$ であるから

$3\overrightarrow{\mathrm{OA}}=\overrightarrow{\mathrm{OA'}}$，$\dfrac{3}{2}\overrightarrow{\mathrm{OB}}=\overrightarrow{\mathrm{OB'}}$ とすると

$\overrightarrow{\mathrm{OP}}=s'\overrightarrow{\mathrm{OA'}}+t'\overrightarrow{\mathrm{OB'}}$

よって，求める存在範囲は直線 A′B′〔図〕　答

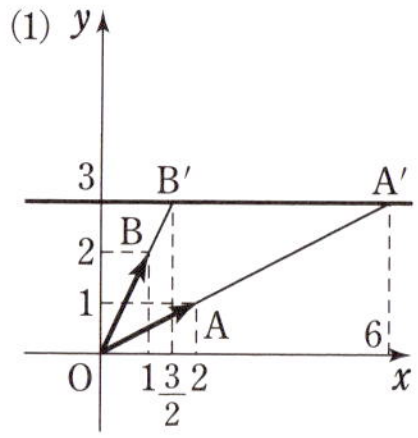

(2)　$s+2t\leqq3$ から　　$\dfrac{s}{3}+\dfrac{2}{3}t\leqq1$

(1) と同様に考えて

$\overrightarrow{\mathrm{OP}}=s'\overrightarrow{\mathrm{OA'}}+t'\overrightarrow{\mathrm{OB'}}$，$s'\geqq0$，$t'\geqq0$，$s'+t'\leqq1$

したがって，求める存在範囲は △OA′B′ の周および内部で

〔図〕の斜線部分。ただし，境界線を含む。　答

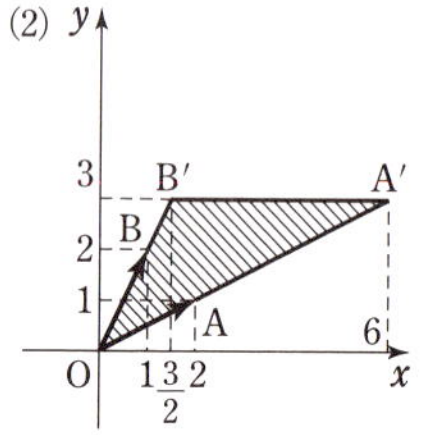

POINT ▸ **$\overrightarrow{\mathrm{OP}}=s\overrightarrow{\mathrm{OA}}+t\overrightarrow{\mathrm{OB}}$ で表される点 P の存在範囲**

❶　$s+t=1$ なら　**直線 AB**　　❷　$s+t=1$，$s\geqq0$，$t\geqq0$ なら　**線分 AB**

❸　$s+t\leqq1$，$s\geqq0$，$t\geqq0$ なら　**△OAB の周および内部**

❹　$0\leqq s\leqq1$，$0\leqq t\leqq1$　なら　**平行四辺形 OACB（$\overrightarrow{\mathrm{OC}}=\overrightarrow{\mathrm{OA}}+\overrightarrow{\mathrm{OB}}$）の周および内部**

類題 105　O を原点とし，A(3, 1)，B(1, 4) とする。実数 s，t が $2s+3t\leqq6$，$s\geqq0$，$t\geqq0$ を満たしながら変化するとき，$\overrightarrow{\mathrm{OP}}=s\overrightarrow{\mathrm{OA}}+t\overrightarrow{\mathrm{OB}}$ で表される点 P の存在範囲を図示せよ。

106 直線と平面の交点

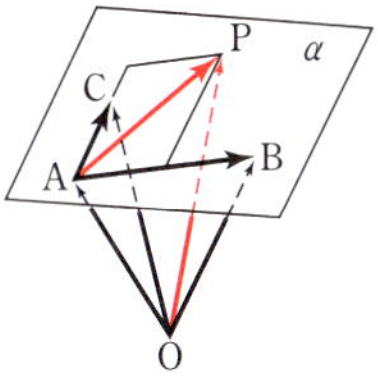

$\overrightarrow{OH}$ は分点の条件から求められる。$\overrightarrow{OI}$ は

[1] O, H, I が **一直線上にある。**

[2] I が **平面 ABC 上にある。**

⟶ $\overrightarrow{OA}$, $\overrightarrow{OB}$, $\overrightarrow{OC}$ で表したときの

係数の和が 1 に着目して求める。

例題 | 106 B

四面体 OABC の辺 OA, AB, BC, CO の中点をそれぞれ D, E, F, G とし, DF と EG の交点を H とする。また, 直線 OH が △ABC と交わる点を I とする。$\overrightarrow{OA}=\vec{a}$, $\overrightarrow{OB}=\vec{b}$, $\overrightarrow{OC}=\vec{c}$ とするとき, $\overrightarrow{OH}$, $\overrightarrow{OI}$ を $\vec{a}$, $\vec{b}$, $\vec{c}$ で表せ。

〔武蔵工大〕

解答

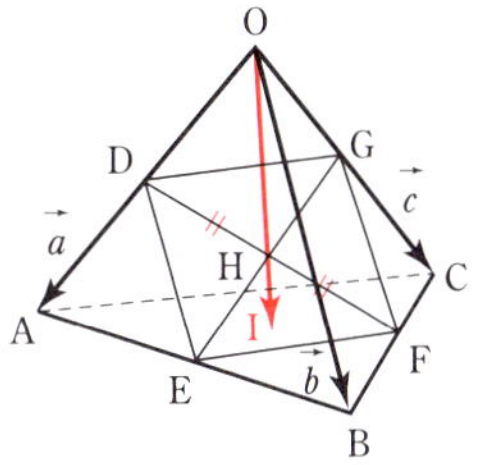

$\overrightarrow{DE}=\frac{1}{2}\overrightarrow{OB}$, $\overrightarrow{GF}=\frac{1}{2}\overrightarrow{OB}$ であるから　$\overrightarrow{DE}=\overrightarrow{GF}$

ゆえに, 四角形 DEFG は平行四辺形であるから, 点 H は線分 DF の中点である。よって

$$\overrightarrow{OH}=\frac{\overrightarrow{OD}+\overrightarrow{OF}}{2}=\frac{1}{2}\left(\frac{1}{2}\overrightarrow{OA}+\frac{\overrightarrow{OB}+\overrightarrow{OC}}{2}\right)$$

$$=\frac{1}{2}\left(\frac{1}{2}\vec{a}+\frac{\vec{b}+\vec{c}}{2}\right)=\frac{1}{4}\vec{a}+\frac{1}{4}\vec{b}+\frac{1}{4}\vec{c}$$ 答

また, $\overrightarrow{OI}=k\overrightarrow{OH}$ (k は実数) と表されるから　$\overrightarrow{OI}=\frac{k}{4}\vec{a}+\frac{k}{4}\vec{b}+\frac{k}{4}\vec{c}$ …… ①

点 I は平面 ABC 上にあるから　$\frac{k}{4}+\frac{k}{4}+\frac{k}{4}=1$　これを解いて　$k=\frac{4}{3}$

① に代入して　$\overrightarrow{OI}=\frac{1}{3}\vec{a}+\frac{1}{3}\vec{b}+\frac{1}{3}\vec{c}$ 答

POINT ▸ 同じ平面上にある点 (r, s, t は実数)

点 P が平面 ABC 上にある ⟺ $\overrightarrow{AP}=s\overrightarrow{AB}+t\overrightarrow{AC}$

⟺ $\overrightarrow{OP}=r\overrightarrow{OA}+s\overrightarrow{OB}+t\overrightarrow{OC}$, $r+s+t=1$ (係数の和が 1)

類題 106 四面体 OABC の辺 AB, OC を 1 : 2 に内分する点を, それぞれ D, E とし, 線分 DE を 1 : 2 に内分する点を F とする。更に, 直線 OF と △ABC の交点を P とするとき, $\overrightarrow{OP}$ を O に関する A, B, C の位置ベクトル $\vec{a}$, $\vec{b}$, $\vec{c}$ を用いて表せ。

107 点と平面の距離

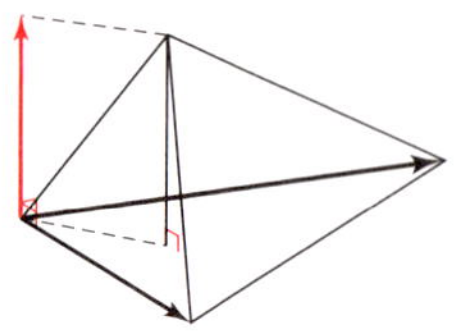

[1] 点 H は平面 ABC 上にある $\Longleftrightarrow$
$\overrightarrow{OH}=r\overrightarrow{OA}+s\overrightarrow{OB}+t\overrightarrow{OC}$, $r+s+t=1$
[2] OH⊥平面 ABC $\longrightarrow$ OH⊥AB,
OH⊥AC $\Longleftrightarrow$ **$\overrightarrow{OH}\cdot\overrightarrow{AB}=0$, $\overrightarrow{OH}\cdot\overrightarrow{AC}=0$**
から，r, s, t の値を求め，$\overrightarrow{OH}$ を求める。

例題 | 107 B

4 点 O(0, 0, 0), A(1, 2, 0), B(2, 0, −1), C(0, −2, 4) を頂点とする四面体 OABC の頂点 O から底面の △ABC に垂線 OH を下ろす。このとき，点 H の座標を求めよ。
〔類 東京理科大〕

解 答

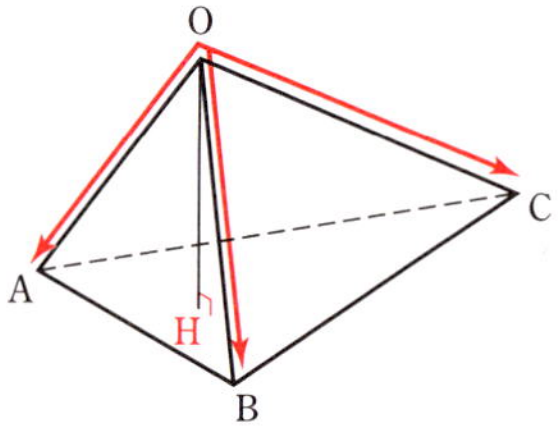

点 H は平面 ABC 上の点であるから，実数 r, s, t を用いて次のように表される。

$$\overrightarrow{OH}=r\overrightarrow{OA}+s\overrightarrow{OB}+t\overrightarrow{OC},$$
$$r+s+t=1 \quad \cdots\cdots ①$$

ゆえに　$\overrightarrow{OH}=r(1,\ 2,\ 0)+s(2,\ 0,\ -1)+t(0,\ -2,\ 4)$
$\qquad=(r+2s,\ 2r-2t,\ -s+4t)$ ······ ②

また，OH⊥△ABC であるから

$$\overrightarrow{OH}\perp\overrightarrow{AB},\ \overrightarrow{OH}\perp\overrightarrow{AC}$$

$\overrightarrow{AB}=(1,\ -2,\ -1)$, $\overrightarrow{AC}=(-1,\ -4,\ 4)$ であるから

$\overrightarrow{OH}\cdot\overrightarrow{AB}=0$ より　$-3r+3s=0$　すなわち　$r=s$ ······ ③

$\overrightarrow{OH}\cdot\overrightarrow{AC}=0$ より　$-9r-6s+24t=0$　すなわち　$3r+2s-8t=0$ ······ ④

①, ③, ④ を解いて　$r=\dfrac{8}{21}$, $s=\dfrac{8}{21}$, $t=\dfrac{5}{21}$

② に代入して　$\overrightarrow{OH}=\left(\dfrac{8}{7},\ \dfrac{2}{7},\ \dfrac{4}{7}\right)$　よって　**$H\left(\dfrac{8}{7},\ \dfrac{2}{7},\ \dfrac{4}{7}\right)$** 答

100

参考　例題の四面体の体積を V とすると，$V=\dfrac{1}{3}\triangle ABC\cdot OH$ であるから，
$\triangle ABC=\dfrac{1}{2}\sqrt{|\overrightarrow{AB}|^2|\overrightarrow{AC}|^2-(\overrightarrow{AB}\cdot\overrightarrow{AC})^2}$, $OH=|\overrightarrow{OH}|$ を計算して体積が求められる。

類題 107　4 点 O(0, 0, 0), A(1, 0, 0), B(0, 2, 0), C(0, 0, 3) を頂点とする四面体 OABC がある。
(1) 四面体 OABC の体積を求めよ。　(2) △ABC の面積を求めよ。
(3) 頂点 O から平面 ABC に下ろした垂線 OH の長さを求めよ。

108 等差数列

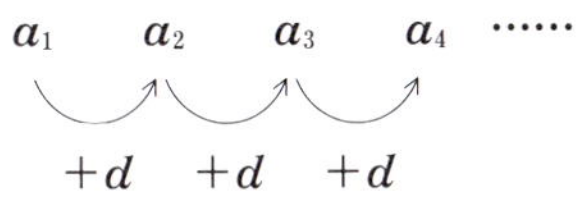

等差数列の一般項　$a_n=a+(n-1)d$

(1) 初項 a，公差 d の連立方程式を導き，それを解く。⟶ 一般項が得られる。

(2) 和に関する n の不等式を解く。
⟶ n が **自然数** であることに注意。

例題 | 108　B

第 10 項が -14，第 30 項が 66 の等差数列 $\{a_n\}$ がある。

(1) 26 はこの数列の第何項か。

(2) 初項から第何項までの和が初めて正になるか。

解答

(1) 初項を a，公差を d とすると　$a_n=a+(n-1)d$

$a_{10}=-14$，$a_{30}=66$ であるから　$\begin{cases} a+9d=-14 \\ a+29d=66 \end{cases}$

この連立方程式を解いて　$a=-50$，$d=4$

したがって，一般項は　$a_n=-50+(n-1)\cdot 4=4n-54$

$a_n=26$ とすると　$4n-54=26$　これを解いて　$n=20$

答　**第 20 項**

(2) 初項から第 n 項までの和を S_n とすると

$$S_n=\frac{1}{2}n\{-50+(4n-54)\}=2n(n-26)$$

$S_n>0$ とすると　$2n(n-26)>0$　これを解いて　$n<0$，$26<n$

n は自然数であるから　$n\geqq 27$

よって，初項から **第 27 項** までの和が初めて正になる。　答

POINT ▶ 等差数列

❶ **定義**　すべての自然数について　$a_{n+1}=a_n+d$　すなわち　$a_{n+1}-a_n=d$（一定）

❷ **一般項**　初項 a，公差 d の等差数列 $\{a_n\}$ の一般項は　$a_n=a+(n-1)d$

❸ 初項 a，公差 d，末項 l，項数 n の等差数列の和 S_n

[1] $S_n=\frac{1}{2}n(a+l)$　◀ $\frac{1}{2}\times$(項数)$\times$(初項＋末項)　　[2] $S_n=\frac{1}{2}n\{2a+(n-1)d\}$

類題 108　初項が 77，公差が -3 である等差数列 $\{a_n\}$ について　〔高知大〕

(1) 一般項 a_n を求めよ。

(2) 項の値が負の数になる最初のものは第何項か。

(3) 初項から第何項までの和が最大となるか。また，そのときの和を求めよ。

109 等比数列

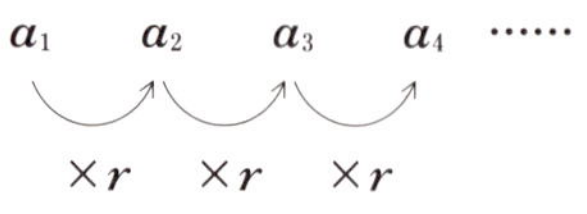

等比数列の一般項　$a_n=ar^{n-1}$

また，和に関する条件を初項 a，公比 r で表すとき，$r \neq 1$ と決めつけてはいけない。

⟶ 和が関係した問題では

$r \neq 1$ か $r=1$ に注意

例題 | 109　B

初項 a，公比 r がともに実数の等比数列について，初項から第 n 項までの和を S_n とすると，$S_3=31$，$S_6=3906$ であった。このとき a，r の値を求めよ。

〔小樽商大〕

解答

$r=1$ とすると，$S_3=3a$ となり　　$3a=31$

このとき，$S_6=6a=2\cdot 3a=62 \neq 3906$ であるから，条件を満たさない。

したがって，$r \neq 1$ である。

$S_3=31$ から　$\dfrac{a(r^3-1)}{r-1}=31$ ……①，　$S_6=3906$ から　$\dfrac{a(r^6-1)}{r-1}=3906$ ……②

$r^6-1=(r^3-1)(r^3+1)$ であるから，② より　$\dfrac{a(r^3-1)(r^3+1)}{r-1}=3906$

① を代入すると　　$31(r^3+1)=3906$　　整理して　　$r^3=125$

ゆえに　　$r^3-125=0$　　よって　　$(r-5)(r^2+5r+25)=0$

r は実数であるから　　$r=5$　答

$r=5$ を ① に代入すると　$\dfrac{a\cdot 124}{4}=31$

これを解いて　　$a=1$　答

POINT ▸ 等比数列

❶ **定義**　すべての自然数 n について　$a_{n+1}=a_n r$

特に，初項 $a_1 \neq 0$，公比 $r \neq 0$ のとき　$\dfrac{a_{n+1}}{a_n}=r$ (一定)

❷ **一般項**　初項 a，公比 r の等比数列 $\{a_n\}$ の一般項は　$a_n=ar^{n-1}$

❸ 初項 a，公比 r，項数 n の等比数列の和 S_n

［1］ $r \neq 1$ のとき　$S_n=\dfrac{a(1-r^n)}{1-r}=\dfrac{a(r^n-1)}{r-1}$　　［2］ $r=1$ のとき　$S_n=na$

類題 109　公比が正である等比数列の初項から第 n 項までの和を S_n とする。$S_{2n}=2$，$S_{4n}=164$ のとき，S_n の値を求めよ。

〔倉敷芸科大〕

110 等差数列，等比数列をなす 3 数

a，b，c が等差数列
$\iff 2b=a+c$
a，b，c が等比数列
$\iff b^2=ac$

等差数列をなす 3 数
[1] $a,\ a+d,\ a+2d$　　[2] $2b=a+c$
等比数列をなす 3 数
[1] $a,\ ar,\ ar^2$　　[2] $b^2=ac$
のように考える。状況に応じて使い分ける。

例題 | 110　B

3 個の数 2，a，b はこの順に等差数列をなし，3 個の数 a，b，9 はこの順に等比数列をなすとき，a，b の値を求めよ。〔摂南大〕

解　答

2，a，b がこの順に等差数列をなすから

$2a=2+b$　すなわち　$b=2a-2$　…… ①

a，b，9 がこの順に等比数列をなすから

$b^2=9a$　…… ②

① を ② に代入すると　$4(a-1)^2=9a$　すなわち　$4a^2-17a+4=0$

ゆえに　$(a-4)(4a-1)=0$　　よって　$a=4,\ \dfrac{1}{4}$

① から　$a=4$ のとき　$b=6$，　$a=\dfrac{1}{4}$ のとき　$b=-\dfrac{3}{2}$　答

別解　2，a，b がこの順に等差数列をなすから，公差を d として

$a=2+d$　…… ①，　$b=2+2d$　…… ②

a，b，9 がこの順に等比数列をなすから，公比を r として

$b=ar$　…… ③，　$9=ar^2$　…… ④

①，② から d を消去して　$2a-b=2$　　ゆえに　$b=2a-2$

③，④ から r を消去して　$9=\dfrac{b^2}{a}$　　よって　$b^2=9a$

以後は，上の解答と同じ。

POINT ▶ 等差数列，等比数列をなす 3 数

❶ 数列 a，b，c が等差数列 $\iff 2b=a+c$
❷ 数列 a，b，c が等比数列 $\iff b^2=ac$

なお，数列 a，b，c が等差数列をなすとき，b を a と c の **等差中項** といい，数列 a，b，c が等比数列をなすとき，b を a と c の **等比中項** という。

類題 110　異なる 3 つの実数 a，b，c がこの順で等差数列をなし，a，c，b の順で等比数列をなす。更に $abc=27$ であるとき，a，b，c の値を求めよ。〔成蹊大〕

111 等差数列の共通項

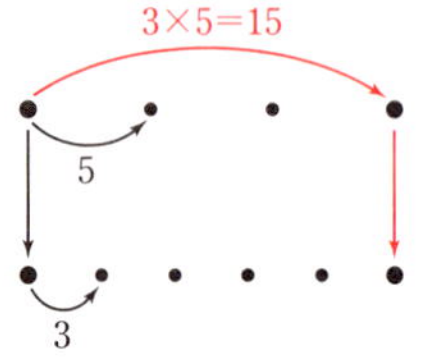

等差数列の共通項

$a_l=b_m$ として，l と m の関係を求める

数列 $\{a_n\}$ の第 l 項と数列 $\{b_n\}$ の第 m 項が等しい，すなわち $a_l=b_m$ として，l と m の **1次不定方程式** を解く。

例題 111 B

初項 11，公差 5 の等差数列 $\{a_n\}$ と初項 7，公差 3 の等差数列 $\{b_n\}$ に共通に含まれる項を，順に並べてできる数列を $\{c_n\}$ とする。このとき，数列 $\{c_n\}$ の一般項を求めよ。

解答

$a_l=b_m$ とすると　　$11+(l-1)\cdot5=7+(m-1)\cdot3$

これを変形して　　$5(l+1)=3(m+1)$

5 と 3 は互いに素であるから，k を整数として

$l+1=3k$，$m+1=5k$　すなわち　$l=3k-1$，$m=5k-1$

と表される。ここで，l，m は自然数であるから，k は自然数である。

よって，数列 $\{c_n\}$ の第 k 項は，数列 $\{a_n\}$ の第 $(3k-1)$ 項であるから

$c_n=a_{3n-1}=11+\{(3n-1)-1\}\cdot5=\mathbf{15n+1}$　答

別解　数列 $\{a_n\}$，$\{b_n\}$ の項を書き出すと

$\{a_n\}$：11，<u>16</u>，21，26，<u>31</u>，36，41，<u>46</u>，51，……

$\{b_n\}$：7，10，13，<u>16</u>，19，22，25，28，<u>31</u>，34，37，40，43，<u>46</u>，49，……

よって，数列 $\{c_n\}$ は，初項が 16 で，数列 $\{a_n\}$ の公差 5 と数列 $\{b_n\}$ の公差 3 の **最小公倍数 15 を公差** とする等差数列をなす。

したがって　　$c_n=16+(n-1)\cdot15=\mathbf{15n+1}$　答

POINT ▸ 等差数列の共通項

[1] **数式だけで処理する**　数列 $\{a_n\}$ の第 l 項と数列 $\{b_n\}$ の第 m 項が等しい（すなわち $a_l=b_m$）として，l と m の関係を求める。

[2] **具体的に示す**（別解 の方針）　1 数列の項を書き出して，**共通項の初項** を見つける。　2 公差が k，l なら k，l の **最小公倍数** を考える。

類題 111　2 つの等差数列 $\{a_n\}$：1，6，11，……，$\{b_n\}$：5，14，23，……，について

(1) 数列 $\{a_n\}$ と $\{b_n\}$ に共通に含まれる数を，順に並べてできる数列の第 n 項を求めよ。

(2) 数列 $\{a_n\}$ の第 100 項までのうちで，数列 $\{b_n\}$ と共通なものの和を求めよ。

112 いろいろな数列の和

$$
\begin{array}{rrl}
 & S_n = & 1+3x+5x^2\cdots\cdots \\
-) & xS_n = & \quad\ \ x+3x^2\cdots\cdots \\
\hline
 & & 1+2x+2x^2+\cdots
\end{array}
$$

(1) 第 k 項が分数式で表される数列
⟶ 各項を **部分分数に分解する**

(2) 数列 $\{a_n r^{n-1}\}$（$\{a_n\}$ は等差数列）の和 S
⟶ 等比数列 $\{ar^{n-1}\}$ の和によく似た形
⟶ **$S-rS$ を作る**

例題 112 B

次の数列の初項から第 n 項までの和 S_n を求めよ。

(1) $\dfrac{1}{1}$, $\dfrac{1}{1+2}$, $\dfrac{1}{1+2+3}$, $\dfrac{1}{1+2+3+4}$, ……, $\dfrac{1}{1+2+3+\cdots\cdots+n}$

(2) $1,\ 2\cdot2,\ 3\cdot2^2,\ 4\cdot2^3,\ \cdots\cdots,\ n\cdot2^{n-1}$

解答

(1) 第 k 項は，$\dfrac{1}{1+2+3+\cdots\cdots+k}=\dfrac{2}{k(k+1)}$ であるから　◀ $\displaystyle\sum_{i=1}^{k} i=\frac{1}{2}k(k+1)$

$$S_n=\sum_{k=1}^{n}\frac{2}{k(k+1)}=2\sum_{k=1}^{n}\left(\frac{1}{k}-\frac{1}{k+1}\right)=2\left\{\left(\frac{1}{1}-\frac{1}{2}\right)+\left(\frac{1}{2}-\frac{1}{3}\right)+\cdots\cdots+\left(\frac{1}{n}-\frac{1}{n+1}\right)\right\}$$

$$=2\left(1-\frac{1}{n+1}\right)=\boldsymbol{\frac{2n}{n+1}}$$ 答

(2)
$$S_n=1+2\cdot2+3\cdot2^2+\cdots\cdots+n\cdot2^{n-1}$$
$$2S_n=\qquad 2+2\cdot2^2+\cdots\cdots+(n-1)\cdot2^{n-1}+n\cdot2^n$$

辺々引いて　$-S_n=1+2+2^2+\cdots\cdots+2^{n-1}-n\cdot2^n=\dfrac{1\cdot(2^n-1)}{2-1}-n\cdot2^n$

$$=-(n-1)\cdot2^n-1$$

よって　$S_n=\boldsymbol{(n-1)\cdot2^n+1}$ 答

POINT ▶ 第 k 項の形に応じた数列の和の求め方

❶ **整式** ⟶ $\sum$ の性質を用いて，$\sum$ の和や差の形にし，**$\sum k$，$\sum k^2$，$\sum k^3$ の公式** を利用。

$$\sum_{k=1}^{n}k=\frac{1}{2}n(n+1),\quad \sum_{k=1}^{n}k^2=\frac{1}{6}n(n+1)(2n+1),\quad \sum_{k=1}^{n}k^3=\left\{\frac{1}{2}n(n+1)\right\}^2$$

❷ r^k ⟶ **等比数列の和** を求める計算にもち込む。

❸ **分数式** ⟶ **部分分数に分解** する。　❹ **無理式** ⟶ **有理化** を行う。

❺ **第 k 項が $a_k r^{k-1}$**（$\{a_n\}$ は等差数列）⟶ $S-rS$ を計算する。**$r=1$ の場合に注意！**

類題 112　次の和を求めよ。

(1) $1\cdot n+2\cdot(n-1)+3\cdot(n-2)+\cdots\cdots+n\cdot1$　〔浜松医大〕

(2) $\displaystyle\sum_{k=2}^{100}\frac{1}{k}\left(\frac{1}{\sqrt{k}-1}-\frac{1}{\sqrt{k}+1}\right)$　(3) $1+3x+5x^2+\cdots\cdots+(2n-1)x^{n-1}$

113 階差数列，数列の和と一般項

$\{a_n\}$ の階差数列 $\{b_n\}$

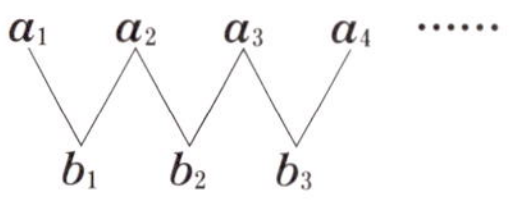

(1) 数列の規則が不明 ⟶ **階差数列の利用**

$n \geqq 2$ のとき $a_n = a_1 + \sum_{k=1}^{n-1} b_k$

(2) $n \geqq 2$ のとき $a_n = S_n - S_{n-1}$

いずれも **初項は特別扱い** に要注意！

例題 113 B

(1) 数列 $\{a_n\}$：1，4，10，22，46，…… の一般項を求めよ。

(2) 初項から第 n 項までの和 S_n が $S_n = 2n^2 - n$ で表される数列 $\{a_n\}$ の第 n 項を求めよ。

解答

(1) 数列 $\{a_n\}$ の階差数列を $\{b_n\}$ とすると

$$\{b_n\}：3,\ 6,\ 12,\ 24,\ \cdots\cdots$$

ゆえに，数列 $\{b_n\}$ は初項 3，公比 2 の等比数列で　$b_n = 3 \cdot 2^{n-1}$

よって，$n \geqq 2$ のとき　$a_n = a_1 + \sum_{k=1}^{n-1} b_k = 1 + \dfrac{3(2^{n-1}-1)}{2-1} = 3 \cdot 2^{n-1} - 2$

この式に $n=1$ を代入すると，$a_1 = 1$ となるから，$n=1$ のときも成り立つ。

したがって　$a_n = 3 \cdot 2^{n-1} - 2$ 答

(2) $n \geqq 2$ のとき　$a_n = S_n - S_{n-1} = (2n^2 - n) - \{2(n-1)^2 - (n-1)\}$

$= 4n - 3$ …… ①

$n=1$ のとき　$a_1 = S_1 = 2 \cdot 1^2 - 1 = 1$

① に $n=1$ を代入すると，$4 \cdot 1 - 3 = 1$ となるから，$n=1$ のときも成り立つ。

したがって　$a_n = 4n - 3$ 答

POINT ▶ 種々の数列

❶ **階差数列と一般項**　数列 $\{a_n\}$ の階差数列を $\{b_n\}$ とすると，$b_n = a_{n+1} - a_n$ で

$n \geqq 2$ のとき　$a_n = a_1 + \sum_{k=1}^{n-1} b_k$　◀ $n=1$ のときのチェックを忘れずに。

❷ **数列の和と一般項**　数列 $\{a_n\}$ の初項から第 n 項までの和を S_n とすると

$n \geqq 2$ のとき　$a_n = S_n - S_{n-1}$　　$n=1$ のとき　$a_1 = S_1$

類題 113

(1) 数列 $\{a_n\}$：5，11，21，35，53，…… の一般項を求めよ。〔福岡大〕

(2) 初項から第 n 項までの和 S_n が $S_n = 3n^2 + 4n + 2$ で表される数列 $\{a_n\}$ の一般項を求めよ。〔創価大〕

114 群数列

群数列のポイント

もとの数列，分け方
第 n 群の初項と項数

群数列 **数列，群の規則に注目**

(1) 第 n 群の最初の数は，**区切り｜をはずせば何番目の数か**，ということをつかむ。
⟶ **第 k 群の項数に注目**

(2) まず，第何群に属するかを考える。

例題 114 B

奇数の数列を 1|3, 5|7, 9, 11|13, 15, 17, 19|21, …… のように，第 n 群が n 個の数を含むように分ける。

(1) 第 n 群 $(n \geqq 2)$ の最初の数を求めよ。

(2) 301 は第何群の何番目の数か。

解答

(1) 第 k 群には k 個の奇数が含まれるから，第 n 群の最初の数は

$$\{1+2+3+\cdots\cdots+(n-1)\}+1=\frac{1}{2}n(n-1)+1 \text{（番目）}$$

の奇数である。よって，求める数は

$$2\left\{\frac{1}{2}n(n-1)+1\right\}-1=\boldsymbol{n^2-n+1}$$ 答

◀区切りをはずしたもとの数列の第 l 項は $1+2(l-1)=2l-1$

(2) 301 が第 n 群に含まれるとすると

$$n^2-n+1 \leqq 301 < (n+1)^2-(n+1)+1$$

したがって　$n(n-1) \leqq 300 < (n+1)n$　…… ①

$n(n-1)$, $(n+1)n$ は単調に増加し，$17\cdot16=272$, $18\cdot17=306$ であるから，① を満たす自然数 n は　$n=17$

301 が第 17 群の m 番目の数であるとすると　$(17^2-17+1)+(m-1)\cdot2=301$

これを解いて　$m=15$　答 **第 17 群の 15 番目**

POINT ▶ 群数列

[1] **区切りをはずしたもとの数列の規則**（一般項），**群の分け方の規則**

[2] 第 k 群について，その初項，項数など，**群の中の規則**

の解読がポイントである。また，**与えられた数列に自分で区切りを入れて**，群数列の問題にもち込むと，考えやすいものもある（⟶ 類題 114）。

類題 114

数列 $\frac{1}{1}$, $\frac{1}{2}$, $\frac{3}{2}$, $\frac{1}{3}$, $\frac{3}{3}$, $\frac{5}{3}$, $\frac{1}{4}$, $\frac{3}{4}$, $\frac{5}{4}$, $\frac{7}{4}$, $\frac{1}{5}$, …… について

(1) この数列の第 29 項を求めよ。　(2) この数列の第 800 項を求めよ。

(3) この数列の初項から第 800 項までの和を求めよ。〔同志社大〕

115 漸化式（隣接 2 項間）

$a_{n+1}=pa_n+q$

↓ $c=pc+q$ を解く

$a_{n+1}-c=p(a_n-c)$

(1) 漸化式 $a_{n+1}=pa_n+q$（p, q は定数）
$a_{n+1}-c=p(a_n-c)$ と変形
⟶ c は $c=pc+q$ の解

(2) 漸化式 $a_{n+1}=pa_n+f(n)$
$f(n)$ の n を消去する 方針で進める。

例題 | 115　B

次の条件によって定められる数列 $\{a_n\}$ の一般項を求めよ。

(1) $a_1=1$, $a_{n+1}=2a_n-3$　　(2) $a_1=3$, $a_{n+1}=2a_n+n$

解答

(1) 漸化式を変形すると　$a_{n+1}-3=2(a_n-3)$　◀$c=2c-3$ を解くと　$c=3$

$b_n=a_n-3$ とおくと　$b_{n+1}=2b_n$,　$b_1=a_1-3=-2$

ゆえに，数列 $\{b_n\}$ は初項 -2，公比 2 の等比数列である。

よって　$b_n=-2\cdot 2^{n-1}=-2^n$

したがって　$a_n=b_n+3=-2^n+3$　答

(2) $a_{n+1}=2a_n+n$ …… ①, $a_{n+2}=2a_{n+1}+n+1$ …… ② とする。

②−① から　$a_{n+2}-a_{n+1}=2(a_{n+1}-a_n)+1$

$b_n=a_{n+1}-a_n$ とおくと　$b_{n+1}=2b_n+1$,　$b_1=a_2-a_1=(2\cdot 3+1)-3=4$

したがって　$b_{n+1}+1=2(b_n+1)$,　$b_1+1=4+1=5$

よって，数列 $\{b_n+1\}$ は初項 5，公比 2 の等比数列であるから

$$b_n+1=5\cdot 2^{n-1}\quad すなわち\quad b_n=5\cdot 2^{n-1}-1$$

ゆえに，$n\geqq 2$ のとき　$a_n=a_1+\sum_{k=1}^{n-1}b_k=3+\sum_{k=1}^{n-1}(5\cdot 2^{k-1}-1)=3+5\sum_{k=1}^{n-1}2^{k-1}-\sum_{k=1}^{n-1}1$

$$=3+5\cdot\frac{1\cdot(2^{n-1}-1)}{2-1}-(n-1)=5\cdot 2^{n-1}-n-1$$

この式は $n=1$ のときも成り立つ。　よって　$a_n=5\cdot 2^{n-1}-n-1$　答

参考　$a_n-(\alpha n+\beta)=b_n$ とおいて，数列 $\{b_n\}$ が等比数列になるように，α, β を定め，漸化式を変形する方法もある（⟶ 類題 115 (2) 参照）。

類題 115

(1) 次の条件によって定められる数列 $\{a_n\}$ の一般項を求めよ。

(ア) $a_1=0$, $2a_{n+1}-3a_n=1$　　(イ) $a_1=3$, $a_{n+1}=6a_n+3^{n+1}$

(2) 数列 $\{a_n\}$ が，$a_1=10$, $a_{n+1}=3a_n-8n-4$ によって定められている。このとき，$a_n=b_n+$ ア□ $n+$ イ□ とおくと，数列 $\{b_n\}$ は $b_1=$ ウ□，$b_{n+1}=$ エ□ b_n を満たす。これより，$a_n=$ オ□ である。　〔類 千葉工大〕

116 漸化式（いろいろな形）

おき換え

$\dfrac{1}{a_n}=b_n$, $\log_2 a_n=b_n$

など

いろいろな形の漸化式

おき換え により，既知の数列の漸化式を導く。

漸化式の **両辺の逆数をとる** と

$\dfrac{1}{a_{n+1}}=1+\dfrac{3}{a_n} \longrightarrow \dfrac{1}{a_n}=b_n$ とおく。

例題 | 116 B

次の条件によって定められる数列 $\{a_n\}$ の一般項を求めよ。

$$a_1=1,\ a_{n+1}=\frac{a_n}{a_n+3}$$

解 答

$a_1>0$ であるから，漸化式の形により，すべての自然数について　$a_n>0$

$a_{n+1}=\dfrac{a_n}{a_n+3}$ の両辺の逆数をとると　$\dfrac{1}{a_{n+1}}=\dfrac{3}{a_n}+1$

$\dfrac{1}{a_n}=b_n$ とおくと　$b_{n+1}=3b_n+1$, $b_1=\dfrac{1}{a_1}=1$

したがって　$b_{n+1}+\dfrac{1}{2}=3\left(b_n+\dfrac{1}{2}\right)$, $b_1+\dfrac{1}{2}=1+\dfrac{1}{2}=\dfrac{3}{2}$

ゆえに，数列 $\left\{b_n+\dfrac{1}{2}\right\}$ は，初項 $\dfrac{3}{2}$，公比 3 の等比数列であるから

$$b_n+\frac{1}{2}=\frac{3}{2}\cdot 3^{n-1}=\frac{3^n}{2}\qquad よって\quad b_n=\frac{3^n-1}{2}$$

したがって　$a_n=\dfrac{1}{b_n}=\dfrac{2}{3^n-1}$　答

POINT ▸ 漸化式の形に応じたおき換え

p, q, r, s は定数とする。なお，❷ はおき換えの指示が与えられることが多い。

❶ $a_{n+1}=\dfrac{pa_n}{ra_n+s}$ の形 ⟶ **両辺の逆数をとり，$\dfrac{1}{a_n}=b_n$ とおく。**

❷ $a_{n+1}=\dfrac{pa_n+q}{ra_n+s}$ の形 ⟶ $c=\dfrac{pc+q}{rc+s}$ を満たす c を求め，$\dfrac{1}{a_n-c}=b_n$ **などとおく。**

❸ $a_{n+1}=pa_n{}^q$ の形（類題 116 (2)）⟶ **両辺の対数をとる。$\log_2 a_n=b_n$ などとおく。**

類題 116　次の条件によって定められる数列 $\{a_n\}$ の一般項を求めよ。

(1) $a_1=1$, $a_{n+1}=\dfrac{4a_n}{2a_n+3}$　　(2) $a_1=4$, $a_{n+1}=8a_n{}^2$

117 漸化式（隣接 3 項間）

$a_{n+2}+pa_{n+1}+qa_n=0$

↕ 対応

$x^2+px+q=0$

漸化式 $a_{n+2}+pa_{n+1}+qa_n=0$（p, q は定数）

$a_{n+2}-\alpha a_{n+1}=\beta(a_{n+1}-\alpha a_n)$ の形を導く

⟶ α, β は，方程式 $x^2+px+q=0$ の解。

⟶ 特に，解に 1 が含まれるときは，階差数列が利用できる。

例題 | 117　B

次の条件によって定められる数列 $\{a_n\}$ の一般項を求めよ。

$$a_1=1,\ a_2=2,\ 2a_{n+2}=3a_{n+1}-a_n$$

解　答

漸化式を変形すると　$a_{n+2}-a_{n+1}=\dfrac{1}{2}(a_{n+1}-a_n)$　◀参考 参照。

$b_n=a_{n+1}-a_n$ とおくと　$b_{n+1}=\dfrac{1}{2}b_n$,　$b_1=a_2-a_1=2-1=1$

ゆえに，数列 $\{b_n\}$ は初項 1，公比 $\dfrac{1}{2}$ の等比数列であるから　$b_n=\left(\dfrac{1}{2}\right)^{n-1}$

したがって，$n\geqq 2$ のとき

$$a_n=a_1+\sum_{k=1}^{n-1}b_k=1+\sum_{k=1}^{n-1}\left(\frac{1}{2}\right)^{k-1}=1+\frac{1\cdot\left\{1-\left(\frac{1}{2}\right)^{n-1}\right\}}{1-\frac{1}{2}}=3-\left(\frac{1}{2}\right)^{n-2}$$

この式は $n=1$ のときも成り立つ。　よって　$a_n=3-\left(\dfrac{1}{2}\right)^{n-2}$　答

参考　$a_{n+2}+pa_{n+1}+qa_n=0$ ⟶ $a_{n+2}-\alpha a_{n+1}=\beta(a_{n+1}-\alpha a_n)$ の変形

$a_{n+2}-\alpha a_{n+1}=\beta(a_{n+1}-\alpha a_n)$ から　$a_{n+2}-(\alpha+\beta)a_{n+1}+\alpha\beta a_n=0$

$a_{n+2}+pa_{n+1}+qa_n=0$ と係数を比較して　$\alpha+\beta=-p$, $\alpha\beta=q$

解と係数の関係から，**α, β は 2 次方程式 $x^2+px+q=0$ の解** である。

POINT ▶ 隣接 3 項間の漸化式 $a_{n+2}+pa_{n+1}+qa_n=0$（p, q は定数）

❶ a_{n+2}, a_{n+1}, a_n の代わりにそれぞれ x^2, x, 1 とおいた 2 次方程式 $x^2+px+q=0$ の解を α, β とすると　$a_{n+2}-\alpha a_{n+1}=\beta(a_{n+1}-\alpha a_n)$

❷ 解 α, β がともに 1 でなく $\alpha\neq\beta$ のとき，漸化式は 2 通りに変形できる。

$$a_{n+2}-\alpha a_{n+1}=\beta(a_{n+1}-\alpha a_n),\quad a_{n+2}-\beta a_{n+1}=\alpha(a_{n+1}-\beta a_n)$$

類題 117　次の条件によって定められる数列 $\{a_n\}$ の一般項を求めよ。

$$a_1=0,\ a_2=1,\ a_{n+2}-a_{n+1}-6a_n=0$$

〔福岡大〕

118 2つの数列の漸化式

連立漸化式

・$a_n+\alpha b_n$ を作る

・1種類で表す

2つの数列 $\{a_n\}$, $\{b_n\}$ の漸化式

$a_{n+1}+\alpha b_{n+1}=\beta(a_n+\alpha b_n)$ の形を導く

⟶ 2つの **漸化式の和, 差** を考えてみる。

別解 $\{a_n\}$, $\{b_n\}$ のどちらかを消去して,

1種類の数列 だけの漸化式を導く。

例題 118 B

$a_1=1$, $b_1=3$, $a_{n+1}=2a_n+b_n$, $b_{n+1}=a_n+2b_n$ で定められる数列 $\{a_n\}$, $\{b_n\}$ の一般項を求めよ。

解答

$a_{n+1}=2a_n+b_n$ …… ①, $b_{n+1}=a_n+2b_n$ …… ② とする。

①+② から　$a_{n+1}+b_{n+1}=3(a_n+b_n)$, $a_1+b_1=4$

ゆえに, 数列 $\{a_n+b_n\}$ は, 初項 4, 公比 3 の等比数列である。

よって　$a_n+b_n=4\cdot3^{n-1}$ …… ③

また, ①−② から　$a_{n+1}-b_{n+1}=a_n-b_n=a_{n-1}-b_{n-1}=\cdots\cdots=a_1-b_1=-2$

したがって　$a_n-b_n=-2$ …… ④

③+④ から　$2a_n=4\cdot3^{n-1}-2$　よって　$a_n=2\cdot3^{n-1}-1$ 答

③−④ から　$2b_n=4\cdot3^{n-1}+2$　よって　$b_n=2\cdot3^{n-1}+1$ 答

別解 ① から　$b_n=a_{n+1}-2a_n$　また　$b_{n+1}=a_{n+2}-2a_{n+1}$

② に代入して　$a_{n+2}-2a_{n+1}=a_n+2(a_{n+1}-2a_n)$

すなわち　$a_{n+2}-4a_{n+1}+3a_n=0$

これを変形して　$a_{n+2}-a_{n+1}=3(a_{n+1}-a_n)$

したがって　$a_n=2\cdot3^{n-1}-1$ 答　◀処理手順は前ページ参照。

よって　$b_n=a_{n+1}-2a_n=2\cdot3^n-1-2(2\cdot3^{n-1}-1)$

$=2\cdot3^{n-1}+1$ 答

POINT ▸ 2つの数列 $\{a_n\}$, $\{b_n\}$ の漸化式

❶ $a_n+\alpha b_n$ を考える。すなわち　$a_{n+1}+\alpha b_{n+1}=\beta(a_n+\alpha b_n)$ **の形** にする。

⟶ $\alpha=\pm1$, $\beta=\pm1$ になることもあり, まずは, 与えられた **漸化式の和, 差** を考えるとよい。

❷ 2つの漸化式を連立方程式とみて, **1種類の数列だけの漸化式** を導く。

類題 118　$a_1=2$, $b_1=1$, $a_{n+1}=3a_n+b_n$, $b_{n+1}=a_n+3b_n$ で定められる数列 $\{a_n\}$, $\{b_n\}$ の一般項を求めよ。

119 数学的帰納法

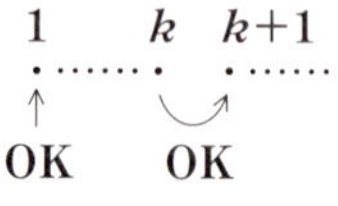

すべて OK

自然数 n についての命題 **数学的帰納法**

証明のポイントは，第 2 段階の

[2] **$n=k$ の仮定 ⟶ $n=k+1$ の証明**

$n=k+1$ のときに示すべき式を明確にしておくと考えやすい。

例題 119 B

$a_n=\dfrac{1}{2!}+\dfrac{2}{3!}+\dfrac{3}{4!}+\cdots\cdots+\dfrac{n}{(n+1)!}$ とする。

(1) $n=1,\ 2,\ 3,\ 4$ に対して，a_n を求めよ。

(2) 数列 $\{a_n\}$ の一般項を推定し，その推定が正しいことを数学的帰納法により証明せよ。〔小樽商大〕

解答

(1) $\boldsymbol{a_1}=\dfrac{1}{2!}=\boldsymbol{\dfrac{1}{2}}$，$\boldsymbol{a_2}=a_1+\dfrac{2}{3!}=\dfrac{1}{2!}+\dfrac{2}{3!}=\dfrac{3+2}{3!}=\boldsymbol{\dfrac{5}{6}}$，

$\boldsymbol{a_3}=a_2+\dfrac{3}{4!}=\dfrac{5}{3!}+\dfrac{3}{4!}=\dfrac{5\cdot4+3}{4!}=\boldsymbol{\dfrac{23}{24}}$，$\boldsymbol{a_4}=a_3+\dfrac{4}{5!}=\dfrac{23}{4!}+\dfrac{4}{5!}=\dfrac{23\cdot5+4}{5!}=\boldsymbol{\dfrac{119}{120}}$ 答

(2) (1) から，$a_n=\dfrac{(n+1)!-1}{(n+1)!}=1-\dfrac{1}{(n+1)!}$ …… ① と推定される。

[1] $n=1$ のとき　(① の右辺)$=1-\dfrac{1}{2!}=\dfrac{1}{2}$　よって，① は成り立つ。

[2] $n=k$ のとき，① が成り立つ，すなわち $a_k=1-\dfrac{1}{(k+1)!}$ …… ② と仮定する。

$n=k+1$ のときを考えると，② から

$$a_{k+1}=a_k+\frac{k+1}{(k+2)!}=1-\frac{1}{(k+1)!}+\frac{k+1}{(k+2)!}=1-\frac{(k+2)-(k+1)}{(k+2)!}=1-\frac{1}{(k+2)!}$$

よって，$n=k+1$ のときにも ① は成り立つ。

[1]，[2] により，① はすべての自然数 n について成り立つ。終

POINT ▸ 数学的帰納法

[1] **$n=1$ のとき　命題 P が成り立つ** ことを示す。

[2] **$n=k$ のとき**　P が成り立つと **仮定して，$n=k+1$ のときにも P が成り立つ** ことを示す。

[1]，[2] から，P が **すべての自然数 n について成り立つ** ことが証明できる。

注意 [1] において，常に $n=1$ とは限らない（⟶ 類題 119）。

類題 119　次の命題を数学的帰納法によって証明せよ。〔大阪教育大〕

n は 2 以上の自然数とする。$h>0$ ならば　$(1+h)^n>1+nh$

120 分数関数

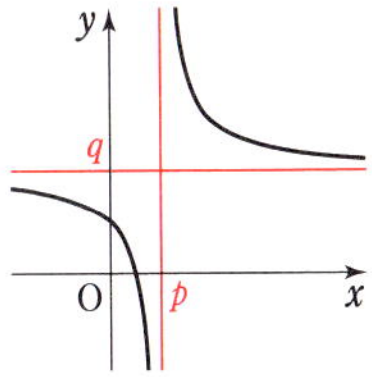

(1) $y=\dfrac{ax+b}{cx+d}$ ⟶ $y=\dfrac{k}{x-p}+q$ に変形

漸近線などの条件から，p，q，k の値を決める。

(2) 分母を払って得られた方程式の解が，もとの方程式の **分母を 0 としない** ことを確認。

例題 | 120　Ⅲ

(1) $y=\dfrac{ax+b}{2x+c}$ のグラフが点 $(1,\ 2)$ を通り，2 直線 $x=2$，$y=1$ を漸近線とするとき，定数 a，b，c の値を求めよ。

(2) 方程式 $1-x=\dfrac{2}{2-x}$ を解け。

解　答

(1) 漸近線の条件から，関数は $y=\dfrac{k}{x-2}+1$ $(k\neq0)$ と表される。

このグラフが点 $(1,\ 2)$ を通るから　$2=\dfrac{k}{1-2}+1$　よって　$k=-1$

ゆえに　$y=\dfrac{-1}{x-2}+1$　すなわち　$y=\dfrac{x-3}{x-2}$

$y=\dfrac{ax+b}{2x+c}$ と比較するために，$\dfrac{x-3}{x-2}$ の分母と分子を 2 倍して　$y=\dfrac{2x+(-6)}{2x+(-4)}$

したがって　$\boldsymbol{a=2,\ b=-6,\ c=-4}$　答

(2) 方程式の **分母を払って**　$(2-x)(1-x)=2$　整理すると　$x^2-3x=0$

これを解いて　$\boldsymbol{x=0,\ 3}$　答　これは **分母を 0 にしない** から解である。

POINT ▶ 分数関数のグラフ

❶ $y=\dfrac{k}{x}$ $(k\neq0)$　[1] x 軸，y 軸を漸近線とする直角双曲線　[2] 原点に関して対称

❷ $y=\dfrac{ax+b}{cx+d}$ $(c\neq0,\ ad-bc\neq0)$　$y=\dfrac{k}{x-p}+q$ に変形。漸近線は 2 直線 $x=p$，$y=q$

類題 120

x の関数 $y=\dfrac{-2x-6}{x-3}$ …… ① について，次の問いに答えよ。

(1) 関数 ① のグラフは双曲線 $y=\dfrac{a}{x}$ を x 軸方向に b，y 軸方向に c だけ平行移動したものである。定数 a，b，c の値を求めよ。

(2) 関数 ① のグラフが直線 $y=kx$ と共有点をもたないとき，定数 k の値の範囲を求めよ。〔麻布大〕

121 無理関数

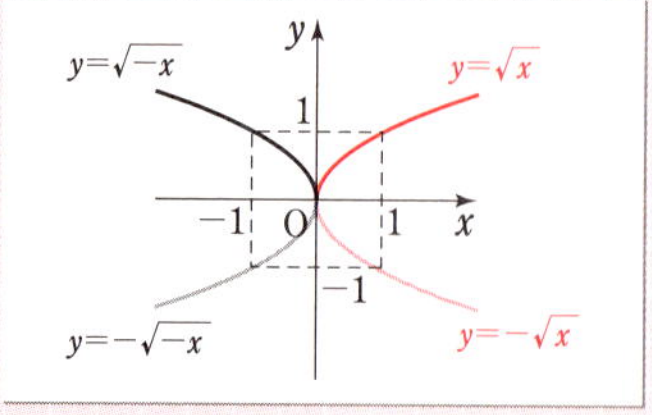

(1) $y=\sqrt{ax+b}+c$ $(a\neq 0)$ のグラフ

$\longrightarrow$ $y=\sqrt{a(x-p)}+q$ の形に変形

$y=\sqrt{ax}$ のグラフを x 軸方向に p, y 軸方向に q だけ平行移動したものである。

(2) グラフ利用。**上下関係 $\Longleftrightarrow$ 不等式**

例題 | 121 III

(1) $y=\sqrt{2x+6}-1$ のグラフをかけ。また，定義域と値域を求めよ。

(2) 不等式 $\sqrt{x+3}>x+1$ を解け。

解答

(1) 変形すると　$y=\sqrt{2(x+3)}-1$

よって，$y=\sqrt{2x}$ のグラフを x 軸方向に -3, y 軸方向に -1 だけ平行移動したものである。

したがって，グラフは〔図〕

定義域は　$x\geqq -3$,　値域は　$y\geqq -1$　答

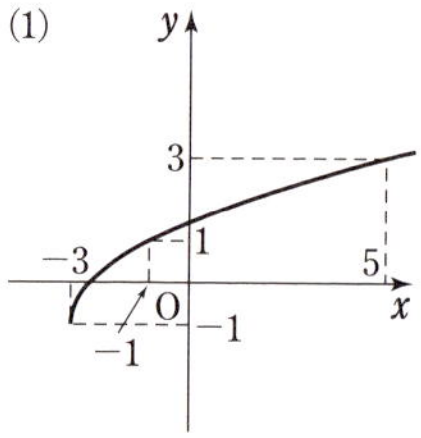

(2) $\sqrt{x+3}=x+1$ …… ① の両辺を平方して

$x+3=(x+1)^2$

整理して　$x^2+x-2=0$

これを解いて　$x=1,\ -2$

図から，① の解は　$x=1$

求める不等式の解は，$y=\sqrt{x+3}$ のグラフが直線 $y=x+1$ より 上側にある x の値の範囲 である。

したがって　$-3\leqq x<1$　答

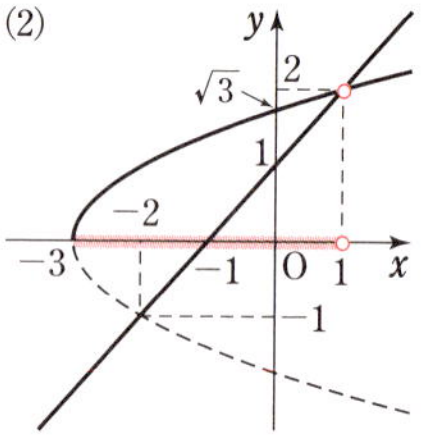

POINT ▶ 無理方程式・無理不等式

次の同値関係を利用して解くこともできる。

[1] $\sqrt{A}=B \Longleftrightarrow B\geqq 0,\ A=B^2$　　[2] $\sqrt{A}<B \Longleftrightarrow A\geqq 0,\ B>0,\ A<B^2$

[3] $\sqrt{A}>B \Longleftrightarrow (A\geqq 0,\ B<0)$ または $(B\geqq 0,\ A>B^2)$

例題 (2) の不等式は，$[x+3\geqq 0,\ x+1<0]$ または $[x+1\geqq 0,\ x+3>(x+1)^2]$ と同値。

類題 121

(1) $-4\leqq x\leqq 0$ のとき，$y=\sqrt{a-4x}+b$ の最大値が5，最小値が3であるとき，定数 a, b の値を求めよ。ただし，$a>0$ とする。〔久留米大〕

(2) 方程式 $\sqrt{2x+1}=x+k$ の実数解の個数を調べよ。〔九州共立大〕

122 逆関数と合成関数

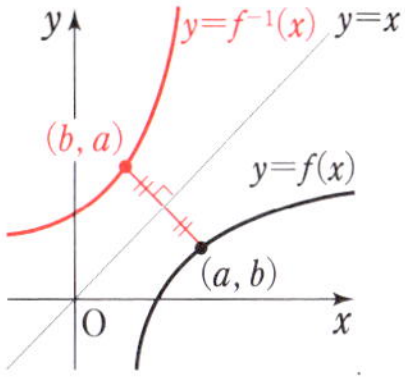

(1) 逆関数 ① x について解く。

② x と y を入れ替える。

もとの関数の値域が，逆関数の定義域

(2) 合成関数 順序に注意。

$(g\circ f)(x)=g(f(x))$，$(f\circ g)(x)=f(g(x))$

例題 | 122　　Ⅲ

(1) $y=\dfrac{x-1}{x+1}$ の逆関数を求めよ。

(2) $f(x)=2^x$, $g(x)=\log_4 x$ について，合成関数 $(g\circ f)(x)$，$(f\circ g)(x)$ を求めよ。

解　答

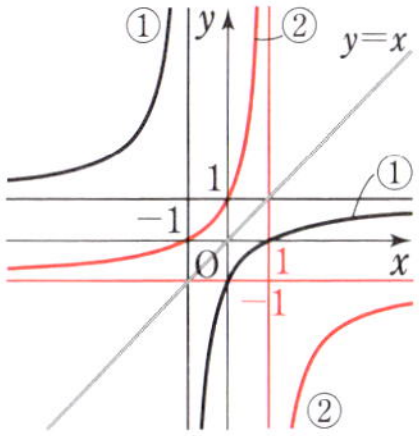

(1) $y=1-\dfrac{2}{x+1}$ …… ① の値域は　$y\neq 1$

与式から　$(y-1)x=-(y+1)$

$y\neq 1$ であるから　$x=-\dfrac{y+1}{y-1}$

よって，逆関数は　$y=-\dfrac{x+1}{x-1}$ …… ②　答

(2) $(g\circ f)(x)=g(f(x))=\log_4 2^x=x\log_4 2$

$=x\cdot\dfrac{\log_2 2}{\log_2 4}=\dfrac{x}{2}$　答

$(f\circ g)(x)=f(g(x))=2^{\log_4 x}=2^{\frac{\log_2 x}{\log_2 4}}=(2^{\log_2 x})^{\frac{1}{2}}=\sqrt{x}$　答

POINT ▸ 逆関数の性質

❶ $b=f(a) \iff a=f^{-1}(b)$

❷ $f^{-1}(x)$ の定義域は $f(x)$ の値　域
　$f^{-1}(x)$ の値　域は $f(x)$ の定義域 } 定義域と値域が入れ替わる

❸ $y=f(x)$ と $y=f^{-1}(x)$ のグラフは，直線 $y=x$ に関して対称。

❹ 単調に増加，単調に減少する関数については，その逆関数が存在する。

類題 122

(1) $f(x)=a^{x-1}$ $(a>0)$ の逆関数を $f^{-1}(x)$ とする。$f(3)=2$ のとき，$a=$ ア□ で，$f^{-1}(4)=$ イ□ である。〔工学院大〕

(2) $a>0$，$a\neq 1$，$f(x)=a^{x+b}$，$g(x)=x^2$ とする。x についての方程式 $f(g(x))=g(f(x))$ が，ただ1つの実数解をもつように実数 b の値を定めよ。〔湘南工科大〕

123 数列の極限

$\{n^k\}$ の極限
$k>0$ のとき
$\lim_{n\to\infty} n^k=\infty$, $\lim_{n\to\infty}\frac{1}{n^k}=0$

極限が求められる形に変形

整　式　最高次の項で くくり出す。
分数式　分母の最高次の項で
　　　　分母・分子を割る。
無理式　分母または分子を 有理化 する。

例題 | 123 Ⅲ

第 n 項が次の式で表される数列の極限を求めよ。

(1) $\frac{4n^3-2n^2+1}{3n^3+4n}$　(2) $\sqrt{n^2+2n-2}-\sqrt{n^2-n}$　(3) $\frac{4^n-1}{3^n+5}$

解答

(1) $\lim_{n\to\infty}\frac{4n^3-2n^2+1}{3n^3+4n}=\lim_{n\to\infty}\frac{4-\frac{2}{n}+\frac{1}{n^3}}{3+\frac{4}{n^2}}=\frac{4-0+0}{3+0}=\frac{4}{3}$ 答

(2) $\lim_{n\to\infty}(\sqrt{n^2+2n-2}-\sqrt{n^2-n})=\lim_{n\to\infty}\frac{n^2+2n-2-(n^2-n)}{\sqrt{n^2+2n-2}+\sqrt{n^2-n}}$

$=\lim_{n\to\infty}\frac{3n-2}{\sqrt{n^2+2n-2}+\sqrt{n^2-n}}=\lim_{n\to\infty}\frac{3-\frac{2}{n}}{\sqrt{1+\frac{2}{n}-\frac{2}{n^2}}+\sqrt{1-\frac{1}{n}}}=\frac{3-0}{\sqrt{1}+\sqrt{1}}=\frac{3}{2}$ 答

(3) $\lim_{n\to\infty}\frac{4^n-1}{3^n+5}=\lim_{n\to\infty}\frac{\left(\frac{4}{3}\right)^n-\left(\frac{1}{3}\right)^n}{1+\frac{5}{3^n}}=\lim_{n\to\infty}\frac{\left(\frac{4}{3}\right)^n\left\{1-\left(\frac{1}{4}\right)^n\right\}}{1+\frac{5}{3^n}}=\infty$ 答

POINT ▶ $\{r^n\}$ の極限は，$r=\pm1$ で場合に分ける

[1] $r>1$ のとき　$\lim_{n\to\infty} r^n=\infty$
[2] $r=1$ のとき　$\lim_{n\to\infty} r^n=1$
[3] $|r|<1$ のとき　$\lim_{n\to\infty} r^n=0$
（[2], [3]：$-1<r\leqq1$ のとき収束）
[4] $r\leqq-1$ のとき　振動する（極限はない）

類題 123　次の極限を求めよ。

(1) $\lim_{n\to\infty}\frac{n^3}{2^2+4^2+\cdots\cdots+(2n)^2}$　(2) $\lim_{n\to\infty}\frac{\sqrt{n+5}-\sqrt{n+3}}{\sqrt{n+1}-\sqrt{n}}$

(3) $\lim_{n\to\infty}\frac{r^{n-1}-3^{n+1}}{r^n+3^{n-1}}$（$r$ は正の定数）

〔(1) 大阪工大　(3) 弘前大〕

124 無限級数

$\sum_{n=1}^{\infty} a_n$ の収束，発散

まず，部分和 S_n
$S=\lim_{n\to\infty} S_n$

無限級数　**部分和 S_n の極限を調べる**
無限等比級数　**まず，初項 a と公比 r**

$a \neq 0$ のとき，$|r|<1$ なら収束し，和は $\dfrac{a}{1-r}$

$a=0$ のとき，収束して和は 0

120

例題 124　III

次の無限級数の収束，発散を調べ，収束するときはその和を求めよ。

(1) $\displaystyle\sum_{n=1}^{\infty} \frac{1}{n(n+2)}$　〔会津大〕　(2) $\displaystyle\sum_{n=0}^{\infty} \frac{1}{5^n}\cos n\pi$　〔近畿大〕

解答

(1) 初項から第 n 項 a_n までの部分和を S_n とする。

$a_n=\dfrac{1}{n(n+2)}=\dfrac{1}{2}\left(\dfrac{1}{n}-\dfrac{1}{n+2}\right)$ であるから

$$S_n=\frac{1}{2}\left\{\left(\frac{1}{1}-\frac{1}{3}\right)+\left(\frac{1}{2}-\frac{1}{4}\right)+\left(\frac{1}{3}-\frac{1}{5}\right)+\cdots\cdots+\left(\frac{1}{n-1}-\frac{1}{n+1}\right)+\left(\frac{1}{n}-\frac{1}{n+2}\right)\right\}$$

$$=\frac{1}{2}\left(1+\frac{1}{2}-\frac{1}{n+1}-\frac{1}{n+2}\right)$$

よって　$\displaystyle\lim_{n\to\infty} S_n=\lim_{n\to\infty}\frac{1}{2}\left(1+\frac{1}{2}-\frac{1}{n+1}-\frac{1}{n+2}\right)=\frac{3}{4}$　答　**収束，和 $\dfrac{3}{4}$**

(2) $\displaystyle\sum_{n=0}^{\infty}\frac{1}{5^n}\cos n\pi=\sum_{n=0}^{\infty}\left(-\frac{1}{5}\right)^n$　これは初項 1，公比 $-\dfrac{1}{5}$ の無限等比級数である。

$\left|-\dfrac{1}{5}\right|<1$ であるから，この無限等比級数は **収束** し，**和は** $\dfrac{1}{1-\left(-\dfrac{1}{5}\right)}=\dfrac{5}{6}$　答

POINT ▶ 無限級数の収束，発散

無限級数の初項から第 n 項 a_n までの和を S_n とし，無限級数の和を S とする。

❶ $\displaystyle\sum_{n=1}^{\infty} a_n$ が収束 $\Longleftrightarrow$ **$\{S_n\}$ が収束，$S=\lim_{n\to\infty} S_n$**　❷ $\displaystyle\sum_{n=1}^{\infty} a_n$ が発散 $\Longleftrightarrow$ **$\{S_n\}$ が発散**

❸ 部分和 S_n が求めにくい場合は，第 n 項の極限を考えてみる。

[1] $\displaystyle\sum_{n=1}^{\infty} a_n$ **が収束** $\Longrightarrow$ $\displaystyle\lim_{n\to\infty} a_n=0$　[2] $\displaystyle\lim_{n\to\infty} a_n\neq 0$ $\Longrightarrow$ $\displaystyle\sum_{n=1}^{\infty} a_n$ **は発散**

類題 124　次の無限級数の収束，発散を調べ，収束するときはその和を求めよ。

(1) $(2+\sqrt{2})-\sqrt{2}+(2-\sqrt{2})+\cdots\cdots$　(2) $1+\dfrac{2}{3}+\dfrac{3}{5}+\dfrac{4}{7}+\cdots\cdots$

(3) $\dfrac{3+4}{5}+\dfrac{3^2+4^2}{5^2}+\cdots\cdots+\dfrac{3^n+4^n}{5^n}+\cdots\cdots$　〔(1) 小樽商大　(3) 神奈川大〕

125 収束条件

数列 $\{r^n\}$ の収束

$-1<r\leqq 1$

級数 $\sum_{n=1}^{\infty} r^n$ の収束

$-1<r<1$

(1) $\{r^n\}$ の極限　**$r=\pm 1$ が分かれ目**

数列 $\{r^n\}$ の収束条件は　$-1<r\leqq 1$

(2) 無限等比級数 $\sum_{n=1}^{\infty} ar^{n-1}$ の収束条件

$a=0$　または　$-1<r<1$

(1)と混同しないように注意する。

例題 125

Ⅲ

次の条件を満たすように，x の値の範囲をそれぞれ定めよ。

(1) 数列 $\{(x^2-2x)^n\}$ が収束する。

(2) 無限級数 $\tan x+(\tan x)^3+(\tan x)^5+\cdots\cdots+(\tan x)^{2n-1}+\cdots\cdots$ が収束する。ただし，$0<x<\dfrac{\pi}{2}$ とする。

〔類　愛知工大〕

解答

(1) 収束するための条件は　**$-1<x^2-2x\leqq 1$**

$-1<x^2-2x$ から　$(x-1)^2>0$　よって　$x<1,\ 1<x$　…… ①

$x^2-2x\leqq 1$ から　$x^2-2x-1\leqq 0$　よって　$1-\sqrt{2}\leqq x\leqq 1+\sqrt{2}$　…… ②

①，② の共通範囲を求めて　**$1-\sqrt{2}\leqq x<1,\ 1<x\leqq 1+\sqrt{2}$**　答

(2) この無限級数は，初項 $\tan x$，公比 $\tan^2 x$ の無限等比級数であるから，収束するための条件は　**$\tan x=0$　または　$|\tan^2 x|<1$**

$0<x<\dfrac{\pi}{2}$ より，$\tan x>0$ であるから，$0<\tan x<1$ を満たす x の値の範囲を求めればよい。したがって　**$0<x<\dfrac{\pi}{4}$**　答

POINT ▶ 無限等比数列，無限等比級数の収束条件

よく似ているが，公比の条件 $r=1$ を含むか含まないかという点が異なる。初項 $a\neq 0$ として，公比 $r=1$ のときの違いを確かめてみると，次のようになる。

[1] 無限等比数列 $\{ar^{n-1}\}$ の第 n 項は　$a_n=a$　よって　$\lim_{n\to\infty} a_n=a$ **(収束)**

[2] 無限等比級数 $\sum_{n=1}^{\infty} ar^{n-1}$ の初項から第 n 項までの和 S_n は $S_n=na$ で $\{S_n\}$ は **発散** する。

類題 125

無限級数 $x+\dfrac{x}{1+x}+\dfrac{x}{(1+x)^2}+\dfrac{x}{(1+x)^3}+\cdots\cdots$ $(x\neq -1)$ について

(1) 無限級数が収束するような実数 x の範囲を求めよ。

(2) (1)で求めた x の範囲で，無限級数の和を $f(x)$ として，関数 $y=f(x)$ のグラフをかけ。

〔岡山理大〕

126 無限等比級数の応用問題

条件	繰り返しの操作
↓	**n 番目と $n+1$ 番目の関係を見つける**
漸化式作成	円の面積は，半径で決まる。図をかいて，円 C_n と円 C_{n+1} の半径の関係を考える。

例題 126 Ⅲ

半径 1 の円 C_1 に内接する正三角形を T_1 とし，T_1 に内接する円を C_2，円 C_2 に内接する正三角形を T_2，以下同様にして，円 C_n に内接する正三角形を T_n とすると，円 C_n の半径は ア□ である。したがって，円 C_1，C_2，C_3，…… の面積の総和は イ□ である。〔類 近畿大〕

解答

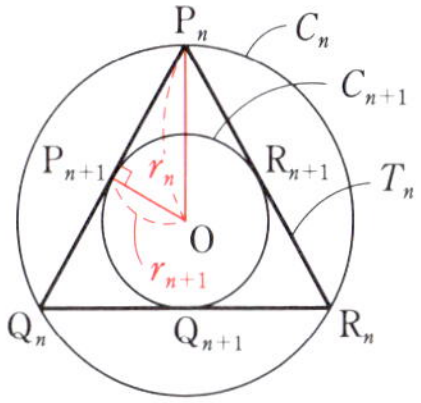

右の図のように，円 C_n の中心を O，正三角形 T_n の頂点を P_n，Q_n，R_n とし，円 C_{n+1} と T_n との接点を P_{n+1}，Q_{n+1}，R_{n+1} とする。

右の図から　$OP_{n+1}=OP_n\sin\angle OP_nP_{n+1}$

$$=OP_n\times\sin 30^\circ=\frac{1}{2}OP_n$$

したがって，円 C_n の半径を r_n とすると，数列 $\{r_n\}$ は初項 1，公比 $\frac{1}{2}$ の等比数列であるから　$r_n=1\times\left(\frac{1}{2}\right)^{n-1}=$ ア $\left(\frac{1}{2}\right)^{n-1}$　答

円 C_n の面積は　$\pi r_n{}^2=\pi\left\{\left(\frac{1}{2}\right)^{n-1}\right\}^2=\pi\left\{\left(\frac{1}{2}\right)^2\right\}^{n-1}=\pi\left(\frac{1}{4}\right)^{n-1}$

ゆえに，円 C_n の面積の総和は，初項 π，公比 $\frac{1}{4}$ の無限等比級数で表され，公比について $\left|\frac{1}{4}\right|<1$ であるから，収束する。よって，その和は　$\dfrac{\pi}{1-\frac{1}{4}}=$ イ $\frac{4}{3}\pi$　答

類題 126　$\triangle OP_1P_2$ を二等辺三角形とし，$\angle O=\angle P_1=\theta$，$OP_1=1$ とする。直線 OP_1 上に点 P_3 を $\angle OP_2P_3=\theta$ となるようにとる。次に，直線 OP_2 上に点 P_4 を $\angle OP_3P_4=\theta$ となるようにとる。以下同様にして，点 P_5，P_6，…… をとる。

(1)　P_nP_{n+1} の長さを求めよ。

(2)　無限級数 $P_1P_2+P_2P_3+\cdots\cdots+P_nP_{n+1}+\cdots\cdots$ が収束する θ の値の範囲を求め，そのときの和を求めよ。〔大阪府大〕

127 関数の極限(1)

$\frac{0}{0}$, $\frac{\infty}{\infty}$, $\infty-\infty$

約分，くくり出し
有理化　など

不定形の極限　**極限が求められる形に変形**

(1)　$x=-1$ のとき $\frac{0}{0}$ $\longrightarrow$ $x+1$ で **約分**

(2)　**無理式は有理化**　$\boldsymbol{x=-t}$ のおき換えで，$\longrightarrow\infty$ の問題に帰着させるとよい。

例題 127　Ⅲ

次の極限を求めよ。

(1)　$\displaystyle\lim_{x\to-1}\frac{x^3+3x^2-2}{x^2-x-2}$　　(2)　$\displaystyle\lim_{x\to-\infty}(\sqrt{x^2+x+1}+x)$

解答

(1)　$\displaystyle\lim_{x\to-1}\frac{x^3+3x^2-2}{x^2-x-2}=\lim_{x\to-1}\frac{(x+1)(x^2+2x-2)}{(x+1)(x-2)}=\lim_{x\to-1}\frac{x^2+2x-2}{x-2}$

$\displaystyle=\frac{(-1)^2+2\cdot(-1)-2}{-1-2}=\mathbf{1}$　答

(2)　$x=-t$ とおくと，$x\longrightarrow-\infty$ のとき　$t\longrightarrow\infty$

$\displaystyle(与式)=\lim_{t\to\infty}(\sqrt{t^2-t+1}-t)=\lim_{t\to\infty}\frac{t^2-t+1-t^2}{\sqrt{t^2-t+1}+t}$

$\displaystyle=\lim_{t\to\infty}\frac{-t+1}{\sqrt{t^2-t+1}+t}=\lim_{t\to\infty}\frac{-1+\frac{1}{t}}{\sqrt{1-\frac{1}{t}+\frac{1}{t^2}}+1}=-\frac{\mathbf{1}}{\mathbf{2}}$　答

注意　$x=-t$ のおき換えをしないとき，$x<0$ として変形することに注意。
すなわち　**$x<0$ のとき**　$\sqrt{x^2}=-x$

POINT ▶ 不定形の極限

❶ $\frac{0}{0}$　分数式では **約分**，無理式では **有理化**。

❷ $\frac{\infty}{\infty}$　分母の最高次の項で **分母・分子を割る**。

❸ $\infty-\infty$　整式では最高次の項で **くくり出し**，無理式では **有理化**。

類題 127　次の極限を求めよ。

(1)　$\displaystyle\lim_{x\to-3}\frac{1}{x+3}\left(1-\frac{1}{x+4}\right)$　(2)　$\displaystyle\lim_{x\to0}2^{\frac{1}{x}}$　(3)　$\displaystyle\lim_{x\to-\infty}\frac{2x^3+1}{x+1}$

(4)　$\displaystyle\lim_{x\to\infty}\{\log_2(8x^2+2)-2\log_2(5x+3)\}$　(5)　$\displaystyle\lim_{x\to\infty}(\sqrt{4x^2+1}-2x+3)$

128 関数の極限(2)

$$\lim_{x\to 0}\frac{\sin x}{x}=1$$

$$\lim_{x\to 0}(1+x)^{\frac{1}{x}}=e$$

(1) 三角関数の極限
$\lim_{\theta\to 0}\frac{\sin\theta}{\theta}=1$ が使える形に変形

(2) 求めにくい極限 ⟶ はさみうち

(3) 自然対数の定義 $\lim_{h\to 0}(1+h)^{\frac{1}{h}}=e$ を利用。

120

例題 | 128 Ⅲ

次の極限を求めよ。

(1) $\lim_{x\to 0}\frac{\tan x-\sin x}{x^3}$　(2) $\lim_{x\to 0}x\sin\frac{1}{x}$　(3) $\lim_{x\to\infty}\left(1+\frac{2}{x}\right)^x$

解答

(1) $\lim_{x\to 0}\frac{\tan x-\sin x}{x^3}=\lim_{x\to 0}\frac{\sin x(1-\cos x)}{x^3\cos x}=\lim_{x\to 0}\frac{\sin x}{x}\cdot\frac{1}{\cos x}\cdot\frac{1-\cos x}{x^2}$

$=\lim_{x\to 0}\frac{\sin x}{x}\cdot\frac{1}{\cos x}\cdot\frac{\sin^2 x}{x^2(1+\cos x)}$　◀分母・分子に $1+\cos x$ を掛ける。

$=\lim_{x\to 0}\left(\frac{\sin x}{x}\right)^3\cdot\frac{1}{\cos x(1+\cos x)}=1^3\cdot\frac{1}{1\cdot(1+1)}=\frac{1}{2}$　答

(2) $0\leqq\left|\sin\frac{1}{x}\right|\leqq 1$ であるから　$0\leqq\left|x\sin\frac{1}{x}\right|\leqq|x|$

$\lim_{x\to 0}|x|=0$ であるから　$\lim_{x\to 0}x\sin\frac{1}{x}=0$　答

(3) $\frac{2}{x}=t$ とおくと，$x\longrightarrow\infty$ のとき　$t\longrightarrow 0$

よって　$\lim_{x\to\infty}\left(1+\frac{2}{x}\right)^x=\lim_{t\to 0}(1+t)^{\frac{2}{t}}=\lim_{t\to 0}\left\{(1+t)^{\frac{1}{t}}\right\}^2=e^2$　答

POINT ▶ 極限

❶ 三角関数の極限　$\lim_{x\to 0}\frac{\sin x}{x}=1$，$\lim_{x\to 0}\frac{x}{\sin x}=1$（角の単位はラジアン）

❷ はさみうちの原理　$\lim_{x\to a}f(x)=\alpha$，$\lim_{x\to a}g(x)=\beta$ とする。

x が a に近いとき，常に $f(x)\leqq h(x)\leqq g(x)$ かつ $\alpha=\beta$ ならば　$\lim_{x\to a}h(x)=\alpha$

❸ 自然対数 e の定義　$\lim_{t\to 0}(1+t)^{\frac{1}{t}}=e$，$\lim_{n\to\infty}\left(1+\frac{1}{n}\right)^n=e$

類題 128

次の極限を求めよ。

(1) $\lim_{x\to 1}\frac{\sin\pi x}{x^2-1}$　(2) $\lim_{x\to\infty}x^2\left(1-\cos\frac{1}{x}\right)$　(3) $\lim_{x\to\infty}\left(1-\frac{3}{x}\right)^x$

129 極限値から係数決定

(分母) ⟶ 0

$\dfrac{0}{0}$ にもち込む

1 (分母) ⟶ 0 ならば (分子) ⟶ 0
2 1 で得られた関係式を求める。
3 左辺を 極限が求められる形に変形 する。
4 極限値を求め，それが $\sqrt{2}$ に等しい条件から，定数の値を導く。

例題 | 129

III

次の等式が成り立つように，定数 a，b の値を定めよ。

$$\lim_{x\to1}\frac{a\sqrt{x+1}-b}{x-1}=\sqrt{2}$$

解 答

条件の等式と $\displaystyle\lim_{x\to1}(x-1)=0$ から

$$\lim_{x\to1}(a\sqrt{x+1}-b)=\lim_{x\to1}\left\{\frac{a\sqrt{x+1}-b}{x-1}\times(x-1)\right\}=\sqrt{2}\times0=0$$

ゆえに　$\sqrt{2}a-b=0$　すなわち　$b=\sqrt{2}a$　…… ①　◀必要条件。

このとき

$$\lim_{x\to1}\frac{a\sqrt{x+1}-b}{x-1}=\lim_{x\to1}\frac{a(\sqrt{x+1}-\sqrt{2})}{x-1}=\lim_{x\to1}\frac{a(x+1-2)}{(x-1)(\sqrt{x+1}+\sqrt{2})}$$

$$=\lim_{x\to1}\frac{a(x-1)}{(x-1)(\sqrt{x+1}+\sqrt{2})}=\lim_{x\to1}\frac{a}{\sqrt{x+1}+\sqrt{2}}=\frac{a}{2\sqrt{2}}$$

$\dfrac{a}{2\sqrt{2}}=\sqrt{2}$ から　$a=4$　① から　$b=4\sqrt{2}$　◀必要十分条件。

したがって　$\boldsymbol{a=4,\ b=4\sqrt{2}}$　答

POINT ▶ 不定形にもち込む

例題で，$x\longrightarrow1$ のとき，分母 $x-1\longrightarrow0$ であるから，極限値が有限の値になるためには，(分子) ⟶ 0 でなければならない。まず，その（必要）条件を求める。

$$\lim_{x\to a}\frac{f(x)}{g(x)}=\alpha \text{ かつ } \lim_{x\to a}g(x)=0 \text{ ならば } \lim_{x\to a}f(x)=0 \quad \text{(必要条件)}$$

そして，この必要条件をもとに極限を計算する。

類題 129　$\displaystyle\lim_{x\to\frac{\pi}{2}}\frac{ax+b}{\cos x}=\frac{2}{3}$ のとき，定数 a，b の値を求めよ。　〔東洋大〕

130 関数の連続性

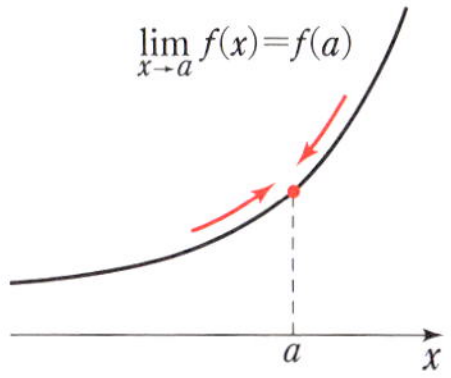

(1) **$f(x)$ が $x=a$ で連続 $\Longleftrightarrow \lim_{x\to a} f(x)=f(a)$**

$\lim_{x\to a} f(x)$, $f(a)$ が一致するかどうかを調べる。

(2) **連続で異符号 $\Longrightarrow$ 間に解あり**

$\longrightarrow$ **中間値の定理** の利用を考える。

例題 | 130　Ⅲ

(1) 関数 $f(x)=[\cos x]$ は $x=0$ で連続であるか不連続であるかを調べよ。ただし，$[x]$ は x を超えない最大の整数を表す。

(2) 関数 $f(x)$ が連続で $f(0)>0$, $f(1)<0$ のとき，方程式 $f(x)=x$ は $0<x<1$ の範囲に少なくとも 1 つの実数解をもつことを示せ。

解答

(1) $-\frac{\pi}{2} \leqq x<0$, $0<x \leqq \frac{\pi}{2}$ のとき　$0 \leqq \cos x<1$

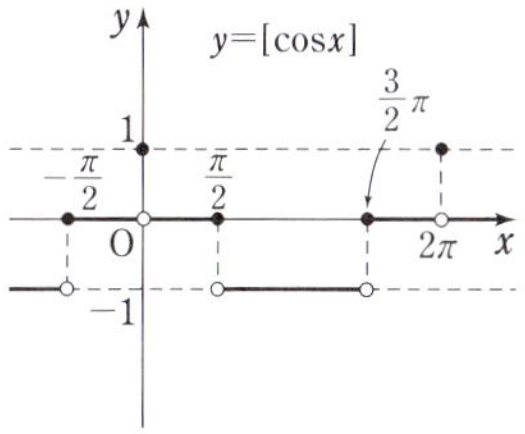

ゆえに，この範囲で　$[\cos x]=0$

よって　$\lim_{x\to 0}[\cos x]=0$　一方　$f(0)=[\cos 0]=[1]=1$

したがって　**$\lim_{x\to 0} f(x) \neq f(0)$**

よって，$f(x)$ は $x=0$ で **不連続** である。 答

(2) $g(x)=f(x)-x$ とすると，関数 $f(x)$ と x は連続であるから，関数 $g(x)$ は連続である。　**$g(0)$**$=f(0)-0=f(0)$**>0**, **$g(1)$**$=f(1)-1$**<0**

よって，方程式 $g(x)=0$ すなわち $f(x)=x$ は，**中間値の定理により**，$0<x<1$ の範囲に少なくとも 1 つの実数解をもつ。 終

POINT ▶ 関数の連続性

❶ **関数 $f(x)$ は $x=a$ で連続**　定義域の x の値 a に対して，

　[1] 極限値 $\lim_{x\to a} f(x)$ が存在して　かつ　[2] $\lim_{x\to a} f(x)=f(a)$

❷ **中間値の定理**　関数 $f(x)$ が区間 $[a, b]$ で連続で，$f(a)$ と $f(b)$ が異符号ならば，方程式 $f(x)=0$ は $a<x<b$ の範囲に少なくとも 1 つの実数解をもつ。

類題 130

(1) 関数 $f(x)$ を，$f(x)=\begin{cases} \dfrac{\cos x-1}{x^2} & (x \neq 0) \\ A & (x=0) \end{cases}$ で定義する。関数 $f(x)$ が $x=0$ で連続になるように定数 A の値を定めよ。〔岩手大〕

(2) k を $0<k<1$ を満たす定数とするとき，x の方程式 $x(2x-3)^2=k$ は $0<x<1$ の範囲に少なくとも 1 つの実数解をもつことを示せ。

131 微分係数

$f'(a)$

$=\lim_{h\to 0}\dfrac{f(a+h)-f(a)}{h}$

$=\lim_{x\to a}\dfrac{f(x)-f(a)}{x-a}$

(1) $\dfrac{f(x)-f(a)}{x-a}$ を含む形に変形する。

$\longrightarrow$ 分子で $a^2f(a)$ を引いて加える。

(2) **微分係数の定義を利用**する。$f(x)$ を定め，与式を微分係数で表す。

例題 | 131 Ⅲ

(1) $f(x)$ は $x=a$ で微分可能であるとする。$\lim_{x\to a}\dfrac{a^2f(x)-x^2f(a)}{x-a}$ を a，$f(a)$，$f'(a)$ で表せ。

(2) $\lim_{x\to 0}\dfrac{e^{2x}-1}{x}$ を求めよ。

解答

(1) $a^2f(x)-x^2f(a)=a^2f(x)-a^2f(a)+a^2f(a)-x^2f(a)$

$=a^2\{f(x)-f(a)\}-(x^2-a^2)f(a)$

よって　$\lim_{x\to a}\dfrac{a^2f(x)-x^2f(a)}{x-a}=\lim_{x\to a}\dfrac{a^2\{f(x)-f(a)\}-(x^2-a^2)f(a)}{x-a}$

$=\lim_{x\to a}\left\{a^2\cdot\dfrac{f(x)-f(a)}{x-a}-(x+a)f(a)\right\}=a^2\lim_{x\to a}\dfrac{f(x)-f(a)}{x-a}-f(a)\lim_{x\to a}(x+a)$

$=\boldsymbol{a^2f'(a)-2af(a)}$　答

(2) $f(x)=e^{2x}$ とすると　$\lim_{x\to 0}\dfrac{e^{2x}-1}{x}=\lim_{x\to 0}\dfrac{e^{2x}-e^0}{x-0}=\lim_{x\to 0}\dfrac{f(x)-f(0)}{x-0}=f'(0)$

$f'(x)=2e^{2x}$ であるから　$f'(0)=2e^0=2$

したがって　$\lim_{x\to 0}\dfrac{e^{2x}-1}{x}=2$　答

POINT ▸ $f(x)$ の $x=a$ における微分係数

❶ $f'(a)=\lim_{h\to 0}\dfrac{f(a+h)-f(a)}{h}$　　❷ $f'(a)=\lim_{x\to a}\dfrac{f(x)-f(a)}{x-a}$

❷は❶において，$h=x-a$ とおくと　$x=a+h$，　$h\longrightarrow 0$ のとき　$x\longrightarrow a$

注意 微分係数を考えるときは，x の増分 Δx に y の増分 Δy を正しく対応させることが重要である。よって　$\lim_{\square\to 0}\dfrac{f(a+\square)-f(a)}{\square}=f'(a)$，**□は同じ式**　(類題 131 参照)

類題 131　$f(x)$ は $x=a$ で微分可能であり，$x=a$ における微分係数が α であるとき，$\lim_{h\to 0}\dfrac{f(a-2h)-f(a+3h)}{h}$ を α で表せ。

132 連続と微分可能性

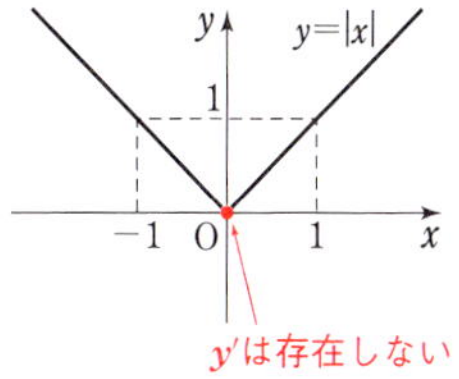

連続（$p.133$），微分可能（POINT）の定義に従って考える。
なお，**微分可能 ⟹ 連続** であるから，**微分可能性から先に調べる** とよい。

130

例題 | 132 Ⅲ

次の関数の，(1) は $x=0$，(2) は $x=1$ における連続性と微分可能性を調べよ。

(1) $f(x)=\begin{cases} x\sin\dfrac{1}{x} & (x\neq 0) \\ 0 & (x=0) \end{cases}$　　(2) $f(x)=\begin{cases} x^2 & (x\leqq 1) \\ 2x-1 & (x>1) \end{cases}$

解答

(1) $\dfrac{f(0+h)-f(0)}{h}=\dfrac{f(h)}{h}=\sin\dfrac{1}{h}$　　$h\longrightarrow 0$ のとき，この **極限は存在しない。**

したがって，$f(x)$ は $x=0$ で **微分可能でない。** 答

また，$x\neq 0$ のとき　　$0\leqq\left|x\sin\dfrac{1}{x}\right|\leqq|x|$

$\displaystyle\lim_{x\to 0}|x|=0$ であるから　　$\displaystyle\lim_{x\to 0}f(x)=\lim_{x\to 0}x\sin\dfrac{1}{x}=0$

よって，$\displaystyle\lim_{x\to 0}f(x)=0=f(0)$ が成り立つから，$f(x)$ は $x=0$ で **連続である。** 答

(2) $\displaystyle\lim_{h\to +0}\frac{f(1+h)-f(1)}{h}=\lim_{h\to +0}\frac{\{2(1+h)-1\}-1}{h}=\lim_{h\to +0}\frac{2h}{h}=2$

$\displaystyle\lim_{h\to -0}\frac{f(1+h)-f(1)}{h}=\lim_{h\to -0}\frac{(1+h)^2-1}{h}=\lim_{h\to -0}\frac{h(2+h)}{h}=2$

したがって　　$\displaystyle\lim_{h\to 0}\frac{f(1+h)-f(1)}{h}=2$

よって，$f(x)$ は $x=1$ で **微分可能であり，連続でもある。** 答

POINT ▶ 微分可能と連続

❶ $f(x)$ が $x=a$ で **微分可能** ⟺ 微分係数 $\displaystyle\lim_{h\to 0}\frac{f(a+h)-f(a)}{h}$ が存在

❷ 関数 $f(x)$ が $x=a$ で **微分可能** ならば，$x=a$ で **連続** である。ただし，この **逆は成り立たない。** すなわち，連続であっても微分可能であるとは限らない。

類題 132　関数 $f(x)=\begin{cases} x^2 & (x\leqq 1) \\ ax+b & (x>1) \end{cases}$ が $x=1$ で微分可能となるように，定数 a，b の値を定めよ。

133 導関数(1)

$(x^n)'=nx^{n-1}$
$(uv)'=u'v+uv'$
$\left(\dfrac{u}{v}\right)'=\dfrac{u'v-uv'}{v^2}$

(1) **積**, (2) **商** **の導関数の公式** を利用する。
(3), (4) **合成関数の導関数** $\dfrac{dy}{dx}=\dfrac{dy}{du}\cdot\dfrac{du}{dx}$
(5) 両辺の対数をとって微分 (**対数微分法**)
⟶ 積・商・累乗が和・差・指数倍の形に。

130

例題 | 133 Ⅲ

次の関数を微分せよ。

(1) $y=(x-2)(3x^2+1)$ (2) $y=\dfrac{x^2+1}{x-1}$ (3) $y=\sqrt[5]{(3x-2)^2}$

(4) $y=\cos^3 x$ (5) $y=x^{\sin x}$ $(x>0)$

解 答

(1) $y'=1\cdot(3x^2+1)+(x-2)\cdot 6x=\boldsymbol{9x^2-12x+1}$ 答

(2) $y'=\dfrac{2x\cdot(x-1)-(x^2+1)\cdot 1}{(x-1)^2}=\boldsymbol{\dfrac{x^2-2x-1}{(x-1)^2}}$ 答

(3) $y'=\left\{(3x-2)^{\frac{2}{5}}\right\}'=\dfrac{2}{5}(3x-2)^{\frac{2}{5}-1}\cdot(3x-2)'=\dfrac{6}{5}(3x-2)^{-\frac{3}{5}}=\boldsymbol{\dfrac{6}{5\sqrt[5]{(3x-2)^3}}}$ 答

(4) $y'=3\cos^2 x\cdot(\cos x)'=3\cos^2 x\cdot(-\sin x)=\boldsymbol{-3\sin x\cos^2 x}$ 答

(5) $y=x^{\sin x}$ の両辺の自然対数をとると $\log y=\sin x\log x$

両辺を x で微分すると $\dfrac{y'}{y}=\cos x\log x+\dfrac{\sin x}{x}$

よって $y'=\left(\cos x\log x+\dfrac{\sin x}{x}\right)y=\boldsymbol{\left(\cos x\log x+\dfrac{\sin x}{x}\right)x^{\sin x}}$ 答

別解 $y=e^{\log x^{\sin x}}=e^{\sin x\log x}$ であるから $y'=e^{\sin x\log x}(\sin x\log x)'$ とする。

POINT ▶ 導関数の公式

❶ 積 $\{f(x)g(x)\}'=f'(x)g(x)+f(x)g'(x)$ 商 $\left\{\dfrac{f(x)}{g(x)}\right\}'=\dfrac{f'(x)g(x)-f(x)g'(x)}{\{g(x)\}^2}$
❷ 合成関数 $\{f(g(x))\}'=f'(g(x))g'(x)$
❸ 三角関数 $(\sin x)'=\cos x$, $(\cos x)'=-\sin x$
❹ 指数関数・対数関数 $(\log x)'=\dfrac{1}{x}$, $(\log_a x)'=\dfrac{1}{x\log a}$, $(e^x)'=e^x$, $(a^x)'=a^x\log a$

類題 133

次の関数を微分せよ。

(1) $y=\dfrac{x^2+2x-2}{x^2+1}$ (2) $y=\sqrt{\dfrac{x-1}{x+1}}$ (3) $y=\dfrac{1}{\tan x}$

(4) $y=10^{\cos x}$ (5) $y=\log_a(\sin x)$ (6) $y=\dfrac{(x+1)^2}{(x+2)^3(x+3)^4}$

134 導関数(2)

$$\frac{dy}{dx}=\frac{dy}{dt}\bigg/\frac{dx}{dt}$$

$$\frac{dy}{dx}=1\bigg/\frac{dx}{dy}$$

(ア) $x=f(t)$, $y=g(t)$ のとき $\dfrac{dy}{dx}=\dfrac{g'(t)}{f'(t)}$

(イ) $F(x,\ y)=0$ の**両辺を x で微分**する。
$F(x,\ y)=0$ を $y=f(x)$ の形に変形してもよいが，一般に困難な場合が多い。

130

例題 | 134

Ⅲ

(1) 次の関数について，$\dfrac{dy}{dx}$ を求めよ。ただし，(ア) は t の関数として表せ。
また，(イ) は y を用いて表してもよい。

(ア) $\begin{cases} x=t^3+2 \\ y=t^2-1 \end{cases}$ (イ) $4x^2-9y^2=36$

(2) $y=xe^{2x}$ の第 2 次導関数，第 3 次導関数を求めよ。

解答

(1) (ア) $\dfrac{dx}{dt}=3t^2$, $\dfrac{dy}{dt}=2t$

よって，$t\neq 0$ のとき $\dfrac{dy}{dx}=\dfrac{dy}{dt}\bigg/\dfrac{dx}{dt}=\dfrac{2t}{3t^2}=\boldsymbol{\dfrac{2}{3t}}$ 答

(イ) 両辺を x で微分すると $8x-18y\dfrac{dy}{dx}=0$

よって，$y\neq 0$ のとき $\dfrac{dy}{dx}=\boldsymbol{\dfrac{4x}{9y}}$ 答

(2) $y'=e^{2x}+2xe^{2x}=(2x+1)e^{2x}$ ◀積の導関数の公式による。

よって $y''=2e^{2x}+2(2x+1)e^{2x}=\boldsymbol{4(x+1)e^{2x}}$ 答

$y'''=4e^{2x}+2\cdot 4(x+1)e^{2x}=\boldsymbol{4(2x+3)e^{2x}}$ 答

POINT ▶ 媒介変数で表された関数，陰関数の導関数

❶ 媒介変数で表された関数の導関数

$x=f(t)$, $y=g(t)$ (t は媒介変数) のとき $\dfrac{dy}{dx}=\dfrac{dy}{dt}\bigg/\dfrac{dx}{dt}=\dfrac{g'(t)}{f'(t)}$

❷ 陰関数の導関数 $\dfrac{d}{dx}f(y)=\dfrac{d}{dy}f(y)\cdot\dfrac{dy}{dx}$ を利用して，$\dfrac{dy}{dx}$ を求める。

類題 134 (1) (ア) $\begin{cases} x=\cos^3 t \\ y=\sin^3 t \end{cases}$ (イ) $\dfrac{x^2}{4}+\dfrac{y^2}{9}=1$ について，例題と同様に答えよ。

(2) $y=\cos x$ の第 n 次導関数を求めよ。

135 接線と法線の方程式

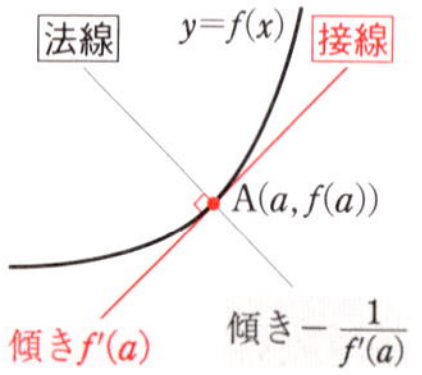

曲線 $y=f(x)$ 上の $x=a$ における接線
傾き $f'(a)$, 方程式 $y-f(a)=f'(a)(x-a)$

(2) **接点がわからない**ときは，接点の x 座標を $x=a$ とおいて，接線の公式を利用する。通る点の条件から a の値が求められる。

例題 135

(1) 曲線 $y=e^{-x}$ 上の点 $(0, 1)$ における接線と法線の方程式を求めよ。
(2) 曲線 $y=x\log x$ に点 $A(0, -3)$ から引いた接線の方程式と接点の座標を求めよ。

解答

(1) $f(x)=e^{-x}$ とすると $f'(x)=-e^{-x}$

よって $f'(0)=-1$, $-\dfrac{1}{f'(0)}=1$

接線の方程式は $y-1=(-1)(x-0)$ すなわち $y=-x+1$ 答

法線の方程式は $y-1=1\cdot(x-0)$ すなわち $y=x+1$ 答

(2) $y'=\log x+x\cdot\dfrac{1}{x}=\log x+1$

接点の座標を $(a, a\log a)$ とすると，接線の方程式は
$$y-a\log a=(\log a+1)(x-a)$$
すなわち $y=(\log a+1)x-a$
この直線が点 A を通るから $-3=-a$
ゆえに $a=3$
よって，接線の方程式は $y=(\log 3+1)x-3$ 答
また，接点の座標は $(3, 3\log 3)$ 答

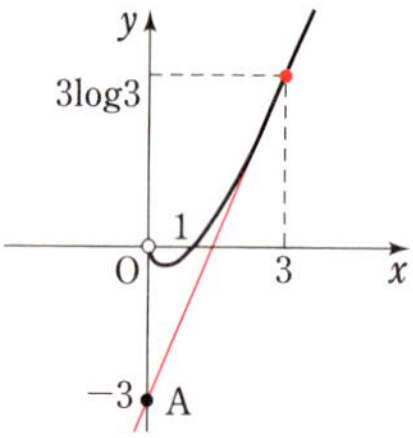

POINT ▶ 接線と法線の方程式 ･････････････････････････････

曲線 $y=f(x)$ 上の点 $(a, f(a))$ における接線，法線の方程式は

接線：$y-f(a)=f'(a)(x-a)$　　法線：$y-f(a)=-\dfrac{1}{f'(a)}(x-a)$　$[f'(a)\neq 0]$

類題 135 直線 $y=x$ が曲線 $y=a^x$ の接線となるとき，$a=$ ア□ で，接点の座標は $($ イ□ $,$ ウ□ $)$ である。 〔東京理科大〕

136 2曲線が接する条件

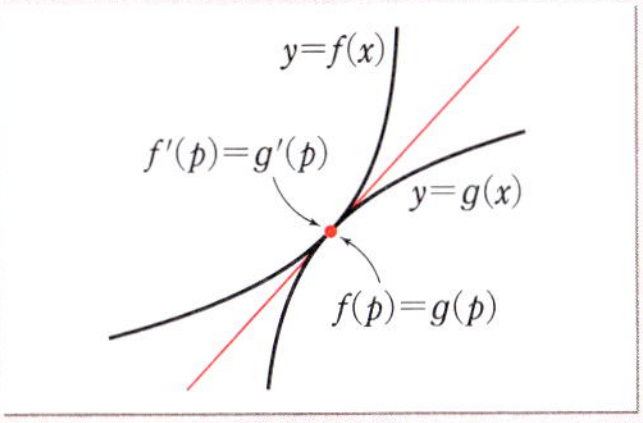

2曲線 $y=f(x)$, $y=g(x)$ が接する
⟶ 2曲線が同じ点で **共通の接線をもつ**
その条件は，接点の x 座標を p とすると
接点を共有　　$f(p)=g(p)$
傾きが一致　　$f'(p)=g'(p)$

例題 136　Ⅲ

2曲線 $y=ax^3$ と $y=3\log x$ が接するとき，定数 a の値を求めよ。このとき，接点での接線の方程式を求めよ。〔類　福岡大〕

解　答

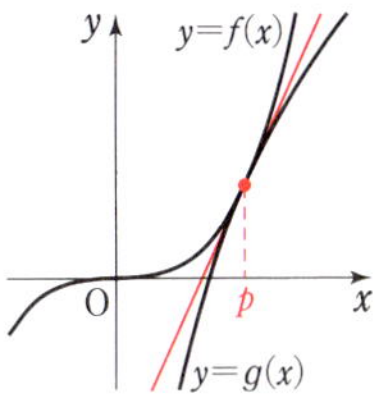

$f(x)=ax^3$, $g(x)=3\log x$ とすると

$$f'(x)=3ax^2,\ g'(x)=\frac{3}{x}$$

2曲線 $y=f(x)$, $y=g(x)$ が，x 座標が p である点で接するとすると

$$f(p)=g(p)\quad かつ\quad f'(p)=g'(p)$$

よって　$ap^3=3\log p$　…… ①

$3ap^2=\dfrac{3}{p}$　…… ②

② から　$ap^3=1$　…… ③

これを ① に代入して　$1=3\log p$　　ゆえに　$p=e^{\frac{1}{3}}$

これを ③ に代入して　$ae=1$　　よって　$\boldsymbol{a=\dfrac{1}{e}}$　答

接点の座標は $(e^{\frac{1}{3}},\ 1)$ で，接線の傾きは $g'(e^{\frac{1}{3}})=\dfrac{3}{e^{\frac{1}{3}}}$ であるから，求める接線の方程式は

$$y-1=\frac{3}{e^{\frac{1}{3}}}(x-e^{\frac{1}{3}})\quad すなわち\quad \boldsymbol{y=\frac{3}{\sqrt[3]{e}}x-2}$$　答

POINT ▸ 2曲線が接する条件

2曲線 $y=f(x)$, $y=g(x)$ が $x=p$ の点で接する（接線を共有する）ための条件は
[1]　**接点を共有する** ⟶ $f(p)=g(p)$　　[2]　**傾きが等しい** ⟶ $f'(p)=g'(p)$

類題 136　$0\leqq x\leqq 2\pi$ とする。2曲線 $y=2\sin x$ と $y=a-\cos 2x$ が接するように，定数 a の値を定めよ。

137 平均値の定理

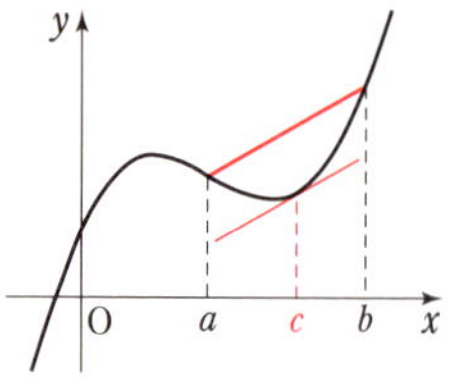

差 $f(b)-f(a)$ には　平均値の定理

⟶ 不等式と 平均値の定理の $a<c<b$ を結びつける。

適用する関数 $f(x)$ を決め，$a<c<b$ と $f'(c)$ を用いて，目的の不等式を示す。

例題 | 137　Ⅲ

平均値の定理を用いて，次のことを証明せよ。

$$\frac{1}{e^2}<a<b<1 \text{ のとき} \qquad a-b<b\log b-a\log a<b-a$$

解　答

関数 $f(x)=x\log x$ は $x>0$ で微分可能で　$f'(x)=\log x+1$

区間 $[a,\ b]$ で平均値の定理を用いると

$$\frac{b\log b-a\log a}{b-a}=\log c+1,\ a<c<b$$

を満たす c が存在する。

$\frac{1}{e^2}<a<b<1$ と $a<c<b$ から　$\frac{1}{e^2}<c<1$

各辺の自然対数をとって　$-2<\log c<0$　よって　$-1<\log c+1<1$

したがって　$-1<\frac{b\log b-a\log a}{b-a}<1$

この不等式の各辺に $b-a\ (>0)$ を掛けて

$$a-b<b\log b-a\log a<b-a$$ 終

POINT ▶ 平均値の定理

関数 $f(x)$ が閉区間 $[a,\ b]$ で連続，開区間 $(a,\ b)$ で微分可能ならば

$$\frac{f(b)-f(a)}{b-a}=f'(c),\ a<c<b$$

を満たす実数 c が存在する。

図形的には，曲線 $y=f(x)$ 上に任意の 2 点 $\mathrm{A}(a,\ f(a))$，$\mathrm{B}(b,\ f(b))$ をとると，線分 AB と平行な接線が引けるような点 C が，2 点 A，B 間の曲線上にあることを示している。

類題 137　平均値の定理を用いて，次のことを証明せよ。

$$x>0 \text{ のとき} \qquad \frac{1}{x+1}<\log(x+1)-\log x<\frac{1}{x}$$

138 関数の極値

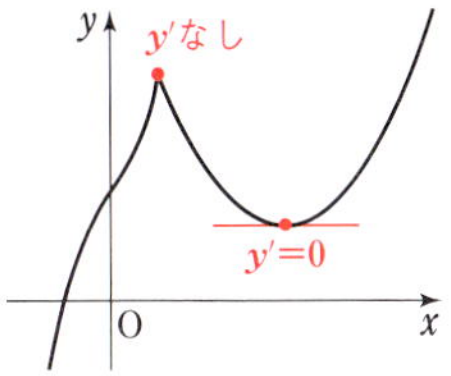

関数の極値　**増減表を作る**

1　導関数 y' を求める。

2　$y'=0$ の実数解と y' が存在しない x の値の前後で，y' の符号の変化 を調べる。

別解　第 2 次導関数を利用する。

例題 138　II III

次の関数の極値を求めよ。

(1)　$y=2x^3-3x^2-12x+1$　　　(2)　$y=|x|\sqrt{x+2}$

解答

(1)　$y'=6x^2-6x-12=6(x+1)(x-2)$

$y'=0$ とすると　　$x=-1,\ 2$

y の増減表は右のようになる。よって

$x=-1$ で極大値 8，$x=2$ で極小値 -19　答

x	$\cdots$	-1	$\cdots$	2	$\cdots$
y'	$+$	0	$-$	0	$+$
y	↗	極大	↘	極小	↗

(2)　関数の定義域は　　$x\geqq -2$

$-2<x<0$ のとき　　$y=-x\sqrt{x+2}$，　$y'=-\sqrt{x+2}-\dfrac{x}{2\sqrt{x+2}}=-\dfrac{3x+4}{2\sqrt{x+2}}$

$x=0$ のとき　　$y=0$

$x>0$ のとき

$y=x\sqrt{x+2}$，

$y'=\dfrac{3x+4}{2\sqrt{x+2}}>0$

x	-2	$\cdots$	$-\dfrac{4}{3}$	$\cdots$	0	$\cdots$
y'	／	$+$	0	$-$	／	$+$
y	0	↗	極大	↘	極小	↗

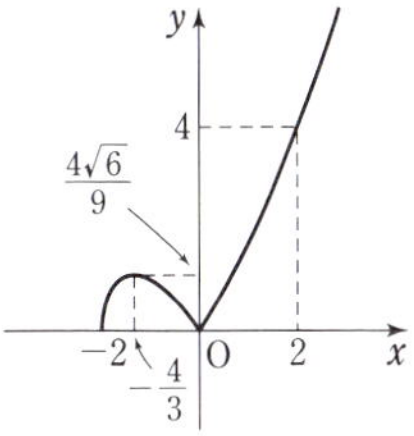

y の増減表は右のようになる。よって

$x=-\dfrac{4}{3}$ で極大値 $\dfrac{4\sqrt{6}}{9}$，$x=0$ で極小値 0　答

POINT ▸ 関数の極大・極小

❶ 極値　$f(x)$ は連続な関数とする。$x=a$ を含む十分小さい開区間において

「**$x\neq a$ ならば $f(x)<f(a)$**」であるとき　$f(x)$ は $x=a$ で極大，$f(a)$ は **極大値**

「**$x\neq a$ ならば $f(x)>f(a)$**」であるとき　$f(x)$ は $x=a$ で極小，$f(a)$ は **極小値**

❷ 第 2 次導関数 $f''(x)$ が存在するとき

$f'(a)=0$，$f''(a)<0$ なら $f(a)$ は **極大値**，**$f'(a)=0$，$f''(a)>0$** なら $f(a)$ は **極小値**

類題 138　次の関数の極値を求めよ。ただし，(2) では $0\leqq x\leqq 2\pi$ とする。

(1)　$y=3x^4-16x^3+18x^2+5$　　(2)　$y=2\sin x+x$　　(3)　$y=2x+3\sqrt[3]{x^2}$

139 極値から係数決定

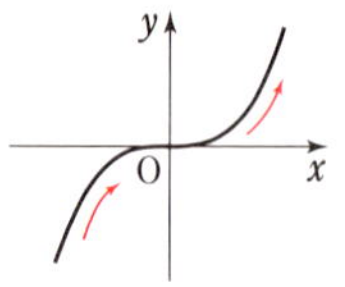

$f'(0)=0$ でも極値ではない

$f(x)$ が $x=\alpha$ で極値をとる $\Longrightarrow$ $f'(\alpha)=0$
しかし，この **逆は成り立たない！**
つまり，a，b の値を求めただけで終わりにしてはいけない。求めた a，b の値を代入して，題意に適することを確認すること。

例題 | 139　II III

3 次関数 $f(x)=x^3+ax^2+bx+1$ が $x=-3$，1 で極値をとるとき，定数 a，b の値を求めよ。
〔千葉工大〕

解　答

$f(x)=x^3+ax^2+bx+1$ から　　$f'(x)=3x^2+2ax+b$

$f(x)$ が $x=-3$，1 で極値をとるとき　　$f'(-3)=0$，$f'(1)=0$　◀必要条件。

したがって　　$27-6a+b=0$，$3+2a+b=0$

これを解いて　　$a=3$，$b=-9$

このとき　　$f(x)=x^3+3x^2-9x+1$，　◀十分条件の確認。

$f'(x)=3x^2+6x-9=3(x+3)(x-1)$

よって，右の増減表が得られ，条件を満たす。

答　**$a=3$，$b=-9$**

x	$\cdots$	-3	$\cdots$	1	$\cdots$
$f'(x)$	+	0	−	0	+
$f(x)$	↗	極大 28	↘	極小 −4	↗

参考　**a，b の値の求め方**

$x=-3$，1 は，2 次方程式 $f'(x)=0$ の解であるから，**解と係数の関係** により

$$-3+1=-\frac{2a}{3},\quad (-3)\cdot 1=\frac{b}{3}$$

これを解いて　　$a=3$，$b=-9$

POINT ▸ 極値をとるための条件

$f(x)$ が $x=\alpha$ で極値をとる $\Longrightarrow$ $f'(\alpha)=0$ であるが，**この逆は成り立たない**。つまり，$f'(\alpha)=0$ であっても $f(x)$ が $x=\alpha$ で極値をとるとは限らない。

例　$f(x)=x^3$ について，$f'(x)=3x^2$ で $f'(0)=0$ であるが，$f'(x)$ の符号は $x=0$ の前後で変わらない。よって，$f(x)=x^3$ は $x=0$ で極値をとらない。

したがって，解答のように，求めた a，b の値を $f(x)$ に代入し，増減表をかいて，**$f'(x)$ の符号の変化を示す** ことを忘れてはならない。

類題 139　関数 $f(x)=\dfrac{ax^2+bx+1}{x^2+1}$ が $x=1$ で極小値 $\dfrac{1}{2}$ をとるように，定数 a，b の値を定めよ。また，$f(x)$ の他の極値を求めよ。

140 関数の最大・最小(1)　微分利用

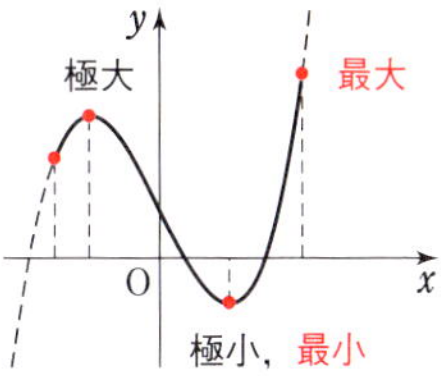

最大・最小　**増減表を利用**
極値と定義域の端の値を比較

(2)　定義域は，$-\infty<x<\infty$（実数全体）である。
端の値としては $\lim_{x\to\pm\infty} y$ を考え，極値と比較。

例題 | 140　II III

次の関数の最大値，最小値を求めよ。

(1)　$y=2x^3-9x^2+12x+3\quad(0\leqq x\leqq 3)$　　(2)　$y=\dfrac{4x}{x^2+1}$

解　答

(1)　$y'=6x^2-18x+12=6(x-1)(x-2)$

$y'=0$ とすると　　$x=1,\ 2$

$0\leqq x\leqq 3$ における y の増減表は，右のようになる。よって

$x=3$ のとき最大値 12，

$x=0$ のとき最小値 3　答

x	0	…	1	…	2	…	3
y'		+	0	−	0	+	
y	3	↗	極大 8	↘	極小 7	↗	12

(2)　$y'=\dfrac{4\{1\cdot(x^2+1)-x\cdot 2x\}}{(x^2+1)^2}=-\dfrac{4(x^2-1)}{(x^2+1)^2}=-\dfrac{4(x+1)(x-1)}{(x^2+1)^2}$

$y'=0$ とすると　　$x=\pm 1$

y の増減表は右のようになる。

x	…	−1	…	1	…
y'	−	0	+	0	−
y	↘	極小 −2	↗	極大 2	↘

また　　$\lim_{x\to\pm\infty}\dfrac{4x}{x^2+1}=\lim_{x\to\pm\infty}\dfrac{\frac{4}{x}}{1+\frac{1}{x^2}}=0$

よって　　**$x=1$ のとき最大値 2，$x=-1$ のとき最小値 -2**　答

POINT ▶ 区間における最大・最小

❶ **閉区間 $a\leqq x\leqq b$**　$f(x)$ の極値を求め，**極値と両端の値** $f(a)$，$f(b)$ **を比較** して決定。

❷ **開区間 $a<x<b$**　$f(x)$ の **極値と $\lim_{x\to a+0} f(x)$，$\lim_{x\to b-0} f(x)$ の値を比較** する必要がある。

また，区間が $x>a$，$x<a$ の場合は，それぞれ $\lim_{x\to\infty} f(x)$，$\lim_{x\to-\infty} f(x)$ **とも比較** する。

類題 140

次の関数の最大値，最小値を求めよ。

(1)　$y=x^4-2x^3\quad(-1\leqq x\leqq 2)$　　(2)　$y=x-\sin 2x\quad(0\leqq x\leqq \pi)$

(3)　$y=x\log x$

141 関数の最大・最小(2) 微分利用

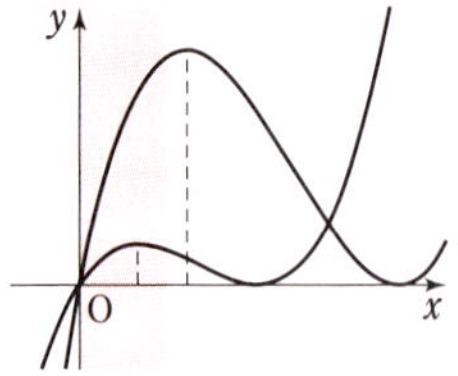

最大・最小 **増減表を利用**
極値と定義域の端の値を比較

(2) 極大値をとる x の値が区間 $0 \leqq x \leqq 1$ にあるかどうかによって場合分けする。また，極大値と同じ値をとる x の値にも注意する。

例題 141

II III

関数 $f(x)=x^3-2ax^2+a^2x$ $(a>0)$ について

(1) $f(x)$ の極値と極値を与える x の値を求めよ。

(2) 区間 $0 \leqq x \leqq 1$ における $f(x)$ の最大値は a の関数として表される。これを $M(a)$ とするとき，$M(a)$ を求めよ。〔類 立命館大〕

解答

(1) $f'(x)=3x^2-4ax+a^2=(x-a)(3x-a)$　　$f'(x)=0$ とすると　$x=a,\ \dfrac{a}{3}$

$a>0$ であるから，増減表により，$f(x)$ は

$x=\dfrac{a}{3}$ で極大値 $\dfrac{4}{27}a^3$，

$x=a$ で極小値 0

をとる。 答

x	$\cdots$	$\dfrac{a}{3}$	$\cdots$	a	$\cdots$
$f'(x)$	$+$	0	$-$	0	$+$
$f(x)$	↗	$\dfrac{4}{27}a^3$	↘	0	↗

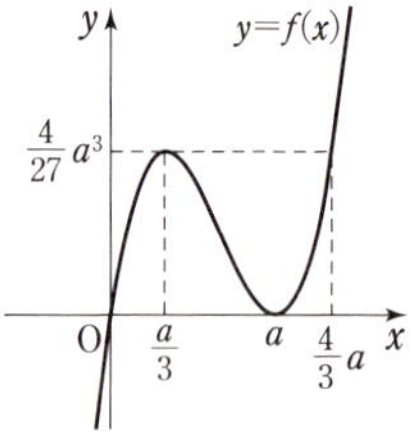

(2) $x^3-2ax^2+a^2x=\dfrac{4}{27}a^3$ とすると　$\left(x-\dfrac{a}{3}\right)^2\left(x-\dfrac{4}{3}a\right)=0$

ゆえに，$x=\dfrac{a}{3}$ 以外に $f(x)=\dfrac{4}{27}a^3$ となるような x の値は　$x=\dfrac{4}{3}a$

したがって，$0 \leqq x \leqq 1$ における最大値 $M(a)$ は

[1] $1 \leqq \dfrac{a}{3}$ すなわち **$a \geqq 3$ のとき**　**$M(a)=f(1)=a^2-2a+1$** 答

[2] $\dfrac{a}{3}<1 \leqq \dfrac{4}{3}a$ すなわち **$\dfrac{3}{4} \leqq a<3$ のとき**　**$M(a)=f\left(\dfrac{a}{3}\right)=\dfrac{4}{27}a^3$** 答

[3] $0<\dfrac{4}{3}a<1$ すなわち **$0<a<\dfrac{3}{4}$ のとき**　**$M(a)=f(1)=a^2-2a+1$** 答

類題 141　関数 $y=a(x-\sin 2x)$ $\left(-\dfrac{\pi}{2} \leqq x \leqq \dfrac{\pi}{2}\right)$ の最大値が π であるように，定数 a の値を定めよ。

142 グラフの概形

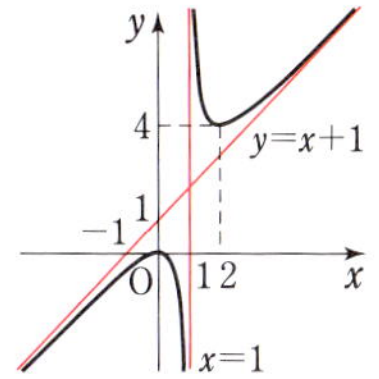

❶ 定義域　❷ 対称性
❸ 増減・極値（y' の符号）
❹ 凹凸・変曲点（y'' の符号）
❺ 漸近線　❻ 座標軸との共有点
を調べて，グラフをかく。

例題 | 142　III

関数 $y=\dfrac{x^2-x+1}{x^2}$ の値の増減，グラフの凹凸，漸近線の有無について調べ，このグラフの概形をかけ。〔愛知教育大〕

解　答

関数の定義域は　$x \neq 0$

$y=\dfrac{x^2-x+1}{x^2}=1-\dfrac{1}{x}+\dfrac{1}{x^2}$ であるから

$y'=\dfrac{1}{x^2}-\dfrac{2}{x^3}=\dfrac{x-2}{x^3}$,

$y''=-\dfrac{2}{x^3}+\dfrac{6}{x^4}=\dfrac{-2(x-3)}{x^4}$

$y'=0$ とすると　$x=2$

$y''=0$ とすると　$x=3$

y の増減，グラフの凹凸は右上の表のようになる。

x	$\cdots$	0	$\cdots$	2	$\cdots$	3	$\cdots$
y'	+	/	−	0	+	+	+
y''	+	/	+	+	+	0	−
y	⤴	/	⤵	極小 $\dfrac{3}{4}$	⤴	変曲点 $\dfrac{7}{9}$	↗

また　$\displaystyle\lim_{x\to 0} y=\infty$,　$\displaystyle\lim_{x\to\pm\infty}(y-1)=0$

であるから，直線 $x=0$（y 軸），$y=1$ は漸近線である。

したがって，グラフの概形は〔図〕　答

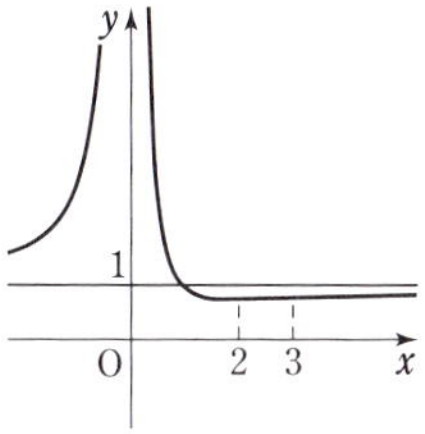

POINT ▶ 漸近線の方程式

❶ **x 軸に垂直な漸近線**　$\displaystyle\lim_{x\to a-0} f(x)$，$\displaystyle\lim_{x\to a+0} f(x)$ のうち，少なくとも 1 つが ∞ または $-\infty$ であるとき，**直線 $x=a$ は漸近線** である。

❷ **x 軸に垂直でない漸近線**　$\displaystyle\lim_{x\to\infty}\{f(x)-(ax+b)\}=0$ または $\displaystyle\lim_{x\to-\infty}\{f(x)-(ax+b)\}=0$ であるとき，**直線 $y=ax+b$ は漸近線** である。

類題 142　次の関数のグラフの概形をかけ。

(1)　$y=2\cos x-\cos^2 x$　$(0 \leqq x \leqq 2\pi)$　　(2)　$y=e^{\frac{1}{x}}$

143 方程式の実数解の個数

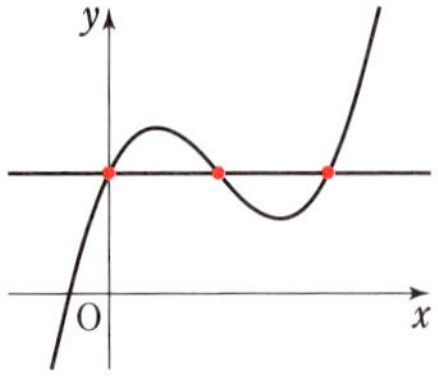

共有点 ⟺ 実数解

[1] 方程式を $f(x)=a$（**定数**）の形に変形。

[2] $y=f(x)$ のグラフを固定し，直線 $y=a$ を上下に平行移動して，$y=f(x)$ のグラフとの共有点の個数を調べる。

140

例題 | 143 II III

k は実数の定数とする。方程式 $x^3-kx+2=0$ の実数解の個数を求めよ。

〔山口大〕

解答

$x=0$ は解ではないから，与えられた方程式は $\dfrac{x^3+2}{x}=k$ と同値である。

$f(x)=\dfrac{x^3+2}{x}=x^2+\dfrac{2}{x}$ とすると

$$f'(x)=2x-\frac{2}{x^2}=\frac{2(x^3-1)}{x^2}=\frac{2(x-1)(x^2+x+1)}{x^2}$$

$f'(x)=0$ とすると　　$x=1$

$f(x)$ の増減表は右のようになる。

x	$\cdots$	0	$\cdots$	1	$\cdots$
$f'(x)$	$-$	／	$-$	0	$+$
$f(x)$	↘	／	↘	3	↗

また　$\displaystyle\lim_{x\to\infty}f(x)=\infty$，$\displaystyle\lim_{x\to-\infty}f(x)=\infty$，

$\displaystyle\lim_{x\to+0}f(x)=\infty$，$\displaystyle\lim_{x\to-0}f(x)=-\infty$

よって，$y=f(x)$ のグラフは図のようになる。

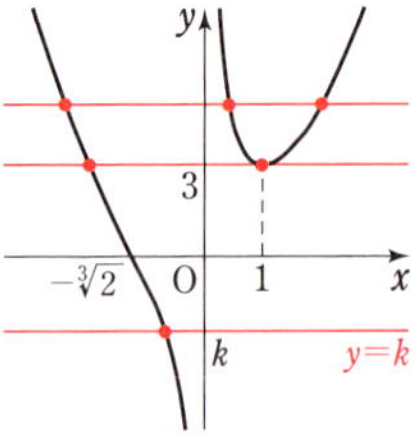

求める実数解の個数は，$y=f(x)$ のグラフと直線 $y=k$ の共有点の個数を調べて

$k<3$ のとき　1 個
$k=3$ のとき　2 個
$k>3$ のとき　3 個　[答]

POINT ▶ 方程式の実数解

❶ 方程式 $f(x)=0$ の実数解の個数は，曲線 $y=f(x)$ と **x 軸の共有点** の個数

❷ 方程式 $f(x)=a$ の実数解の個数は，曲線 $y=f(x)$ と **直線 $y=a$ の共有点** の個数

❸ 方程式 $f(x)=g(x)$ の実数解の個数は，**2 曲線 $y=f(x)$，$y=g(x)$ の共有点** の個数

注意 ❶ は ❸ で $g(x)=0$，❷ は ❸ で $g(x)=a$ の場合である。

類題 143　実数 a に対して，点 $(a,\ 0)$ を通る曲線 $y=(1-x)e^x$ の接線の本数を求めよ。

〔富山大〕

144 不等式の証明（微分利用）

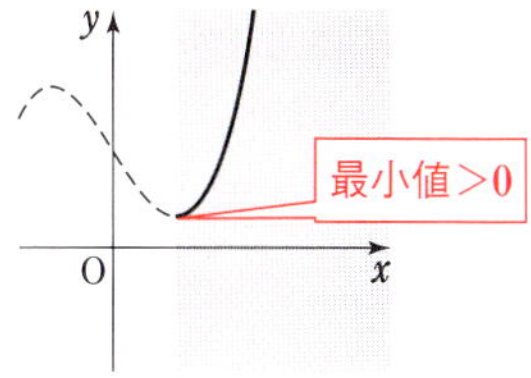

不等式 $f(x)>g(x)$ の証明

大小比較は差を作る の方針に従い，関数 $f(x)-g(x)$ の値の変化を調べる。

1 $f(x)>g(x) \iff$ 差 $f(x)-g(x)>0$

2 $f(x)$ が常に正 $\iff$ $\{f(x)$の最小値$\}>0$

例題 | 144

II III

次の不等式が成り立つことを証明せよ。

(1) $x \geqq -4$ のとき　　$x^3-7>12(x-2)$

(2) $x>0$ のとき　　$e^x>1+x+\dfrac{x^2}{2}$　　〔類 大阪教育大〕

解答

(1) $f(x)=(x^3-7)-12(x-2)=x^3-12x+17$

とすると　　$f'(x)=3x^2-12=3(x+2)(x-2)$

ゆえに，$x \geqq -4$ における $f(x)$ の増減表は右のようになる。

x	-4	$\cdots$	-2	$\cdots$	2	$\cdots$
$f'(x)$		$+$	0	$-$	0	$+$
$f(x)$	1	↗	33	↘	1	↗

よって，**$x \geqq -4$ のとき　　$f(x) \geqq 1>0$**

したがって　　$x^3-7>12(x-2)$　終

(2) $f(x)=e^x-\left(1+x+\dfrac{x^2}{2}\right)$ とすると　　$f'(x)=e^x-(1+x)$，$f''(x)=e^x-1$

$x>0$ のとき，$f''(x)>0$ であるから，$f'(x)$ は区間 $x \geqq 0$ で単調に増加する。

ゆえに，**$x>0$ のとき　　$f'(x)>f'(0)=0$**

したがって，$f(x)$ は区間 $x \geqq 0$ で単調に増加する。

よって，**$x>0$ のとき　　$f(x)>f(0)=0$**　すなわち　$e^x>1+x+\dfrac{x^2}{2}$　終

POINT ▶ 不等式 $f(x)>g(x)$ の証明

不等式 $f(x)>g(x)$ を証明するには，$F(x)=f(x)-g(x)$ として，$F'(x)$ を用いて $F(x)$ の変化を調べ，$F(x)>0$ を証明すればよい。次の 2 つのスタイルがある。

❶ **$\{F(x)$ の最小値$\}>0$** を示す。

❷ $F(x)$ が **$x \geqq a$ で単調増加** かつ **$F(a) \geqq 0$** ならば　　$x>a$ のとき　　**$F(x)>F(a) \geqq 0$**

注意 $F'(x)>0$ を示すために，$F''(x)$ を用いることがある。

類題 144 a を正の定数とする。不等式 $a^x \geqq x$ が任意の正の実数 x に対して成り立つような a の値の範囲を求めよ。　〔神戸大〕

145 速　度

接線の傾き ↘
速　度　→ $f'(t)$
変 化 率 ↗

速度，変化率　**関係式を作り微分する**
t 秒後における水の量 V，水面の面積 S を水の高さ h で表し，**t で微分**する。求めるものは，$\dfrac{dV}{dt}=3$，$h=5$ のときの $\dfrac{dh}{dt}$，$\dfrac{dS}{dt}$ の値である。

例題 | 145　III

上面の半径が 4 cm，深さが 10 cm の直円錐形の容器に毎秒 3 cm³ の割合で水を注ぐとき，水の深さが 5 cm の瞬間に水面の高くなる速さと水面の広がる速さを求めよ。

解　答

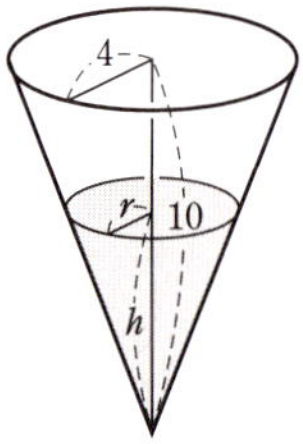

t 秒後における水面の半径を r cm，高さを h cm とし，水の量を V cm³，水面の面積を S cm² とする。

$0<h<10$ で，$r:4=h:10$ から　　$r=\dfrac{2}{5}h$

ゆえに　　$V=\dfrac{1}{3}\pi r^2h=\dfrac{4}{75}\pi h^3$

両辺を t で微分すると　　$\dfrac{dV}{dt}=\dfrac{4}{25}\pi h^2\cdot\dfrac{dh}{dt}$

題意より，$\dfrac{dV}{dt}=3$ であるから，$h=5$ のとき　　$3=\dfrac{4}{25}\pi\cdot 5^2\cdot\dfrac{dh}{dt}$

よって　　$\dfrac{dh}{dt}=\dfrac{25}{4\pi\cdot 5^2}\cdot 3=\boldsymbol{\dfrac{3}{4\pi}}$ **(cm/s)**　答

また　　$S=\pi r^2=\dfrac{4}{25}\pi h^2$　　両辺を t で微分すると　　$\dfrac{dS}{dt}=\dfrac{8}{25}\pi h\cdot\dfrac{dh}{dt}$

したがって，$h=5$ のとき　　$\dfrac{dS}{dt}=\dfrac{8}{25}\pi\cdot 5\cdot\dfrac{3}{4\pi}=\boldsymbol{\dfrac{6}{5}}$ **(cm²/s)**　答

POINT ▶ 速度・加速度

時刻 t における位置 ——(t で微分)→ 速度 ——(t で微分)→ 加速度

[1]　直線上の点　$x=f(t)$　　$v=\dfrac{dx}{dt}=f'(t)$　　$\alpha=\dfrac{dv}{dt}=\dfrac{d^2x}{dt^2}=f''(t)$

[2]　平面上の点　$(x,\ y)=(x(t),\ y(t))$　　$\vec{v}=\left(\dfrac{dx}{dt},\ \dfrac{dy}{dt}\right)$　　$\vec{\alpha}=\left(\dfrac{d^2x}{dt^2},\ \dfrac{d^2y}{dt^2}\right)$

類題 145　水面から 30 m の高さで水面に垂直な岸壁の上から，綱で舟を引き寄せる。綱の長さが 58 m で，毎秒 4 m の速さで綱をたぐるとき，2 秒後の舟の速さを求めよ。

146 不定積分

積分

$$\int \boxed{f(x)}\,dx = \boxed{F(x)+C}$$

微分

(1) $\sqrt[n]{x^m}=x^{\frac{m}{n}}$, $\dfrac{1}{x^p}=x^{-p}$ を利用。

(2) 部分分数に分解　(3) 半角の公式利用

により，**被積分関数を公式が使える形に変形する**。また，(4) は積分変数に注意。

例題 146　II III

次の不定積分を求めよ。

(1) $\displaystyle\int\frac{(\sqrt{x}+1)^3}{\sqrt{x}}dx$　(2) $\displaystyle\int\frac{1}{x^2+x}dx$　(3) $\displaystyle\int\sin^2\frac{x}{2}dx$　(4) $\displaystyle\int(5e^t-7^t)dt$

解答

C は積分定数とする。

(1) $\displaystyle\int\frac{(\sqrt{x}+1)^3}{\sqrt{x}}dx=\int\frac{x^{\frac{3}{2}}+3x+3x^{\frac{1}{2}}+1}{x^{\frac{1}{2}}}dx=\int\left(x+3x^{\frac{1}{2}}+3+x^{-\frac{1}{2}}\right)dx$

$\displaystyle=\frac{x^2}{2}+2x^{\frac{3}{2}}+3x+2x^{\frac{1}{2}}+C=\boldsymbol{\frac{x^2}{2}+2x\sqrt{x}+3x+2\sqrt{x}+C}$　答

(2) $\displaystyle\int\frac{1}{x^2+x}dx=\int\frac{1}{x(x+1)}dx=\int\left(\frac{1}{x}-\frac{1}{x+1}\right)dx$

$\displaystyle=\log|x|-\log|x+1|+C=\boldsymbol{\log\left|\frac{x}{x+1}\right|+C}$　答

(3) $\displaystyle\int\sin^2\frac{x}{2}dx=\int\frac{1-\cos x}{2}dx=\frac{1}{2}\int(1-\cos x)dx=\boldsymbol{\frac{1}{2}(x-\sin x)+C}$　答

(4) $\displaystyle\int(5e^t-7^t)dt=\boldsymbol{5e^t-\frac{7^t}{\log 7}+C}$　答　◀ dt とあるから，t についての積分。

POINT ▸ 基本的な関数の不定積分（C は積分定数）

❶ $\displaystyle\int x^{\alpha}dx=\frac{1}{\alpha+1}x^{\alpha+1}+C$ $(\alpha\neq-1)$　$\displaystyle\int x^{-1}dx=\int\frac{1}{x}dx=\log|x|+C$

❷ $\displaystyle\int\sin x\,dx=-\cos x+C$　$\displaystyle\int\cos x\,dx=\sin x+C$　$\displaystyle\int\frac{dx}{\cos^2 x}=\tan x+C$

❸ $\displaystyle\int e^x dx=e^x+C$　$\displaystyle\int a^x dx=\frac{a^x}{\log a}+C$ $(a>0,\ a\neq1)$

類題 146　次の不定積分を求めよ。

(1) $\displaystyle\int\frac{(x-1)^2}{x\sqrt{x}}dx$　(2) $\displaystyle\int\frac{x}{x^2-x-2}dx$　(3) $\displaystyle\int\frac{1}{\tan^2 x}dx$　(4) $\displaystyle\int\sin 3x\sin 2x\,dx$

147 置換積分法

$$\int f(g(t))g'(t)dt$$
$$=\int f(x)dx$$

不定積分　**積分できる形に変形**

1 丸ごとの置換　2 $g'(x)dx$ の発見

(1)　$f(ax+b)$ の形　(2)　$\sqrt[3]{x-2}=t$ と置換

(3)　$\sin x=(-\cos x)'$ であることに気がつくと，$f(g(x))g'(x)$ のタイプ。(4) も同様。

例題 | 147　III

次の不定積分を求めよ。

(1)　$\displaystyle\int\frac{1}{\sqrt{3x+1}}dx$　　(2)　$\displaystyle\int(x-1)\sqrt[3]{x-2}\,dx$

(3)　$\displaystyle\int\cos^3 x\sin x\,dx$　　(4)　$\displaystyle\int\frac{x+1}{x^2+2x+3}dx$

解答

C は積分定数とする。

(1)　$\displaystyle\int\frac{1}{\sqrt{3x+1}}dx=\int(3x+1)^{-\frac{1}{2}}dx=\frac{1}{3}\cdot2(3x+1)^{\frac{1}{2}}+C=\frac{2}{3}\sqrt{3x+1}+C$　答

(2)　$\sqrt[3]{x-2}=t$ とおくと　$x-2=t^3$　よって　$x=t^3+2$，$dx=3t^2dt$

ゆえに　$\displaystyle\int(x-1)\sqrt[3]{x-2}\,dx=\int\{(t^3+2)-1\}t\cdot3t^2dt=3\int(t^3+1)t^3dt=3\int(t^6+t^3)dt$

$\displaystyle=3\left(\frac{t^7}{7}+\frac{t^4}{4}\right)+C=\frac{3}{28}t^4(4t^3+7)+C=\frac{3}{28}\sqrt[3]{(x-2)^4}(4x-1)+C$　答

(3)　$\displaystyle\int\cos^3 x\sin x\,dx=\int\cos^3 x(-\cos x)'dx=-\frac{1}{4}\cos^4 x+C$　答

(4)　$\displaystyle\int\frac{x+1}{x^2+2x+3}dx=\frac{1}{2}\int\frac{(x^2+2x+3)'}{x^2+2x+3}dx=\frac{1}{2}\log(x^2+2x+3)+C$　答

POINT ▶ 置換積分法（C は積分定数）

❶　$F'(x)=f(x)$，$a\neq0$ のとき　$\displaystyle\int f(ax+b)dx=\frac{1}{a}F(ax+b)+C$

❷　$\displaystyle\int f(x)dx=\int f(g(t))g'(t)dt$　ただし　$x=g(t)$

❸　$\displaystyle\int f(g(x))g'(x)dx=\int f(u)du$　ただし　$g(x)=u$　これより，次の公式が導かれる。

$\displaystyle\int\{g(x)\}^{\alpha}g'(x)dx=\frac{\{g(x)\}^{\alpha+1}}{\alpha+1}+C\ (\alpha\neq-1)$　　$\displaystyle\int\frac{g'(x)}{g(x)}dx=\log|g(x)|+C$

類題 147　次の不定積分を求めよ。

(1)　$\displaystyle\int 3^{1-2x}dx$　(2)　$\displaystyle\int\sin^3 x\,dx$　(3)　$\displaystyle\int\frac{e^{2x}}{e^x+1}dx$　(4)　$\displaystyle\int\frac{1}{x\log x}dx$

148 部分積分法

$$\int f(x)g'(x)dx$$
$$=f(x)g(x)-\int f'(x)g(x)dx$$

積の積分には部分積分法 $\int fg'=fg-\int f'g$

微分して簡単になるものを $f(x)$，積分しやすいものを $g'(x)$ とする。$(x)'=1$，$(e^x)'=e^x$，$(\sin x)'=\cos x$，$(\log x)'=\dfrac{1}{x}$ などがカギ。

例題 | 148 Ⅲ

次の不定積分を求めよ。

(1) $\int(\log x)^2dx$　　(2) $\int e^{-x}\sin x\,dx$

解　答

C は積分定数とする。

(1) $\int(\log x)^2dx=\int 1\cdot(\log x)^2dx=\int(x)'(\log x)^2dx$

$=x(\log x)^2-\int 2\log x\cdot\dfrac{1}{x}\cdot x\,dx=x(\log x)^2-2\int\log x\,dx$

$=x(\log x)^2-2\int(x)'\log x\,dx=x(\log x)^2-2\left(x\log x-\int dx\right)$

$=\boldsymbol{x(\log x)^2-2x\log x+2x+C}$ 答

(2) $\int e^{-x}\sin x\,dx=\int(-e^{-x})'\sin x\,dx=(-e^{-x})\sin x-\int(-e^{-x})\cos x\,dx$

$=-e^{-x}\sin x+\int e^{-x}\cos x\,dx$

$=-e^{-x}\sin x+(-e^{-x})\cos x-\int(-e^{-x})(-\sin x)dx$

$=-e^{-x}\sin x-e^{-x}\cos x-\int e^{-x}\sin x\,dx$

よって　$\int e^{-x}\sin x\,dx=\boldsymbol{-\dfrac{1}{2}e^{-x}(\sin x+\cos x)+C}$ 答

POINT ▸ 部分積分法

❶ 被積分関数を **$f(x)g'(x)$ の 2 種類の関数の積** と考える。**$g'(x)=1$** の場合もある。

例　$\int\boldsymbol{\log x\,dx}=\int 1\cdot\log x\,dx=x\log x-\int x\cdot\dfrac{1}{x}dx=\boldsymbol{x\log x-x+C}$　（C は積分定数）

❷ **$e^x\sin x$，$e^x\cos x$** の積分では，**同じ形** が出現するまで部分積分を行う。

類題 148　次の不定積分を求めよ。

(1) $\int\log(x+1)dx$　　(2) $\int x^2e^{-x}dx$　　(3) $\int e^x\cos x\,dx$

149 定積分(1)

$F'(x)=f(x)$ のとき

$$\int_a^b f(x)dx=\Big[F(x)\Big]_a^b=F(b)-F(a)$$

定積分 **まず，不定積分を求める**

(3) 置換積分により，不定積分を求める。このとき，**積分区間の対応に要注意。**

(4) 被積分関数が x と $\cos x$ の積である。

⟶ **積の積分　部分積分法の利用**

例題 149 　Ⅱ Ⅲ

次の定積分を求めよ。

(1) $\displaystyle\int_{-1}^{3}(x^2-2x-3)dx$　　(2) $\displaystyle\int_0^1(2x+1)^3dx$

(3) $\displaystyle\int_2^7\frac{x}{\sqrt{x+2}}dx$　　(4) $\displaystyle\int_0^{\pi}x\cos x\,dx$

解答

(1) $\displaystyle\int_{-1}^{3}(x^2-2x-3)dx=\left[\frac{x^3}{3}-x^2-3x\right]_{-1}^{3}=(9-9-9)-\left(-\frac{1}{3}-1+3\right)=-\frac{32}{3}$ 答

別解 $\displaystyle\int_{-1}^{3}(x^2-2x-3)dx=\int_{-1}^{3}(x+1)(x-3)dx=-\frac{\{3-(-1)\}^3}{6}=-\frac{32}{3}$ 答

(2) $\displaystyle\int_0^1(2x+1)^3dx=\left[\frac{1}{2}\cdot\frac{(2x+1)^4}{4}\right]_0^1=\frac{1}{8}(3^4-1^4)=\mathbf{10}$ 答

(3) $\sqrt{x+2}=t$ とおくと，$x+2=t^2$ から　$x=t^2-2$，$dx=2t\,dt$

x	$2\longrightarrow7$
t	$2\longrightarrow3$

よって　$\displaystyle\int_2^7\frac{x}{\sqrt{x+2}}dx=\int_2^3\frac{t^2-2}{t}\cdot2t\,dt=2\int_2^3(t^2-2)dt$

$\displaystyle=2\left[\frac{t^3}{3}-2t\right]_2^3=2\left\{(9-6)-\left(\frac{8}{3}-4\right)\right\}=\frac{26}{3}$ 答

(4) $\displaystyle\int_0^{\pi}x\cos x\,dx=\int_0^{\pi}x(\sin x)'dx=\Big[x\sin x\Big]_0^{\pi}-\int_0^{\pi}\sin x\,dx=0-\Big[-\cos x\Big]_0^{\pi}=-2$ 答

POINT ▸ 定積分の置換積分法

$\alpha<\beta$ のとき，区間 $[\alpha,\beta]$ で微分可能な $x=g(t)$ に対し，$a=g(\alpha)$，$b=g(\beta)$ ならば　$\displaystyle\int_a^b f(x)dx=\int_\alpha^\beta f(g(t))g'(t)dt$

x	$a\longrightarrow b$
t	$\alpha\longrightarrow\beta$

類題 149　次の定積分を求めよ。

(1) $\displaystyle\int_0^2\sqrt{2-x}\,dx$　　(2) $\displaystyle\int_0^1x^2e^{x^3}dx$

(3) $\displaystyle\int_1^2\frac{x^2-2x}{x^3-3x^2+1}dx$　　(4) $\displaystyle\int_0^{\pi}|\sin x+\cos x|\,dx$

150 定　積　分(2)

$\sqrt{a^2-x^2}$ には　$x=a\sin\theta$

$\dfrac{1}{x^2+a^2}$ には　$x=a\tan\theta$

とおく

(1)　$x=2\sin\theta$　(2)　$x=\sqrt{3}\tan\theta$　とおく。
なお，x の積分区間に対応した θ の積分区間は**1対1に対応させなければならない。**

(3)　$\int_{-a}^{a}$ の扱い　**偶関数は $2\int_0^a$，奇関数は 0**

例題 | 150　Ⅲ

次の定積分を求めよ。

(1)　$\displaystyle\int_0^1\sqrt{4-x^2}\,dx$　　(2)　$\displaystyle\int_0^{\sqrt{3}}\frac{1}{x^2+3}dx$　　(3)　$\displaystyle\int_{-\pi}^{\pi}\sin^2x\,dx$

解　答

(1)　$x=2\sin\theta$ とおくと　　$dx=2\cos\theta\,d\theta$

x	$0\longrightarrow 1$
θ	$0\longrightarrow \frac{\pi}{6}$

$0\leqq\theta\leqq\dfrac{\pi}{6}$ のとき，$\cos\theta>0$ であるから

$$\sqrt{4-x^2}=\sqrt{4(1-\sin^2\theta)}=\sqrt{4\cos^2\theta}=2\cos\theta$$

よって　$$\int_0^1\sqrt{4-x^2}\,dx=\int_0^{\frac{\pi}{6}}2\cos\theta\cdot2\cos\theta\,d\theta=4\int_0^{\frac{\pi}{6}}\cos^2\theta\,d\theta=4\int_0^{\frac{\pi}{6}}\frac{1+\cos2\theta}{2}d\theta$$

$$=2\left[\theta+\frac{1}{2}\sin2\theta\right]_0^{\frac{\pi}{6}}=\boldsymbol{\frac{\pi}{3}+\frac{\sqrt{3}}{2}}$$　答

(2)　$x=\sqrt{3}\tan\theta$ とおくと　　$dx=\dfrac{\sqrt{3}}{\cos^2\theta}d\theta$

x	$0\longrightarrow \sqrt{3}$
θ	$0\longrightarrow \frac{\pi}{4}$

よって　$$\int_0^{\sqrt{3}}\frac{1}{x^2+3}dx=\int_0^{\frac{\pi}{4}}\frac{1}{3(\tan^2\theta+1)}\cdot\frac{\sqrt{3}}{\cos^2\theta}d\theta$$

$$=\frac{\sqrt{3}}{3}\int_0^{\frac{\pi}{4}}d\theta=\frac{\sqrt{3}}{3}\Big[\theta\Big]_0^{\frac{\pi}{4}}=\boldsymbol{\frac{\sqrt{3}}{12}\pi}$$　答

(3)　$$\int_{-\pi}^{\pi}\sin^2x\,dx=2\int_0^{\pi}\sin^2x\,dx=2\int_0^{\pi}\frac{1-\cos2x}{2}dx=\left[x-\frac{1}{2}\sin2x\right]_0^{\pi}=\boldsymbol{\pi}$$　答

POINT ▶ 偶関数・奇関数の定積分

❶ 偶関数　$f(-x)=f(x)$　のとき　$\displaystyle\int_{-a}^{a}f(x)dx=2\int_0^a f(x)dx$

❷ 奇関数　$f(-x)=-f(x)$ のとき　$\displaystyle\int_{-a}^{a}f(x)dx=0$

類題 150　次の定積分を求めよ。

(1)　$\displaystyle\int_0^2\frac{1}{\sqrt{16-x^2}}dx$　　(2)　$\displaystyle\int_1^2\frac{1}{x^2-2x+2}dx$　　(3)　$\displaystyle\int_{-\pi}^{\pi}\cos x\sin^4x\,dx$

151 定積分と微分法

$\int_a^x f(t)dt$ は x の関数

↓

x で微分

$\dfrac{d}{dx}\int_a^x f(t)dt=f(x)$　a は定数

まず，積分変数 t 以外の変数 x は**定数**として扱い，x と t を**分離**する。その後，等式の両辺を x で微分する。

例題 | 151　II III

関数 $f(x)$ と定数 a に対して $\int_0^x (x-t)f(t)dt=\cos x-a$ であるとき，$f(x)$ と a の値を求めよ。

解　答

等式から　$x\int_0^x f(t)dt-\int_0^x tf(t)dt=\cos x-a$

両辺を x で微分すると　$\int_0^x f(t)dt+xf(x)-xf(x)=-\sin x$

よって　$\int_0^x f(t)dt=-\sin x$

両辺を x で微分すると　$\boldsymbol{f(x)=-\cos x}$　答

また，与えられた等式で $x=0$ とおくと，左辺は 0 になるから

$0=1-a$

したがって　$\boldsymbol{a=1}$　答

◀上端と下端が同じになるから $\int_0^0 tf(t)dt=0$

POINT ▶ 定積分と微分法

❶ a を定数とするとき，$\int_a^x f(t)dt$ は **x の関数** であり　$\dfrac{d}{dx}\int_a^x f(t)dt=f(x)$

❷ $\int_{h(x)}^{g(x)} f(t)dt$ も **x の関数** で，その導関数については，

$f(t)$ の不定積分を $F(t)$ とすると，$F'(t)=f(t)$ であるから

$$\frac{d}{dx}\int_{h(x)}^{g(x)} f(t)dt=\frac{d}{dx}\left(\Big[F(t)\Big]_{h(x)}^{g(x)}\right)=\frac{d}{dx}\{F(g(x))-F(h(x))\}$$
$$=F'(g(x))g'(x)-F'(h(x))h'(x)$$
$$=f(g(x))g'(x)-f(h(x))h'(x)$$

類題 151　次の関数を x について微分せよ。

(1)　$y=\int_x^0 (2t^2-5t+2)dt$　　(2)　$y=\int_x^{2x} \cos^2 t\,dt$　　(3)　$y=\int_x^{x^2} e^t \sin t\,dt$

152 定積分で表された関数

$\int_0^1 f(t)dt$ は定数	$\int_a^b f(t)dt$ は定数 ⟶ 文字でおく 積分変数 t に無関係な x を $\int$ の前に出して処理するとよい。

例題 | 152 Ⅱ Ⅲ

関数 $f(x)$ が $f(x)=2x+\int_0^1(x+t)f(t)dt$ を満たすとき，$f(x)$ を求めよ。

〔近畿大〕

解答

$$f(x)=2x+\int_0^1(x+t)f(t)dt=2x+x\int_0^1 f(t)dt+\int_0^1 tf(t)dt$$

$\int_0^1 f(t)dt=A$，$\int_0^1 tf(t)dt=B$ とおくと

$$f(x)=(2+A)x+B$$

$$\int_0^1 f(t)dt=\int_0^1\{(2+A)t+B\}dt=\left[\frac{1}{2}(2+A)t^2+Bt\right]_0^1=1+\frac{A}{2}+B$$

ゆえに　$1+\frac{A}{2}+B=A$　すなわち　$A-2B=2$　…… ①

$$\int_0^1 tf(t)dt=\int_0^1\{(2+A)t^2+Bt\}dt=\left[\frac{1}{3}(2+A)t^3+\frac{B}{2}t^2\right]_0^1=\frac{2}{3}+\frac{A}{3}+\frac{B}{2}$$

よって　$\frac{2}{3}+\frac{A}{3}+\frac{B}{2}=B$　すなわち　$2A-3B=-4$　…… ②

①，② を連立して解くと　$A=-14$，$B=-8$

したがって　$f(x)=(2-14)x-8=\boldsymbol{-12x-8}$　答

POINT ▸ 定積分で表された関数

a，b は定数，t は x に無関係な変数であるとする。

❶ $\int_a^b f(t)dt$ は **定数**　　❷ $\int_a^x f(t)dt$，$\int_a^b f(x,\ t)dt$ は **x の関数**

類題 152　次の等式を満たす関数 $f(x)$ を求めよ。

(1) $f(x)=e^x+\int_0^1 tf(t)dt$　〔立教大〕　(2) $f(x)=x^3+\int_0^2(x-t)f(t)dt$

153 定積分と和の極限

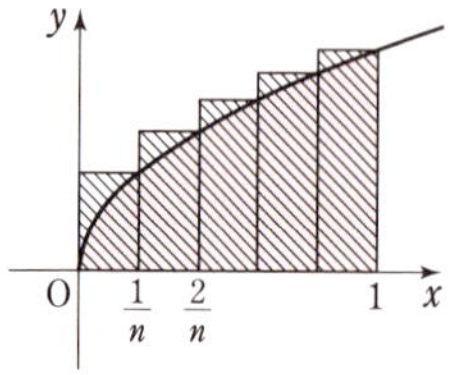

和の極限 $\displaystyle\lim_{n\to\infty}\frac{1}{n}\sum_{k=1}^{n}f\left(\frac{k}{n}\right)=\int_0^1 f(x)dx$

$\frac{1}{n}$ をくくり出し，$f\left(\frac{k}{n}\right)$ の形になるような $f(x)$ を見つける。

例題 | 153　Ⅲ

次の極限値を求めよ。

(1) $\displaystyle\lim_{n\to\infty}\frac{1}{n}\left(\sin\frac{\pi}{2n}+\sin\frac{2\pi}{2n}+\cdots\cdots+\sin\frac{n\pi}{2n}\right)$

(2) $\displaystyle\lim_{n\to\infty}\frac{1}{n^2}(\sqrt{n^2-1^2}+\sqrt{n^2-2^2}+\cdots\cdots+\sqrt{n^2-n^2})$

解答

(1) $\displaystyle(\text{与式})=\lim_{n\to\infty}\frac{1}{n}\left\{\sin\left(\frac{\pi}{2}\cdot\frac{1}{n}\right)+\sin\left(\frac{\pi}{2}\cdot\frac{2}{n}\right)+\cdots\cdots+\sin\left(\frac{\pi}{2}\cdot\frac{n}{n}\right)\right\}$

$\displaystyle=\lim_{n\to\infty}\frac{1}{n}\sum_{k=1}^{n}\sin\left(\frac{\pi}{2}\cdot\frac{k}{n}\right)=\int_0^1\sin\frac{\pi}{2}x\,dx=\left[-\frac{2}{\pi}\cos\frac{\pi}{2}x\right]_0^1=\frac{2}{\pi}$　答

(2) $\displaystyle(\text{与式})=\lim_{n\to\infty}\frac{1}{n}\left(\frac{\sqrt{n^2-1^2}}{n}+\frac{\sqrt{n^2-2^2}}{n}+\cdots\cdots+\frac{\sqrt{n^2-n^2}}{n}\right)$

$\displaystyle=\lim_{n\to\infty}\frac{1}{n}\left(\sqrt{1-\frac{1^2}{n^2}}+\sqrt{1-\frac{2^2}{n^2}}+\cdots\cdots+\sqrt{1-\frac{n^2}{n^2}}\right)$

$\displaystyle=\lim_{n\to\infty}\frac{1}{n}\sum_{k=1}^{n}\sqrt{1-\left(\frac{k}{n}\right)^2}=\int_0^1\sqrt{1-x^2}\,dx$

$\displaystyle\int_0^1\sqrt{1-x^2}\,dx$ は半径1の四分円の面積を表すから，求める極限値は $\frac{\pi}{4}$　答

POINT ▶ 定積分と和の極限

❶ $\displaystyle\int_a^b f(x)dx=\lim_{n\to\infty}\sum_{k=1}^{n}f(x_k)\Delta x=\lim_{n\to\infty}\sum_{k=0}^{n-1}f(x_k)\Delta x$

ここで　$\Delta x=\frac{b-a}{n}$，$x_k=a+k\Delta x$　$(k=0,\ 1,\ 2,\ \cdots\cdots,\ n)$

❷ ❶で $a=0$，$b=1$ とすると　$\displaystyle\int_0^1 f(x)dx=\lim_{n\to\infty}\frac{1}{n}\sum_{k=1}^{n}f\left(\frac{k}{n}\right)=\lim_{n\to\infty}\frac{1}{n}\sum_{k=0}^{n-1}f\left(\frac{k}{n}\right)$

類題 153

次の極限値を求めよ。

(1) $\displaystyle\lim_{n\to\infty}\frac{1}{n}\left\{\log\left(1+\frac{1}{n}\right)+\log\left(1+\frac{2}{n}\right)+\cdots\cdots+\log\left(1+\frac{n}{n}\right)\right\}$　〔京都産大〕

(2) $\displaystyle\lim_{n\to\infty}\sum_{k=1}^{n}\frac{1}{n}\cos^2\left(\frac{k\pi}{4n}\right)$　〔会津大〕

(3) $\displaystyle\lim_{n\to\infty}\sum_{k=1}^{n}\frac{n}{k^2+n^2}$　〔近畿大〕

154 定積分と不等式の証明

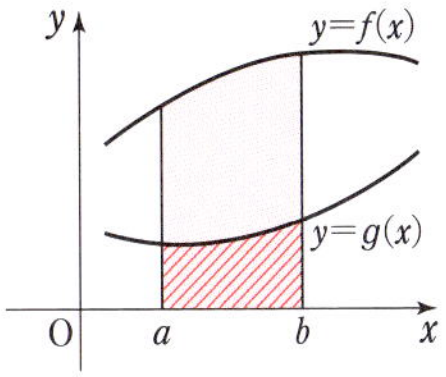

(1) 定積分を計算しても，不等式を証明するのは困難であるから，**定積分についての不等式の性質を利用**する。

(2) 右辺の和は簡単な式では表されない。そこで，(1)で証明した不等式を利用する。

例題 154 Ⅲ

次の不等式が成り立つことを証明せよ。

(1) $\dfrac{1}{2a+3}<\displaystyle\int_a^{a+1}\dfrac{1}{2x+1}dx<\dfrac{1}{2a+1}$ $(a\geqq 0)$

(2) n を自然数とするとき $\dfrac{1}{2}\log(2n+3)<1+\dfrac{1}{3}+\dfrac{1}{5}+\cdots\cdots+\dfrac{1}{2n+1}$

解答

(1) 関数 $y=\dfrac{1}{2x+1}$ は $x\geqq 0$ では単調に減少するから，$a\leqq x\leqq a+1$ において

$$\frac{1}{2(a+1)+1}\leqq\frac{1}{2x+1}\leqq\frac{1}{2a+1}\quad すなわち\quad \frac{1}{2a+3}\leqq\frac{1}{2x+1}\leqq\frac{1}{2a+1}$$

等号は常には成り立たないから　$\dfrac{1}{2a+3}<\displaystyle\int_a^{a+1}\dfrac{1}{2x+1}dx<\dfrac{1}{2a+1}$　終

(2) (1)で証明した右側の不等式で，$a=0,\ 1,\ 2,\ \cdots\cdots,\ n$ として加えると

$$\int_0^{n+1}\frac{1}{2x+1}dx<1+\frac{1}{3}+\frac{1}{5}+\cdots\cdots+\frac{1}{2n+1}$$

ここで　$\displaystyle\int_0^{n+1}\frac{1}{2x+1}dx=\left[\frac{1}{2}\log(2x+1)\right]_0^{n+1}=\frac{1}{2}\log(2n+3)$

したがって　$\dfrac{1}{2}\log(2n+3)<1+\dfrac{1}{3}+\dfrac{1}{5}+\cdots\cdots+\dfrac{1}{2n+1}$　終

POINT ▶ 定積分と不等式

$f(x)$，$g(x)$ は区間 $[a,\ b]$ で連続であるとする。

❶ 区間 $[a,\ b]$ で $f(x)\geqq 0$ ならば　$\displaystyle\int_a^b f(x)dx\geqq 0$

等号は，**常に $f(x)=0$** であるときに限って成り立つ。

❷ 区間 $[a,\ b]$ で $f(x)\geqq g(x)$ ならば　$\displaystyle\int_a^b f(x)dx\geqq\int_a^b g(x)dx$

等号は，**常に $f(x)=g(x)$** であるときに限って成り立つ。

類題 154　n を自然数とするとき，次の不等式が成り立つことを証明せよ。

$$\log(n+1)<1+\frac{1}{2}+\frac{1}{3}+\cdots\cdots+\frac{1}{n}$$

155 面　積(1)

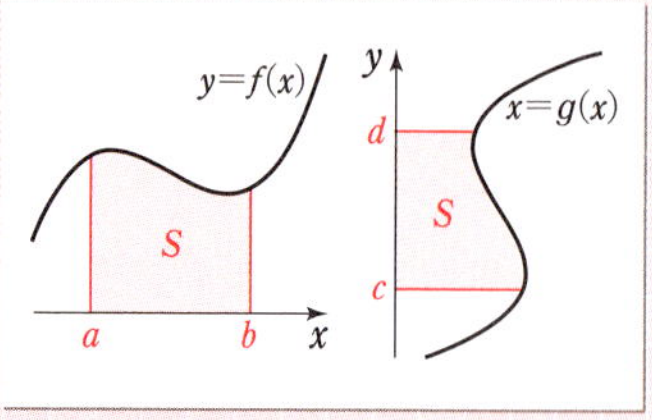

1 **グラフをかく**　2 **積分区間を決める**
3 **被積分関数を決める** …… 2 で決めた区間における **上下関係**，または **左右関係** を調べる。
4　定積分を計算して面積を求める

例題｜155　II III

次の曲線または直線によって囲まれた部分の面積を求めよ。

(1)　$y=x^2-x-1$，$y=x+2$　　(2)　$y=\log(1-x)$，$y=-1$，y 軸

解　答

(1)　曲線と直線の交点の x 座標は，$x^2-x-1=x+2$

すなわち $x^2-2x-3=0$ を解いて　　$x=-1,\ 3$

よって，求める面積 S は

$$S=\int_{-1}^{3}\{(x+2)-(x^2-x-1)\}dx=\int_{-1}^{3}\{-(x^2-2x-3)\}dx$$

$$=-\int_{-1}^{3}(x+1)(x-3)dx=\frac{1}{6}\{3-(-1)\}^3=\frac{32}{3}$$ 答

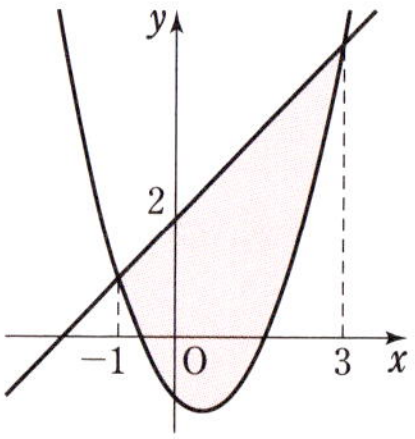

(2)　$y=\log(1-x)$ から　　$x=1-e^y$

$x=0$ とすると　　$y=0$

$-1\leqq y\leqq 0$ では，$x\geqq 0$ であるから，求める面積 S は

$$S=\int_{-1}^{0}x\,dy=\int_{-1}^{0}(1-e^y)dy=\Big[y-e^y\Big]_{-1}^{0}=\frac{1}{e}$$ 答

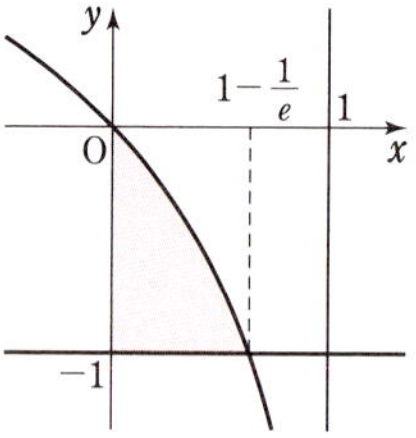

注意　$S=\int_{0}^{1-\frac{1}{e}}\{\log(1-x)-(-1)\}dx$ としても求められるが，y について積分すると，上のように計算がらくになる。

POINT ▶ 面積と定積分

❶ 区間 $[a,\ b]$ で常に $f(x)\geqq g(x)$ のとき，2 曲線 $y=f(x)$，$y=g(x)$ と 2 直線 $x=a$，$x=b$ で囲まれた部分の面積 S は　　$S=\int_a^b\{f(x)-g(x)\}dx$　◀(上の曲線)−(下の曲線)

❷ [1] **グラフの対称性**，[2] **縦に見るか，横に見るか** ということにも注目する。

類題 155

(1)　区間 $0\leqq x\leqq 2\pi$ において，2 曲線 $y=\sin x$，$y=\sin 2x$ で囲まれた部分の面積を求めよ。

(2)　曲線 $3x^2+4y^2=1$ で囲まれた部分の面積を求めよ。

156 面　積(2)

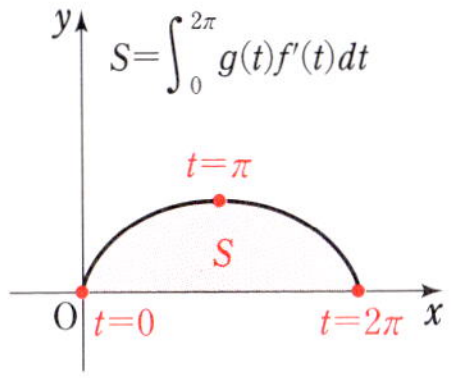

媒介変数表示の曲線と面積

置換積分の利用　$\int_a^b y\,dx=\int_\alpha^\beta y\dfrac{dx}{dt}dt$

$y=0$ となる t の値や，t の変化に伴う x の値の変化，y の符号を押さえておくこと。

例題 156　Ⅲ

次の曲線と x 軸で囲まれた部分の面積を求めよ。

$$\begin{cases} x=\sin t \\ y=t\cos t \end{cases} \quad \left(0\leqq t\leqq \frac{\pi}{2}\right)$$

解　答

$0\leqq t\leqq \dfrac{\pi}{2}$ において，$y=0$ となる t の値は　$t=0,\ \dfrac{\pi}{2}$

$t=0$ のとき　$x=0$，　$t=\dfrac{\pi}{2}$ のとき　$x=1$

ゆえに，$0\leqq t\leqq \dfrac{\pi}{2}$ のとき　$0\leqq x\leqq 1$，$y\geqq 0$

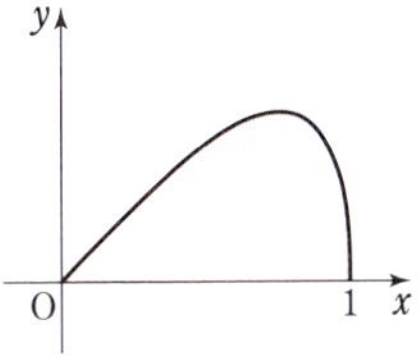

また，$x=\sin t$ から　$dx=\cos t\,dt$

したがって，求める面積 S は

x	$0 \longrightarrow 1$
t	$0 \longrightarrow \dfrac{\pi}{2}$

$$S=\int_0^1 y\,dx=\int_0^{\frac{\pi}{2}} t\cos t\cdot\cos t\,dt=\int_0^{\frac{\pi}{2}} t\cos^2 t\,dt$$

$$=\int_0^{\frac{\pi}{2}} t\cdot\frac{1+\cos 2t}{2}dt=\frac{1}{2}\int_0^{\frac{\pi}{2}} t\,dt+\frac{1}{2}\int_0^{\frac{\pi}{2}} t\cos 2t\,dt$$

$$=\frac{1}{2}\left[\frac{t^2}{2}\right]_0^{\frac{\pi}{2}}+\frac{1}{2}\left(\left[t\cdot\frac{\sin 2t}{2}\right]_0^{\frac{\pi}{2}}-\int_0^{\frac{\pi}{2}}\frac{\sin 2t}{2}dt\right)$$

$$=\frac{1}{4}\cdot\frac{\pi^2}{4}+\frac{1}{2}\left(0+\frac{1}{2}\left[\frac{\cos 2t}{2}\right]_0^{\frac{\pi}{2}}\right)=\boldsymbol{\frac{\pi^2}{16}-\frac{1}{4}}$$　答

POINT ▸　媒介変数で表された図形の面積

曲線 $x=f(t)$，$y=g(t)$ と x 軸および 2 直線 $x=a$，$x=b$ $(a<b)$ で囲まれた部分の面積 S は

$$S=\int_a^b |y|dx=\int_\alpha^\beta |g(t)|f'(t)dt \qquad \text{ただし}\quad a=f(\alpha),\ b=f(\beta)$$

類題 156　曲線 $\begin{cases} x=\theta-\sin\theta \\ y=1-\cos\theta \end{cases}$ $(0\leqq\theta\leqq 2\pi)$ と x 軸で囲まれた部分の面積を求めよ。

157 体　積 (1)

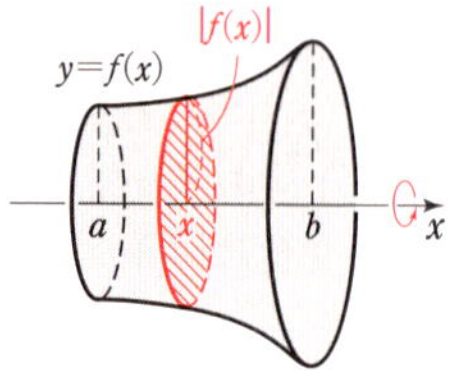

(1) 立体の体積　**断面積をつかむ**

(2) 回転体の体積 ⟶ **断面は円**であるから，

x 軸回転なら　$V=\pi\int_a^b y^2\,dx$ $(a<b)$

π を忘れないように！

例題 157　Ⅲ

(1) 底から x cm の高さにある平面での切り口が，1 辺 x cm の正三角形となる容器がある。深さが 3 cm のとき，この容器の容積 V を求めよ。

(2) 曲線 $y=1-x^2$ と x 軸で囲まれた部分を x 軸，y 軸の周りに 1 回転してできる立体の体積をそれぞれ V_x，V_y とする。V_x，V_y を求めよ。

解　答

(1) x cm の高さにある正三角形の面積を $S(x)$ とすると　$S(x)=\dfrac{1}{2}x^2\sin\dfrac{\pi}{3}=\dfrac{\sqrt{3}}{4}x^2$

よって　$V=\int_0^3 S(x)dx=\int_0^3 \dfrac{\sqrt{3}}{4}x^2dx=\dfrac{\sqrt{3}}{4}\left[\dfrac{x^3}{3}\right]_0^3=\dfrac{9\sqrt{3}}{4}$ (cm^3)　答

(2) $y=0$ とすると　$x=\pm1$

$$V_x=\pi\int_{-1}^1 y^2dx=\pi\int_{-1}^1(1-x^2)^2dx=2\pi\int_0^1(1-2x^2+x^4)dx$$

$$=2\pi\left[x-\frac{2}{3}x^3+\frac{x^5}{5}\right]_0^1=\frac{16}{15}\pi \quad \text{答}$$

次に，$x=0$ とすると　$y=1$

$$V_y=\pi\int_0^1 x^2dy=\pi\int_0^1(1-y)dy=\pi\left[y-\frac{y^2}{2}\right]_0^1=\frac{\pi}{2} \quad \text{答}$$

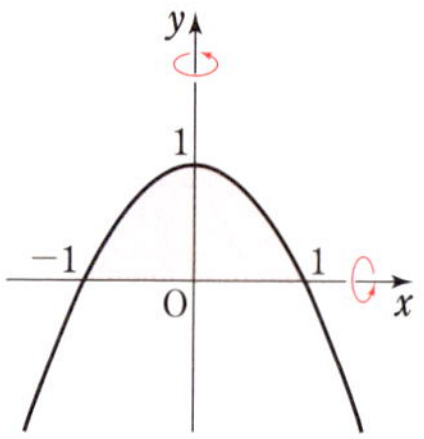

POINT ▶ 立体・回転体の体積

❶ $a\leqq x\leqq b$ において，x 軸に垂直な平面で切ったときの断面積が $S(x)$ であるような立体の体積 V は　$V=\int_a^b S(x)dx$

❷ 曲線 $y=f(x)$ と x 軸および 2 直線 $x=a$，$x=b$ $(a<b)$ で囲まれた部分を x 軸の周りに 1 回転してできる立体の体積 V は　$V=\pi\int_a^b\{f(x)\}^2dx=\pi\int_a^b y^2dx$

類題 157　次の曲線または直線で囲まれた部分を，[　] 内に与えられた直線の周りに 1 回転してできる立体の体積 V を求めよ。

(1) $y=\sqrt{x}\cos x$ $\left(0\leqq x\leqq\dfrac{\pi}{2}\right)$ [x 軸]　(2) $y=x^2-4x+4$，$x=0$，$y=0$ [y 軸]

158 体 積(2)

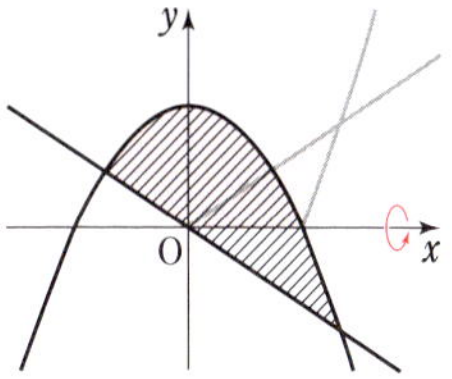

2曲線間の回転体の体積

(外側でできる体積)−(内側でできる体積)

しかし，これが使えるのは2曲線が回転軸の一方にある場合で，両側にある場合は，曲線を **一方の側に集める** 必要がある。

例題 158 Ⅲ

$\dfrac{\pi}{4} \leqq x \leqq \dfrac{5}{4}\pi$ の範囲で，2曲線 $y=\sin x$，$y=\cos x$ で囲まれた部分を，x 軸の周りに1回転してできる立体の体積 V を求めよ。

150

解 答

$\dfrac{\pi}{4} \leqq x \leqq \dfrac{5}{4}\pi$ の範囲で，2曲線の交点の x 座標は，

$\sin x = \cos x$ から　　$x=\dfrac{\pi}{4}$，$\dfrac{5}{4}\pi$

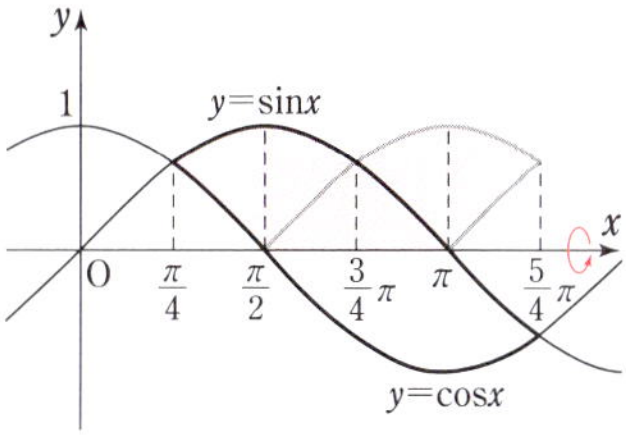

求める立体の体積は，図の赤い部分を x 軸の周りに1回転してできる立体の体積に等しく，赤い部分は，直線 $x=\dfrac{3}{4}\pi$ に関して対称であるから

$$V=2\pi\left(\int_{\frac{\pi}{4}}^{\frac{3}{4}\pi} \sin^2 x\,dx - \int_{\frac{\pi}{4}}^{\frac{\pi}{2}} \cos^2 x\,dx\right)$$

$$=2\pi\left(\int_{\frac{\pi}{4}}^{\frac{3}{4}\pi} \frac{1-\cos 2x}{2}\,dx - \int_{\frac{\pi}{4}}^{\frac{\pi}{2}} \frac{1+\cos 2x}{2}\,dx\right)=2\pi\left(\left[\frac{x}{2}-\frac{\sin 2x}{4}\right]_{\frac{\pi}{4}}^{\frac{3}{4}\pi} - \left[\frac{x}{2}+\frac{\sin 2x}{4}\right]_{\frac{\pi}{4}}^{\frac{\pi}{2}}\right)$$

$$=2\pi\left\{\left(\frac{3}{8}\pi+\frac{1}{4}\right)-\left(\frac{\pi}{8}-\frac{1}{4}\right)-\left(\frac{\pi}{4}+0\right)+\left(\frac{\pi}{8}+\frac{1}{4}\right)\right\}=\boldsymbol{\frac{\pi(\pi+6)}{4}}$$ 答

POINT ▸ 2曲線間の回転体の体積

区間 $a \leqq x \leqq b$ において，$\boldsymbol{f(x) \geqq g(x) \geqq 0}$ とする。2曲線 $y=f(x)$，$y=g(x)$ と2直線 $x=a$，$x=b$ で囲まれた部分を，x 軸の周りに1回転してできる回転体の体積 V は

$$V=\pi\int_a^b \{f(x)\}^2 dx - \pi\int_a^b \{g(x)\}^2 dx = \boldsymbol{\pi\int_a^b [\{f(x)\}^2-\{g(x)\}^2]dx}$$

類題 158 次の曲線または直線で囲まれた部分を，x 軸の周りに1回転してできる立体の体積 V を求めよ。

(1) $y=x^2+3x-1$，$y=-x^2-x-1$　　(2) $y=x^2-4$，$y=3x$

159 曲線の長さ

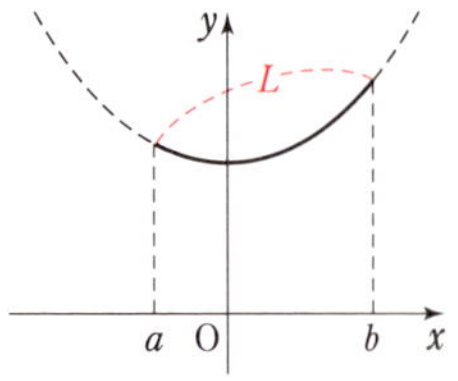

(1) $\displaystyle\int_\alpha^\beta \sqrt{\left(\frac{dx}{dt}\right)^2+\left(\frac{dy}{dt}\right)^2}\,dt$

(2) $\displaystyle\int_a^b \sqrt{1+\left(\frac{dy}{dx}\right)^2}\,dx$

を利用して求める。

例題 | 159 III

次の曲線の長さを求めよ。

(1) $x=\sqrt{3}\,t^2,\ y=t-t^3\ (-1\leqq t\leqq 1)$ (2) $y=\dfrac{1}{2}(e^x+e^{-x})\ (0\leqq x\leqq \log 2)$

解答

(1) $\dfrac{dx}{dt}=2\sqrt{3}\,t,\ \dfrac{dy}{dt}=1-3t^2$ から

$$\left(\frac{dx}{dt}\right)^2+\left(\frac{dy}{dt}\right)^2=(2\sqrt{3}\,t)^2+(1-3t^2)^2=(3t^2+1)^2$$

よって，求める曲線の長さ L は

$$L=\int_{-1}^{1}\sqrt{(3t^2+1)^2}\,dt=\int_{-1}^{1}(3t^2+1)dt=2\int_0^1(3t^2+1)dt=2\Big[t^3+t\Big]_0^1=4$$ 答

(2) $\dfrac{dy}{dx}=\dfrac{1}{2}(e^x-e^{-x})$ から

$$1+\left(\frac{dy}{dx}\right)^2=1+\frac{1}{4}(e^x-e^{-x})^2=\frac{1}{4}(e^{2x}+2+e^{-2x})=\frac{1}{4}(e^x+e^{-x})^2$$

よって，求める曲線の長さ L は

$$L=\int_0^{\log 2}\sqrt{\frac{1}{4}(e^x+e^{-x})^2}\,dx=\int_0^{\log 2}\frac{1}{2}(e^x+e^{-x})dx=\frac{1}{2}\Big[e^x-e^{-x}\Big]_0^{\log 2}=\frac{3}{4}$$ 答

POINT ▶ 曲線の長さ

❶ $x=f(t),\ y=g(t)\ (\alpha\leqq t\leqq\beta)$ の長さ

$$L=\int_\alpha^\beta\sqrt{\left(\frac{dx}{dt}\right)^2+\left(\frac{dy}{dt}\right)^2}\,dt=\int_\alpha^\beta\sqrt{\{f'(t)\}^2+\{g'(t)\}^2}\,dt$$

❷ 曲線 $y=f(x)\ (a\leqq x\leqq b)$ の長さ

$$L=\int_a^b\sqrt{1+\left(\frac{dy}{dx}\right)^2}\,dx=\int_a^b\sqrt{1+\{f'(x)\}^2}\,dx$$

類題 159

次の曲線の長さを求めよ。(1) では $a>0$ とする。〔(2) 信州大〕

(1) $x=a\cos^3 t,\ y=a\sin^3 t\ (0\leqq t\leqq 2\pi)$ (2) $y=\log(\sin x)\ \left(\dfrac{\pi}{3}\leqq x\leqq\dfrac{\pi}{2}\right)$

160 複素数の乗法と回転

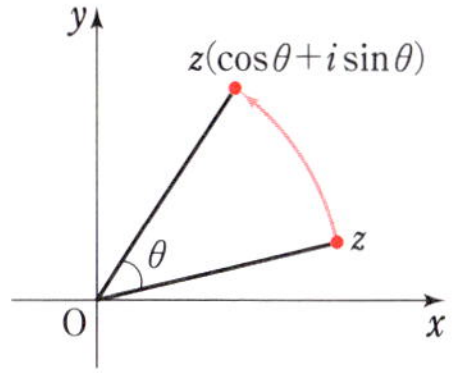

まず，条件を満たす図をかいてみる。点 A を中心とする点 B の回転を考えると z が求められることがわかる。このとき，$\dfrac{\pi}{3}$ 回転と $-\dfrac{\pi}{3}$ 回転の 2 通りあることに注意。

例題 160 Ⅲ

複素数平面上の 3 点 $A(1+i)$，$B(3+4i)$，C について，AB=AC，$\angle BAC=\dfrac{\pi}{3}$ であるとき，点 C を表す複素数 z を求めよ。

解答

点 C は，点 A を中心として点 B を $\dfrac{\pi}{3}$ または $-\dfrac{\pi}{3}$ だけ回転した点である。

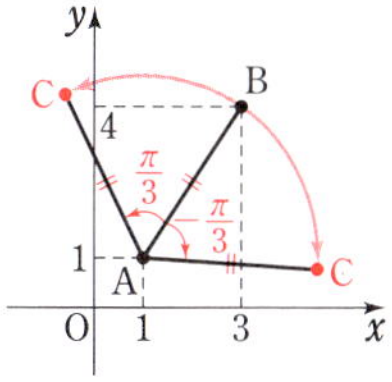

[1] $\dfrac{\pi}{3}$ だけ回転した場合

$$z=\left(\cos\frac{\pi}{3}+i\sin\frac{\pi}{3}\right)\{(3+4i)-(1+i)\}+1+i$$

$$=\left(\frac{1}{2}+\frac{\sqrt{3}}{2}i\right)(2+3i)+1+i=\frac{4-3\sqrt{3}+(5+2\sqrt{3})i}{2} \quad \text{答}$$

[2] $-\dfrac{\pi}{3}$ だけ回転した場合

$$z=\left\{\cos\left(-\frac{\pi}{3}\right)+i\sin\left(-\frac{\pi}{3}\right)\right\}\{(3+4i)-(1+i)\}+1+i$$

$$=\left(\frac{1}{2}-\frac{\sqrt{3}}{2}i\right)(2+3i)+1+i=\frac{4+3\sqrt{3}+(5-2\sqrt{3})i}{2} \quad \text{答}$$

参考　このとき，△ABC は正三角形となる。

POINT ▶ 複素数の乗法と回転

❶ 点 z を原点を中心として角 θ だけ回転　$(\cos\theta+i\sin\theta)z$

❷ 点 z を点 α を中心として角 θ だけ回転　$(\cos\theta+i\sin\theta)(z-\alpha)+\alpha$

類題 160　$A(2+3i)$ とする。△OAB が OA=AB の直角二等辺三角形となるような点 B を表す複素数 β を求めよ。

161 ド・モアブルの定理の利用

$(\cos\theta+i\sin\theta)^n$
$=\cos n\theta+i\sin n\theta$

複素数の累乗　**ド・モアブルの定理を利用**
$(\cos\theta+i\sin\theta)^n=\cos n\theta+i\sin n\theta$
(2)　分母・分子をそれぞれ極形式で表し，その商を更に極形式で表す。
また　**実数** $\Longleftrightarrow$ **虚部が 0**　に注意。

例題 161　III

(1)　$(1+\sqrt{3}\,i)^6$ の値を求めよ。　〔京都産大〕

(2)　$\left(\dfrac{1+i}{\sqrt{3}+i}\right)^n$ が実数となる最小の自然数 n の値を求めよ。　〔類　日本女子大〕

解　答

(1)　$1+\sqrt{3}\,i=2\left(\dfrac{1}{2}+\dfrac{\sqrt{3}}{2}i\right)=2\left(\cos\dfrac{\pi}{3}+i\sin\dfrac{\pi}{3}\right)$ から

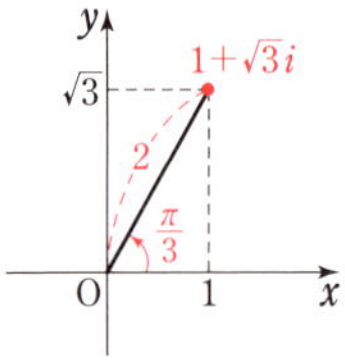

$$(1+\sqrt{3}\,i)^6=\left\{2\left(\cos\frac{\pi}{3}+i\sin\frac{\pi}{3}\right)\right\}^6$$
$$=2^6\left\{\cos\left(6\times\frac{\pi}{3}\right)+i\sin\left(6\times\frac{\pi}{3}\right)\right\}$$
$$=2^6(\cos 2\pi+i\sin 2\pi)=2^6\cdot 1=\mathbf{64}$$ 答

(2)　$$\frac{1+i}{\sqrt{3}+i}=\frac{\sqrt{2}\left(\cos\frac{\pi}{4}+i\sin\frac{\pi}{4}\right)}{2\left(\cos\frac{\pi}{6}+i\sin\frac{\pi}{6}\right)}=\frac{\sqrt{2}}{2}\left\{\cos\left(\frac{\pi}{4}-\frac{\pi}{6}\right)+i\sin\left(\frac{\pi}{4}-\frac{\pi}{6}\right)\right\}$$
$$=\frac{1}{\sqrt{2}}\left(\cos\frac{\pi}{12}+i\sin\frac{\pi}{12}\right)$$

よって　$$\left(\frac{1+i}{\sqrt{3}+i}\right)^n=\left(\frac{1}{\sqrt{2}}\right)^n\left(\cos\frac{n}{12}\pi+i\sin\frac{n}{12}\pi\right)\quad\cdots\cdots ①$$

① が実数となるための条件は　$\sin\dfrac{n}{12}\pi=0$　◀虚部が 0

ゆえに　$\dfrac{n}{12}\pi=k\pi$（k は整数）　よって　$n=12k$

したがって，求める最小の自然数 n は $k=1$ のときで　$\boldsymbol{n=12}$　答

類題 161

(1)　$(1-i)^{-4}$ の値を求めよ。

(2)　$\left(\dfrac{\sqrt{3}+3i}{\sqrt{3}+i}\right)^n$ が実数となる最大の負の整数 n の値を求めよ。

162 方程式 $z^n=\alpha$ の解

α の n 乗根 **絶対値と偏角を比べる**	1 解を $z=r(\cos\theta+i\sin\theta)$ とする。 2 方程式 $z^n=\alpha$ の両辺を極形式で表す。 3 両辺の **絶対値と偏角を比較** する。 4 z の絶対値 r と偏角 θ の値を求める。θ は $0\leqq\theta<2\pi$ の範囲にあるものを書き上げる。

例題 | 162 Ⅲ

方程式 $z^4=-8+8\sqrt{3}\,i$ を解け。

解 答

方程式の解 z の極形式を $z=r(\cos\theta+i\sin\theta)$ とすると

$$z^4=r^4(\cos 4\theta+i\sin 4\theta)$$

$-8+8\sqrt{3}\,i$ を極形式で表すと　　$-8+8\sqrt{3}\,i=16\left(\cos\frac{2}{3}\pi+i\sin\frac{2}{3}\pi\right)$

よって　　$r^4(\cos 4\theta+i\sin 4\theta)=16\left(\cos\frac{2}{3}\pi+i\sin\frac{2}{3}\pi\right)$

両辺の絶対値と偏角を比較すると　　$r^4=16,\ 4\theta=\frac{2}{3}\pi+2k\pi$ （k は整数）

$r>0$ であるから　　$r=2$ 　　また　　$\theta=\frac{\pi}{6}+\frac{k}{2}\pi$

ゆえに　　$z=2\left\{\cos\left(\frac{\pi}{6}+\frac{k}{2}\pi\right)+i\sin\left(\frac{\pi}{6}+\frac{k}{2}\pi\right)\right\}$ ……①

$0\leqq\theta<2\pi$ の範囲で考えると　　$k=0,\ 1,\ 2,\ 3$

① で $k=0,\ 1,\ 2,\ 3$ としたときの z をそれぞれ $z_0,\ z_1,\ z_2,\ z_3$ とすると

$$z_0=2\left(\cos\frac{\pi}{6}+i\sin\frac{\pi}{6}\right)=\sqrt{3}+i,$$

$$z_1=2\left(\cos\frac{2}{3}\pi+i\sin\frac{2}{3}\pi\right)=-1+\sqrt{3}\,i,$$

$$z_2=2\left(\cos\frac{7}{6}\pi+i\sin\frac{7}{6}\pi\right)=-\sqrt{3}-i,$$

$$z_3=2\left(\cos\frac{5}{3}\pi+i\sin\frac{5}{3}\pi\right)=1-\sqrt{3}\,i$$ 答

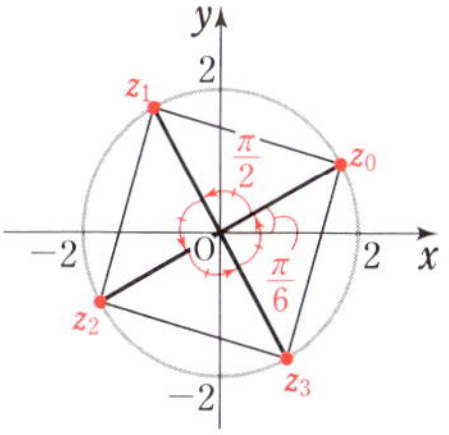

参考　解を表す 4 点 $z_0,\ z_1,\ z_2,\ z_3$ は，複素数平面上で，原点 O を中心とする半径 2 の円に内接する正方形の頂点である。

類題 162　次の方程式を解け。　〔(1) 東北学院大〕

(1)　$z^3=8i$　　　(2)　$z^4=-2-2\sqrt{3}\,i$

163 複素数と図形

$w=f(z)$ の表す図形 **$z=(w$ の式) で表し，** **z の条件式に代入**	1 $w=f(z)$ の式を **$z=(w$ の式) の形に変形**。 2 1 の式を **z の条件式に代入** する。 (2) $z=(w$ の式) で表すのは困難。そこで **$\lvert z\rvert=1$ は $z\overline{z}=1$ として扱う** により $\dfrac{1}{z}=\overline{z}$

例題 | 163 Ⅲ

点 z が原点 O を中心とする半径 1 の円上を動くとき，次の式で表される点 w は，どのような図形を描くか。

(1) $w=i(z+2)$　　(2) $w=4z+\dfrac{4}{z}$　　〔(2) 福井工大〕

解 答

点 z は単位円上を動くから　$|z|=1$ …… ①　◀ z の条件式。

(1) $w=i(z+2)$ から　$z=\dfrac{w}{i}-2$

これを ① に代入すると　$\left|\dfrac{w}{i}-2\right|=1$　ゆえに　$\dfrac{|w-2i|}{|i|}=1$

$|i|=1$ であるから　$|w-2i|=1$

よって，点 w は **点 $2i$ を中心とする半径 1 の円** を描く。 答

(2) ① より，$z\overline{z}=1$ であるから　$\dfrac{1}{z}=\overline{z}$　よって　$w=4z+\dfrac{4}{z}=4(z+\overline{z})$

$z=x+yi$ (x, y は実数) とおくと　$4(z+\overline{z})=8x$　すなわち　$w=8x$

点 z は単位円上にあるから　$-1\leqq x\leqq 1$　ゆえに　$-8\leqq w\leqq 8$

よって，点 w は **2 点 -8, 8 を結ぶ線分** を描く。 答

POINT ▶ 上の例題 (1) の図形的考察

(1) の式は，$w=i(z+2)=\left(\cos\dfrac{\pi}{2}+i\sin\dfrac{\pi}{2}\right)(z+2)$ であるから，

求める図形は，円 $|z|=1$ を実軸方向に 2 だけ平行移動し，①

原点を中心として $\dfrac{\pi}{2}$ だけ回転移動したものである。②

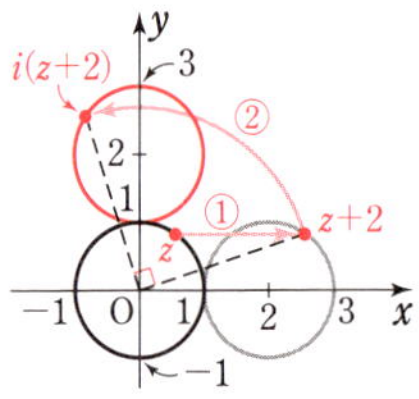

類題 163　点 z が原点 O を中心とする半径 1 の円上を動くとき，次の式で表される点 w は，どのような図形を描くか。

(1) $w=(1-i)z-2i$　　(2) $w=\dfrac{z-1}{z+2}$　　(3) $w=2z-\dfrac{2}{z}$

164 2 次 曲 線(1)

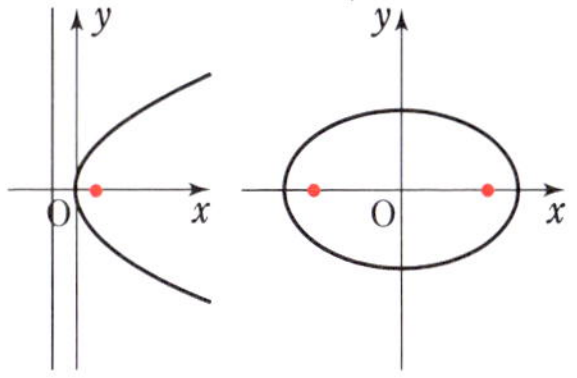

(1) 頂点が原点，焦点が x 軸上にある放物線 ⟶ $y^2=4px$ で表される。

(2) 楕円の 2 つの焦点が x 軸上にあり，その 2 点が原点に関して対称 ⟶ $\dfrac{x^2}{a^2}+\dfrac{y^2}{b^2}=1$

例題 | 164 Ⅲ

次の条件を満たす 2 次曲線の方程式を求めよ。

(1) 頂点が原点で，焦点が x 軸上にあり，点 $(-3,\ 3)$ を通る放物線

(2) 2 点 $\mathrm{F}(3,\ 0)$，$\mathrm{F}'(-3,\ 0)$ を焦点とし，点 $(-4,\ 0)$ を通る楕円

解 答

(1) 頂点が原点で，焦点が x 軸上にあるから，求める放物線の方程式は $y^2=4px$ とおける。点 $(-3,\ 3)$ を通るから $3^2=4p\cdot(-3)$ ゆえに $p=-\dfrac{3}{4}$

よって，求める方程式は $y^2=-3x$ 答

(2) 2 点 $\mathrm{F}(3,\ 0)$，$\mathrm{F}'(-3,\ 0)$ を焦点とする楕円の方程式は $\dfrac{x^2}{a^2}+\dfrac{y^2}{b^2}=1$ $(a>b>0)$ とおける。ただし $a^2-b^2=3^2$

点 $(-4,\ 0)$ は長軸の端点であるから $a=|-4|=4$ ゆえに $b^2=a^2-3^2=7$

よって，求める方程式は $\dfrac{x^2}{16}+\dfrac{y^2}{7}=1$ 答

POINT ▸ 2 次曲線

❶ 放物線 $y^2=4px$ $(p\neq 0)$

頂点は 原点

焦点は 点 $(p,\ 0)$

準線は 直線 $x=-p$

❷ 楕円 $\dfrac{x^2}{a^2}+\dfrac{y^2}{b^2}=1$ $(a>b>0)$

中心は 原点

焦点は 2 点 $(\pm\sqrt{a^2-b^2},\ 0)$

長軸の長さは $2a$

短軸の長さは $2b$

❸ 双曲線 $\dfrac{x^2}{a^2}-\dfrac{y^2}{b^2}=1$ $(a>0,\ b>0)$

中心は 原点

頂点は 2 点 $(\pm a,\ 0)$

焦点は 2 点 $(\pm\sqrt{a^2+b^2},\ 0)$

漸近線は 2 直線

$\dfrac{x}{a}-\dfrac{y}{b}=0$，$\dfrac{x}{a}+\dfrac{y}{b}=0$

類題 164

次の条件を満たす 2 次曲線の方程式を求めよ。

(1) 2 点 $\mathrm{F}(0,\ 2)$，$\mathrm{F}'(0,\ -2)$ を焦点とし，焦点からの距離の和が 6 の楕円

(2) 2 直線 $y=\dfrac{3}{4}x$，$y=-\dfrac{3}{4}x$ を漸近線にもち，2 点 $\mathrm{F}(5,\ 0)$，$\mathrm{F}'(-5,\ 0)$ を焦点とする双曲線

165 2 次 曲 線 (2)

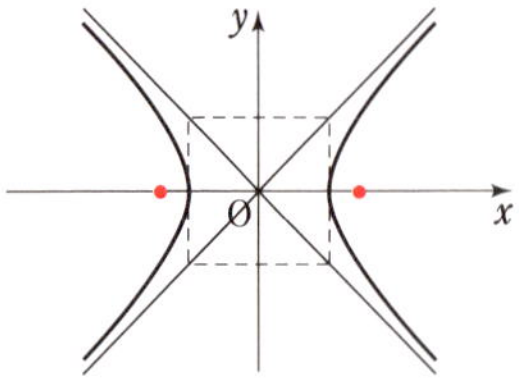

(1) x, y について平方完成する。なお，曲線 $F(x,\ y)=0$ を x 軸方向に p, y 軸方向に q だけ平行移動すると　$\boldsymbol{F(x-p,\ y-q)=0}$

(2) 曲線 C と接点を平行移動して，**標準形** の場合に直して考えるとよい。

例題 | 165 Ⅲ

(1) 方程式 $x^2-4y^2-2x-16y-19=0$ はどのような図形を表すか。

(2) (1) の方程式が表す図形を C とする。C 上の点 $\mathrm{A}\left(-\dfrac{3}{2},\ -\dfrac{11}{4}\right)$ における接線の方程式を求めよ。

解　答

(1) 方程式から　$(x^2-2x+1)-4(y^2+4y+4)=4$

すなわち　$(x-1)^2-4(y+2)^2=4$

よって　$\dfrac{(x-1)^2}{4}-(y+2)^2=1$

この曲線は，**双曲線** $\boldsymbol{\dfrac{x^2}{4}-y^2=1}$ …… ① **を x 軸方向に 1，y 軸方向に -2 だけ平行移動した図形** を表す。

答

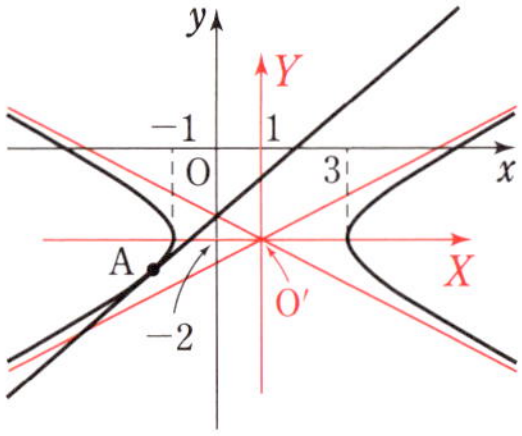

(2) x 軸方向に -1，y 軸方向に 2 だけの平行移動により，点 A は点 $\mathrm{A}'\left(-\dfrac{5}{2},\ -\dfrac{3}{4}\right)$ に移るから，点 A′ における双曲線 ① の接線の方程式は

$$\frac{1}{4}\left(-\frac{5}{2}x\right)-\left(-\frac{3}{4}y\right)=1 \quad \text{すなわち} \quad -5x+6y=8$$

求める接線の方程式は，直線 $-5x+6y=8$ を x 軸方向に 1，y 軸方向に -2 だけ平行移動したもので　$-5(x-1)+6(y+2)=8$　すなわち　$\boldsymbol{5x-6y=9}$　答

POINT ▶ 2 次曲線上の点 $(x_1,\ y_1)$ における接線の方程式

❶ 放物線　$y^2=4px \longrightarrow \boldsymbol{y_1y=2p(x+x_1)}$

❷ 楕円，双曲線　$\dfrac{x^2}{a^2}\pm\dfrac{y^2}{b^2}=1 \longrightarrow \boldsymbol{\dfrac{x_1x}{a^2}\pm\dfrac{y_1y}{b^2}=1}$　(複号同順)

類題 165　曲線 $7x^2-2\sqrt{3}\,xy+5y^2=8$ を原点を中心として $\dfrac{\pi}{6}$ だけ回転して得られる曲線の方程式を求めよ。

166 媒介変数表示

$\begin{cases} x=f(t) \\ y=g(t) \end{cases}$

➡ **t を消去**

媒介変数を消去して，x，y だけの式へ

(1) **$\sin^2\theta+\cos^2\theta=1$** を利用する。

(2) **t^2，t の連立方程式** とみて，t，t^2 を x，y の式で表し，$t^2=(t)^2$ より **t を消去** する。

なお，変域にも注意する。

例題 | 166　Ⅲ

次の媒介変数表示はどのような曲線を表すか。

(1)　$x=3\cos\theta+2$，$y=2\sin\theta+3$　　(2)　$x=\dfrac{1+t^2}{1-t^2}$，$y=\dfrac{4t}{1-t^2}$

解答

(1)　$x=3\cos\theta+2$，$y=2\sin\theta+3$ から　$\cos\theta=\dfrac{x-2}{3}$，$\sin\theta=\dfrac{y-3}{2}$

これを **$\sin^2\theta+\cos^2\theta=1$** に代入して　$\left(\dfrac{x-2}{3}\right)^2+\left(\dfrac{y-3}{2}\right)^2=1$

答　**楕円 $\dfrac{(x-2)^2}{9}+\dfrac{(y-3)^2}{4}=1$**

(2)　与式の分母を払って　$x(1-t^2)=1+t^2$，$y(1-t^2)=4t$

したがって　$(x+1)t^2=x-1$ ……①，　$yt^2+4t=y$ ……②

$x=-1$ のとき，①は $0=-2$ となり，不合理が生じるから，$x\neq-1$ である。

①から　$t^2=\dfrac{x-1}{x+1}$　　これを②に代入して　$\dfrac{y(x-1)}{x+1}+4t=y$

ゆえに　$t=\dfrac{y}{2(x+1)}$　　よって　$\left\{\dfrac{y}{2(x+1)}\right\}^2=\dfrac{x-1}{x+1}$　すなわち　$4x^2-y^2=4$

答　**双曲線 $x^2-\dfrac{y^2}{4}=1$ の点 $(-1,\ 0)$ を除いた部分**

POINT ▶ 曲線の媒介変数表示

❶ 円 $x^2+y^2=a^2$　$\begin{cases} x=a\cos\theta \\ y=a\sin\theta \end{cases}$

❷ 楕円 $\dfrac{x^2}{a^2}+\dfrac{y^2}{b^2}=1$　$\begin{cases} x=a\cos\theta \\ y=b\sin\theta \end{cases}$

❸ 双曲線 $\dfrac{x^2}{a^2}-\dfrac{y^2}{b^2}=1$　$\begin{cases} x=\dfrac{a}{\cos\theta} \\ y=b\tan\theta \end{cases}$

❹ 放物線 $y^2=4px$　$\begin{cases} x=pt^2 \\ y=2pt \end{cases}$

類題 166　θ を媒介変数とするとき，$\begin{cases} x=3(\sin\theta+\cos\theta) \\ y=2(\sin\theta-\cos\theta) \end{cases}$ はどのような曲線を表すか。

167 極座標と極方程式

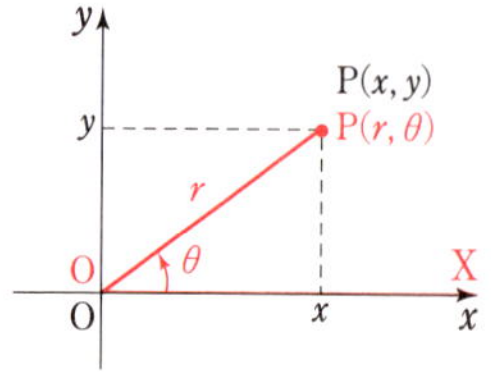

極方程式 $F(r,\ \theta)=0$ の表す図形

[1] $r,\ \theta$ の特徴を活かす

$\longrightarrow$ $\mathrm{OP}=r,\ \angle\mathrm{POX}=\theta$

[2] $r^2=x^2+y^2,\ x=r\cos\theta,\ y=r\sin\theta$

を用いて，直交座標の方程式に直す。

例題 167 　Ⅲ

次の極方程式はどのような曲線を表すか。

(1) $r=\sqrt{3}\cos\theta+\sin\theta$ 　　　(2) $r^2\sin 2\theta=4$

解答

曲線上の点Pの極座標を $(r,\ \theta)$，直交座標を $(x,\ y)$ とする。

(1) 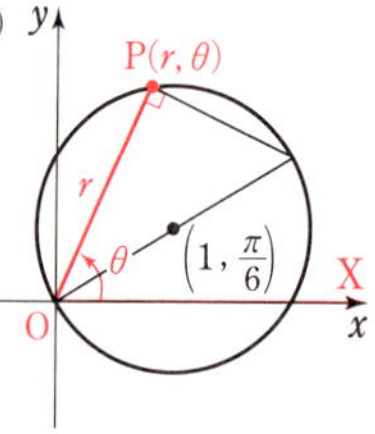

(1) $r=\sqrt{3}\cos\theta+\sin\theta$ から 　$r=2\cos\left(\theta-\dfrac{\pi}{6}\right)$

よって 　**中心が点 $\left(1,\ \dfrac{\pi}{6}\right)$，半径1の円** 　答

別解 　両辺に r を掛けて 　$r^2=\sqrt{3}\,r\cos\theta+r\sin\theta$

$r^2=x^2+y^2,\ r\cos\theta=x,\ r\sin\theta=y$ であるから

$$x^2+y^2=\sqrt{3}\,x+y$$

ゆえに 　$\left(x-\dfrac{\sqrt{3}}{2}\right)^2+\left(y-\dfrac{1}{2}\right)^2=1$

よって 　**中心が点 $\left(\dfrac{\sqrt{3}}{2},\ \dfrac{1}{2}\right)$，半径1の円** 　答

(2) 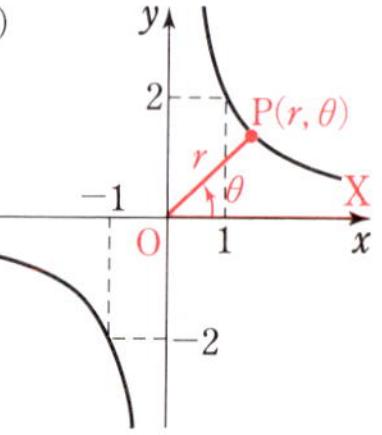

(2) $r^2\sin 2\theta=4$ から 　$r^2\sin\theta\cos\theta=2$

$r\cos\theta=x,\ r\sin\theta=y$ であるから 　$xy=2$

答 　**直角双曲線 $xy=2$**

POINT ▸ 極方程式（Oは極）

❶ **円の極方程式**
[1] 中心が極，半径 a 　　$r=a$ 　(θ は任意)
[2] 中心が $(a,\ 0)$，半径 a 　　$r=2a\cos\theta$
[3] 中心が $(r_1,\ \theta_1)$，半径 a 　　$r^2+r_1{}^2-2rr_1\cos(\theta-\theta_1)=a^2$

❷ **直線の極方程式**
[1] 極を通り，始線とのなす角が α 　　$\theta=\alpha$
[2] 点 $\mathrm{A}(a,\ \alpha)$ を通り，OAに垂直 　　$r\cos(\theta-\alpha)=a$ 　$(a>0)$

類題 167 　次の極方程式はどのような曲線を表すか。

(1) $r^2-4r\cos\theta+3=0$ 　　　(2) $r=\dfrac{4}{1-\cos\theta}$

168 データの分析

平均値＝$\dfrac{\text{データの総和}}{\text{データの大きさ}}$

分散＝$\dfrac{\text{偏差の2乗の総和}}{\text{データの大きさ}}$

標準偏差＝$\sqrt{\text{分散}}$

x と y の相関係数 r は，次の式で表される。

$$r=\frac{(x-\bar{x})(y-\bar{y})\text{ の和}}{\sqrt{\{(x-\bar{x})^2\text{ の和}\}\times\{(y-\bar{y})^2\text{ の和}\}}}$$

一般に，$-1\leqq r\leqq 1$ である。

例題 | 168 I

右の表は，a，b，c，d，e の 5 人が A，B の 2 つのゲームをして，その得点を表したものである。
ゲーム A，B の得点をそれぞれ x，y とするとき，x と y の相関係数を求めよ。

	a	b	c	d	e
A	2	3	5	3	2
B	2	4	1	0	3

解　答

ゲーム A の得点の平均値 $\bar{x}$ は

$$\bar{x}=\frac{1}{5}(2+3+5+3+2)=3$$

ゲーム B の得点の平均値 $\bar{y}$ は

$$\bar{y}=\frac{1}{5}(2+4+1+0+3)=2$$

ゆえに，右の表が得られる。

よって，相関係数 r は

$$r=\frac{-3}{\sqrt{6\cdot 10}}=-\frac{\sqrt{15}}{10}$$ 答

	$x-\bar{x}$	$y-\bar{y}$	$(x-\bar{x})^2$	$(y-\bar{y})^2$	$(x-\bar{x})(y-\bar{y})$
a	-1	0	1	0	0
b	0	2	0	4	0
c	2	-1	4	1	-2
d	0	-2	0	4	0
e	-1	1	1	1	-1
計			6	10	-3

類題 168

右の表は 20 人の生徒に対して行った 2 種類のテストの得点に関する度数を表している。2 種類のテストの得点をそれぞれ x，y で表し，点数が 1 点，2 点，3 点の 3 段階で与えられている。例えば，表によると，x が 1 点で y が 3 点の生徒は 8 人である。

(1)　2 種類のテストの得点の合計点を各生徒に対して計算し，これを変量 z で表す。変量 z の平均値と分散を求めよ。

(2)　2 種類のテストの相関係数を求めよ。

x ＼ y	3	2	1
3	4	0	0
2	0	2	2
1	8	2	2

類題の解答

最終の答えの数値や重要ポイントなどを太字で示した。

1 (1) $(与式)=\{(ab-1)(a^2b^2+ab+1)\}^3$

$=\{(ab)^3-1\}^3$

$=(a^3b^3-1)^3$

$=(a^3b^3)^3-3(a^3b^3)^2+3a^3b^3-1$

$=\boldsymbol{a^9b^9-3a^6b^6+3a^3b^3-1}$

(2) $(与式)=-\{x+(y+z)\}\{x-(y+z)\}$
$\times\{x-(y-z)\}\{x+(y-z)\}$

$=-\{x^2-(y+z)^2\}\{x^2-(y-z)^2\}$

$=-x^4+\{(y+z)^2+(y-z)^2\}x^2$
$-(y+z)^2(y-z)^2$

$=-x^4+2(y^2+z^2)x^2-(y^4-2y^2z^2+z^4)$

$=\boldsymbol{-x^4-y^4-z^4+2x^2y^2+2y^2z^2+2z^2x^2}$

2 (1) (与式)

$=3x^2+(-7y+11)x+2y^2-7y+6$

$=3x^2+(-7y+11)x+(y-2)(2y-3)$

$=\{x-(2y-3)\}\{3x-(y-2)\}$

$=\boldsymbol{(x-2y+3)(3x-y+2)}$

$$\begin{array}{lccc} 1 & -(2y-3) & \longrightarrow & -3(2y-3) \\ 3 & -(y-2) & \longrightarrow & -(y-2) \\ \hline 3 & (y-2)(2y-3) & & -7y+11 \end{array}$$

(2) $(与式)=(z-y)x^2-(z^2-y^2)x+yz(z-y)$

$=(z-y)\{x^2-(z+y)x+yz\}$

$=(z-y)(x-y)(x-z)$

$=\boldsymbol{(x-y)(y-z)(z-x)}$

(3) $(与式)=\boldsymbol{(x+1)(x+6)\times(x+3)(x+4)}+8$

$=(x^2+7x+6)(x^2+7x+12)+8$

$=(x^2+7x)^2+18(x^2+7x)+80$

$=(x^2+7x+8)(x^2+7x+10)$

$=\boldsymbol{(x+2)(x+5)(x^2+7x+8)}$

(4) $(与式)=(9x^4+6x^2+1)-4x^2$

$=\boldsymbol{(3x^2+1)^2-(2x)^2}$

$=(3x^2+1+2x)(3x^2+1-2x)$

$=\boldsymbol{(3x^2+2x+1)(3x^2-2x+1)}$

3 条件から，次の等式が成り立つ。

$\boldsymbol{6x^3+x^2-x-15=B(3x^2+5x+7)+6}$

ゆえに　$B(3x^2+5x+7)=6x^3+x^2-x-21$

$6x^3+x^2-x-21$ を $3x^2+5x+7$ で割ると，次の計算から　$\boldsymbol{B=2x-3}$

$$\begin{array}{rr} & 2x-3 \\ 3x^2+5x+7 \,\big) & 6x^3+x^2-x-21 \\ & 6x^3+10x^2+14x \\ \hline & -9x^2-15x-21 \\ & -9x^2-15x-21 \\ \hline & 0 \end{array}$$

4 (1) $(与式)=\boldsymbol{\left(\frac{1}{x}-\frac{1}{x+2}\right)+\left(\frac{1}{x+1}-\frac{1}{x+3}\right)}$

$=\frac{2}{x(x+2)}+\frac{2}{(x+1)(x+3)}$

$=\boldsymbol{\frac{2(2x^2+6x+3)}{x(x+1)(x+2)(x+3)}}$

(2) (与式)

$=\boldsymbol{\left(1-\frac{1}{x+2}\right)-\left(1-\frac{1}{x+3}\right)-\left(1-\frac{1}{x+4}\right)}$
$\boldsymbol{+\left(1-\frac{1}{x+5}\right)}$

$=-\frac{1}{x+2}+\frac{1}{x+3}+\frac{1}{x+4}-\frac{1}{x+5}$

$=\frac{-(x+3)+x+2}{(x+2)(x+3)}+\frac{x+5-(x+4)}{(x+4)(x+5)}$

$=\frac{-1}{(x+2)(x+3)}+\frac{1}{(x+4)(x+5)}$

$=\frac{-(x+4)(x+5)+(x+2)(x+3)}{(x+2)(x+3)(x+4)(x+5)}$

$=\boldsymbol{\frac{-2(2x+7)}{(x+2)(x+3)(x+4)(x+5)}}$

5 (1) 与式を P とおくと

$P=\boldsymbol{|a-1|-|a-3|}$

[1] **$a<1$ のとき**　$a-1<0$，$a-3<0$

よって　$P=-(a-1)-\{-(a-3)\}=\boldsymbol{-2}$

[2] **$1\leqq a<3$ のとき**　$a-1\geqq 0$，$a-3<0$

よって　$P=(a-1)-\{-(a-3)\}$

$=\boldsymbol{2a-4}$

[3] **$a\geqq 3$ のとき**　$a-1>0$，$a-3\geqq 0$

よって　$P=(a-1)-(a-3)=\boldsymbol{2}$

(2) $\sqrt{8+\sqrt{15}}=\boldsymbol{\sqrt{\frac{16+2\sqrt{15}}{2}}}$

$=\frac{\sqrt{(15+1)+2\sqrt{15\cdot 1}}}{\sqrt{2}}$

$=\frac{\sqrt{15}+1}{\sqrt{2}}=\frac{\sqrt{30}+\sqrt{2}}{2}$

$\sqrt{8-\sqrt{15}}=\sqrt{\dfrac{16-2\sqrt{15}}{2}}$

$=\dfrac{\sqrt{(15+1)-2\sqrt{15\cdot1}}}{\sqrt{2}}$

$=\dfrac{\sqrt{15}-1}{\sqrt{2}}=\dfrac{\sqrt{30}-\sqrt{2}}{2}$

よって　(与式)$=\dfrac{\sqrt{30}+\sqrt{2}}{2}+\dfrac{\sqrt{30}-\sqrt{2}}{2}$

$=\sqrt{30}$

(3) (与式)

$=\dfrac{(\sqrt{2}+\sqrt{3})-\sqrt{5}}{\{(\sqrt{2}+\sqrt{3})+\sqrt{5}\}\{(\sqrt{2}+\sqrt{3})-\sqrt{5}\}}$

$=\dfrac{\sqrt{2}+\sqrt{3}-\sqrt{5}}{(\sqrt{2}+\sqrt{3})^2-(\sqrt{5})^2}=\dfrac{\sqrt{2}+\sqrt{3}-\sqrt{5}}{2+2\sqrt{6}+3-5}$

$=\dfrac{\sqrt{2}+\sqrt{3}-\sqrt{5}}{2\sqrt{6}}=\dfrac{(\sqrt{2}+\sqrt{3}-\sqrt{5})\sqrt{6}}{2\sqrt{6}\cdot\sqrt{6}}$

$=\dfrac{2\sqrt{3}+3\sqrt{2}-\sqrt{30}}{12}$

6　$2<2\sqrt{2}<3$ であるから　$3<6-2\sqrt{2}<4$

したがって　$a=3$,

$b=(6-2\sqrt{2})-a=3-2\sqrt{2}$

よって　$a^2+b^2=3^2+(3-2\sqrt{2})^2$

$=9+(9-12\sqrt{2}+8)$

$=26-12\sqrt{2}$

注意　$a^2+b^2=(a+b)^2-2ab$

$=(6-2\sqrt{2})^2-2\cdot3(3-2\sqrt{2})$

としてもよいが，計算の手間は変わらない。

7　(1) (ア)　$\left(x+\dfrac{1}{x}\right)^2=\left(x-\dfrac{1}{x}\right)^2+4x\cdot\dfrac{1}{x}$

$=1^2+4\cdot1=5$

$x<0$ であるから　$x+\dfrac{1}{x}<0$

よって　$x+\dfrac{1}{x}=-\sqrt{5}$

(イ)　$x^2+\dfrac{1}{x^2}=\left(x+\dfrac{1}{x}\right)^2-2x\cdot\dfrac{1}{x}$

$=(-\sqrt{5})^2-2\cdot1=3$

(ウ)　$x^3+\dfrac{1}{x^3}=\left(x+\dfrac{1}{x}\right)^3-3\left(x+\dfrac{1}{x}\right)$

$=(-\sqrt{5})^3-3(-\sqrt{5})=-2\sqrt{5}$

であるから

$x^5+\dfrac{1}{x^5}=\left(x^2+\dfrac{1}{x^2}\right)\left(x^3+\dfrac{1}{x^3}\right)-\left(x+\dfrac{1}{x}\right)$

$=3\cdot(-2\sqrt{5})-(-\sqrt{5})$

$=-5\sqrt{5}$

(2)　$x=\sqrt{7+2\sqrt{2^2\cdot3}}=\sqrt{(4+3)+2\sqrt{4\cdot3}}$

$=\sqrt{4}+\sqrt{3}=2+\sqrt{3}$

よって　$x-2=\sqrt{3}$

両辺を平方して整理すると

$x^2-4x+1=0$　…… ①

P を x^2-4x+1 で割ったときの商は x^3+x，余りは -2 であるから，次の等式が成り立つ。

$P=(x^2-4x+1)(x^3+x)-2$

$x=2+\sqrt{3}$ を代入すると，① から

$P=0\cdot(x^3+x)-2=-2$

8　$\dfrac{a+1}{b+c+2}=\dfrac{b+1}{c+a+2}=\dfrac{c+1}{a+b+2}=k$

とおくと　$a+1=(b+c+2)k$

$b+1=(c+a+2)k$

$c+1=(a+b+2)k$

これらを辺々加えて

$a+b+c+3=2(a+b+c+3)k$

[1]　$a+b+c+3\neq0$ のとき　$k=\dfrac{1}{2}$

[2]　$a+b+c+3=0$ のとき

$b+c+2=-a-1$

よって　$k=\dfrac{a+1}{b+c+2}=-\dfrac{a+1}{a+1}=-1$

以上から，求める式の値は

$a+b+c+3\neq0$ のとき　$\dfrac{1}{2}$

$a+b+c+3=0$ のとき　-1

9　等式の左辺を変形すると

$x^2+2x-3+(2x^2+xy-3)i=0$

x, y は実数であるから，x^2+2x-3, $2x^2+xy-3$ も実数である。

よって　$x^2+2x-3=0$　…… ①

$2x^2+xy-3=0$　…… ②

① を解いて　$x=-3,\ 1$

$x=-3$ を ② に代入して　$2\cdot(-3)^2-3y-3=0$

これを解いて　$y=5$

$x=1$ を ② に代入して　$2\cdot1^2+y-3=0$

これを解いて　$y=1$

したがって　$(x,\ y)=(-3,\ 5),\ (1,\ 1)$

10　(1) 左辺を因数分解すると

$(x+3)(3x-4)=0$

よって　$x=-3,\ \dfrac{4}{3}$

(2) 左辺を展開して整理すると

$3x^2-2x+3=0$

よって　$x=\dfrac{-(-1)\pm\sqrt{(-1)^2-3\cdot 3}}{3}$

$=\dfrac{1\pm\sqrt{-8}}{3}=\dfrac{\mathbf{1\pm 2\sqrt{2}\,i}}{\mathbf{3}}$

(3) 両辺に6を掛けて　$2x^2+15x+6=0$

よって　$x=\dfrac{-15\pm\sqrt{15^2-4\cdot 2\cdot 6}}{2\cdot 2}$

$=\dfrac{\mathbf{-15\pm\sqrt{177}}}{\mathbf{4}}$

(4) $x+1=t$ とおくと　$3t^2-2t-1=0$

ゆえに　$(t-1)(3t+1)=0$

よって　$t=1,\ -\dfrac{1}{3}$

これらを $x=t-1$ に代入して　$\boldsymbol{x=0,\ -\dfrac{4}{3}}$

11 [1] $a=0$ のとき

与えられた方程式は　$-8x-8=0$

これは1つの実数解 $x=-1$ をもつ。

[2] $a\neq 0$ のとき，与えられた方程式は，2次方程式であるから，判別式を D とすると

$\dfrac{D}{4}=(a-4)^2-a(5a-8)=-4a^2+16$

$=-4(a^2-4)=-4(a+2)(a-2)$

実数解をもつための条件は　$\boldsymbol{D\geqq 0}$

ゆえに　$(a+2)(a-2)\leqq 0$

$a\neq 0$ に注意して，この不等式を解くと

$-2\leqq a<0,\ 0<a\leqq 2$

以上から　$\boldsymbol{-2\leqq a\leqq 2}$

12 2つの解は $\boldsymbol{\alpha}$，$\boldsymbol{3\alpha}$ と表すことができる。

解と係数の関係から

$\boldsymbol{\alpha+3\alpha=m+9,\ \alpha\cdot 3\alpha=9m}$

すなわち　$4\alpha=m+9$　…①，$\alpha^2=3m$　…②

① から　$m=4\alpha-9$　…… ③

② に代入して　$\alpha^2=3(4\alpha-9)$

整理すると　$\alpha^2-12\alpha+27=0$

これを解いて　$\alpha=3,\ 9$

これらを ③ に代入して　$m=3,\ 27$

よって　**$\boldsymbol{m=3}$ のとき，2つの解は　$\boldsymbol{x=3,\ 9}$**

$\boldsymbol{m=27}$ のとき，2つの解は　$\boldsymbol{x=9,\ 27}$

別解　方程式は　$(x-m)(x-9)=0$

したがって　$x=m,\ 9$

よって，$m:9=1:3$ のとき　$\boldsymbol{m=3}$

$9:m=1:3$ のとき　$\boldsymbol{m=27}$

13 $P(x)$ を $(x^2+1)(x-2)$ で割ったときの商を $Q(x)$ とし，余りを $R(x)$ とすると，次の等式が成り立つ。

$\boldsymbol{P(x)=(x^2+1)(x-2)Q(x)+R(x)}$

［$R(x)$ は2次以下の整式または0］

$P(x)$ を x^2+1，$x-2$ で割ったときの余りは $R(x)$ をそれぞれ x^2+1，$x-2$ で割ったときの余りに等しいから，次のことが成り立つ。

$R(x)=a(x^2+1)+x+4,\ R(2)=1$

ゆえに　$a(2^2+1)+2+4=1$

これを解いて　$a=-1$

よって，求める余りは

$-(x^2+1)+x+4=\boldsymbol{-x^2+x+3}$

14 (1) $P(x)=x^3-3x^2+x+1$ とすると

$\boldsymbol{P(1)=0}$

よって，$P(x)$ は $x-1$ を因数にもち

$P(x)=(x-1)(x^2-2x-1)$

ゆえに　$(x-1)(x^2-2x-1)=0$

よって　$\boldsymbol{x=1,\ 1\pm\sqrt{2}}$

(2) $P(x)=x(x+1)(x+2)(x+3)-24$ とすると

$P(x)=x(x+3)\times(x+1)(x+2)-24$

$=(x^2+3x)\{(x^2+3x)+2\}-24$

$=\boldsymbol{(x^2+3x)^2+2(x^2+3x)-24}$

$=\{(x^2+3x)-4\}\{(x^2+3x)+6\}$

$=(x-1)(x+4)(x^2+3x+6)$

ゆえに　$(x-1)(x+4)(x^2+3x+6)=0$

よって　$\boldsymbol{x=1,\ -4,\ \dfrac{-3\pm\sqrt{15}\,i}{2}}$

15 3次方程式の解と係数の関係から

$\boldsymbol{\alpha+\beta+\gamma=-2,\ \alpha\beta+\beta\gamma+\gamma\alpha=3,\ \alpha\beta\gamma=-4}$

(1) $\alpha\beta+\beta\gamma+\gamma\alpha=3$

(2) $\alpha^2+\beta^2+\gamma^2=\boldsymbol{(\alpha+\beta+\gamma)^2-2(\alpha\beta+\beta\gamma+\gamma\alpha)}$

$=(-2)^2-2\cdot 3=-2$

(3) $\dfrac{1}{\alpha}+\dfrac{1}{\beta}+\dfrac{1}{\gamma}=\dfrac{\beta\gamma+\gamma\alpha+\alpha\beta}{\alpha\beta\gamma}=\dfrac{3}{-4}=-\dfrac{3}{4}$

16 (1) $x=1+\sqrt{3}$ が解であるから，

$\boldsymbol{x=1-\sqrt{3}}$ も解である。

x^3+ax^2+bx+1 は

$\{x-(1+\sqrt{3})\}\{x-(1-\sqrt{3})\}$

すなわち x^2-2x-2 で割り切れる。

x^3+ax^2+bx+1 を x^2-2x-2 で割ったときの商は $x+(a+2)$，余りは $(2a+b+6)x+2a+5$ であるから，(余り)$=0$ とすると

$2a+b+6=0,\ 2a+5=0$

これを解くと　$\boldsymbol{a=-\dfrac{5}{2},\ b=-1}$

このとき方程式は

$(x^2-2x-2)\left(x-\dfrac{1}{2}\right)=0$

したがって，方程式のすべての解は

$$x=\frac{1}{2},\ 1+\sqrt{3},\ 1-\sqrt{3}$$

(2) $x=1+2i$ が解であるから，$\boldsymbol{x=1-2i}$ **も解である。**

$x^4-x^3+2x^2+ax+b$ は

$$\{x-(1+2i)\}\{x-(1-2i)\}$$

すなわち x^2-2x+5 で割り切れる。

よって，m，n を実数として，次の等式が成り立つ。

$$x^4-x^3+2x^2+ax+b$$
$$=(x^2-2x+5)(x^2+mx+n)$$

右辺を展開して整理すると

$$x^4-x^3+2x^2+ax+b$$
$$=x^4+(m-2)x^3+(-2m+n+5)x^2$$
$$+(5m-2n)x+5n$$

両辺の係数を比較して

$$m-2=-1,\ -2m+n+5=2,$$
$$5m-2n=a,\ 5n=b$$

ゆえに　$m=1$，$n=-1$，$\boldsymbol{a=7}$，$\boldsymbol{b=-5}$

17 (1) $\begin{cases} x+y=7 & \cdots\cdots ① \\ x^2+y^2=25 & \cdots\cdots ② \end{cases}$

① から　$\boldsymbol{y=7-x}$　$\cdots\cdots$ ③

③ を ② に代入して　$x^2+(7-x)^2=25$

整理して　$x^2-7x+12=0$

これを解いて　$x=3,\ 4$

この値を ③ に代入して　$y=4,\ 3$

よって　$\boldsymbol{(x,\ y)=(3,\ 4),\ (4,\ 3)}$

別解　② から　$(x+y)^2-2xy=25$

① を代入して　$7^2-2xy=25$

したがって　$xy=12$

ゆえに，x，y は 2 次方程式 $t^2-7t+12=0$ の 2 つの解である。

これを解いて　$t=3,\ 4$

よって　$\boldsymbol{(x,\ y)=(3,\ 4),\ (4,\ 3)}$

(2) $\begin{cases} x+y=2z & \cdots\cdots ① \\ x+3y=10 & \cdots\cdots ② \\ xy+yz+zx=11 & \cdots\cdots ③ \end{cases}$

② から　$\boldsymbol{x=10-3y}$　$\cdots\cdots$ ④

②－① から　$2y=10-2z$

これから　$\boldsymbol{z=5-y}$　$\cdots\cdots$ ⑤

④，⑤ を ③ に代入すると

$$(10-3y)y+y(5-y)+(5-y)(10-3y)=11$$

整理すると　$y^2+10y-39=0$

これを解いて　$y=-13,\ 3$

これを ④，⑤ に代入して，求める解は

$$\boldsymbol{(x,\ y,\ z)=(49,\ -13,\ 18),\ (1,\ 3,\ 2)}$$

18 **一致する解を** $\boldsymbol{x=\alpha}$ **とおいて**，それぞれの方程式に代入すると

$\begin{cases} \boldsymbol{\alpha^2+k\alpha+k^2-4=0} & \cdots\cdots ① \\ \boldsymbol{\alpha^2-3\alpha-k+2=0} & \cdots\cdots ② \end{cases}$

①－② から　$(k+3)\alpha+k^2+k-6=0$

ゆえに　$(k+3)\alpha+(k+3)(k-2)=0$

よって　$(k+3)(\alpha+k-2)=0$

したがって　$k=-3$　または　$\alpha=2-k$

[1] $k=-3$ のとき

方程式はともに $x^2-3x+5=0$ となり，2 つの解が一致するから不適。

[2] $\alpha=2-k$ のとき

① に代入して　$(2-k)^2+k(2-k)+k^2-4=0$

整理して　$k^2-2k=0$

これを解いて　$k=0,\ 2$

(i) $k=0$ のとき

① は　$x^2-4=0$；② は　$x^2-3x+2=0$

それぞれの解は　$x=\pm2$；$x=1,\ 2$

よって，一致する解は $x=2$ だけとなり，条件を満たす。

(ii) $k=2$ のとき

① は　$x^2+2x=0$；② は　$x^2-3x=0$

それぞれの解は　$x=0,\ -2$；$x=0,\ 3$

よって，一致する解は $x=0$ だけとなり，条件を満たす。

以上から　$\boldsymbol{k=0}$ **のとき一致する解は**　$\boldsymbol{x=2}$

$\boldsymbol{k=2}$ **のとき一致する解は**　$\boldsymbol{x=0}$

19 左辺を $\boldsymbol{y}$ **について整理**すると

$$y^2-2(x-2)y+2x^2-12x+20=0 \quad \cdots\cdots ①$$

この y についての 2 次方程式の判別式を D とすると

$$\frac{D}{4}=\{-(x-2)\}^2-1\cdot(2x^2-12x+20)$$
$$=-x^2+8x-16=-(x-4)^2$$

① の解は実数であるから

$\boldsymbol{D\geqq0}$　すなわち　$(x-4)^2\leqq0$

x は実数であるから，$(x-4)^2\leqq0$ の解は

$$x=4$$

$x=4$ のとき，① は　$y^2-4y+4=0$

これを解いて　$y=2$

したがって　$\boldsymbol{x=4,\ y=2}$

別解　① から

$$\{y-(x-2)\}^2-(x-2)^2+2x^2-12x+20=0$$

ゆえに　$(y-x+2)^2+x^2-8x+16=0$

よって　$\boldsymbol{(y-x+2)^2+(x-4)^2=0}$

x, y は実数であるから，$y-x+2$, $x-4$ も実数である。

したがって　$y-x+2=0$, $x-4=0$

これを解いて　$\boldsymbol{x=4}$, $\boldsymbol{y=2}$

20 (1)　$x=-8$, $y=12$ は $43x+29y=4$ の整数解の1つである。

ゆえに，方程式は

$$\boldsymbol{43(x+8)+29(y-12)=0} \quad \cdots\cdots (*)$$

43 と 29 は互いに素であるから，(*)より

$$x+8=29k,\ y-12=-43k \ (k \text{ は整数})$$

よって，解は

$$\boldsymbol{x=29k-8,\ y=-43k+12 \ (k \text{ は整数})}$$

別解　$43x+29y=4$　…… ①

$x=-2$, $y=3$ は，$43x+29y=1$ の整数解の1つである。

よって　$43\cdot(-2)+29\cdot3=1$

両辺に4を掛けると

$$43\cdot(-8)+29\cdot12=4 \quad \cdots\cdots ②$$

①－② から

$$\boldsymbol{43(x+8)+29(y-12)=0} \quad \cdots\cdots ③$$

43 と 29 は互いに素であるから，③ より

$$x+8=29k,\ y-12=-43k \ (k \text{ は整数})$$

したがって，解は

$$\boldsymbol{x=29k-8,\ y=-43k+12 \ (k \text{ は整数})}$$

(2)　$x=-17$, $y=-7$ は，$25x-61y=2$ の整数解の1つである。

ゆえに，方程式は

$$\boldsymbol{25(x+17)-61(y+7)=0} \quad \cdots\cdots (*)$$

25 と 61 は互いに素であるから，(*)より

$$x+17=61k,\ y+7=25k \ (k \text{ は整数})$$

したがって，解は

$$\boldsymbol{x=61k-17,\ y=25k-7 \ (k \text{ は整数})}$$

注意　25 と 61 に互除法を適用することにより

$$2=11-3\cdot3=11-(25-11\cdot2)\cdot3$$
$$=25\cdot(-3)+11\cdot7=25\cdot(-3)+(61-25\cdot2)\cdot7$$
$$=25\cdot(-17)-61\cdot(-7)$$

21 (1)　与式から　$xy-2x-4y+5=0$

よって　$x(y-2)-4(y-2)-8+5=0$

ゆえに　$\boldsymbol{(x-4)(y-2)=3}$

x, y は正の整数であるから，$x-4$, $y-2$ は整数である。

また，$x\geqq1$, $y\geqq1$ であるから

$$x-4\geqq-3,\ y-2\geqq-1$$

よって

$$(x-4,\ y-2)=(-3,\ -1),\ (1,\ 3),\ (3,\ 1)$$

ゆえに　$\boldsymbol{(x,\ y)=(1,\ 1),\ (5,\ 5),\ (7,\ 3)}$

(2)　$0<x<y<z$ より，$\dfrac{1}{z}<\dfrac{1}{y}<\dfrac{1}{x}$ であるから

$$\frac{1}{x}+\frac{1}{y}+\frac{1}{z}<\frac{1}{x}+\frac{1}{x}+\frac{1}{x}=\frac{3}{x}$$

ゆえに　$1<\dfrac{3}{x}$　　よって　$\boldsymbol{x<3}$

x は自然数であるから　$x=1,\ 2$

[1]　$x=1$ のとき　$\dfrac{1}{y}+\dfrac{1}{z}=0$

これを満たす自然数 y, z は存在しない。

[2]　$x=2$ のとき　$\dfrac{1}{y}+\dfrac{1}{z}=\dfrac{1}{2}$

また　$\dfrac{1}{y}+\dfrac{1}{z}<\dfrac{1}{y}+\dfrac{1}{y}=\dfrac{2}{y}$

ゆえに　$\dfrac{1}{2}<\dfrac{2}{y}$　　よって　$\boldsymbol{y<4}$

$2<y<4$ を満たす自然数 y は　$y=3$

$x=2$, $y=3$ のとき

$$\frac{1}{z}=\frac{1}{2}-\frac{1}{y}=\frac{1}{2}-\frac{1}{3}=\frac{1}{6}$$

よって　$z=6$　　これは $y<z$ を満たす。

以上から　$\boldsymbol{x=2,\ y=3,\ z=6}$

22 (1)　$2x^2+5x+1=0$ を解くと

$$x=\frac{-5\pm\sqrt{5^2-4\cdot2\cdot1}}{2\cdot2}=\frac{-5\pm\sqrt{17}}{4}$$

よって，不等式の解は

$$\boldsymbol{x\leqq\frac{-5-\sqrt{17}}{4},\ \frac{-5+\sqrt{17}}{4}\leqq x}$$

(2)　不等式から　$(2x-3)^2<0$

したがって，**解はない。**

(3)　不等式の両辺に -1 を掛けて整理すると

$$x^2-2x+2>0$$

$x^2-2x+2=0$ の判別式を D とすると

$$\frac{D}{4}=(-1)^2-1\cdot2=-1<0$$

よって，解は　**すべての実数**

別解　$x^2-2x+2>0$ から　$(x-1)^2+1>0$

よって，解は　**すべての実数**

23　2つの2次方程式 ①，② の判別式をそれぞれ D_1, D_2 とすると

$$\frac{D_1}{4}=a^2-1\cdot(4a-3)=a^2-4a+3$$
$$=(a-1)(a-3)$$

$$\frac{D_2}{4}=(-2a)^2-5a=4a^2-5a=a(4a-5)$$

(1) 求める条件は　**$D_1 \geqq 0$　かつ　$D_2 \geqq 0$**

$D_1 \geqq 0$ から　$a \leqq 1,\ 3 \leqq a$

$D_2 \geqq 0$ から　$a \leqq 0,\ \dfrac{5}{4} \leqq a$

共通範囲を求めて　**$a \leqq 0,\ 3 \leqq a$**

(2) 求める条件は　**$D_1 < 0$　または　$D_2 < 0$**

$D_1 < 0$ から　$1 < a < 3$

$D_2 < 0$ から　$0 < a < \dfrac{5}{4}$

和集合を求めて　**$0 < a < 3$**

24 (1) [1] **$x < -2$ のとき**

方程式は　$-3(x+2) = -(2x-1)$

これを解いて　$x = -7$

これは $x < -2$ を満たす。

[2] **$-2 \leqq x < \dfrac{1}{2}$ のとき**

方程式は　$3(x+2) = -(2x-1)$

これを解いて　$x = -1$

これは $-2 \leqq x < \dfrac{1}{2}$ を満たす。

[3] **$x \geqq \dfrac{1}{2}$ のとき**

方程式は　$3(x+2) = 2x-1$

これを解いて　$x = -7$

これは $x \geqq \dfrac{1}{2}$ を満たさない。

以上から，解は　**$x = -7,\ -1$**

別解　$|x+2| \geqq 0,\ |2x-1| \geqq 0$ であるから，両辺を平方した方程式 $3^2(x+2)^2 = (2x-1)^2$ は，もとの方程式と同値である。

ゆえに　$3^2(x+2)^2 - (2x-1)^2 = 0$

したがって

$$\{3(x+2)+(2x-1)\}\{3(x+2)-(2x-1)\} = 0$$

よって　$5(x+1)(x+7) = 0$

したがって　**$x = -7,\ -1$**

(2) $|x^2-x-3| \leqq 3$ から　**$-3 \leqq x^2-x-3 \leqq 3$**

$-3 \leqq x^2-x-3$ から　$x^2-x \geqq 0$

これを解いて　$x \leqq 0,\ 1 \leqq x$　…… ①

$x^2-x-3 \leqq 3$ から　$x^2-x-6 \leqq 0$

これを解いて　$-2 \leqq x \leqq 3$　…… ②

①，② の共通範囲を求めて

$-2 \leqq x \leqq 0,\ 1 \leqq x \leqq 3$

25 (1) $a^2-1=0$ とすると　$a = \pm 1$

[1] $a=-1$ のとき，方程式は　$-2x+1=0$

したがって　$x = \dfrac{1}{2}$

[2] $a=1$ のとき，方程式は

$2x+1=0$

したがって　$x = -\dfrac{1}{2}$

[3] $a \neq \pm 1$ のとき，方程式から

$\{(a+1)x+1\}\{(a-1)x+1\} = 0$

したがって　$x = -\dfrac{1}{a+1},\ -\dfrac{1}{a-1}$

以上から

$a \neq \pm 1$ のとき　$x = -\dfrac{1}{a+1},\ -\dfrac{1}{a-1}$；

$a=-1$ のとき　$x = \dfrac{1}{2}$；

$a=1$ のとき　$x = -\dfrac{1}{2}$

(2) 不等式から

$x^2-(a^2+a-2)x+a(a^2-2) < 0$

したがって

$(x-a)\{x-(a^2-2)\} < 0$　…… ①

ここで，$a=a^2-2$ として，この方程式を解くと

$a=-1,\ 2$

[1] $a < a^2-2$ すなわち $a < -1,\ 2 < a$ のとき

① の解は　$a < x < a^2-2$

[2] $a = a^2-2$ すなわち $a=-1,\ 2$ のとき

① はそれぞれ　$(x+1)^2 < 0,\ (x-2)^2 < 0$

ともに不等式の解はない。

[3] $a > a^2-2$ すなわち $-1 < a < 2$ のとき

① の解は　$a^2-2 < x < a$

以上から

$a < -1,\ 2 < a$ のとき　$a < x < a^2-2$；

$a=-1,\ 2$ のとき　解はない；

$-1 < a < 2$ のとき　$a^2-2 < x < a$

26 $y=3x^2$ のグラフを x 軸方向に a だけ平行移動すると，その方程式は

$y=3(x-a)^2$

$y=3(x-a)^2$ のグラフを x 軸に関して対称に折り返したとき，その方程式は

$y=-3(x-a)^2$

$y=-3(x-a)^2$ のグラフを y 軸方向に b だけ平行移動すると，その方程式は

$y=-3(x-a)^2+b$

すなわち　$y=-3x^2+6ax+b-3a^2$

これが $y=-3x^2+12x-7$ と一致するから，係数を比較して

$6a=12,\ b-3a^2=-7$

これを解いて　$a=$ ア **2**，$b=$ イ **5**

27 頂点が直線 $y=3x-1$ 上にあるから，その座標は $(\boldsymbol{p},\ \boldsymbol{3p-1})$ とおける。
また，グラフは $y=-3x^2$ のグラフを平行移動したものであるから，その x^2 の係数は -3 である。
よって，求める2次関数は，次のように表される。

$$\boldsymbol{y=-3(x-p)^2+3p-1} \quad \cdots\cdots ①$$

このグラフが点 $(5,\ -46)$ を通るから

$$-46=-3(5-p)^2+3p-1$$

整理すると　　$p^2-11p+10=0$
すなわち　　$(p-1)(p-10)=0$
これを解いて　　$p=1,\ 10$
① から
　$p=1$ のとき　　$y=-3(x-1)^2+3\cdot1-1$
　$p=10$ のとき　　$y=-3(x-10)^2+3\cdot10-1$
したがって，求める2次関数は
　$\boldsymbol{y=-3(x-1)^2+2,\ y=-3(x-10)^2+29}$
　（$y=-3x^2+6x-1$，$y=-3x^2+60x-271$ でもよい）

28 $f(x)=a(x-1)^2-a+b$
$a<0$ であるから，$y=f(x)$ のグラフは上に凸の放物線で，軸は直線 $x=1$
$-2\leqq x\leqq 2$ の範囲で $f(x)$ は
　　$x=1$ 　で最大値 $f(1)=-a+b$
　　$x=-2$ で最小値 $f(-2)=8a+b$
をとる。したがって
　　$-a+b=12,\ 8a+b=-6$
これを解いて　　$\boldsymbol{a=-2,\ b=10}$
これは $a<0$ を満たす。

29 $f(x)=x^2-4x+3=(x-2)^2-1$
$y=f(x)$ のグラフは，下に凸の放物線で，軸は直線 $x=2$ である。
また　　$f(p+1)=(p+1-2)^2-1=p^2-2p$
　　　　$f(p-1)=(p-1-2)^2-1=p^2-6p+8$
[1]　$\boldsymbol{p+1<2}$　すなわち　$p<1$ のとき
　$y=f(x)$ のグラフは図 [1] のようになる。
　よって　　$q=f(p+1)=p^2-2p$
[2]　$\boldsymbol{p-1\leqq 2\leqq p+1}$ すなわち $1\leqq p\leqq 3$ のとき
　$y=f(x)$ のグラフは図 [2] のようになる。
　よって　　$q=f(2)=-1$
[3]　$\boldsymbol{2<p-1}$　すなわち　$3<p$ のとき
　$y=f(x)$ のグラフは図 [3] のようになる。
　よって　　$q=f(p-1)=p^2-6p+8$

以上から
$p<1$ のとき
　　$\boldsymbol{q=p^2-2p}$
$1\leqq p\leqq 3$ のとき
　　$\boldsymbol{q=-1}$
$3<p$ のとき
　　$\boldsymbol{q=p^2-6p+8}$

[1]
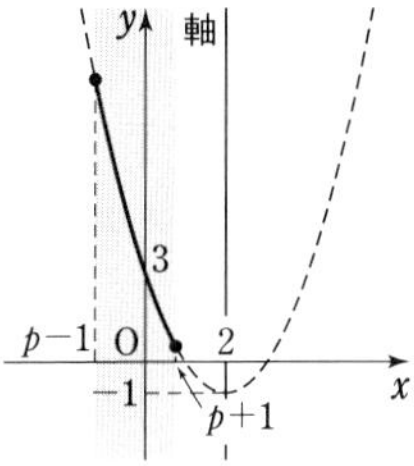

[2]
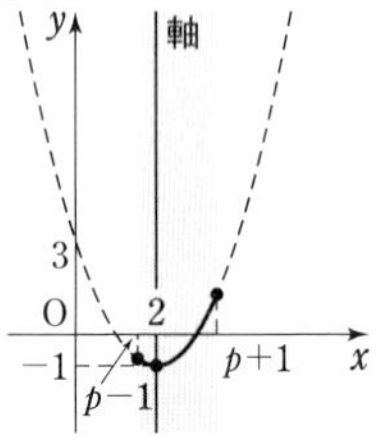

[3]
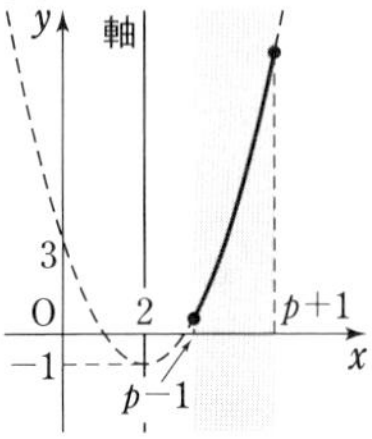

30 $f(x)=-3(x-a)^2+3a^2-2$
$y=f(x)$ の関数のグラフは上に凸の放物線で，軸は直線 $x=a$，区間の中央の値は1
（[1]～[3]：最大値について）
[1]　**$a<0$** 　　のとき　$M(a)=f(0)=-2$
[2]　**$0\leqq a\leqq 2$ のとき**　$M(a)=f(a)=3a^2-2$
[3]　**$a>2$** 　　のとき　$M(a)=f(2)=12a-14$
（[4]～[6]：最小値について）
[4]　**$a<1$ のとき**　$m(a)=f(2)=12a-14$
[5]　**$a=1$ のとき**　$m(a)=f(0)=f(2)=-2$
[6]　**$a>1$ のとき**　$m(a)=f(0)=-2$

以上から　　$\boldsymbol{M(a)=\begin{cases}-2 & (a<0)\\ 3a^2-2 & (0\leqq a\leqq 2)\\ 12a-14 & (a>2)\end{cases}}$

$$\boldsymbol{m(a)=\begin{cases}12a-14 & (a<1)\\ -2 & (a\geqq 1)\end{cases}}$$

[1]
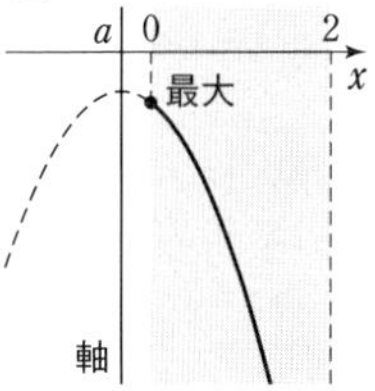

[2]
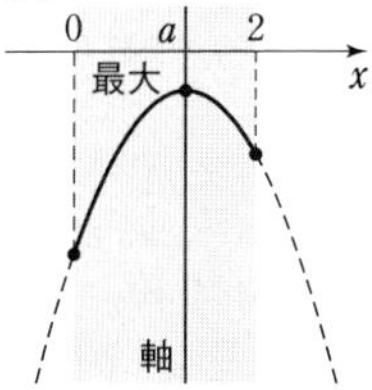

[3]

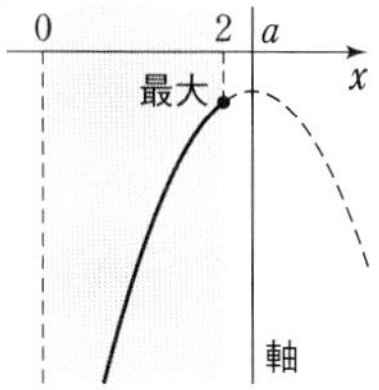

[4]

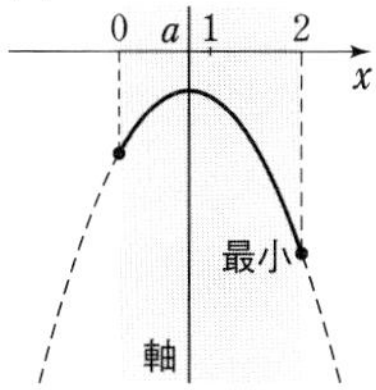

[5]

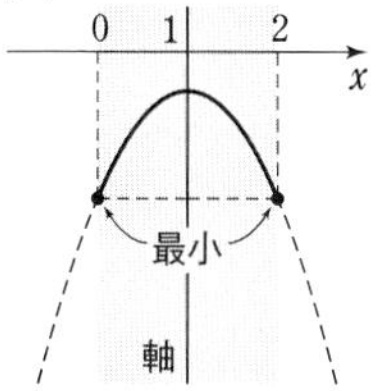

[6]

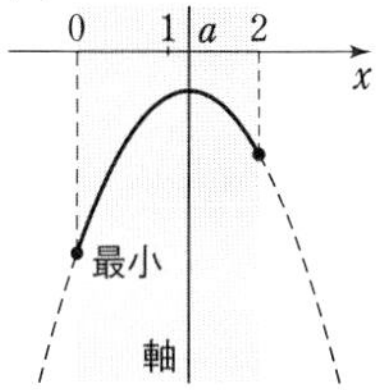

31 $4x^2+y^2=1$ から　　$\boldsymbol{y^2=1-4x^2}$　…… ①

$\boldsymbol{y^2 \geqq 0}$ であるから　　$1-4x^2 \geqq 0$

ゆえに　　$(2x+1)(2x-1) \leqq 0$

よって　　$-\dfrac{1}{2} \leqq x \leqq \dfrac{1}{2}$　…… ②

① を $2x+y^2$ に代入すると

$$2x+y^2=2x+1-4x^2=-4x^2+2x+1$$

$f(x)=-4x^2+2x+1$ とすると

$$f(x)=-4\left(x-\frac{1}{4}\right)^2+\frac{5}{4}$$

② の範囲における $f(x)$ のグラフは，右の図の実線部分である。

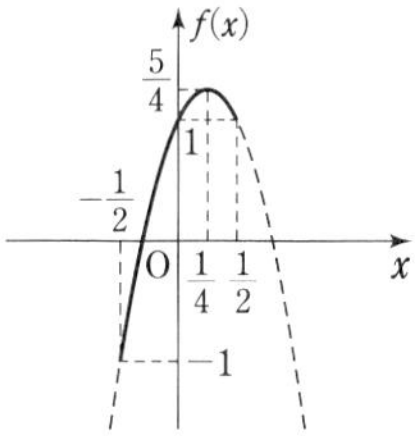

この値域を求めて

$$\boldsymbol{-1 \leqq 2x+y^2 \leqq \frac{5}{4}}$$

32 $\boldsymbol{x+y=k}$ **とおくと**　　$y=k-x$

$x^2-2xy+2y^2=2$ に代入して

$$x^2-2x(k-x)+2(k-x)^2=2$$

整理すると　　$5x^2-6kx+2k^2-2=0$　…… ①

x の 2 次方程式 ① が実数解をもつ条件から，① の判別式を D とすると

$$\frac{D}{4}=(-3k)^2-5(2k^2-2)=-k^2+10 \geqq 0$$

ゆえに　　$(k+\sqrt{10})(k-\sqrt{10}) \leqq 0$

よって　　$-\sqrt{10} \leqq k \leqq \sqrt{10}$

すなわち　　$\boldsymbol{-\sqrt{10} \leqq x+y \leqq \sqrt{10}}$

33 $|x^2-2x-3|=x+k$ から

$$\boldsymbol{|x^2-2x-3|-x=k}$$

$y=|x^2-2x-3|-x$　…… ①　とする。

$x^2-2x-3=(x+1)(x-3)$ であるから

$x^2-2x-3 \geqq 0$ の解は　　$x \leqq -1,\ 3 \leqq x$

$x^2-2x-3<0$ の解は　　$-1<x<3$

$x \leqq -1,\ 3 \leqq x$ のとき，① は

$$y=x^2-2x-3-x=x^2-3x-3$$
$$=\left(x-\frac{3}{2}\right)^2-\frac{21}{4}$$

$-1<x<3$ のとき，① は

$$y=-(x^2-2x-3)-x=-x^2+x+3$$
$$=-\left(x-\frac{1}{2}\right)^2+\frac{13}{4}$$

よって，① のグラフは右の図の実線部分のようになる。

求める条件は，① のグラフと直線 $y=k$ が異なる 4 個の点を共有するための条件と同じである。

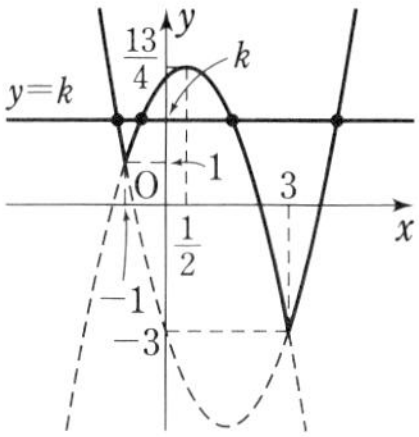

したがって　　$\boldsymbol{1<k<\dfrac{13}{4}}$

34 $F(x)=f(x)-g(x)$ とすると

$$F(x)=x^2+m+3+mx$$
$$=\left(x+\frac{m}{2}\right)^2-\frac{m^2}{4}+m+3$$

$x \geqq 0$ において，$f(x)>g(x)$ すなわち $F(x)>0$ が成り立つための条件は，$y=F(x)$ のグラフが下に凸であるから

[$\boldsymbol{x \geqq 0}$ における $\boldsymbol{F(x)}$ の最小値]$\boldsymbol{>0}$

[1]　$-\dfrac{m}{2} \geqq 0$　すなわち　$m \leqq 0$ のとき

$x \geqq 0$ において，$F(x)$ は $x=-\dfrac{m}{2}$ で最小値 $-\dfrac{m^2}{4}+m+3$ をとる。

ゆえに，求める条件は　　$-\dfrac{m^2}{4}+m+3>0$

よって　　$m^2-4m-12<0$

これを解いて　　$-2<m<6$

$m \leqq 0$ との共通範囲を求めて　　$-2<m \leqq 0$

[2]　$-\dfrac{m}{2}<0$　すなわち　$m>0$ のとき

$x \geqq 0$ において，$F(x)$ は $x=0$ で最小値 $m+3$ をとる。

ゆえに，求める条件は　　$m+3>0$

これは，$m>0$ のとき常に成り立つ。
[1]，[2] から，求める m の値の範囲は
$$m>-2$$

35 $f(x)=x^2-2ax+1$ とし，$f(x)=0$ の判別式を D とする。
題意を満たすための条件は，$y=f(x)$ のグラフが x 軸と $0<x<3$ の範囲で異なる 2 点を共有することである。
よって，次の ① ～ ④ が同時に成り立つ。
$$\frac{D}{4}=(-a)^2-1\cdot1=a^2-1>0 \quad \cdots\cdots ①$$
軸 $x=a$ について　$0<a<3$ ……②
$f(0)>0$ ……③，　$f(3)>0$ ……④
① から　$a<-1,\ 1<a$ ……①′
③ について，$f(0)=1>0$ は常に成り立つ。
④ から　$a<\frac{5}{3}$ ……④′
①′，②，④′ の共通範囲を求めて　$1<a<\frac{5}{3}$

36 (1) $2x-y-3=0$ から　$y=2x-3$
これを $ax^2+by^2+2cx-9=0$ に代入すると
$$ax^2+b(2x-3)^2+2cx-9=0$$
よって　$(a+4b)x^2-2(6b-c)x+9(b-1)=0$
これが x についての恒等式であるから
$$a+4b=0,\ 6b-c=0,\ b-1=0$$
これを解いて　$a=-4,\ b=1,\ c=6$

(2) $(k+1)x-(3k+2)y+2k+7=0$ を k について整理すると　$(x-3y+2)k+x-2y+7=0$
これがすべての実数 k に対して成り立つための条件は　$x-3y+2=0,\ x-2y+7=0$
これを解いて　$x=-17,\ y=-5$

37 (1) (左辺)
$$=\frac{1}{2}(2a^2+2b^2+2c^2-2ab-2bc-2ca)$$
$$=\frac{1}{2}\{(a-b)^2+(b-c)^2+(c-a)^2\}\geqq0$$
等号は，$a-b=0$ かつ $b-c=0$ かつ $c-a=0$ のとき，すなわち **$a=b=c$ のときに成り立つ。**

(2) $(\sqrt{ax+by}\sqrt{x+y})^2-(\sqrt{a}\,x+\sqrt{b}\,y)^2$
$=(ax+by)(x+y)-(\sqrt{a}\,x+\sqrt{b}\,y)^2$
$=ax^2+(a+b)xy+by^2-ax^2-2\sqrt{ab}\,xy-by^2$
$=(a-2\sqrt{ab}+b)xy=(\sqrt{a}-\sqrt{b})^2xy\geqq0$
よって　$(\sqrt{ax+by}\sqrt{x+y})^2\geqq(\sqrt{a}\,x+\sqrt{b}\,y)^2$
$\sqrt{ax+by}\sqrt{x+y}>0$，$\sqrt{a}\,x+\sqrt{b}\,y>0$
であるから
$$\sqrt{ax+by}\sqrt{x+y}\geqq\sqrt{a}\,x+\sqrt{b}\,y$$
$x>0$，$y>0$ であるから，**等号は $\sqrt{a}-\sqrt{b}=0$ すなわち $a=b$ のときに成り立つ。**

38 $\frac{a+b}{2}-\sqrt{ab}=\frac{a-2\sqrt{ab}+b}{2}$
$$=\frac{(\sqrt{a}-\sqrt{b})^2}{2}\geqq0$$
等号は，$\sqrt{a}-\sqrt{b}=0$ すなわち $a=b$ のときに成り立つ。
次に　$\sqrt{ab}-\frac{2ab}{a+b}=\frac{\sqrt{ab}(a+b)-2ab}{a+b}$
$$=\frac{\sqrt{ab}(a+b-2\sqrt{ab})}{a+b}$$
$$=\frac{\sqrt{ab}(\sqrt{a}-\sqrt{b})^2}{a+b}\geqq0$$
等号は，$a=b$ のときに成り立つ。
以上から　$\frac{a+b}{2}\geqq\sqrt{ab}\geqq\frac{2ab}{a+b}$
（等号はいずれも $a=b$ のときに成り立つ）

別解 （後半）$\frac{a+b}{2}\geqq\sqrt{ab}$ の両辺に正の数 $\frac{2\sqrt{ab}}{a+b}$ を掛けて　$\sqrt{ab}\geqq\frac{2ab}{a+b}$

参考 a，b の逆数の相加平均 $\frac{1}{2}\left(\frac{1}{a}+\frac{1}{b}\right)$ の逆数を a，b の**調和平均**という。一般に
(相加平均)≧(相乗平均)≧(調和平均)

39 $x^2-2x-a^2+1<0$ から
$$(x+a-1)(x-a-1)<0$$
$a>0$ であるから　$-a+1<x<a+1$
$x^2-9<0$ から　$(x+3)(x-3)<0$
よって　$-3<x<3$
$3x^2-2ax-a^2<0$ から　$(3x+a)(x-a)<0$
$a>0$ であるから　$-\frac{a}{3}<x<a$
ゆえに　$A=\{x\mid -a+1<x<a+1\}$，
$B=\{x\mid -3<x<3\}$，$C=\left\{x\,\middle|\,-\frac{a}{3}<x<a\right\}$
$C\subset A$ が成り立つための条件は
$$-a+1\leqq-\frac{a}{3} \quad かつ \quad a\leqq a+1$$
$-a+1\leqq-\frac{a}{3}$ を解いて　$a\geqq\frac{3}{2}$
$a\leqq a+1$ は常に成り立つ。
よって　$a\geqq\frac{3}{2}$ ……①
$C\subset B$ が成り立つための条件は
$$-3\leqq-\frac{a}{3} \quad かつ \quad a\leqq3$$

$-3 \leqq -\dfrac{a}{3}$ を解いて　　$a \leqq 9$

$a \leqq 3$ との共通範囲は　　$a \leqq 3$　…… ②

求める a の値の範囲は，①，② の共通範囲であるから　　$\boldsymbol{\dfrac{3}{2} \leqq a \leqq 3}$

40　与えられた集合の要素を**図に書き込むと**，右のようになる。この図から

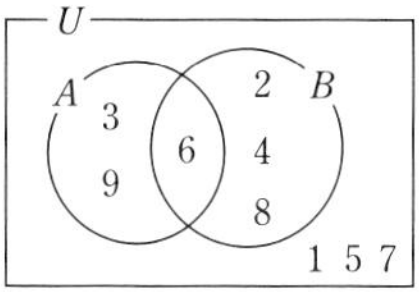

$\boldsymbol{A=\{3,\ 6,\ 9\}}$

$\boldsymbol{B=\{2,\ 4,\ 6,\ 8\}}$

参考　$\overline{A}=\overline{A}\cap U=\overline{A}\cap(B\cup\overline{B})$

$=(\overline{A}\cap B)\cup(\overline{A}\cap\overline{B})$　であるから

$\overline{A}=\{1,\ 2,\ 4,\ 5,\ 7,\ 8\}$

よって　　$A=\{3,\ 6,\ 9\}$

また　　$\overline{B}=U\cap\overline{B}=(A\cup\overline{A})\cap\overline{B}$

$=(A\cap\overline{B})\cup(\overline{A}\cap\overline{B})$　であるから

$\overline{B}=\{1,\ 3,\ 5,\ 7,\ 9\}$

よって　　$B=\{2,\ 4,\ 6,\ 8\}$

41　(1)　$\boldsymbol{a \neq 0}$　**かつ**　$\boldsymbol{b \neq 0}$

(2)　$x^2-8x+15=0$ から　　$(x-3)(x-5)=0$

これを解いて　　$x=3,\ 5$

よって，命題「$x^2-8x+15=0$ である自然数 x が存在する」は**真**である。

否定は

「すべての自然数 x に対して $x^2-8x+15 \neq 0$」

$x=3$ のとき　　$x^2-8x+15=0$

したがって　　**偽**

42　(1)　$x>1$ かつ $y>1$

$\Longrightarrow x+y>2$ かつ $xy>1$　は真。

$x+y>2$ かつ $xy>1 \Longrightarrow x>1$ かつ $y>1$

は偽。　（反例）　$x=4,\ y=0.5$

したがって　　**(b)**

(2)　$|x-y|=|x+y|$ の両辺を平方して

$|x-y|^2=|x+y|^2$

ゆえに　　$x^2-2xy+y^2=x^2+2xy+y^2$

よって　　$xy=0$

したがって，$|x-y|=|x+y| \Longrightarrow xy=0$ は真。

$xy=0$ のとき　　$x=0$　または　$y=0$

$x=0$ のとき　　$|0-y|-|0+y|=|y|-|y|=0$

$y=0$ のとき　　$|x-0|-|x+0|=|x|-|x|=0$

ゆえに，$xy=0 \Longrightarrow |x-y|=|x+y|$　は真。

したがって　　**(c)**

(3)　$x^2+y^2 \leqq 1$ の表す領域を P，

$|x|+|y| \leqq 1$ の表す領域を Q とすると，右の図（境界線を含む）から

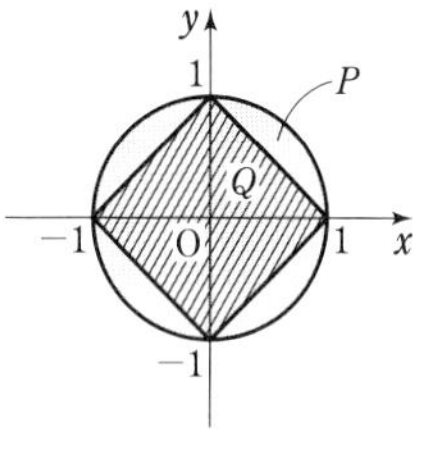

$\boldsymbol{P \supset Q}$

したがって　　**(a)**

(4)　$3x^2+7x-6 \geqq 0$ から　　$(x+3)(3x-2) \geqq 0$

ゆえに　　$x \leqq -3,\ \dfrac{2}{3} \leqq x$

$x^2+7x+12 \geqq 0$ から　　$(x+4)(x+3) \geqq 0$

ゆえに　　$x \leqq -4,\ -3 \leqq x$

よって，$3x^2+7x-6 \geqq 0 \Longrightarrow x^2+7x+12 \geqq 0$

は偽。　（反例）　$x=-3.5$

また，$x^2+7x+12 \geqq 0 \Longrightarrow 3x^2+7x-6 \geqq 0$

も偽。　（反例）　$x=0$

したがって　　**(d)**

43　(1)　**「$\boldsymbol{a}$ が 3 の倍数でないならば，$\boldsymbol{a^2}$ は 3 の倍数でない。」**

(2)　a が 3 の倍数でないならば，

$\boldsymbol{a=3n+1}$　または　$\boldsymbol{a=3n+2}$（n は整数）

と表される。

このとき　　$a^2=(3n+1)^2=9n^2+6n+1$

$=3(3n^2+2n)+1$

または　　$a^2=(3n+2)^2=9n^2+12n+4$

$=3(3n^2+4n+1)+1$

よって，$a=3n+1,\ 3n+2$ いずれの場合も a^2 を 3 で割ると 1 余る。

すなわち，a^2 は 3 の倍数でない。

したがって，**対偶が真**であるから，**もとの命題も真**である。

44　$\sqrt{2}+\sqrt{3}$ **が無理数でない**，すなわち有理数である**と仮定すると**

$\sqrt{2}+\sqrt{3}=a$　（a は有理数）

と表される。

この両辺を平方して　　$(\sqrt{2}+\sqrt{3})^2=a^2$

ゆえに　　$5+2\sqrt{6}=a^2$

よって　　$\sqrt{6}=\dfrac{a^2-5}{2}$

a が有理数ならば $\dfrac{a^2-5}{2}$ も有理数であるから，

この等式は $\sqrt{6}$ が無理数であることに**矛盾**する。

したがって，$\sqrt{2}+\sqrt{3}$ は無理数である。

45 (B)の前半の条件から，$b=21b'$，$c=21c'$ と表される。
ただし，b'，c' は互いに素な自然数で
$$b'<c' \quad \cdots\cdots ①$$
(B)の後半の条件から
$$21b'c'=294 \quad すなわち \quad b'c'=14$$
これと ① を満たす b'，c' の組は
$$(b',\ c')=(1,\ 14),\ (2,\ 7)$$
ゆえに　$(b,\ c)=(21,\ 294),\ (42,\ 147)$
(A)から，a は 7 を素因数にもち，(C)から
$$84=2^2\cdot3\cdot7$$
[1] $b=21(=3\cdot7)$ のとき，a と 21 の最小公倍数が 84 であるような a は
$$a=2^2\cdot3^p\cdot7=28\cdot3^p \quad ただし \quad p=0,\ 1$$
$a\geqq28$ となるから，これは $a<b$ を満たさない。
[2] $b=42(=2\cdot3\cdot7)$ のとき，a と 42 の最小公倍数が 84 であるような a は
$$a=2^2\cdot3^p\cdot7 \quad ただし \quad p=0,\ 1$$
$a<42$ を満たすのは $p=0$ の場合で，このとき　$a=28$
28, 42, 147 の最大公約数は 7 で，(A)を満たす。
以上から　$\boldsymbol{(a,\ b,\ c)=(28,\ 42,\ 147)}$

46 連続した 4 つの整数の積を P とする。
ここで，連続する 4 つの整数の中に
4 の倍数は　1 個
3 の倍数は　1 個または 2 個
4 の倍数でない 2 の倍数は　1 個　ある。
したがって，m を整数とすると
$$P=4\cdot3\cdot2\cdot m=\boldsymbol{24m}$$
と表され，P は 24 の倍数であることがいえる。
よって，連続する 4 つの整数の積は，24 で割り切れる。

47 $abc_{(5)}$ と $cba_{(9)}$ はともに 3 桁の数であり，底について $5<9$ であるから
$$1\leqq a\leqq4,\ 0\leqq b\leqq4,\ 1\leqq c\leqq4$$
$$N=abc_{(5)}=a\cdot5^2+b\cdot5^1+c\cdot5^0$$
$$=\boldsymbol{25a+5b+c} \quad \cdots\cdots ①$$
これを 3 倍したものが $cba_{(9)}$ であるから
$$3(25a+5b+c)=c\cdot9^2+b\cdot9^1+a\cdot9^0$$
ゆえに　$3(25a+5b+c)=\boldsymbol{81c+9b+a}$
よって　$37a=3(13c-b) \quad \cdots\cdots ②$
37 と 3 は互いに素であるから，a は 3 の倍数である。
$1\leqq a\leqq4$ であるから　$a=3$
このとき，② から　$13c=b+37 \quad \cdots\cdots ③$
よって，$b+37$ は 13 の倍数である。
$0\leqq b\leqq4$ より $37\leqq b+37\leqq41$ であるから
$$b+37=39 \quad よって \quad b=2$$
③ から　$c=3$
以上から　$\boldsymbol{a=3,\ b=2,\ c=3}$
これらを ① に代入して
$$N=25\cdot3+5\cdot2+3=\boldsymbol{88}$$

48 $X=\{3\cdot1,\ 3\cdot2,\ \cdots\cdots,\ 3\cdot50\}$ であるから
$$n(X)=50$$
$Y=\{4\cdot1,\ 4\cdot2,\ \cdots\cdots,\ 4\cdot37\}$ であるから
$$n(Y)=37$$
$Z=\{5\cdot1,\ 5\cdot2,\ \cdots\cdots,\ 5\cdot30\}$ であるから
$$n(Z)=30$$
$X\cap Y$ は，3 と 4 の最小公倍数 12 の倍数全体の集合で　$X\cap Y=\{12\cdot1,\ 12\cdot2,\ \cdots\cdots,\ 12\cdot12\}$
よって　$n(X\cap Y)=12$
$Y\cap Z$ は，4 と 5 の最小公倍数 20 の倍数全体の集合で　$Y\cap Z=\{20\cdot1,\ 20\cdot2,\ \cdots\cdots,\ 20\cdot7\}$
よって　$n(Y\cap Z)=7$
$Z\cap X$ は，5 と 3 の最小公倍数 15 の倍数全体の集合で　$Z\cap X=\{15\cdot1,\ 15\cdot2,\ \cdots\cdots,\ 15\cdot10\}$
よって　$n(Z\cap X)=10$
$X\cap Y\cap Z$ は，3 と 4 と 5 の最小公倍数 60 の倍数全体の集合で　$X\cap Y\cap Z=\{60\cdot1,\ 60\cdot2\}$
よって　$n(X\cap Y\cap Z)=2$
(1) $n((X\cap Y)\cup Z)$
$=n(X\cap Y)+n(Z)-n((X\cap Y)\cap Z)$
$=12+30-2=\boldsymbol{40}$
(2) $n(X\cup Y\cup Z)$
$=n(X)+n(Y)+n(Z)-n(X\cap Y)$
$\quad -n(Y\cap Z)-n(Z\cap X)+n(X\cap Y\cap Z)$
$=50+37+30-12-7-10+2=\boldsymbol{90}$

49 (ア) 百の位には 0 以外の 5 個の数字から 1 個選ぶから，その選び方は　5 通り
そのおのおのに対して，残りの位には残り 5 個の数字から 2 個選んで並べるから，その方法は
$${}_5\mathrm{P}_2 \text{ 通り}$$
よって，求める個数は
$$5\times{}_5\mathrm{P}_2=5\times5\times4=\boldsymbol{100}\ (個)$$
(イ) 奇数となる場合を考えると，一の位には，1，3，5 の 3 個の数字から選ぶから，その選び方は
3 通り
そのおのおのに対して，百の位は 0 以外の 4 個の数字から 1 個選び，十の位は残り 4 個の数字から 1 個選ぶから，その選び方は

$4\times4=16$ (通り)

したがって，奇数となるものは

$3\times16=48$ (個)

よって，偶数となるものは，(ア)の結果から

$100-48=$**52** (個)

(ウ) 312 より大きい整数を考える。

[1] 31□ の場合

□には 4 または 5 を選ぶから，その選び方は

2 通り

[2] 32□，34□，35□ の場合

□には，3 と十の位で使った数字以外の 4 個から 1 個選ぶから，その選び方は

$3\times4=12$ (通り)

[3] 4□□，5□□ の場合

□には，百の位で使った数字以外の 5 個から 2 個を選んで並べるから，その方法は

$2\times{}_5P_2=2\times5\times4=40$ (通り)

以上から，求める個数は

$2+12+40=$**54** (個)

(エ) 百の位は 0 を除いた 5 個の数字から 1 個選び，他の位はそれぞれ 6 個の数字から 1 個選ぶ。

よって，その方法は　$5\times6^2=$**180** (個)

50 (1) A の 3 個の選び方は　${}_8C_3$ 通り

残りの 5 個から B の 2 個の選び方は　${}_5C_2$ 通り

A，B が決まれば，残りの C の 3 個は決まる。

よって，求める分け方の総数は

${}_8C_3\times{}_5C_2=56\times10=$**560** (通り)

(2) 各品物は，A，B，C の 3 人から 1 人を選んで与えられる。

よって，求める分け方の総数は

$3^8=$**6561** (通り)

(3) [1] 1 人だけがもらえない場合

もらえない 1 人の選び方は　${}_3C_1$ 通り

各品物を，残りの 2 人に分ける方法は

2^8 通り

このうち，どちらか 1 人が 1 個ももらえない場合が 2 通りある。

ゆえに，1 人だけがもらえない場合の数は

${}_3C_1\times(2^8-2)=3\times(256-2)$

$=762$ (通り)

[2] 2 人がもらえない場合

もらえる 1 人の選び方は　${}_3C_1$ 通り

したがって，求める分け方の総数は，(2) の結果と [1]，[2] から

$6561-(762+3)=$**5796** (通り)

51 (1) 10 個の○で商品を表し，3 つの | で仕切りを表す。

求める買い方は，10 個の○を並べ，○と○の間の 9 個の場所から仕切り | を入れる 3 個の場所を選ぶ方法と同じである。

よって　${}_9C_3=$**84** (通り)

(2) 7 個の○を並べ，○と○の間の 6 個の場所から仕切り | を入れる 2 個の場所を選ぶ方法と同じである。

よって　${}_6C_2=$**15** (通り)

(3) [1] $a=2$ のとき

8 個の○を並べ，○と○の間の 7 個の場所から仕切り | を入れる 2 個の場所を選ぶ方法と同じである。

よって　${}_7C_2=21$ (通り)

[2] $a=4$ のとき

6 個の○を並べ，○と○の間の 5 個の場所から仕切り | を入れる 2 個の場所を選ぶ方法と同じである。

よって　${}_5C_2=10$ (通り)

[1]，[2] と (2) から，求める買い方は

$21+15+10=$**46** (通り)

別解　$a\geqq1$，$b\geqq1$，$c\geqq1$，$d\geqq1$ であるから

$a-1=x$，$b-1=y$，$c-1=z$，$d-1=u$

…… ① とおく。

(1) ① を $a+b+c+d=10$ に代入して

$(x+1)+(y+1)+(z+1)+(u+1)=10$

よって　$x+y+z+u=6$,

$x\geqq0$，$y\geqq0$，$z\geqq0$，$u\geqq0$

この整数解の個数は，異なる 4 種類の文字から 6 個取る重複組合せの総数に等しい。

よって，求める買い方の総数は

${}_4H_6={}_{4+6-1}C_6={}_9C_6={}_9C_3=$**84** (通り)

(2) $a=3$ のとき　$b+c+d=7$

① を代入して　$(y+1)+(z+1)+(u+1)=7$

よって　$y+z+u=4$，$y\geqq0$，$z\geqq0$，$u\geqq0$

この整数解の個数は，異なる 3 種類の文字から 4 個取る重複組合せの総数に等しい。

よって，求める買い方の総数は

${}_3H_4={}_{3+4-1}C_4={}_6C_4={}_6C_2=$**15** (通り)

(3) [1] $a=2$ のとき　$b+c+d=8$

① を代入して　$(y+1)+(z+1)+(u+1)=8$

よって　$y+z+u=5$，$y\geqq0$，$z\geqq0$，$u\geqq0$

$a=2$ のときの買い方の総数は

${}_3H_5={}_{3+5-1}C_5={}_7C_5={}_7C_2=21$ (通り)

[2]　$a=4$ のとき　　$b+c+d=6$

① を代入して

$$(y+1)+(z+1)+(u+1)=6$$

よって　　$y+z+u=3,\ y\geqq 0,\ z\geqq 0,\ u\geqq 0$

$a=4$ のときの買い方の総数は

$${}_3H_3={}_{3+3-1}C_3={}_5C_3={}_5C_2=10 \text{（通り）}$$

[1], [2] と (2) の結果から，$2\leqq a\leqq 4$ となる買い方は　　$21+15+10=$ **46（通り）**

52 (1)　$(3x^2-y)^7$ の展開式の一般項は

$${}_7C_r(3x^2)^{7-r}(-y)^r=3^{7-r}\cdot(-1)^r{}_7C_r(x^2)^{7-r}y^r$$
$$=3^{7-r}\cdot(-1)^r{}_7C_rx^{14-2r}y^r$$

(ア)　x^8y^3 の項は $r=3$ のとき得られる。

よって，求める係数は

$$3^4\cdot(-1)^3{}_7C_3=-81\cdot 35=\mathbf{-2835}$$

(イ)　$3^{7-r}\cdot(-1)^r{}_7C_r=21$ とすると

$$\frac{7!}{(7-r)!r!}\cdot 3^{7-r}(-1)^r=21 \quad \cdots\cdots ①$$

$21=3\cdot 7$ であるから　　$7-r\leqq 1$

r は負でない整数であるから　　$r=6,\ 7$

① を満たすのは　　$r=6$

よって，係数が 21 となる項は　　$21x^2y^6$

したがって，y の次数は　　**6**

(2)　$\left(x^3-2x+\dfrac{2}{x}\right)^5$ の展開式における一般項は，

$\boldsymbol{p+q+r=5}$ … ①（$p,\ q,\ r$ は負でない整数）

として　　$\dfrac{\mathbf{5!}}{\boldsymbol{p!q!r!}}\boldsymbol{(x^3)^p\cdot(-2x)^q\cdot\left(\dfrac{2}{x}\right)^r}$

$$=\frac{5!\cdot(-2)^q\cdot 2^r}{p!q!r!}x^{3p+q-r}$$

x^3 の項は $3p+q-r=3$ …… ② のときである。

①+② から　　$4p+2q=8$

ゆえに　　$2p+q=4$

$q=4-2p\geqq 0$ であるから　　$p\leqq 2$

よって　　$(p,\ q)=(0,\ 4),\ (1,\ 2),\ (2,\ 0)$

① より，$r=5-(p+q)$ であるから

$$(p,\ q,\ r)=(0,\ 4,\ 1),\ (1,\ 2,\ 2),\ (2,\ 0,\ 3)$$

したがって，x^3 の係数は

$$\frac{5!\cdot(-2)^4\cdot 2^1}{0!4!1!}+\frac{5!\cdot(-2)^2\cdot 2^2}{1!2!2!}+\frac{5!\cdot(-2)^0\cdot 2^3}{2!0!3!}$$
$$=160+480+80=\mathbf{720}$$

53　2 個の玉の取り出し方の総数は

$${}_9C_2=36 \text{（通り）}$$

(1)　積が奇数となる場合の数は

$${}_5C_2=10 \text{（通り）}$$

よって，求める確率は　　$1-\dfrac{10}{36}=\mathbf{\dfrac{13}{18}}$

(2)　和が 3 の倍数となる数の組は

(1, 2), (1, 5), (1, 8), (2, 4), (2, 7), (3, 6), (3, 9), (4, 5), (4, 8), (5, 7), (6, 9), (7, 8)　の 12 通りであるから，

求める確率は　　$\dfrac{12}{36}=\mathbf{\dfrac{1}{3}}$

(3)　[1]　一方の玉の数が 1 のとき

他方の玉の数は 2, 3, ……, 9 の 8 通り

[2]　一方の玉の数が 2 のとき

他方の玉の数は 4, 6, 8 の 3 通り

[3]　一方の玉の数が 3 のとき

他方の玉の数は 6, 9 の 2 通り

[4]　一方の玉の数が 4 のとき

他方の玉の数は 8 の 1 通り

ゆえに，条件を満たす場合の総数は　　14 通り

よって，求める確率は　　$\dfrac{14}{36}=\mathbf{\dfrac{7}{18}}$

54　委員の選び方の総数は　　${}_{10}C_3=120$（通り）

(1)　いずれの組の女子生徒が含まれるという事象は，次の 2 つの事象 C, D の和事象であり，これらは互いに排反である。

C：A 組から女子 1 人，B 組から女子 1 人，残りは男子 6 人から 1 人選ぶ

D：A 組から女子 2 人，B 組から女子 1 人選ぶ

C が起こる場合の数は

$${}_3C_1\times{}_1C_1\times{}_6C_1=18 \text{（通り）}$$

D が起こる場合の数は　　${}_3C_2\times{}_1C_1=3$（通り）

よって，求める確率は　　$\dfrac{18}{120}+\dfrac{3}{120}=\mathbf{\dfrac{7}{40}}$

(2)　B 組の生徒だけになる事象を E，男子生徒だけになる事象を F とする。

それぞれの確率を求めると

$$P(E)=\frac{{}_5C_3}{120}=\frac{10}{120},\quad P(F)=\frac{{}_6C_3}{120}=\frac{20}{120}$$

また，B 組の男子生徒だけが選ばれる事象は $E\cap F$ で表され，その確率は

$$P(E\cap F)=\frac{{}_4C_3}{120}=\frac{4}{120}$$

よって，求める確率は

$$P(E\cup F)=\boldsymbol{P(E)+P(F)-P(E\cap F)}$$
$$=\frac{10}{120}+\frac{20}{120}-\frac{4}{120}=\mathbf{\frac{13}{60}}$$

55　6 秒後までに x 回正の方向に 2，y 回負の方向に 1 だけ移動したとすると

$$x+y=6 \quad \cdots\cdots ①$$

また，そのときの点 P の位置は　　$2x-y$

(1) Pの位置が0のとき　$2x-y=0$ …… ②

①, ② から　$x=2,\ y=4$

よって，求める確率は　${}_6C_2\left(\frac{3}{4}\right)^2\left(\frac{1}{4}\right)^4=\mathbf{\frac{135}{4096}}$

(2) 6秒後のPの位置は

$-6\ (x=0,\ y=6)$, $-3\ (x=1,\ y=5)$,
$0\ (x=2,\ y=4)$, $3\ (x=3,\ y=3)$,
$6\ (x=4,\ y=2)$, $9\ (x=5,\ y=1)$,
$12\ (x=6,\ y=0)$

の7通り。

Pの位置が -6 となる確率は　$\left(\frac{1}{4}\right)^6=\frac{1}{4096}$

-3 となる確率は　${}_6C_1\left(\frac{3}{4}\right)\left(\frac{1}{4}\right)^5=\frac{18}{4096}$

0となる確率は，(1)から　$\frac{135}{4096}$

3となる確率は　${}_6C_3\left(\frac{3}{4}\right)^3\left(\frac{1}{4}\right)^3=\frac{540}{4096}$

6となる確率は　${}_6C_4\left(\frac{3}{4}\right)^4\left(\frac{1}{4}\right)^2=\frac{1215}{4096}$

9となる確率は　${}_6C_5\left(\frac{3}{4}\right)^5\left(\frac{1}{4}\right)=\frac{1458}{4096}$

12となる確率は　$\left(\frac{3}{4}\right)^6=\frac{729}{4096}$

よって，最も確率が大きい点Pの位置は　**9**

56 (1) 1回目が異なる色の玉で，2回目が同色の玉の場合であるから，求める確率は

$$\frac{{}_6C_2-3}{{}_6C_2}\times\frac{3}{{}_6C_2}=\mathbf{\frac{4}{25}}$$

(2) (1)の場合以外に，1回目が同色で2回目が異なる場合も手もとに2個の玉が残るから

$$\frac{4}{25}+\frac{3}{{}_6C_2}\times\frac{{}_4C_2-2}{{}_4C_2}=\mathbf{\frac{22}{75}}$$

(3) 1回目も2回目も同色の玉の場合であるから

$$\frac{3}{{}_6C_2}\times\frac{2}{{}_4C_2}=\mathbf{\frac{1}{15}}$$

57 (1) 辺BCの中点をMとする。

中線定理から

$$\mathbf{AB^2+AC^2=2(AM^2+BM^2)}$$

$BC=6$ より $BM=3$ であり，$AB=4$，$CA=8$ を代入して　$4^2+8^2=2(AM^2+3^2)$

整理して　$AM^2=31$

$AM>0$ であるから　$AM=\sqrt{31}$

AG：GM＝2：1 であるから

$AG:AM=2:3$

したがって　$AG=\frac{2}{3}AM=\mathbf{\frac{2\sqrt{31}}{3}}$

(2) 対角線の交点をMとすると，Mは対角線AC，BDそれぞれの中点である。

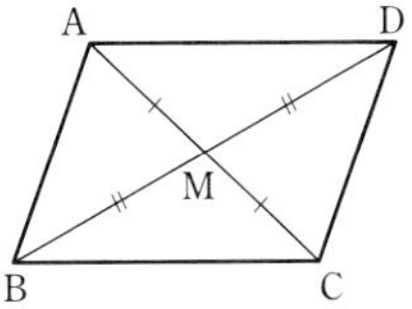

△ABDにおいて，中線定理から

$$\mathbf{AB^2+AD^2=2(AM^2+BM^2)}$$

$AM=\frac{1}{2}AC$，$BM=\frac{1}{2}BD$ であるから

$$a^2+b^2=2\left\{\left(\frac{c}{2}\right)^2+\left(\frac{BD}{2}\right)^2\right\}$$

ゆえに　$BD^2=2(a^2+b^2)-c^2$

$BD>0$ であるから

$$BD=\mathbf{\sqrt{2(a^2+b^2)-c^2}}$$

58 Oは△ABCの外心であるから

$OL\perp BC$ …… ①

また，中点連結定理により

$NM\,/\!/\,BC$ …… ②

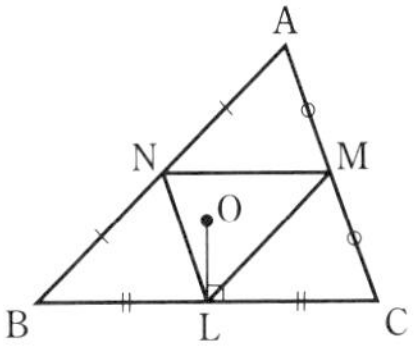

よって，①，② から

$OL\perp NM$

同様にして

$OM\perp LN$,
$ON\perp ML$

したがって，Oは△LMNの**垂心**である。

59 △ABCにおいて，**チェバの定理**により

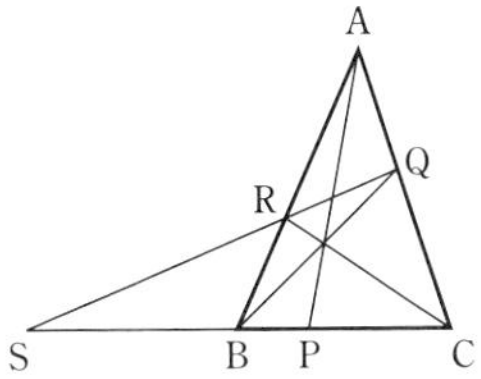

$\frac{BP}{PC}\cdot\frac{CQ}{QA}\cdot\frac{AR}{RB}=1$ …… ①

また，△ABCと直線QSについて，**メネラウスの定理**により

$$\frac{BS}{SC}\cdot\frac{CQ}{QA}\cdot\frac{AR}{RB}=1\ \cdots\cdots ②$$

①，② から　$\frac{BP}{PC}=\frac{BS}{SC}$

よって　$BP:BS=CP:CS$

60 △APBにおいて

$AP+BP>AB$ …… ①

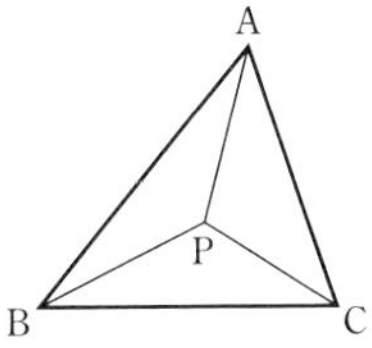

△BPCにおいて

$BP+CP>BC$ …… ②

△CPAにおいて

$CP+AP>CA$ …… ③

①，②，③ の辺々をそれぞれ加えて

$$2(AP+BP+CP)>AB+BC+CA$$

よって　$AP+BP+CP>\dfrac{1}{2}(AB+BC+CA)$

61　$\angle BEC=\angle BDC=90^\circ$

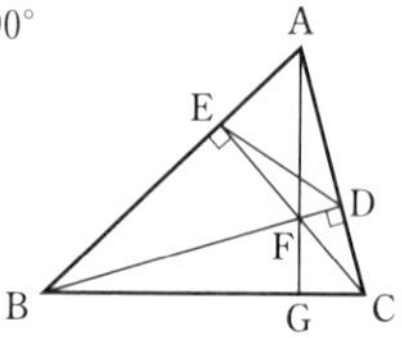

であるから，**4点 E, B, C, D は同じ円周上にある**。よって

$\angle DEC=\angle DBC$　…… ①

また，$\angle AEF+\angle ADF=180^\circ$ であるから，**四角形 AEFD は円に内接する**。

ゆえに　$\angle DEF=\angle DAG$　…… ②

①，② から　$\angle DBC=\angle DAG$

したがって，**4点 A, B, G, D は同じ円周上にある**。

よって　$\angle BGA=\angle BDA=90^\circ$

すなわち　$AG\perp BC$

62　点 B と点 C を結ぶと，**接弦定理**から

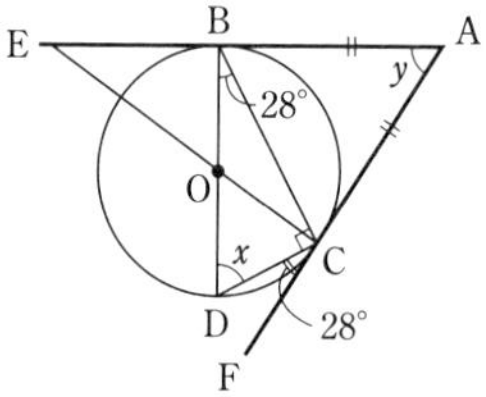

$\angle DBC$

$=\angle DCF$

$=28^\circ$

線分 BD は円 O の直径であるから　$\angle BCD=90^\circ$

よって　$\angle \boldsymbol{x}=180^\circ-(90^\circ+28^\circ)=\mathbf{62^\circ}$

また，**接弦定理**から　$\angle ABC=\angle x=62^\circ$

AB=AC であるから　$\angle ABC=\angle ACB=62^\circ$

ゆえに　$\angle \boldsymbol{y}=180^\circ-62^\circ\times 2=\mathbf{56^\circ}$

63　(1)　**方べきの定理**から　$CB\cdot CA=CD^2$

ゆえに　$BC(BC+6)=(2BC)^2$

整理して　$BC(BC-2)=0$

$BC>0$ であるから　$BC=\mathbf{2}$

(2)　$AB=6$，$OC=5$ であるから

$\triangle ABD:\triangle OCD=6:5$　よって

$\triangle ABD=\dfrac{6}{5}\triangle OCD=\dfrac{6}{5}\times\left(\dfrac{1}{2}\cdot 4\cdot 3\right)=\mathbf{\dfrac{36}{5}}$

64　2つの円の半径を R，r $(R>r)$ とする。

2つの円が外接するとき，$OO'=16$ であるから

$\boldsymbol{R+r=16}$　…… ①

2つの円が内接するとき，$OO'=4$ であるから

$\boldsymbol{R-r=4}$　…… ②

①，② を連立して解くと

$R=10$，$r=6$ ($R>r$ を満たす)

よって，2つの円の半径は　**10, 6**

65　(1)　辺 AB の中点を M，△ABC の重心を G とする。

CG : GM=2 : 1 であるから

$CM:CG=3:2$

よって，C は線分 MG を 3 : 2 に外分する点であるから，その座標は

$$\left(\frac{-2\cdot 1+3\cdot 0}{3-2},\ \frac{-2\cdot(-2)+3\cdot 1}{3-2}\right)$$

すなわち　**C(−2, 7)**

(2)　求める頂点を $C(x,\ y)$ とする。

$AB=\sqrt{(-1-1)^2+(-1-1)^2}=2\sqrt{2}$

△ABC は正三角形であるから

$AC=BC=2\sqrt{2}$

よって　$\mathbf{AC^2=BC^2=8}$

$AC^2=8$ から　$(x-1)^2+(y-1)^2=8$　…… ①

$BC^2=8$ から　$(x+1)^2+(y+1)^2=8$　…… ②

②−① から　$4x+4y=0$

したがって　$y=-x$

これを ① に代入して　$(x-1)^2+(x+1)^2=8$

整理して　$x^2=3$　ゆえに　$x=\pm\sqrt{3}$

よって

$(x,\ y)=(\sqrt{3},\ -\sqrt{3})$，$(-\sqrt{3},\ \sqrt{3})$

C は第2象限の点であるから　$x<0$，$y>0$

したがって　$\mathbf{C(-\sqrt{3},\ \sqrt{3})}$

66　$x+2y=8$ … ①，$2x-y=1$ … ② とする。

連立方程式 ①，② を解くと　$x=2$，$y=3$

ゆえに，2直線 ①，② の交点の座標は　(2, 3)

直線 $y=\dfrac{2}{3}x+1$ に垂直な直線の傾きを m とすると　$\boldsymbol{\dfrac{2}{3}m=-1}$　よって　$m=-\dfrac{3}{2}$

したがって，求める直線の方程式は

$y-3=-\dfrac{3}{2}(x-2)$　すなわち　$\boldsymbol{y=-\dfrac{3}{2}x+6}$

別解　2直線 ①，② の交点を通る直線の方程式は，k を定数として，次のように表される。

$$\boldsymbol{k(x+2y-8)+2x-y-1=0}$$

x，y について整理すると

$(k+2)x+(2k-1)y-(8k+1)=0$　…… ③

直線 ③ が，直線 $y=\dfrac{2}{3}x+1$ すなわち

$2x-3y+3=0$ と垂直であるための条件は

$$\boldsymbol{2(k+2)-3(2k-1)=0}$$

これを解いて　$k=\dfrac{7}{4}$

③ に代入して　$\frac{15}{4}x+\frac{5}{2}y-15=0$

すなわち　$\boldsymbol{3x+2y-12=0}$

67 (1) 点 Q の座標を $(p,\ q)$ とする。

直線 PQ は直線 ℓ に垂直であるから

$$\frac{q-4}{p-0}\cdot 2=-1$$

ゆえに　$p+2q-8=0$ …… ①

線分 PQ の中点 $\left(\frac{p}{2},\ \frac{4+q}{2}\right)$ は直線 ℓ 上にあるから　$\frac{4+q}{2}=2\cdot\frac{p}{2}-1$

よって　$2p-q-6=0$ …… ②

求める点 Q の座標は，①，② を連立して解くと　$\boldsymbol{(4,\ 2)}$

(2) 直線 $y=-3x+4$ を m とする。

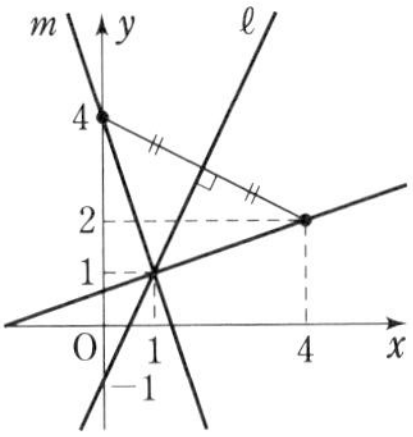

2 直線 ℓ, m の交点の座標を求めると

$(1,\ 1)$

点 $(0,\ 4)$ は直線 m 上にあり，点 $(0,\ 4)$ と直線 ℓ に関して対称な点の座標が $(4,\ 2)$ であるから，求める直線は，2 点 $(1,\ 1)$，$(4,\ 2)$ を通る。

よって，その方程式は　$y-1=\frac{2-1}{4-1}(x-1)$

すなわち　$\boldsymbol{x-3y+2=0}$

68 $\angle ABC=90°$ であるから，△ABC の外接円は，辺 AC を直径とする円である。

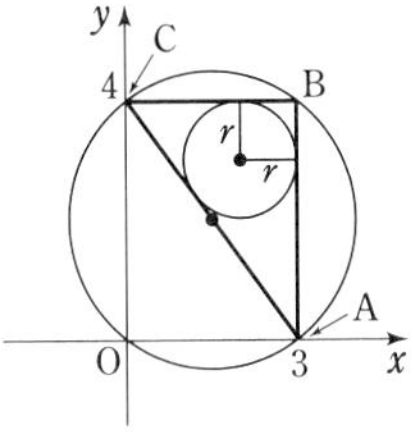

円の**中心は**，辺 AC の中点で　$\left(\frac{3}{2},\ 2\right)$

円の**半径は**

$$\frac{1}{2}AC=\frac{1}{2}\sqrt{3^2+4^2}=\frac{5}{2}$$

したがって，求める外接円の方程式は

$$\left(x-\frac{3}{2}\right)^2+(y-2)^2=\left(\frac{5}{2}\right)^2$$

すなわち　$\boldsymbol{\left(x-\frac{3}{2}\right)^2+(y-2)^2=\frac{25}{4}}$

また，△ABC の内接円の半径を r $(r>0)$ とすると，中心の座標は $\boldsymbol{(3-r,\ 4-r)}$ と表され，$3-r>0$，$4-r>0$ であるから

$0<r<3$ …… ①

直線 AC の方程式は

$\frac{x}{3}+\frac{y}{4}=1$　すなわち　$4x+3y-12=0$

中心と直線 AC の距離が半径 r に等しいから

$$\frac{|4(3-r)+3(4-r)-12|}{\sqrt{4^2+3^2}}=r$$

すなわち　$|12-7r|=5r$

ゆえに　$12-7r=\pm 5r$

よって　$r=1,\ 6$

① に適するのは　$r=1$

したがって，求める内接円の方程式は

$$\boldsymbol{(x-2)^2+(y-3)^2=1}$$

別解 ［内接円の半径 r の求め方］

△ABC の面積を S とすると

$$\boldsymbol{S=\frac{1}{2}r(AB+BC+CA)}$$

ゆえに　$\frac{1}{2}\cdot 3\cdot 4=\frac{1}{2}r(4+3+5)$

よって　$r=1$

69 点 $(1,\ 2)$ から円に引いた接線は x 軸に垂直でないから，求める接線の方程式を次のようにおく。

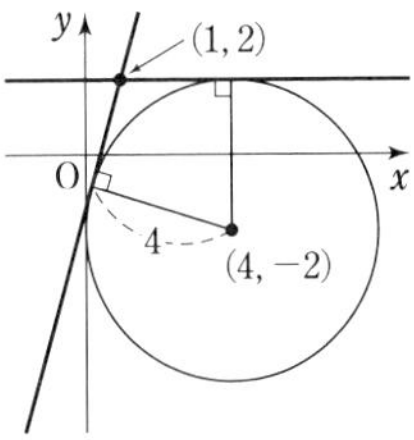

$y-2=m(x-1)$ …… ①

すなわち

$mx-y-m+2=0$

円の中心 $(4,\ -2)$ と直線 ① の距離は，円の半径 4 に等しいから

$$\frac{|4m-(-2)-m+2|}{\sqrt{m^2+(-1)^2}}=4$$

ゆえに　$|3m+4|=4\sqrt{m^2+1}$

よって　$(3m+4)^2=16(m^2+1)$

整理して　$7m^2-24m=0$

これを解いて　$m=0,\ \frac{24}{7}$

したがって，接線の方程式は

$$\boldsymbol{y=2,\ 24x-7y-10=0}$$

参考 円 $(x-a)^2+(y-b)^2=r^2$ 上の点 $(x_1,\ y_1)$ における接線は，次の方程式で表される。

$$\boldsymbol{(x_1-a)(x-a)+(y_1-b)(y-b)=r^2}$$

このことを用いると，円 $(x-4)^2+(y+2)^2=16$ 上の点 $(x_1,\ y_1)$ における接線の方程式は

$$(x_1-4)(x-4)+(y_1+2)(y+2)=16$$

これが点 $(1,\ 2)$ を通るから

$$(x_1-4)(1-4)+(y_1+2)(2+2)=16$$

すなわち　$3x_1-4y_1=4$　…… ①
点 $(x_1,\ y_1)$ は円上の点であるから
$(x_1-4)^2+(y_1+2)^2=16$　…… ②
①，② を解いて，x_1，y_1 を求め，接線の方程式を求めてもよい。

70 (1) k を定数として，次の方程式を考える。
$\boldsymbol{k(x^2+y^2-16)+x^2+y^2-2x-4y-8=0}$ …… ①
① は，2円の交点を通る直線または円を表す。
① が原点を通るとして，$x=0$，$y=0$ を代入すると　$-16k-8=0$　ゆえに　$k=-\dfrac{1}{2}$
① に代入して整理すると　$\boldsymbol{x^2+y^2-4x-8y=0}$
これは，x，y の2次方程式で円を表す。
(2) k を定数として，次の方程式を考える。
$\boldsymbol{k(x^2+y^2+4x-6y+9)+x^2+y^2+2x-4y=0}$ …… ①
① は，2円の交点を通る直線または円を表す。
① で $k=-1$ とすると　$2x-2y+9=0$
これは，x，y の1次方程式で直線を表す。
したがって，求める方程式は
$$\boldsymbol{2x-2y+9=0}$$

71 円 C の方程式を変形すると
$$(x-2)^2+(y-1)^2=2$$
したがって，C の中心は点 $(2,\ 1)$，半径は $\sqrt{2}$ である。
また，$y=-x+k$ を変形すると　$x+y-k=0$
C の中心と ℓ の距離は
$$\frac{|2+1-k|}{\sqrt{1^2+1^2}}=\frac{|3-k|}{\sqrt{2}}$$
C と ℓ が異なる2点で交わるとき
$$\boldsymbol{\frac{|3-k|}{\sqrt{2}}<\sqrt{2}}$$
よって　$|k-3|<2$
すなわち　$-2<k-3<2$
したがって　$\boldsymbol{1<k<5}$
C によって切り取られてできる線分の長さが2となるとき，C の中心と直線 ℓ の距離は
$\sqrt{(C\text{の半径})^2-1^2}$
$=\sqrt{2-1}=1$

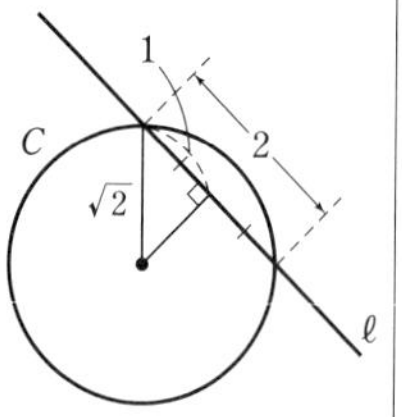

よって　$\dfrac{|3-k|}{\sqrt{2}}=1$
ゆえに　$|k-3|=\sqrt{2}$
すなわち　$k-3=\pm\sqrt{2}$
したがって　$\boldsymbol{k=3\pm\sqrt{2}}$
これは $1<k<5$ を満たす。

72 点 P の座標を $(x,\ y)$ とする。
条件は　$\mathrm{AP}^2+\mathrm{BP}^2=50$
ゆえに　$x^2+y^2+(x-6)^2+y^2=50$
整理して　$x^2-6x+y^2=7$
よって　$(x-3)^2+y^2=16$
したがって，点 P の軌跡は，**中心が点 (3, 0)，半径が 4 の円**である。
別解　線分 AB の中点を M とすると　M(3, 0)
△PAB について，**中線定理**から
$$\mathrm{AP}^2+\mathrm{BP}^2=2(\mathrm{PM}^2+\mathrm{AM}^2)$$
ゆえに　$50=2(\mathrm{PM}^2+9)$　よって　$\mathrm{PM}^2=16$
$\mathrm{PM}>0$ であるから　$\boldsymbol{\mathrm{PM}=4}$
したがって，点 P の軌跡は，**中心が点 (3, 0)，半径が 4 の円**である。

73 $y=mx$ …… ①，$y=x^2+1$ …… ② とする。
①，② から y を消去すると　$x^2+1=mx$
ゆえに　$x^2-mx+1=0$　…… ③
直線 ① と放物線 ② が異なる2点で交わるための条件は，2次方程式 ③ が異なる2つの実数解をもつことであるから，③ の判別式を D とすると　$\boldsymbol{D}=(-m)^2-4=(m+2)(m-2)>0$
これを解いて　$\boldsymbol{m<-2,\ 2<m}$　…… ④
次に，線分 PQ の中点を $\mathrm{M}(x,\ y)$ とする。
P，Q の座標を $\mathrm{P}(\alpha,\ m\alpha)$，$\mathrm{Q}(\beta,\ m\beta)$（ただし，$\alpha\neq\beta$）とすると
$$x=\frac{\alpha+\beta}{2},\quad y=\frac{m(\alpha+\beta)}{2}$$
また，α，β は2次方程式 ③ の解であるから，解と係数の関係より　$\boldsymbol{\alpha+\beta=m}$
よって　$x=\dfrac{m}{2}$，$y=\dfrac{m^2}{2}$
$x=\dfrac{m}{2}$ より，$m=2x$ であるから
$$y=\frac{(2x)^2}{2}=2x^2$$
また，④ から　$2x<-2$，$2<2x$
すなわち　$x<-1$，$1<x$
したがって，線分 PQ の中点の軌跡は，**放物線 $\boldsymbol{y=2x^2}$ の $\boldsymbol{x<-1}$，$\boldsymbol{1<x}$ の部分**である。

74 (1) [1] $\boldsymbol{x\geqq0}$，$\boldsymbol{y\geqq0}$ **のとき**
$x-y>0$　すなわち　$y<x$
[2] $\boldsymbol{x<0}$，$\boldsymbol{y\geqq0}$ **のとき**
$-x-y>0$　すなわち　$y<-x$

[3]　**$x<0$，$y<0$ のとき**

　$-x-(-y)>0$　すなわち　$y>x$

[4]　**$x\geqq 0$，$y<0$ のとき**

　$x-(-y)>0$　すなわち　$y>-x$

以上から，求める領域は，〔図〕の**斜線部分。ただし，境界線を含まない。**

(2)　与えられた不等式は，次のように表される。

$$\begin{cases} x-y-2>0 \\ x^2+y^2-5>0 \end{cases} \quad \text{または} \quad \begin{cases} x-y-2<0 \\ x^2+y^2-5<0 \end{cases}$$

すなわち

$$Ⓟ\begin{cases} y<x-2 \\ x^2+y^2>5 \end{cases} \quad \text{または} \quad Ⓠ\begin{cases} y>x-2 \\ x^2+y^2<5 \end{cases}$$

よって，求める領域は，Ⓟ の表す領域と Ⓠ の表す領域の和集合で，〔図〕の**斜線部分。ただし，境界線を含まない。**

(1)

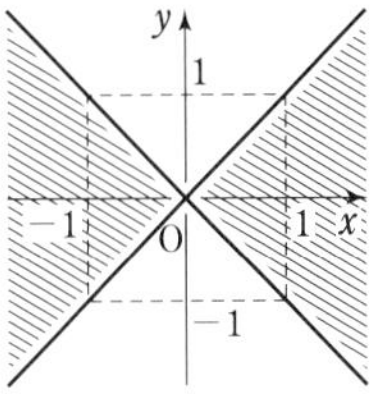

(2)

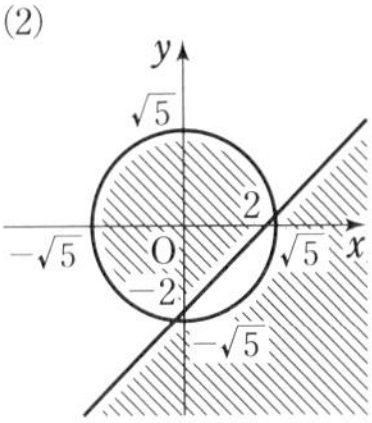

75　(1)　連立不等式を変形して

$$\begin{cases} (x-2)^2+(y-1)^2\leqq 2 \\ y\geqq -\dfrac{1}{3}x+1 \end{cases}$$

求める領域は，中心 $(2,\ 1)$，半径 $\sqrt{2}$ の円周および内部と，直線 $y=-\dfrac{1}{3}x+1$ の上側および直線上の点の共通部分で，

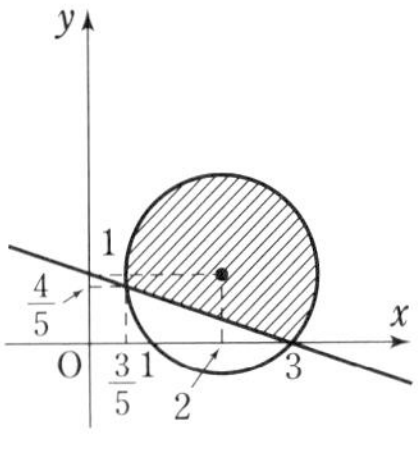

〔図〕の**斜線部分。ただし，境界線を含む。**

なお，円と直線の交点の座標を求めると，

$x=-3y+3$ を $(x-2)^2+(y-1)^2=2$ に代入して　$(-3y+1)^2+(y-1)^2=2$

整理して　$10y^2-8y=0$

よって　$y=0,\ \dfrac{4}{5}$

$x=-3y+3$ に代入して，交点の座標は

$$\left(\frac{3}{5},\ \frac{4}{5}\right),\ (3,\ 0)$$

(2)　**$x+y=k$ とおくと**

$y=-x+k$ …… ①

これは傾き -1，y 切片 k の直線を表す。

よって，$x+y$ のとりうる値の範囲は，直線 ① が (1) の領域と共有点をもつような k の値の範囲である。

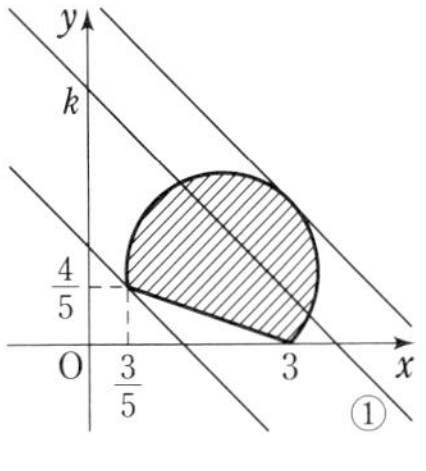

直線 ① が点 $\left(\dfrac{3}{5},\ \dfrac{4}{5}\right)$ を通るとき

$$\frac{4}{5}=-\frac{3}{5}+k \qquad \text{ゆえに} \qquad k=\frac{7}{5}$$

直線 ① が円 $(x-2)^2+(y-1)^2=2$ と接するとき

$$\frac{|2+1-k|}{\sqrt{1^2+1^2}}=\sqrt{2} \quad \text{すなわち} \quad |3-k|=2$$

よって　$3-k=\pm 2$　　ゆえに　$k=1,\ 5$

したがって，図から

$$\frac{7}{5}\leqq k\leqq 5 \quad \text{すなわち} \quad \boldsymbol{\frac{7}{5}\leqq x+y\leqq 5}$$

76　**$p+q=X$，$pq=Y$ とおく。**

点 $(p,\ q)$ は $x^2+y^2\leqq 8$，$y\geqq 0$ で表される領域を動くから　$p^2+q^2\leqq 8$ …… ①，

　$q\geqq 0$ …… ②

① から　$(p+q)^2-2pq\leqq 8$

よって　$X^2-2Y\leqq 8$ …… ③

また，p，q は t についての 2 次方程式

　$t^2-Xt+Y=0$ …… ④

の実数解であり，② から，少なくとも 1 つの解が 0 以上である。

④ の判別式を D とすると，④ が実数解をもつから

　$D\geqq 0$　すなわち　$X^2-4Y\geqq 0$ …… ⑤

④ の 2 つの解がともに負になるとき

　$X<0$ かつ $Y>0$

よって，点 $(X,\ Y)$ の動く範囲は

　③ かつ ⑤ かつ「$X\geqq 0$ または $Y\leqq 0$」

すなわち

$$\frac{1}{2}X^2-4\leqq Y\leqq \frac{1}{4}X^2$$

かつ

「$X\geqq 0$ または $Y\leqq 0$」

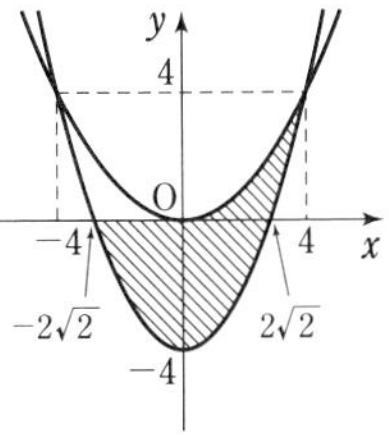

X を x，Y を y に改めて，求める領域を図示すると，〔図〕の**斜線部分。ただし，境界線を含む。**

77 (1) $0^\circ \leqq \theta \leqq 180^\circ$，$\tan\theta<0$ であるから

$$90^\circ<\theta<180^\circ \quad \cdots\cdots ①$$

$$\cos^2\theta=\boldsymbol{\frac{1}{1+\tan^2\theta}}=\frac{1}{1+\left(-\frac{7}{24}\right)^2}$$

$$=\frac{24^2}{24^2+7^2}=\frac{24^2}{576+49}=\frac{24^2}{625}=\frac{24^2}{25^2}$$

① より，$\cos\theta<0$ であるから

$$\boldsymbol{\cos\theta=-\frac{24}{25}}$$

また

$$\boldsymbol{\sin\theta=\cos\theta\tan\theta}=-\frac{24}{25}\cdot\left(-\frac{7}{24}\right)=\boldsymbol{\frac{7}{25}}$$

(2) $\sin\theta+\cos\theta=\dfrac{\sqrt{3}}{2}$ の両辺を平方すると

$$(\sin\theta+\cos\theta)^2=\left(\frac{\sqrt{3}}{2}\right)^2$$

ゆえに　$1+2\sin\theta\cos\theta=\dfrac{3}{4}$

よって　$\boldsymbol{\sin\theta\cos\theta}=\dfrac{1}{2}\left(\dfrac{3}{4}-1\right)=\boldsymbol{-\dfrac{1}{8}}$

また　$(\sin\theta-\cos\theta)^2$

$$=\sin^2\theta+\cos^2\theta-2\sin\theta\cos\theta$$

$$=1-2\sin\theta\cos\theta$$

$$=1-2\left(-\frac{1}{8}\right)=\frac{5}{4}$$

したがって　$\sin\theta-\cos\theta=\pm\dfrac{\sqrt{5}}{2}$

条件より，$0^\circ \leqq \theta \leqq 180^\circ$ であるから

$$\sin\theta \geqq 0$$

更に，$\sin\theta\cos\theta=-\dfrac{1}{8}<0$ であるから

$$\sin\theta>0 \text{ かつ } \cos\theta<0$$

ゆえに　$\sin\theta-\cos\theta>0$

よって　$\boldsymbol{\sin\theta-\cos\theta=\dfrac{\sqrt{5}}{2}}$

78 (1) 正弦定理により

$$\frac{a}{\sin A}=\frac{b}{\sin B}=\frac{c}{\sin C}$$

これと条件式 $\dfrac{\sin A}{6}=\dfrac{\sin B}{5}=\dfrac{\sin C}{4}$ から，

$\dfrac{a}{6}=\dfrac{b}{5}=\dfrac{c}{4}$ が成り立つ。

$\dfrac{a}{6}=\dfrac{b}{5}=\dfrac{c}{4}$ **$=k$ とおくと**

$$a=6k,\ b=5k,\ c=4k$$

よって，余弦定理から

$$\boldsymbol{\cos A}=\frac{b^2+c^2-a^2}{2bc}=\frac{25k^2+16k^2-36k^2}{40k^2}=\boldsymbol{\frac{1}{8}}$$

$0^\circ<A<180^\circ$ より，$\sin A>0$ であるから

$$\boldsymbol{\sin A}=\sqrt{1-\cos^2 A}=\sqrt{1-\frac{1}{64}}=\boldsymbol{\frac{3\sqrt{7}}{8}}$$

(2) △ABC の面積を S とする。

内接円の半径が 1 であるから

$$S=\boldsymbol{\frac{1}{2}(a+b+c)\cdot 1}=\frac{1}{2}(6k+5k+4k)$$

$$=\frac{15}{2}k \quad \cdots\cdots ①$$

また　$S=\boldsymbol{\dfrac{1}{2}bc\sin A}=\dfrac{1}{2}\cdot 5k\cdot 4k\cdot\dfrac{3\sqrt{7}}{8}$

$$=\frac{15\sqrt{7}}{4}k^2 \quad \cdots\cdots ②$$

①，② から　$\dfrac{15}{2}k=\dfrac{15\sqrt{7}}{4}k^2$

$k>0$ であるから　$k=\dfrac{2}{\sqrt{7}}$

よって　$\mathbf{AB}=4k=4\cdot\dfrac{2}{\sqrt{7}}=\boldsymbol{\dfrac{8\sqrt{7}}{7}}$

① から　$S=\dfrac{15}{2}k=\dfrac{15}{2}\cdot\dfrac{2}{\sqrt{7}}=\boldsymbol{\dfrac{15\sqrt{7}}{7}}$

正弦定理から，△ABC の外接円の半径 R は

$$R=\boldsymbol{\frac{a}{2\sin A}}=\frac{6\cdot\frac{2}{\sqrt{7}}}{2\cdot\frac{3\sqrt{7}}{8}}=\boldsymbol{\frac{16}{7}}$$

79 △ABD において，**余弦定理**により

$$\mathrm{BD}^2=\mathrm{AB}^2+\mathrm{AD}^2-2\mathrm{AB}\cdot\mathrm{AD}\cdot\cos\angle\mathrm{BAD}$$

$$=(\sqrt{3})^2+(\sqrt{3})^2-2\sqrt{3}\cdot\sqrt{3}\cdot\left(-\frac{1}{3}\right)=8$$

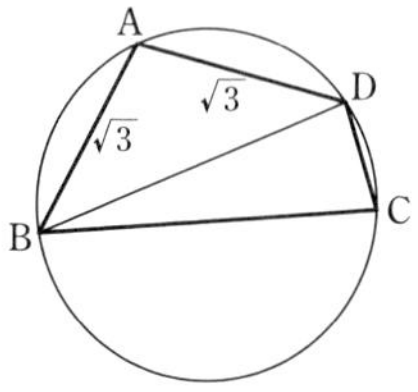

BD>0 であるから

BD$=$ア $\boldsymbol{2\sqrt{2}}$

△ABD において，

正弦定理により

$$\frac{\mathrm{BD}}{\sin\angle\mathrm{BAD}}=2R$$

ここで

$$\sin\angle\mathrm{BAD}=\sqrt{1-\cos^2\angle\mathrm{BAD}}$$

$$=\sqrt{1-\left(-\frac{1}{3}\right)^2}=\frac{2\sqrt{2}}{3}$$

ゆえに　$2R=2\sqrt{2}\div\dfrac{2\sqrt{2}}{3}=3$

よって　$R=$イ $\boldsymbol{\dfrac{3}{2}}$

$$\sin\angle\mathrm{ABC}=\sqrt{1-\cos^2\angle\mathrm{ABC}}$$

$$=\sqrt{1-\left(\frac{\sqrt{3}}{3}\right)^2}=\text{ウ}\ \boldsymbol{\frac{\sqrt{6}}{3}}$$

また，△ABC において，**正弦定理**により

$$\frac{AC}{\sin\angle ABC}=2R$$

ゆえに

$$AC=2R\sin\angle ABC=2\cdot\frac{3}{2}\cdot\frac{\sqrt{6}}{3}={}^{エ}\sqrt{6}$$

次に，CD$=x$ とおく。

△ACD において，**余弦定理**により

$$AC^2=AD^2+CD^2-2AD\cdot CD\cdot\cos\angle ADC$$

よって　$(\sqrt{6})^2=(\sqrt{3})^2+x^2-2\sqrt{3}x\times\cos(180°-\angle ABC)$

ゆえに　$6=3+x^2+2\sqrt{3}x\cos\angle ABC$

よって　$6=3+x^2+2\sqrt{3}x\cdot\frac{\sqrt{3}}{3}$

整理して　$x^2+2x-3=0$

ゆえに　$(x-1)(x+3)=0$

$x>0$ であるから　$x=CD={}^{オ}\mathbf{1}$

80 **余弦定理**から

$$\cos A=\frac{b^2+c^2-a^2}{2bc},\quad \cos B=\frac{c^2+a^2-b^2}{2ca}$$

外接円の半径を R として，**正弦定理**から

$$\sin A=\frac{a}{2R},\quad \sin B=\frac{b}{2R},\quad \sin C=\frac{c}{2R}$$

これらを条件の等式に代入すると

$$\left(\frac{b^2+c^2-a^2}{2bc}+\frac{c^2+a^2-b^2}{2ca}\right)\cdot\frac{c}{2R}=\frac{a}{2R}+\frac{b}{2R}$$

両辺に $4Rab$ を掛けて分母を払うと

$$a(b^2+c^2-a^2)+b(c^2+a^2-b^2)=2ab(a+b)$$

c について整理すると

$$(a+b)c^2-\{(a^3+b^3)+ab(a+b)\}=0$$

ゆえに

$$(a+b)c^2-\{(a+b)(a^2-ab+b^2)+ab(a+b)\}=0$$

よって　$(a+b)(c^2-a^2-b^2)=0$

$a+b>0$ であるから　$c^2-a^2-b^2=0$

したがって　$a^2+b^2=c^2$

ゆえに，△ABC は **∠C＝90° の直角三角形**

81 辺 CD の中点を M とすると，

AC＝CD＝DA＝2

であるから

$$AM=\sqrt{3}$$

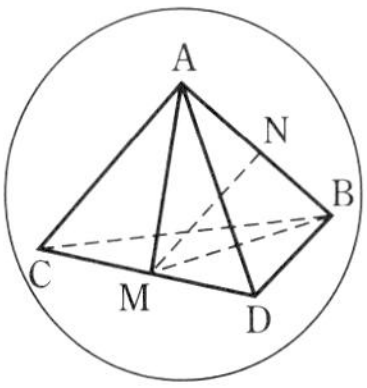

同様にして

$$BM=\sqrt{3}$$

したがって，**△ABM は 1 辺の長さが $\sqrt{3}$ の正三角形**である。 …… ①

辺 AB の中点を N とすると，図形の対称性から，球の中心（O とする）は線分 MN 上にある。

① より，$MN=\frac{\sqrt{3}}{2}\cdot\sqrt{3}=\frac{3}{2}$ となるから，

OM$=x$ とおくと，**△OCM において**

$$OC^2=CM^2+OM^2$$

ゆえに　$r^2=1^2+x^2$ …… ②

△OAN において　$OA^2=AN^2+ON^2$

ゆえに　$r^2=\left(\frac{\sqrt{3}}{2}\right)^2+\left(\frac{3}{2}-x\right)^2$ …… ③

②，③ から　$x^2+1=x^2-3x+3$

よって　$x=\frac{2}{3}$

したがって，② から

$$\boldsymbol{r}=\sqrt{1+x^2}=\sqrt{1+\frac{4}{9}}=\boldsymbol{\frac{\sqrt{13}}{3}}$$

82 $y=2\sin\left(\frac{\theta}{2}+\frac{\pi}{3}\right)+1$

$$=\boldsymbol{2\sin\frac{1}{2}\left(\theta+\frac{2}{3}\pi\right)+1}$$

よって，この関数のグラフは，$y=\sin\theta$ のグラフを y 軸方向に 2 倍に拡大し，θ 軸方向に 2 倍に拡大したものを θ 軸方向に $-\frac{2}{3}\pi$，y 軸方向に 1 だけ平行移動したものである。

したがって，グラフは〔図〕

周期は　$2\pi\div\left(\frac{1}{2}\right)=\boldsymbol{4\pi}$

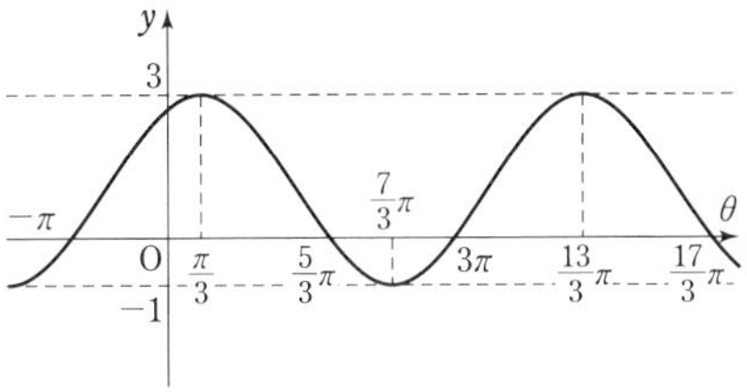

83 $(\sin\alpha+\cos\beta)^2+(\cos\alpha+\sin\beta)^2$

$=\sin^2\alpha+\cos^2\alpha+\sin^2\beta+\cos^2\beta$

$\quad+2(\sin\alpha\cos\beta+\cos\alpha\sin\beta)$

$=2+2\sin(\alpha+\beta)$

条件から

$(\sin\alpha+\cos\beta)^2+(\cos\alpha+\sin\beta)^2$

$=2\cdot\left(\frac{5}{4}\right)^2=\frac{25}{8}$

ゆえに　$2+2\sin(\alpha+\beta)=\frac{25}{8}$

よって　$\boldsymbol{\sin(\alpha+\beta)=\frac{9}{16}}$

また　$\cos^2(\alpha+\beta)=1-\sin^2(\alpha+\beta)$

$$=1-\left(\frac{9}{16}\right)^2=\frac{175}{16^2}$$

$0\leqq\alpha+\beta\leqq\pi$ であるから

$$\cos(\alpha+\beta)=\pm\frac{5\sqrt{7}}{16}$$

よって　$\boldsymbol{\tan(\alpha+\beta)}=\frac{\sin(\alpha+\beta)}{\cos(\alpha+\beta)}=\boldsymbol{\pm\frac{9\sqrt{7}}{35}}$

84　(左辺)

$=\sin^2\alpha+\sin^2\beta+\sin^2(\alpha+\beta)$
$\quad+\{\cos(\alpha+\beta)+\cos(\alpha-\beta)\}\cos(\alpha+\beta)$

$=\sin^2\alpha+\sin^2\beta+\sin^2(\alpha+\beta)+\cos^2(\alpha+\beta)$
$\quad+\cos(\alpha-\beta)\cos(\alpha+\beta)$

$=\sin^2\alpha+\sin^2\beta+1+\frac{1}{2}(\cos2\alpha+\cos2\beta)$

$=\sin^2\alpha+\sin^2\beta+1+\cos^2\alpha+\cos^2\beta-1=2$

よって，等式は成り立つ。

85　(1)　与式から　$\boldsymbol{\sin\theta+3\sin\theta-4\sin^3\theta=0}$

ゆえに　$4\sin\theta(1-\sin\theta)(1+\sin\theta)=0$

よって　$\sin\theta=0,\ 1,\ -1$

$0\leqq\theta<2\pi$ であるから

$\sin\theta=0$　より　$\theta=0,\ \pi$

$\sin\theta=1$　より　$\theta=\frac{\pi}{2}$

$\sin\theta=-1$ より　$\theta=\frac{3}{2}\pi$

以上から　$\boldsymbol{\theta=0,\ \frac{\pi}{2},\ \pi,\ \frac{3}{2}\pi}$

別解　与式から　$\boldsymbol{2\sin\frac{3\theta+\theta}{2}\cos\frac{3\theta-\theta}{2}=0}$

すなわち　$\sin2\theta\cos\theta=0$

$0\leqq\theta<2\pi$ であるから

$\sin2\theta=0$ より　$\theta=0,\ \frac{\pi}{2},\ \pi,\ \frac{3}{2}\pi$

$\cos\theta=0$　より　$\theta=\frac{\pi}{2},\ \frac{3}{2}\pi$

以上から　$\boldsymbol{\theta=0,\ \frac{\pi}{2},\ \pi,\ \frac{3}{2}\pi}$

(2)　与式から　$\boldsymbol{2\cos^2\frac{\theta}{2}-1-3\sqrt{3}\cos\frac{\theta}{2}+4>0}$

ゆえに　$2\cos^2\frac{\theta}{2}-3\sqrt{3}\cos\frac{\theta}{2}+3>0$

よって　$\left(2\cos\frac{\theta}{2}-\sqrt{3}\right)\left(\cos\frac{\theta}{2}-\sqrt{3}\right)>0$

$0\leqq\theta<2\pi$ より，$0\leqq\frac{\theta}{2}<\pi$ であるから

$$-1<\cos\frac{\theta}{2}\leqq1$$

ゆえに，$\cos\frac{\theta}{2}-\sqrt{3}<0$ であるから

$$\cos\frac{\theta}{2}<\frac{\sqrt{3}}{2}$$

$0\leqq\frac{\theta}{2}<\pi$ の範囲で解くと　$\frac{\pi}{6}<\frac{\theta}{2}<\pi$

したがって，解は　$\boldsymbol{\frac{\pi}{3}<\theta<2\pi}$

86　(1)　$\sin\theta+\cos\theta=t$ の両辺を平方して

$\sin^2\theta+2\sin\theta\cos\theta+\cos^2\theta=t^2$

ゆえに　$1+2\sin\theta\cos\theta=t^2$

よって　$\boldsymbol{f(\theta)}=t+\sqrt{2}(t^2-1)$
$\quad\boldsymbol{=\sqrt{2}t^2+t-\sqrt{2}}$

また　$\boldsymbol{t=\sqrt{2}\sin\left(\theta+\frac{\pi}{4}\right)}$

$0\leqq\theta<2\pi$ のとき，$\frac{\pi}{4}\leqq\theta+\frac{\pi}{4}<2\pi+\frac{\pi}{4}$　…①

であるから　$-1\leqq\sin\left(\theta+\frac{\pi}{4}\right)\leqq1$

したがって　$\boldsymbol{-\sqrt{2}\leqq t\leqq\sqrt{2}}$

(2)　$\sqrt{2}t^2+t-\sqrt{2}=0$ から

$(t+\sqrt{2})(\sqrt{2}t-1)=0$

ゆえに　$t=-\sqrt{2},\ \frac{1}{\sqrt{2}}$

$t=-\sqrt{2}$ のとき　$\sin\left(\theta+\frac{\pi}{4}\right)=-1$

① の範囲で解くと

$\theta+\frac{\pi}{4}=\frac{3}{2}\pi$　よって　$\theta=\frac{5}{4}\pi$

$t=\frac{1}{\sqrt{2}}$ のとき　$\sin\left(\theta+\frac{\pi}{4}\right)=\frac{1}{2}$

① の範囲で解くと　$\theta+\frac{\pi}{4}=\frac{5}{6}\pi,\ \frac{13}{6}\pi$

よって　$\theta=\frac{7}{12}\pi,\ \frac{23}{12}\pi$

以上から　$\boldsymbol{\theta=\frac{7}{12}\pi,\ \frac{5}{4}\pi,\ \frac{23}{12}\pi}$

87　$y=2\sin^2\theta+3\sin\theta\cos\theta+6\cos^2\theta$

$=2\cdot\boldsymbol{\frac{1-\cos2\theta}{2}}+\boldsymbol{\frac{3}{2}\sin2\theta}+6\cdot\boldsymbol{\frac{1+\cos2\theta}{2}}$

$=\frac{1}{2}(3\sin2\theta+4\cos2\theta)+4$

$=\frac{1}{2}\cdot5\left(\frac{3}{5}\sin2\theta+\frac{4}{5}\cos2\theta\right)+4$

$\boldsymbol{=\frac{5}{2}\sin(2\theta+\alpha)+4}$

ただし　$\cos\alpha=\frac{3}{5},\ \sin\alpha=\frac{4}{5}$

$0<\theta<2\pi$ であるから

$\alpha<2\theta+\alpha<4\pi+\alpha$ ただし $0<\alpha<\dfrac{\pi}{2}$

よって，y は $2\theta+\alpha=\dfrac{\pi}{2}$，$\dfrac{5}{2}\pi$ のとき最大値

$\dfrac{5}{2}\cdot1+4=\mathbf{\dfrac{13}{2}}$ をとる。

88 (1) $(3^a+3^{-a})^2=9^a+2\cdot3^a\cdot3^{-a}+9^{-a}$

$=14+2\cdot1=16$

$3^a+3^{-a}>0$ であるから

$\mathbf{3^a+3^{-a}=4}$

(2) $(3^a-3^{-a})^2=9^a-2\cdot3^a\cdot3^{-a}+9^{-a}$

$=14-2\cdot1=12$

$3^a-3^{-a}=3^a-\dfrac{1}{3^a}$ で，$a>0$ であるから

$3^a>1$，$\dfrac{1}{3^a}<1$

ゆえに　$3^a-3^{-a}>0$

よって　$\mathbf{3^a-3^{-a}=2\sqrt{3}}$

(3) $\mathbf{27^a+27^{-a}}=(3^3)^a+(3^3)^{-a}=(3^a)^3+(3^{-a})^3$

$=(3^a+3^{-a})(9^a-3^a\cdot3^{-a}+9^{-a})$

$=4(14-1)=\mathbf{52}$

(4) $\mathbf{27^a-27^{-a}}=(3^3)^a-(3^3)^{-a}=(3^a)^3-(3^{-a})^3$

$=(3^a-3^{-a})(9^a+3^a\cdot3^{-a}+9^{-a})$

$=2\sqrt{3}(14+1)=\mathbf{30\sqrt{3}}$

89 $5^a=2$，$5^b=3$ から　$\mathbf{a=\log_5 2,\ b=\log_5 3}$

したがって

$\mathbf{\log_5 72}=\log_5(2^3\cdot3^2)=3\log_5 2+2\log_5 3$

$\mathbf{=3a+2b}$

$\mathbf{\log_5 1.35}=\log_5\dfrac{27}{20}=\log_5 27-\log_5 20$

$=\log_5 3^3-\log_5(2^2\cdot5)$

$=3\log_5 3-2\log_5 2-1$

$\mathbf{=-2a+3b-1}$

90 $0=\log_5 1$，$1=\log_5 5$

よって，1，5，$2^{1.5}$，$3^{1.5}$，$0.5^{1.5}$ の大小を調べる。

これらの数は正であるから，平方しても大小関係は変わらない。

各数を平方すると

$1^2=1$，$5^2=25$，$(2^{1.5})^2=2^3=8$，

$(3^{1.5})^2=3^3=27$，$(0.5^{1.5})^2=0.5^3=0.125$

$0.125<1<8<25<27$ であるから

$0.5^{1.5}<1<2^{1.5}<5<3^{1.5}$

底 5 は 1 より大きいから

$\log_5 0.5^{1.5}<\log_5 1<\log_5 2^{1.5}<\log_5 5<\log_5 3^{1.5}$

したがって　ア $\mathbf{c}$ $\mathbf{<0<}$ イ $\mathbf{a<}$ ウ $\mathbf{1<}$ エ $\mathbf{b}$

91 (1) 与式から　$\mathbf{(2^x)^2-3\cdot2^2\cdot2^x+32=0}$

$2^x=t$ とおくと　$t>0$ …… ①

方程式は　$t^2-12t+32=0$

ゆえに　$(t-4)(t-8)=0$

よって　$t=4,\ 8$　(① を満たす)

すなわち　$2^x=4,\ 8$

したがって　$\mathbf{x=2,\ 3}$

(2) 与式から　$\mathbf{(2^x)^2+1\leqq2\cdot2^x+\dfrac{1}{2}\cdot2^x}$

$2^x=t$ とおくと　$t>0$ …… ①

不等式は　$t^2+1\leqq2t+\dfrac{1}{2}t$

整理して　$2t^2-5t+2\leqq0$

ゆえに　$(2t-1)(t-2)\leqq0$

よって　$\dfrac{1}{2}\leqq t\leqq2$　(① を満たす)

したがって　$\dfrac{1}{2}\leqq2^x\leqq2$

すなわち　$2^{-1}\leqq2^x\leqq2^1$

底 2 は 1 より大きいから　$\mathbf{-1\leqq x\leqq1}$

92 (1) **真数は正**であるから　$3x^2>0$，$x>0$

したがって　$x>0$ …… ①

与式から　$\mathbf{5+10\log_3 x-4(\log_3 x)^2+1=0}$

すなわち　$2(\log_3 x)^2-5\log_3 x-3=0$

$\log_3 x=t$ とおくと　$2t^2-5t-3=0$

ゆえに　$(2t+1)(t-3)=0$

よって　$t=-\dfrac{1}{2},\ 3$

したがって　$\log_3 x=-\dfrac{1}{2},\ 3$

ゆえに　$x=3^{-\frac{1}{2}},\ 3^3$

すなわち　$\mathbf{x=\dfrac{\sqrt{3}}{3},\ 27}$　(① を満たす)

(2) **真数は正**であるから

$6-x>0$，$x>0$，$3x-2>0$

よって　$\dfrac{2}{3}<x<6$ …… ①

不等式を変形して

$$\mathbf{2\cdot\frac{\log_{\frac{1}{2}}(6-x)}{\log_{\frac{1}{2}}\frac{1}{4}}+\log_{\frac{1}{2}}x<-1+2\cdot\frac{\log_{\frac{1}{2}}(3x-2)}{\log_{\frac{1}{2}}\frac{1}{4}}}$$

ゆえに

$\log_{\frac{1}{2}}(6-x)+\log_{\frac{1}{2}}x<\log_{\frac{1}{2}}2+\log_{\frac{1}{2}}(3x-2)$

よって　$\log_{\frac{1}{2}}(6-x)x<\log_{\frac{1}{2}}2(3x-2)$

底 $\dfrac{1}{2}$ は 1 より小さいから

$(6-x)x>2(3x-2)$

整理して　$x^2<4$

ゆえに　$-2<x<2$ …… ②

①，②から，解は　$\boldsymbol{\frac{2}{3}<x<2}$

93 $4^x+4^{-x}=(2^2)^x+(2^2)^{-x}=(2^x)^2+(2^{-x})^2$
$=(2^x+2^{-x})^2-2\cdot 2^x\cdot 2^{-x}$

ゆえに，$2^x+2^{-x}=t$ とおくとき

$4^x+4^{-x}=(2^x+2^{-x})^2-2\cdot 1=t^2-2$

よって，$f(x)$ を t を用いて表すと

$\boldsymbol{f(x)}=6t-2(t^2-2)\boldsymbol{=-2t^2+6t+4}$

次に，$2^x>0$，$2^{-x}>0$ であるから，

(相加平均)≧(相乗平均) により

$2^x+2^{-x}\geqq 2\sqrt{2^x\cdot 2^{-x}}$

ゆえに　$t\geqq 2$

また　$f(x)=-2(t^2-3t)+4$

$\boldsymbol{=-2\left(t-\frac{3}{2}\right)^2+\frac{17}{2}}$

ゆえに，$t\geqq 2$ の範囲において，$f(x)$ は $t=2$ のとき最大値 8 をとる。

$t=2$ のとき　$2^x=2^{-x}$

ゆえに　$x=-x$　よって　$x=0$

したがって　**$x=0$ のとき最大値 8**

94 (1) $\log_{10}45^{10}=10\log_{10}45=10\log_{10}(3^2\cdot 5)$
$=10(\log_{10}3^2+\log_{10}5)$
$=10(2\log_{10}3+1-\log_{10}2)$
$=10(2\times 0.4771+1-0.3010)$
$=16.532$

ゆえに　$\boldsymbol{16<\log_{10}45^{10}<17}$

よって　$10^{16}<45^{10}<10^{17}$

したがって，45^{10} は **17 桁**の整数である。

(2) $\log_{10}\left(\frac{8}{15}\right)^{20}=20\log_{10}\frac{8}{15}$
$=20(\log_{10}8-\log_{10}15)$
$=20\{\log_{10}2^3-\log_{10}(3\cdot 5)\}$
$=20(3\log_{10}2-\log_{10}3-\log_{10}5)$
$=20(4\log_{10}2-\log_{10}3-1)$
$=20(4\times 0.3010-0.4771-1)$
$=-5.462$

ゆえに　$\boldsymbol{-6<\log_{10}\left(\frac{8}{15}\right)^{20}<-5}$

よって　$10^{-6}<\left(\frac{8}{15}\right)^{20}<10^{-5}$

したがって，$\left(\frac{8}{15}\right)^{20}$ は**小数第 6 位**に初めて 0 以外の数字が現れる。

95 (1) $\vec{a}+t\vec{b}=(3,\ -2)+t(1,\ -4)$
$=(3+t,\ -2-4t)$

$(\vec{a}+t\vec{b})/\!/\vec{c}$ であるから，

$\boldsymbol{\vec{a}+t\vec{b}=k\vec{c}}$ **(kは実数)** とおける。

ゆえに　$(3+t,\ -2-4t)=(-k,\ 2k)$

よって　$3+t=-k,\ -2-4t=2k$

これを解いて　$\boldsymbol{t=2}$　$(k=-5)$

別解　$(3+t)\cdot 2-(-2-4t)\cdot(-1)=0$ を解いて

$\boldsymbol{t=2}$

(2) $\vec{c}=\vec{a}+t\vec{b}=(-3,\ 4)+t(-2,\ -3)$
$=(-3-2t,\ 4-3t)$

ゆえに　$|\vec{c}|^2=(-3-2t)^2+(4-3t)^2$
$=13t^2-12t+25$
$\boldsymbol{=13\left(t-\frac{6}{13}\right)^2+\frac{289}{13}}$

$|\vec{c}|\geqq 0$ であるから，$|\vec{c}|^2$ が最小となるとき，$|\vec{c}|$ も最小となる。

よって，$|\vec{c}|$ は $\boldsymbol{t=\frac{6}{13}}$ **のとき，最小値**

$\sqrt{\frac{289}{13}}=\frac{17}{\sqrt{13}}=\boldsymbol{\frac{17\sqrt{13}}{13}}$ をとる。

96 (1) $|\vec{a}+\vec{b}|=\sqrt{7}$ から　$\boldsymbol{|\vec{a}+\vec{b}|^2=7}$

よって　$(\vec{a}+\vec{b})\cdot(\vec{a}+\vec{b})=7$

ゆえに　$|\vec{a}|^2+2\vec{a}\cdot\vec{b}+|\vec{b}|^2=7$ …… ①

また，$|\vec{a}-\vec{b}|=\sqrt{3}$ から　$\boldsymbol{|\vec{a}-\vec{b}|^2=3}$

よって　$(\vec{a}-\vec{b})\cdot(\vec{a}-\vec{b})=3$

ゆえに　$|\vec{a}|^2-2\vec{a}\cdot\vec{b}+|\vec{b}|^2=3$ …… ②

①−②から　$4\vec{a}\cdot\vec{b}=4$

したがって　$\vec{a}\cdot\vec{b}=$ ア**1**

(2) $(\vec{a}+2\vec{b})\perp(\vec{a}-\vec{b})$ であるための条件は

$\boldsymbol{(\vec{a}+2\vec{b})\cdot(\vec{a}-\vec{b})=0}$

ゆえに　$|\vec{a}|^2+\vec{a}\cdot\vec{b}-2|\vec{b}|^2=0$

(1)より，$\vec{a}\cdot\vec{b}=1$ であるから，これを代入して

$|\vec{a}|^2-2|\vec{b}|^2=-1$ …… ③

また，①に $\vec{a}\cdot\vec{b}=1$ を代入して整理すると

$|\vec{a}|^2+|\vec{b}|^2=5$ …… ④

④−③から　$3|\vec{b}|^2=6$

よって　$|\vec{b}|^2=2$

④より，$|\vec{a}|^2=5-|\vec{b}|^2$ であるから，$|\vec{b}|^2=2$ を代入して　$|\vec{a}|^2=3$

$|\vec{a}|>0$，$|\vec{b}|>0$ であるから

$|\vec{a}|=^{イ}\sqrt{3}$, $|\vec{b}|=^{ウ}\sqrt{2}$

(3) (1), (2) の結果を用いて

$$\cos\theta=\frac{\vec{a}\cdot\vec{b}}{|\vec{a}||\vec{b}|}=\frac{1}{\sqrt{3}\sqrt{2}}=^{エ}\frac{\sqrt{6}}{6}$$

97 $\vec{r}=x\vec{a}+y\vec{b}+\vec{c}$

$=x(1,\ 0,\ -1)+y(-2,\ 1,\ 3)$

$\quad+(0,\ -1,\ 0)$

$=(x-2y,\ y-1,\ -x+3y)$

したがって

$$|\vec{r}|^2=(x-2y)^2+(y-1)^2+(-x+3y)^2$$
$$=2x^2-10xy+14y^2-2y+1$$
$$=2(x^2-5xy)+14y^2-2y+1$$
$$=2\left(x-\frac{5}{2}y\right)^2-2\cdot\left(\frac{5}{2}y\right)^2+14y^2-2y+1$$
$$=2\left(x-\frac{5}{2}y\right)^2+\frac{3}{2}y^2-2y+1$$
$$=2\left(x-\frac{5}{2}y\right)^2+\frac{3}{2}\left(y^2-\frac{4}{3}y\right)+1$$
$$=\mathbf{2\left(x-\frac{5}{2}y\right)^2+\frac{3}{2}\left(y-\frac{2}{3}\right)^2+\frac{1}{3}}$$

ゆえに，$x-\frac{5}{2}y=0$，$y-\frac{2}{3}=0$ すなわち

$x=\frac{5}{3}$，$y=\frac{2}{3}$ のとき $|\vec{r}|^2$ は最小値 $\frac{1}{3}$ をとる。

$|\vec{r}|>0$ であるから，$|\vec{r}|^2$ が最小となるとき，

$|\vec{r}|$ も最小となる。

よって，$|\vec{r}|$ は $x=\frac{5}{3}$，$y=\frac{2}{3}$ **のとき最小値**

$\sqrt{\frac{1}{3}}=\frac{\sqrt{3}}{3}$ をとる。

98 (1) AD は∠A の二等分線であるから

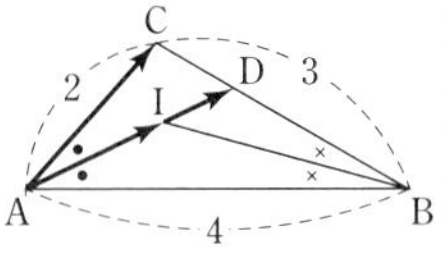

BD：DC

=AB：AC

=4：2=2：1 ……①

したがって

$$\overrightarrow{AD}=\frac{\overrightarrow{AB}+2\overrightarrow{AC}}{2+1}=\frac{1}{3}\overrightarrow{AB}+\frac{2}{3}\overrightarrow{AC}$$

(2) BC=3 と ① から　　BD=2

BI は ∠B の二等分線であるから

AI：ID=AB：BD=4：2=2：1

よって　$\overrightarrow{AI}=\frac{2}{3}\overrightarrow{AD}=\frac{2}{3}\left(\frac{1}{3}\overrightarrow{AB}+\frac{2}{3}\overrightarrow{AC}\right)$

$$=\frac{2}{9}\overrightarrow{AB}+\frac{4}{9}\overrightarrow{AC}$$

99 右の図のように，直線 AP と辺 BC の交点を D とし，B，C から直線 AP にそれぞれ垂線 BH，CK を引く。このとき

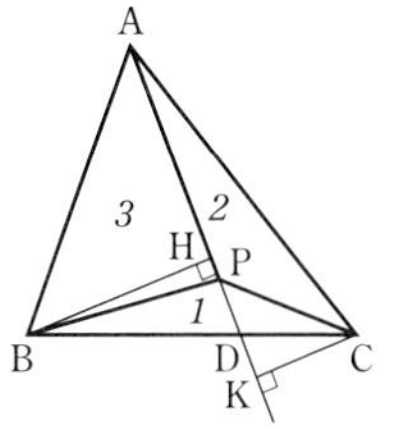

BD：DC=BH：CK

=△PAB：△PCA=3：2

AP：PD=△PAB：△PDB

$=3\triangle PBC:\left(\frac{3}{3+2}\triangle PBC\right)=5:1$

ゆえに　$\overrightarrow{AP}=\frac{5}{5+1}\overrightarrow{AD}$

$=\frac{5}{6}\cdot\frac{2\overrightarrow{AB}+3\overrightarrow{AC}}{5}$

すなわち　$\overrightarrow{AP}=\frac{1}{6}(2\overrightarrow{AB}+3\overrightarrow{AC})$

この等式を位置ベクトル $\vec{a}$，$\vec{b}$，$\vec{c}$，$\vec{p}$ で表すと

$$\vec{p}-\vec{a}=\frac{1}{6}\{2(\vec{b}-\vec{a})+3(\vec{c}-\vec{a})\}$$

よって　$\boldsymbol{\vec{p}=\frac{1}{6}\vec{a}+\frac{1}{3}\vec{b}+\frac{1}{2}\vec{c}}$

100 $\overrightarrow{AB}=\vec{b}$，$\overrightarrow{AD}=\vec{d}$，$\overrightarrow{AE}=\vec{e}$ とすると

$\overrightarrow{AP}=\frac{\vec{b}}{2}$，$\overrightarrow{AQ}=\frac{\vec{d}}{2}$

また　$\overrightarrow{AG}=\overrightarrow{AB}+\overrightarrow{BC}+\overrightarrow{CG}=\overrightarrow{AB}+\overrightarrow{AD}+\overrightarrow{AE}$

$=\vec{b}+\vec{d}+\vec{e}$

点 R は対角線 EG の中点であるから

$$\overrightarrow{AR}=\frac{\overrightarrow{AE}+\overrightarrow{AG}}{2}=\frac{\vec{b}+\vec{d}+2\vec{e}}{2}$$

ゆえに，△PQR の重心 K について

$$\overrightarrow{AK}=\frac{\overrightarrow{AP}+\overrightarrow{AQ}+\overrightarrow{AR}}{3}$$
$$=\frac{1}{3}\left(\frac{\vec{b}}{2}+\frac{\vec{d}}{2}+\frac{\vec{b}+\vec{d}+2\vec{e}}{2}\right)$$
$$=\frac{1}{3}(\vec{b}+\vec{d}+\vec{e})=\frac{1}{3}\overrightarrow{AG}$$

よって，3 点 A，G，K は一直線上にあり，対角線 AG は △PQR の重心 K を通る。

101 BP：PD

=s：$(1-s)$，

CP：PE=t：$(1-t)$

とすると

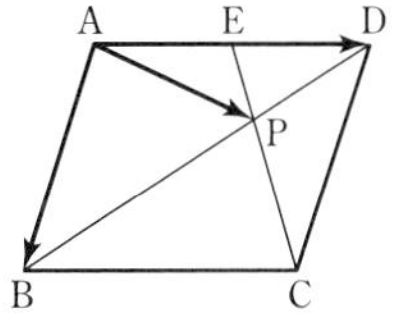

$\overrightarrow{AP}=\mathbf{(1-s)\overrightarrow{AB}}$

$\quad\mathbf{+s\overrightarrow{AD}}$

$$\overrightarrow{AP}=(1-t)\overrightarrow{AC}+t\overrightarrow{AE}$$
$$=(1-t)(\overrightarrow{AB}+\overrightarrow{AD})+\frac{1}{2}t\overrightarrow{AD}$$
$$=\boldsymbol{(1-t)\overrightarrow{AB}+\left(1-\frac{t}{2}\right)\overrightarrow{AD}}$$

$\overrightarrow{AB}\neq\vec{0}$, $\overrightarrow{AD}\neq\vec{0}$, $\overrightarrow{AB}\not\parallel\overrightarrow{AD}$ であるから

$$1-s=1-t,\ s=1-\frac{t}{2}$$

これを解いて　　$s=\dfrac{2}{3}$, $t=\dfrac{2}{3}$

よって　　$\boldsymbol{\overrightarrow{AP}=\frac{1}{3}\overrightarrow{AB}+\frac{2}{3}\overrightarrow{AD}}$

102 (1) M は辺 AB の中点であるから

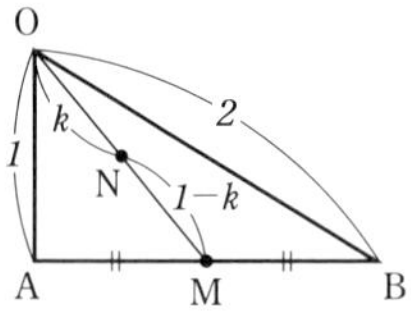

$$\overrightarrow{OM}=\frac{\overrightarrow{OA}+\overrightarrow{OB}}{2}$$

また，ON : NM $=k:(1-k)$ である

から　　$\overrightarrow{ON}=k\overrightarrow{OM}=\dfrac{k}{2}(\overrightarrow{OA}+\overrightarrow{OB})$

よって　　$\boldsymbol{\overrightarrow{NA}}=\overrightarrow{OA}-\overrightarrow{ON}=\vec{a}-\dfrac{k}{2}(\vec{a}+\vec{b})$

$$=\boldsymbol{\left(1-\frac{k}{2}\right)\vec{a}-\frac{k}{2}\vec{b}}$$

(2) $\overrightarrow{ON}\cdot\overrightarrow{NA}=\dfrac{k}{2}(\vec{a}+\vec{b})\cdot\left\{\left(1-\dfrac{k}{2}\right)\vec{a}-\dfrac{k}{2}\vec{b}\right\}$

$$=\frac{k}{2}\left\{\left(1-\frac{k}{2}\right)|\vec{a}|^2+(1-k)\vec{a}\cdot\vec{b}-\frac{k}{2}|\vec{b}|^2\right\}$$

ここで，$|\vec{b}|=2|\vec{a}|$,

$\vec{a}\cdot\vec{b}=|\vec{a}||\vec{b}|\cos 60^\circ=2|\vec{a}|^2\cdot\dfrac{1}{2}=|\vec{a}|^2$ である

から　　$\overrightarrow{ON}\cdot\overrightarrow{NA}$

$$=\frac{k}{2}\left\{\left(1-\frac{k}{2}\right)|\vec{a}|^2+(1-k)|\vec{a}|^2-2k|\vec{a}|^2\right\}$$
$$=\frac{k}{2}\left(2-\frac{7}{2}k\right)|\vec{a}|^2$$

また，ON⊥NA であるとき

$$\boldsymbol{\overrightarrow{ON}\cdot\overrightarrow{NA}=0}$$

よって　　$\dfrac{k}{2}\left(2-\dfrac{7}{2}k\right)|\vec{a}|^2=0$

$0<k<1$, $|\vec{a}|\neq0$ であるから　　$2-\dfrac{7}{2}k=0$

これを解いて　　$\boldsymbol{k=\frac{4}{7}}$

103 (1) $\overrightarrow{OC}\perp\overrightarrow{AB}$ であるから

$$\boldsymbol{\overrightarrow{OC}\cdot\overrightarrow{AB}}=\overrightarrow{OC}\cdot(\overrightarrow{OB}-\overrightarrow{OA})$$
$$=\overrightarrow{OC}\cdot\overrightarrow{OB}-\overrightarrow{OC}\cdot\overrightarrow{OA}=\boldsymbol{0}$$

ゆえに　　$\overrightarrow{OC}\cdot\overrightarrow{OB}=\overrightarrow{OC}\cdot\overrightarrow{OA}$　…… ①

また　$|\overrightarrow{AC}|^2=|\overrightarrow{OC}-\overrightarrow{OA}|^2$

$$=|\overrightarrow{OC}|^2-2\overrightarrow{OC}\cdot\overrightarrow{OA}+|\overrightarrow{OA}|^2\ \cdots ②$$

$|\overrightarrow{BC}|^2=|\overrightarrow{OC}-\overrightarrow{OB}|^2$

$$=|\overrightarrow{OC}|^2-2\overrightarrow{OC}\cdot\overrightarrow{OB}+|\overrightarrow{OB}|^2\ \cdots ③$$

②, ③ において，OA=OB と ① から

$$|\overrightarrow{AC}|^2=|\overrightarrow{BC}|^2$$

すなわち　　AC=BC

(2) $\overrightarrow{OG}=\dfrac{1}{3}(\overrightarrow{OA}+\overrightarrow{OB}+\overrightarrow{OC})$ であるから

$$\overrightarrow{OG}\cdot\overrightarrow{AB}=\overrightarrow{OG}\cdot(\overrightarrow{OB}-\overrightarrow{OA})$$
$$=\frac{1}{3}(\overrightarrow{OB}+\overrightarrow{OA}+\overrightarrow{OC})\cdot(\overrightarrow{OB}-\overrightarrow{OA})$$
$$=\frac{1}{3}(|\overrightarrow{OB}|^2-|\overrightarrow{OA}|^2+\overrightarrow{OC}\cdot\overrightarrow{OB}-\overrightarrow{OC}\cdot\overrightarrow{OA})$$

OA=OB と ① から　　$\boldsymbol{\overrightarrow{OG}\cdot\overrightarrow{AB}=0}$

したがって　　$\overrightarrow{OG}\perp\overrightarrow{AB}$

別解　辺 AB の中点を M とする。

(1) OA=OB であるから　　OM⊥AB

また，OC⊥AB であるから

(平面OCM)⊥AB

よって　　CM⊥AB

したがって　　AC=BC

(2) G は線分 CM 上にあるから，平面 OCM 上にある。

(平面OCM)⊥AB であるから　　OG⊥AB

すなわち　　$\overrightarrow{OG}\perp\overrightarrow{AB}$

104 $\dfrac{\overrightarrow{OA}}{|\overrightarrow{OA}|}=\overrightarrow{OA'}$,

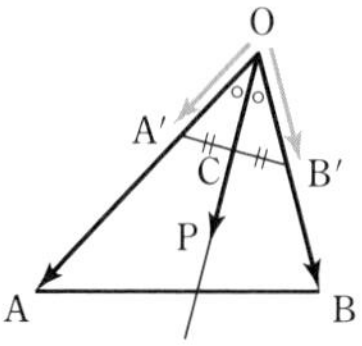

$\dfrac{\overrightarrow{OB}}{|\overrightarrow{OB}|}=\overrightarrow{OB'}$

とおくと

$|\overrightarrow{OA'}|=1$, $|\overrightarrow{OB'}|=1$

ゆえに，△OA′B′ は二等辺三角形である。

線分 A′B′ の中点を C とすると，二等辺三角形の性質から，直線 OC は ∠A′OB′ の二等分線，すなわち，∠AOB の二等分線である。

また，点 P は直線 OC 上の点であるから，

$\boldsymbol{\overrightarrow{OP}=t'\overrightarrow{OC}}$ (**t' は実数**) と表される。

$\overrightarrow{OC}=\dfrac{\overrightarrow{OA'}+\overrightarrow{OB'}}{2}=\dfrac{1}{2}\left(\dfrac{\overrightarrow{OA}}{|\overrightarrow{OA}|}+\dfrac{\overrightarrow{OB}}{|\overrightarrow{OB}|}\right)$ から

$$\overrightarrow{OP}=t'\overrightarrow{OC}=\frac{t'}{2}\left(\frac{\overrightarrow{OA}}{|\overrightarrow{OA}|}+\frac{\overrightarrow{OB}}{|\overrightarrow{OB}|}\right)$$

この式で $\frac{t'}{2}=t$ とおくと

$$\overrightarrow{OP}=t\left(\frac{\overrightarrow{OA}}{|\overrightarrow{OA}|}+\frac{\overrightarrow{OB}}{|\overrightarrow{OB}|}\right)$$ （**t は実数**）

105 $2s+3t\leqq 6$ から　$\frac{s}{3}+\frac{t}{2}\leqq 1$

$\frac{s}{3}=s'$, $\frac{t}{2}=t'$ とおくと　$s'+t'\leqq 1$

$\overrightarrow{OP}=\frac{s}{3}(3\overrightarrow{OA})+\frac{t}{2}(2\overrightarrow{OB})$ であるから

$3\overrightarrow{OA}=\overrightarrow{OA'}$,
$2\overrightarrow{OB}=\overrightarrow{OB'}$ とすると
$\overrightarrow{OP}=s'\overrightarrow{OA'}+t'\overrightarrow{OB'}$
よって，点 P の存在範囲は △OA′B′ の周および内部である。
〔図〕斜線部分。
ただし，境界線を含む。

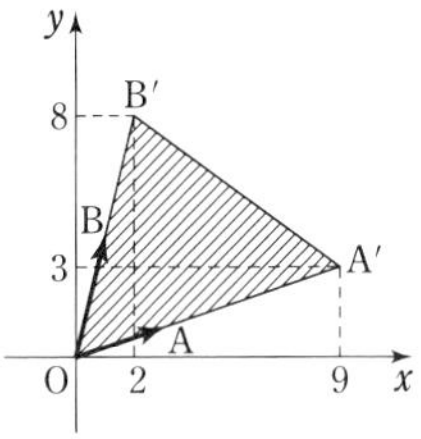

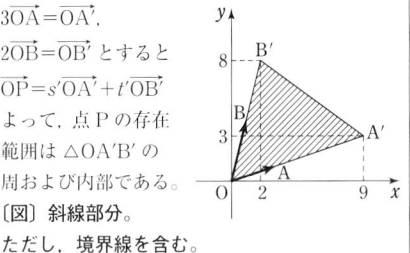

106 点 F は線分 DE を 1：2 に内分するから

$$\overrightarrow{OF}=\frac{2\overrightarrow{OD}+\overrightarrow{OE}}{1+2}=\frac{2}{3}\overrightarrow{OD}+\frac{1}{3}\overrightarrow{OE} \quad \cdots\cdots ①$$

点 D, E はそれぞれ辺 AB, OC を 1：2 に内分するから

$$\overrightarrow{OD}=\frac{2\vec{a}+\vec{b}}{1+2}=\frac{2}{3}\vec{a}+\frac{1}{3}\vec{b}$$

$$\overrightarrow{OE}=\frac{1}{1+2}\vec{c}=\frac{1}{3}\vec{c}$$

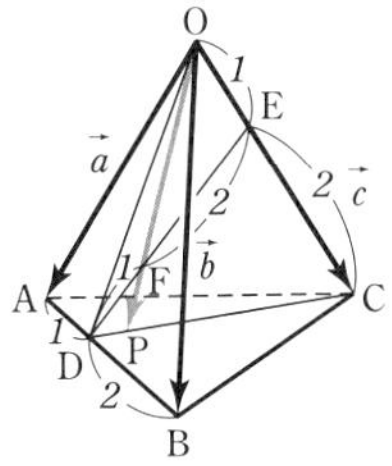

これらを ① に代入して

$$\overrightarrow{OF}=\frac{2}{3}\left(\frac{2}{3}\vec{a}+\frac{1}{3}\vec{b}\right)+\frac{1}{3}\left(\frac{1}{3}\vec{c}\right)$$
$$=\frac{4}{9}\vec{a}+\frac{2}{9}\vec{b}+\frac{1}{9}\vec{c}$$

点 P は直線 OF 上にあるから **$\overrightarrow{OP}=k\overrightarrow{OF}$ となる実数 k がある**。ゆえに

$$\overrightarrow{OP}=k\overrightarrow{OF}=\frac{4}{9}k\vec{a}+\frac{2}{9}k\vec{b}+\frac{1}{9}k\vec{c} \quad \cdots\cdots ②$$

ここで，点 P は平面 ABC 上にあるから

$$\frac{4}{9}k+\frac{2}{9}k+\frac{1}{9}k=1$$

これを解いて　$k=\frac{9}{7}$

② に代入して　$\overrightarrow{OP}=\frac{4}{7}\vec{a}+\frac{2}{7}\vec{b}+\frac{1}{7}\vec{c}$

107 (1) 四面体 OABC の体積を V とする。
OA⊥OB, OA⊥OC, OB⊥OC であるから

$$V=\frac{1}{3}\triangle OAB\cdot OC=\frac{1}{3}\left(\frac{1}{2}OA\cdot OB\right)\cdot OC$$
$$=\frac{1}{3}\cdot\frac{1}{2}\cdot 1\cdot 2\cdot 3=\mathbf{1}$$

(2) △ABC の面積を S とすると

$$S=\frac{1}{2}\sqrt{|\overrightarrow{AB}|^2|\overrightarrow{AC}|^2-(\overrightarrow{AB}\cdot\overrightarrow{AC})^2} \quad \cdots\cdots ①$$

$\overrightarrow{AB}=(-1,\ 2,\ 0)$, $\overrightarrow{AC}=(-1,\ 0,\ 3)$ であるから　$|\overrightarrow{AB}|^2=(-1)^2+2^2=5$,
$|\overrightarrow{AC}|^2=(-1)^2+3^2=10$, $\overrightarrow{AB}\cdot\overrightarrow{AC}=1$

これらを ① に代入して

$$S=\frac{1}{2}\sqrt{5\cdot 10-1^2}=\frac{7}{2}$$

(3) $V=\frac{1}{3}S\times OH$ であるから，(1)，(2) の結果より　$1=\frac{1}{3}\cdot\frac{7}{2}\cdot OH$

よって　$OH=\frac{6}{7}$

108 (1) $a_n=77+(n-1)\cdot(-3)=\mathbf{-3n+80}$

(2) $a_n<0$ とすると　$-3n+80<0$

よって　$n>\frac{80}{3}=26.6\cdots\cdots$

この不等式を満たす最小の自然数は　$n=27$
したがって　**第 27 項**

(3) (2) から，$n\leqq 26$ のとき　$a_n>0$,
$n\geqq 27$ のとき　$a_n<0$
したがって，初項から**第 26 項**までの和が最大となる。
このとき，求める和は

$$\frac{26}{2}(a_1+a_{26})=13(77+2)=\mathbf{1027}$$

109 初項を a，公比を r $(r>0)$ とする。
$r=1$ とすると，$S_{2n}=2na$ となり　$2na=2$
このとき，$S_{4n}=4na=2\cdot 2na=4\neq 164$
であるから，条件を満たさない。
したがって，**$r\neq 1$** である。

$S_{2n}=2$ から　$\frac{a(r^{2n}-1)}{r-1}=2$ ······ ①

$S_{4n}=164$ から　$\frac{a(r^{4n}-1)}{r-1}=164$ ······ ②

$r^{4n}-1=(r^{2n}-1)(r^{2n}+1)$ であるから，② より

$$\frac{a(r^{2n}-1)(r^{2n}+1)}{r-1}=164$$

① を代入して　$2(r^{2n}+1)=164$

整理して　　　$r^{2n}=81$

$r>0$ より，$r^n>0$ であるから

$$r^n=9 \quad \cdots\cdots ③$$

また，① から　　$a=\dfrac{2(r-1)}{r^{2n}-1}$

これと ③ から

$$S_n=\frac{a(r^n-1)}{r-1}=\frac{2(r-1)}{r^{2n}-1}\cdot\frac{r^n-1}{r-1}$$

$$=\frac{2}{r^n+1}=\frac{2}{9+1}=\mathbf{\frac{1}{5}}$$

110　a，b，c の順で等差数列をなすから

$$\boldsymbol{2b=a+c} \quad \cdots\cdots ①$$

a，c，b の順で等比数列をなすから

$$\boldsymbol{c^2=ab} \quad \cdots\cdots ②$$

また　　$abc=27$　　$\cdots\cdots$ ③

② を ③ に代入して　　$c^3=27$

c は実数であるから　　$c=3$

$c=3$ を ①，② に代入して

$$a=2b-3,\ ab=9$$

a を消去して　　$b(2b-3)=9$

すなわち　　$2b^2-3b-9=0$

ゆえに　　$(b-3)(2b+3)=0$

よって　　$b=3,\ -\dfrac{3}{2}$

$b=3$ は a，b，c が互いに異なるという条件を満たさない。

$b=-\dfrac{3}{2}$ のとき　　$a=2\cdot\left(-\dfrac{3}{2}\right)-3=-6$

このとき，a，b，c は互いに異なり適する。

以上から　　$\boldsymbol{a=-6,\ b=-\dfrac{3}{2},\ c=3}$

111　数列 $\{a_n\}$，$\{b_n\}$ に共通に含まれる項を，順に並べてできる数列を $\{c_n\}$ とする。

(1)　$a_l=b_m$ とすると

$$1+(l-1)\cdot5=5+(m-1)\cdot9$$

したがって　　$\boldsymbol{5l=9m}$

5 と 9 は互いに素であるから，k を整数として

$$\boldsymbol{l=9k,\ m=5k}$$

と表される。ここで，l，m は自然数であるから，k は自然数である。

よって，数列 $\{c_n\}$ の第 k 項は，数列 $\{a_n\}$ の第 $9k$ 項であるから

$$c_n=a_{9n}=1+(9n-1)\cdot5=\boldsymbol{45n-4}$$

別解　数列 $\{a_n\}$，$\{b_n\}$ の項を書き出すと

$\{a_n\}$: 1，6，11，16，21，26，31，36，41，$\cdots\cdots$

$\{b_n\}$: 5，14，23，32，41，$\cdots\cdots$

よって，2 つの数列に共通な最初の数は　41

また，公差がそれぞれ 5，9 であるから，数列 $\{c_n\}$ は，初項が 41 で，5 と 9 の最小公倍数 45 を公差とする等差数列をなす。

よって　　$c_n=41+(n-1)\cdot45=\boldsymbol{45n-4}$

(2)　数列 $\{a_n\}$ の第 100 項は

$$a_{100}=1+(100-1)\cdot5=496$$

$45n-4\leqq496$ を満たす最大の自然数は，この不等式を解くと　　$n\leqq\dfrac{500}{45}=11.111\cdots$

であるから　　$n=11$

よって，求める和は，数列 $\{c_n\}$ の初項から第 11 項までの和である。

したがって　　$\dfrac{11\{41\cdot2+45(11-1)\}}{2}=\mathbf{2926}$

112　(1)　求める和を S とすると

$$S=\sum_{k=1}^{n}k(n-k+1)=\sum_{k=1}^{n}(nk-k^2+k)$$

$$=\sum_{k=1}^{n}\{(n+1)k-k^2\}=(n+1)\sum_{k=1}^{n}k-\sum_{k=1}^{n}k^2$$

$$=(n+1)\cdot\frac{1}{2}n(n+1)-\frac{1}{6}n(n+1)(2n+1)$$

$$=\frac{1}{6}n(n+1)\{3(n+1)-(2n+1)\}$$

$$=\boldsymbol{\frac{1}{6}n(n+1)(n+2)}$$

(2)　$\dfrac{1}{k}\left(\dfrac{1}{\sqrt{k}-1}-\dfrac{1}{\sqrt{k}+1}\right)$

$$=\frac{1}{k}\cdot\frac{\sqrt{k}+1-(\sqrt{k}-1)}{(\sqrt{k}-1)(\sqrt{k}+1)}$$

$$=\frac{1}{k}\cdot\frac{2}{k-1}=2\left(\frac{1}{k-1}-\frac{1}{k}\right)$$

したがって

$$\sum_{k=2}^{100}\frac{1}{k}\left(\frac{1}{\sqrt{k}-1}-\frac{1}{\sqrt{k}+1}\right)$$

$$=2\sum_{k=2}^{100}\left(\frac{1}{k-1}-\frac{1}{k}\right)$$

$$=2\left\{\left(\frac{1}{1}-\frac{1}{2}\right)+\left(\frac{1}{2}-\frac{1}{3}\right)+\cdots\cdots+\left(\frac{1}{99}-\frac{1}{100}\right)\right\}$$

$$=2\left(1-\frac{1}{100}\right)=\mathbf{\frac{99}{50}}$$

(3)　求める和を S とすると

$$S=1+3x+5x^2+\cdots\cdots+(2n-1)x^{n-1}$$

$$xS=\qquad x+3x^2+\cdots\cdots+(2n-3)x^{n-1}+(2n-1)x^n$$

辺々引くと

$(1-x)S=1+2(x+x^2+\cdots+x^{n-1})-(2n-1)x^n$

よって，$\boldsymbol{x \neq 1}$ **のとき**

$$(1-x)S=1+2\cdot\frac{x(1-x^{n-1})}{1-x}-(2n-1)x^n$$

$$=\frac{1-x+2(x-x^n)-(2n-1)x^n(1-x)}{1-x}$$

$$=\frac{1+x-(2n+1)x^n+(2n-1)x^{n+1}}{1-x}$$

したがって

$$S=\boldsymbol{\frac{1+x-(2n+1)x^n+(2n-1)x^{n+1}}{(1-x)^2}}$$

$\boldsymbol{x=1}$ **のとき**

$$S=1+3+5+\cdots\cdots+(2n-1)=\sum_{k=1}^{n}(2k-1)$$

$$=2\cdot\frac{1}{2}n(n+1)-n=\boldsymbol{n^2}$$

113 (1) 数列 $\{a_n\}$ の階差数列を $\{b_n\}$ とすると

$\{b_n\}$：6，10，14，18，……

ゆえに，数列 $\{b_n\}$ は初項 6，公差 4 の等差数列であるから

$$b_n=6+(n-1)\cdot4=4n+2$$

よって，$n\geqq2$ のとき

$$a_n=5+\sum_{k=1}^{n-1}(4k+2)=5+4\sum_{k=1}^{n-1}k+2\sum_{k=1}^{n-1}1$$

$$=5+4\cdot\frac{(n-1)n}{2}+2(n-1)$$

$$=2n^2+3$$

この式に $n=1$ を代入すると，$a_1=5$ となるから，$n=1$ のときも成り立つ。

したがって　　$\boldsymbol{a_n=2n^2+3}$

(2) $n\geqq2$ のとき

$$\boldsymbol{a_n=S_n-S_{n-1}}$$

$$=(3n^2+4n+2)-\{3(n-1)^2+4(n-1)+2\}$$

$$=6n+1$$

$n=1$ のとき

$$\boldsymbol{a_1=S_1}=3\cdot1^2+4\cdot1+2=9$$

したがって，一般項は

$\boldsymbol{n\geqq2}$ **のとき**　　$\boldsymbol{a_n=6n+1}$

$\boldsymbol{n=1}$ **のとき**　　$\boldsymbol{a_n=9}$

114 $\frac{1}{1}\left|\frac{1}{2},\ \frac{3}{2}\right|\frac{1}{3},\ \frac{3}{3},\ \frac{5}{3}\left|\frac{1}{4},\ \frac{3}{4},\ \frac{5}{4},\ \frac{7}{4}\right|$ ……

のように，**第 n 群に分母が n の分数が含まれるように区切りを入れる。**

このとき，第 n 群の m 番目の項は

$\frac{2m-1}{n}$　$(m=1,\ 2,\ 3,\ \cdots\cdots,\ n)$ と表される。

(1) 第 k 群には k 個の数が含まれる。

第 29 項が第 n 群に含まれるとすると

$$\sum_{k=1}^{n-1}k<29\leqq\sum_{k=1}^{n}k$$

ゆえに　　$\frac{1}{2}(n-1)n<29\leqq\frac{1}{2}n(n+1)$

よって　　$n(n-1)<58\leqq n(n+1)$　…… ①

$n(n-1)$，$n(n+1)$ は単調に増加し，$7\cdot8=56$，$8\cdot9=72$ であるから，① を満たす自然数 n は

$n=8$

また，第 7 群までの項数は

$$1+2+\cdots\cdots+7=\frac{1}{2}\cdot7\cdot(7+1)=28$$

であるから，第 29 項は，第 8 群の 1 番目の項である。したがって，第 29 項は　　$\boldsymbol{\frac{1}{8}}$

(2) 第 800 項が第 n 群に含まれるとすると

$n(n-1)<800\cdot2\leqq n(n+1)$　…… ②

$n(n-1)$，$n(n+1)$ は単調に増加し，

$39\cdot40=1560$，$40\cdot41=1640$ であるから，② を満たす自然数 n は　　$n=40$

また，第 39 群までの項数は

$$1+2+\cdots\cdots+39=\frac{1}{2}\cdot39\cdot(39+1)=780$$

であるから，第 800 項は，第 40 群の 20 番目の項である。

したがって，第 800 項は　　$\frac{2\cdot20-1}{40}=\boldsymbol{\frac{39}{40}}$

(3) 第 k 群に属する数の和は

$$\frac{1}{k}+\frac{3}{k}+\cdots\cdots+\frac{2k-1}{k}=\frac{1}{k}\cdot\frac{1}{2}k\{1+(2k-1)\}$$

$$=\frac{2k^2}{2k}=k$$

よって，求める和は

$$1+2+\cdots\cdots+39+\left(\frac{1}{40}+\frac{3}{40}+\cdots\cdots+\frac{39}{40}\right)$$

$$=\frac{1}{2}\cdot39\cdot40+\frac{1}{40}\cdot\frac{20(1+39)}{2}=\boldsymbol{790}$$

115 (1) (ア) 漸化式を変形すると

$$\boldsymbol{a_{n+1}+1=\frac{3}{2}(a_n+1)}$$

$b_n=a_n+1$ とおくと

$$b_{n+1}=\frac{3}{2}b_n,\quad b_1=a_1+1=1$$

ゆえに，数列 $\{b_n\}$ は初項 1，公比 $\frac{3}{2}$ の等比数列であるから　　$b_n=1\cdot\left(\frac{3}{2}\right)^{n-1}=\left(\frac{3}{2}\right)^{n-1}$

よって　　$\boldsymbol{a_n}=b_n-1=\boldsymbol{\left(\frac{3}{2}\right)^{n-1}-1}$

(イ) $a_{n+1}=6a_n+3^{n+1}$ の両辺を 3^{n+1} で割ると

$$\frac{a_{n+1}}{3^{n+1}}=\frac{6}{3}\cdot\frac{a_n}{3^n}+1$$

$b_n=\frac{a_n}{3^n}$ とおくと

$$b_{n+1}=2b_n+1,\ b_1=\frac{a_1}{3^1}=1$$

したがって

$$b_{n+1}+1=2(b_n+1),\ b_1+1=1+1=2$$

数列 $\{b_n+1\}$ は，初項 2，公比 2 の等比数列で　$b_n+1=2^n$　すなわち　$b_n=2^n-1$

よって　$a_n=3^nb_n=3^n(2^n-1)$

(2) $a_n=b_n+\alpha n+\beta$ …… ① とおく。

① で n の代わりに $n+1$ とおくと

$$a_{n+1}=b_{n+1}+\alpha(n+1)+\beta \quad \cdots\cdots ②$$

①，② を $a_{n+1}=3a_n-8n-4$ に代入すると

$$b_{n+1}+\alpha(n+1)+\beta$$
$$=3(b_n+\alpha n+\beta)-8n-4$$

ゆえに　$b_{n+1}=3b_n+(2\alpha-8)n-\alpha+2\beta-4$

数列 $\{b_n\}$ が等比数列となるための条件は

$$2\alpha-8=0,\ -\alpha+2\beta-4=0$$

これを解いて　$\alpha=4,\ \beta=4$

よって，$a_n=b_n+{}^{ア}\mathbf{4}n+{}^{イ}\mathbf{4}$ とおくと

$$b_1={}^{ウ}\mathbf{2},\ b_{n+1}={}^{エ}\mathbf{3}b_n$$

数列 $\{b_n\}$ は初項 2，公比 3 の等比数列であるから　$b_n=2\cdot3^{n-1}$

したがって　$a_n={}^{オ}\mathbf{2\cdot3^{n-1}+4n+4}$

116 (1) $a_1>0$ であるから，漸化式の形により，すべての自然数について　$a_n>0$

$a_{n+1}=\frac{4a_n}{2a_n+3}$ の**両辺の逆数をとる**と

$$\frac{1}{a_{n+1}}=\frac{3}{4a_n}+\frac{1}{2}$$

$\frac{1}{a_n}=b_n$ とおくと　$b_{n+1}=\frac{3}{4}b_n+\frac{1}{2},\ b_1=1$

したがって

$$b_{n+1}-2=\frac{3}{4}(b_n-2),\ b_1-2=1-2=-1$$

ゆえに，数列 $\{b_n-2\}$ は初項 -1，公比 $\frac{3}{4}$ の等比数列であるから　$b_n-2=(-1)\cdot\left(\frac{3}{4}\right)^{n-1}$

よって　$b_n=2-\left(\frac{3}{4}\right)^{n-1}$

したがって　$a_n=\frac{1}{b_n}=\frac{1}{2-\left(\frac{3}{4}\right)^{n-1}}$

(2) $a_1>0$ であるから，漸化式の形により，すべての自然数について　$a_n>0$

$a_{n+1}=8a_n{}^2$ の**両辺の 2 を底とする対数をとる**と

$$\log_2 a_{n+1}=\log_2 8a_n{}^2$$

ゆえに　$\log_2 a_{n+1}=3+2\log_2 a_n$

$\log_2 a_n=b_n$ とおくと

$$b_{n+1}=2b_n+3,\ b_1=\log_2 a_1=\log_2 4=2$$

したがって

$$b_{n+1}+3=2(b_n+3),\ b_1+3=2+3=5$$

ゆえに，数列 $\{b_n+3\}$ は初項 5，公比 2 の等比数列であるから　$b_n+3=5\cdot2^{n-1}$

よって　$b_n=5\cdot2^{n-1}-3$

したがって　$a_n=2^{b_n}=2^{5\cdot2^{n-1}-3}$

117 漸化式を変形して

$\mathbf{a_{n+2}+2a_{n+1}=3(a_{n+1}+2a_n)}$，$a_2+2a_1=1$ …… ①

$\mathbf{a_{n+2}-3a_{n+1}=-2(a_{n+1}-3a_n)}$，$a_2-3a_1=1$ …… ②

① より，数列 $\{a_{n+1}+2a_n\}$ は初項 1，公比 3 の等比数列であるから

$$a_{n+1}+2a_n=3^{n-1} \quad \cdots\cdots ③$$

また，② より，数列 $\{a_{n+1}-3a_n\}$ は初項 1，公比 -2 の等比数列であるから

$$a_{n+1}-3a_n=(-2)^{n-1} \quad \cdots\cdots ④$$

③－④ から　$5a_n=3^{n-1}-(-2)^{n-1}$

よって　$a_n=\frac{3^{n-1}-(-2)^{n-1}}{5}$

注意 [①，② の変形]

a_{n+2}，a_{n+1}，a_n をそれぞれ x^2，x，1 とおいた方程式 $x^2-x-6=0$ を解くと

$$x=-2,\ 3$$

118 $a_{n+1}=3a_n+b_n$ …… ①
$b_{n+1}=a_n+3b_n$ …… ② とする。

①＋② から

$$\mathbf{a_{n+1}+b_{n+1}=4(a_n+b_n)},\ a_1+b_1=3$$

よって，数列 $\{a_n+b_n\}$ は，初項 3，公比 4 の等比数列であるから

$$a_n+b_n=3\cdot4^{n-1} \quad \cdots\cdots ③$$

①－② から

$$\mathbf{a_{n+1}-b_{n+1}=2(a_n-b_n)},\ a_1-b_1=1$$

ゆえに，数列 $\{a_n-b_n\}$ は，初項 1，公比 2 の等比数列であるから

$$a_n-b_n=2^{n-1} \quad \cdots\cdots ④$$

③＋④ から　$2a_n=3\cdot4^{n-1}+2^{n-1}$

③－④ から　$2b_n=3\cdot4^{n-1}-2^{n-1}$

したがって

$$a_n=\frac{3\cdot4^{n-1}+2^{n-1}}{2},\quad b_n=\frac{3\cdot4^{n-1}-2^{n-1}}{2}$$

119 $(1+h)^n>1+nh$ …… ① とする。

[1] $n=2$ のとき

$(\text{左辺})=(1+h)^2=1+2h+h^2$

$(\text{右辺})=1+2h$

$h>0$ であるから

$1+2h+h^2>1+2h$

よって，$n=2$ のとき ① は成り立つ。

[2] $n=k$ のとき，① が成り立つと仮定すると

$(1+h)^k>1+kh$ …… ②

$n=k+1$ のときを考えると，② から

$$\begin{aligned}(1+h)^{k+1}&=(1+h)^k(1+h)\\&>(1+kh)(1+h)\\&=1+(k+1)h+kh^2\\&>1+(k+1)h\end{aligned}$$

よって，$n=k+1$ のときにも ① は成り立つ。

[1]，[2] により，2 以上のすべての自然数 n について，$h>0$ ならば $(1+h)^n>1+nh$ が成り立つ。

120 (1) $y=\dfrac{-2x-6}{x-3}=\dfrac{-2(x-3)-12}{x-3}$

$$=\boldsymbol{\frac{-12}{x-3}-2}$$

ゆえに，関数 ① のグラフは，$y=\dfrac{-12}{x}$ のグラフを x 軸方向に 3，y 軸方向に -2 だけ平行移動したものである。

よって　**$a=-12$，$b=3$，$c=-2$**

(2) ① のグラフと直線 $y=kx$ の共有点の x 座標は，方程式 $kx=\dfrac{-2x-6}{x-3}$ の実数解である。

分母を払って　$kx(x-3)=-2x-6$

x について整理すると

$kx^2+(2-3k)x+6=0$ …… ②

$k=0$ のとき，② は　$2x+6=0$

実数解 $x=-3$ をもつから，① のグラフと直線 $y=kx$ は共有点をもち，条件を満たさない。

したがって，$k\neq0$ である。

また，$x=3$ は ② を満たさない。

よって，求める条件は，② の判別式について

$D=(2-3k)^2-24k<0$

ゆえに　$9k^2-36k+4<0$

これを解いて　$\boldsymbol{\dfrac{6-4\sqrt{2}}{3}<k<\dfrac{6+4\sqrt{2}}{3}}$

121 (1) $y=\sqrt{a-4x}+b$ は減少関数であるから $x=-4$ のとき最大，$x=0$ のとき最小となる。

$x=-4$ のとき　$y=\sqrt{a+16}+b$

$x=0$ のとき　$y=\sqrt{a}+b$

条件から　$\sqrt{a+16}+b=5$，$\sqrt{a}+b=3$

b を消去して　$\sqrt{a+16}=\sqrt{a}+2$

両辺を平方して　$a+16=a+4+4\sqrt{a}$

整理して　$\sqrt{a}=3$

よって　$a=9$

このとき　$b=3-\sqrt{a}=0$

したがって　**$a=9$，$b=0$**

(2) $y=\sqrt{2x+1}$ …… ①

$y=x+k$ …… ②

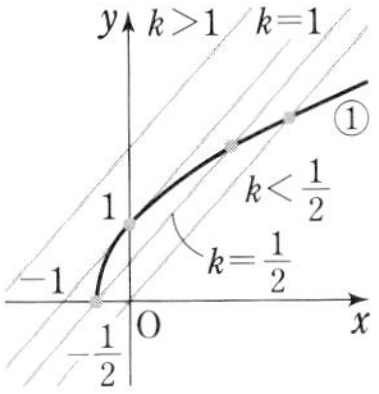

とすると，① と ② のグラフの共有点の個数が，与えられた方程式の実数解の個数に一致する。

$\sqrt{2x+1}=x+k$ の両辺を平方すると

$2x+1=x^2+2kx+k^2$

よって　$x^2+2(k-1)x+k^2-1=0$

判別式を D とすると

$\dfrac{D}{4}=(k-1)^2-(k^2-1)=-2k+2$

$D=0$ とすると　$-2k+2=0$

ゆえに　$k=1$

このとき，① と ② のグラフは接する。

また，直線 ② が点 $\left(-\dfrac{1}{2},\ 0\right)$ を通るとき

$0=-\dfrac{1}{2}+k$　すなわち　$k=\dfrac{1}{2}$

よって，求める実数解の個数は

$\dfrac{1}{2}\leqq k<1$　のとき　2 個

$k<\dfrac{1}{2}$，$k=1$ のとき　1 個

$k>1$　のとき　0 個

122 (1) $f(3)=2$ から　$a^2=2$

$a>0$ であるから　$a=$ ア $\sqrt{2}$

次に，$f^{-1}(4)=k$ とおくと　**$f(k)=4$**

ゆえに　$(\sqrt{2})^{k-1}=4$

よって　$2^{\frac{k-1}{2}}=2^2$

したがって　$\dfrac{k-1}{2}=2$　すなわち　$k=$ イ 5

(2) $f(g(x))=a^{g(x)+b}=a^{x^2+b}$,

$g(f(x))=\{f(x)\}^2=a^{2(x+b)}$

$f(g(x))=g(f(x))$ から　$a^{x^2+b}=a^{2(x+b)}$

ゆえに　$x^2+b=2(x+b)$

よって　$x^2-2x-b=0$ ……①

題意を満たすための条件は，方程式①がただ1つの実数解をもつことである。

ゆえに，①の判別式について

$$\frac{D}{4}=1+b=0$$

これを解いて　$\boldsymbol{b=-1}$

123 (1) $2^2+4^2+\cdots\cdots+(2n)^2$

$=4(1^2+2^2+\cdots\cdots+n^2)$

$=4\cdot\dfrac{n(n+1)(2n+1)}{6}$

$=\dfrac{2}{3}n(n+1)(2n+1)$ であるから

$$(与式)=\frac{3}{2}\lim_{n\to\infty}\frac{n^3}{n(n+1)(2n+1)}$$

$$=\frac{3}{2}\lim_{n\to\infty}\frac{1}{\left(1+\frac{1}{n}\right)\left(2+\frac{1}{n}\right)}=\frac{3}{2}\cdot\frac{1}{1\cdot 2}$$

$$=\boldsymbol{\frac{3}{4}}$$

(2) $\dfrac{\sqrt{n+5}-\sqrt{n+3}}{\sqrt{n+1}-\sqrt{n}}$

$$=\frac{(\sqrt{n+5}-\sqrt{n+3})(\boldsymbol{\sqrt{n+5}+\sqrt{n+3}})}{(\sqrt{n+1}-\sqrt{n})(\boldsymbol{\sqrt{n+1}+\sqrt{n}})}\times\frac{(\boldsymbol{\sqrt{n+1}+\sqrt{n}})}{(\boldsymbol{\sqrt{n+5}+\sqrt{n+3}})}$$

$=\dfrac{2(\sqrt{n+1}+\sqrt{n})}{\sqrt{n+5}+\sqrt{n+3}}$ であるから

$$(与式)=\lim_{n\to\infty}\frac{2(\sqrt{n+1}+\sqrt{n})}{\sqrt{n+5}+\sqrt{n+3}}$$

$$=\lim_{n\to\infty}\frac{2\left(\sqrt{1+\frac{1}{n}}+1\right)}{\sqrt{1+\frac{5}{n}}+\sqrt{1+\frac{3}{n}}}=\frac{2(1+1)}{1+1}$$

$$=\boldsymbol{2}$$

(3) [1] $\boldsymbol{0<r<3}$ **のとき**

$$\lim_{n\to\infty}\frac{r^{n-1}-3^{n+1}}{r^n+3^{n-1}}=\lim_{n\to\infty}\frac{\frac{1}{3}\left(\frac{r}{3}\right)^{n-1}-3}{\left(\frac{r}{3}\right)^n+\frac{1}{3}}=\boldsymbol{-9}$$

[2] $\boldsymbol{r=3}$ **のとき**

$$\lim_{n\to\infty}\frac{r^{n-1}-3^{n+1}}{r^n+3^{n-1}}=\lim_{n\to\infty}\frac{3^{n-1}-3^{n+1}}{3^n+3^{n-1}}$$

$$=\lim_{n\to\infty}\frac{-8\cdot 3^{n-1}}{4\cdot 3^{n-1}}=\boldsymbol{-2}$$

[3] $\boldsymbol{r>3}$ **のとき**

$$\lim_{n\to\infty}\frac{r^{n-1}-3^{n+1}}{r^n+3^{n-1}}=\lim_{n\to\infty}\frac{1-9\left(\frac{3}{r}\right)^{n-1}}{r+\left(\frac{3}{r}\right)^{n-1}}=\boldsymbol{\frac{1}{r}}$$

124 (1) 与えられた無限級数は，初項 $2+\sqrt{2}$，公比 $\dfrac{2-\sqrt{2}}{-\sqrt{2}}=1-\sqrt{2}$ の無限等比級数である。

公比について $|1-\sqrt{2}|<1$ であるから，この無限級数は**収束する**。

したがって，**和は**

$$\frac{2+\sqrt{2}}{1-(1-\sqrt{2})}=\frac{2+\sqrt{2}}{\sqrt{2}}=\boldsymbol{1+\sqrt{2}}$$

(2) 第 n 項を a_n とすると　$a_n=\dfrac{n}{2n-1}$

$$\lim_{n\to\infty}a_n=\lim_{n\to\infty}\frac{n}{2n-1}=\lim_{n\to\infty}\frac{1}{2-\frac{1}{n}}=\frac{1}{2}$$

よって，数列 $\{a_n\}$ は **0 に収束しない**。

したがって，この無限級数は**発散する**。

(3) $\dfrac{3+4}{5}+\dfrac{3^2+4^2}{5^2}+\cdots\cdots+\dfrac{3^n+4^n}{5^n}+\cdots\cdots$

$$=\sum_{n=1}^{\infty}\frac{3^n+4^n}{5^n}=\sum_{n=1}^{\infty}\left\{\left(\frac{3}{5}\right)^n+\left(\frac{4}{5}\right)^n\right\}$$

無限等比級数 $\displaystyle\sum_{n=1}^{\infty}\left(\frac{3}{5}\right)^n$，$\displaystyle\sum_{n=1}^{\infty}\left(\frac{4}{5}\right)^n$ の公比は，それぞれ $\dfrac{3}{5}$，$\dfrac{4}{5}$ であり，公比の絶対値が1より小さいから，これらはともに**収束する**。

したがって，求める**和**を S とすると

$$\boldsymbol{S=\sum_{n=1}^{\infty}\left(\frac{3}{5}\right)^n+\sum_{n=1}^{\infty}\left(\frac{4}{5}\right)^n}$$

$$=\frac{3}{5}\cdot\frac{1}{1-\frac{3}{5}}+\frac{4}{5}\cdot\frac{1}{1-\frac{4}{5}}=\frac{3}{2}+4=\boldsymbol{\frac{11}{2}}$$

参考　**無限級数の性質**

無限級数 $\displaystyle\sum_{n=1}^{\infty}a_n$，$\displaystyle\sum_{n=1}^{\infty}b_n$ がともに収束するとき

① $\displaystyle\boldsymbol{\sum_{n=1}^{\infty}ka_n=k\sum_{n=1}^{\infty}a_n}$ （k は定数）

② $\displaystyle\boldsymbol{\sum_{n=1}^{\infty}(a_n+b_n)=\sum_{n=1}^{\infty}a_n+\sum_{n=1}^{\infty}b_n}$

125 (1) 初項 x，公比 $\dfrac{1}{1+x}$ の無限等比級数であるから，収束するための条件は

$$\boldsymbol{x=0}\ \text{または}\ \boldsymbol{\left|\frac{1}{1+x}\right|<1}$$

$\left|\dfrac{1}{1+x}\right|<1$ から　$|1+x|>1$

ゆえに　$x<-2,\ 0<x$

よって，求める x の範囲は

$$\boldsymbol{x<-2,\ 0\leqq x}$$

(2) $x=0$ のとき　$\boldsymbol{f(x)=0}$

$x<-2,\ 0<x$ のとき

$$f(x)=\frac{x}{1-\dfrac{1}{x+1}}$$

$$=\frac{x(1+x)}{(1+x)-1}$$

$$=\boldsymbol{1+x}$$

よって，グラフは

〔図〕

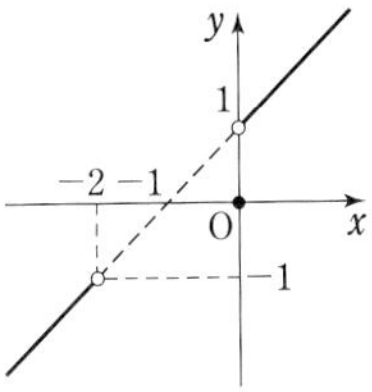

126 (1) $P_nP_{n+1}=OP_{n+1}$

である。また

$$OP_{n+1}\cos\theta=\frac{1}{2}OP_n$$

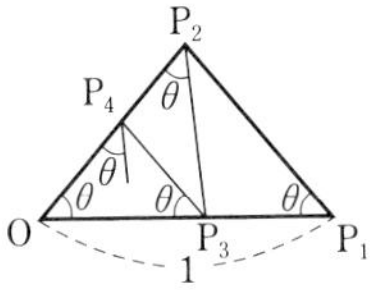

ゆえに

$$\boldsymbol{OP_{n+1}=\frac{1}{2\cos\theta}\cdot OP_n}$$

よって

$$OP_{n+1}=\left(\frac{1}{2\cos\theta}\right)^n\cdot OP_1=\left(\frac{1}{2\cos\theta}\right)^n\cdot 1$$

$$=\left(\frac{1}{2\cos\theta}\right)^n$$

したがって　$P_nP_{n+1}=\boldsymbol{\left(\frac{1}{2\cos\theta}\right)^n}$

(2) 無限級数 $P_1P_2+P_2P_3+\cdots\cdots+P_nP_{n+1}+\cdots\cdots$

は，初項 $\frac{1}{2\cos\theta}$，公比 $\frac{1}{2\cos\theta}$ の無限等比級数である。

$0<\theta<\frac{\pi}{2}$ であるから　$\cos\theta>0$

ゆえに，与えられた無限級数が収束するための

条件は　$\boldsymbol{0<\frac{1}{2\cos\theta}<1}$

よって　$\cos\theta>\frac{1}{2}$

これを解いて　$\boldsymbol{0<\theta<\frac{\pi}{3}}$

このとき，**和は**

$$\frac{\dfrac{1}{2\cos\theta}}{1-\dfrac{1}{2\cos\theta}}=\boldsymbol{\frac{1}{2\cos\theta-1}}$$

127 (1) $(与式)=\lim\limits_{x\to-3}\frac{1}{x+3}\cdot\frac{x+3}{x+4}$

$$=\lim_{x\to-3}\frac{1}{x+4}=\frac{1}{-3+4}=\boldsymbol{1}$$

(2) $x\longrightarrow+0$ のとき

$$\frac{1}{x}\longrightarrow\infty,\ 2^{\frac{1}{x}}\longrightarrow\infty$$

$x\longrightarrow-0$ のとき

$$\frac{1}{x}\longrightarrow-\infty,\ 2^{\frac{1}{x}}\longrightarrow0$$

よって，$x\longrightarrow0$ のときの $2^{\frac{1}{x}}$ の**極限はない**。

(3) $\lim\limits_{x\to-\infty}\frac{2x^3+1}{x+1}=\lim\limits_{x\to-\infty}\frac{2x^2+\dfrac{1}{x}}{1+\dfrac{1}{x}}=\boldsymbol{\infty}$

(4) $\log_2(8x^2+2)-2\log_2(5x+3)$

$$=\log_2(8x^2+2)-\log_2(5x+3)^2=\log_2\frac{8x^2+2}{(5x+3)^2}$$

$$\lim_{x\to\infty}\frac{8x^2+2}{(5x+3)^2}=\lim_{x\to\infty}\frac{8+\dfrac{2}{x^2}}{\left(5+\dfrac{3}{x}\right)^2}=\frac{8}{25}\ \text{であるから}$$

$$(与式)=\log_2\frac{8}{25}=\log_2\frac{2^3}{5^2}=\boldsymbol{3-2\log_2 5}$$

(5) $(与式)=\lim\limits_{x\to\infty}\frac{4x^2+1-(2x-3)^2}{\sqrt{4x^2+1}+2x-3}$

$$=\lim_{x\to\infty}\frac{12x-8}{\sqrt{4x^2+1}+2x-3}$$

$$=\lim_{x\to\infty}\frac{12-\dfrac{8}{x}}{\sqrt{4+\dfrac{1}{x^2}}+2-\dfrac{3}{x}}=\frac{12}{\sqrt{4}+2}=\boldsymbol{3}$$

128 (1) $\boldsymbol{x-1=t}$ とおくと

$x\longrightarrow1$ のとき　$t\longrightarrow0$

よって　$\lim\limits_{x\to1}\frac{\sin\pi x}{x^2-1}=\lim\limits_{t\to0}\frac{\sin\pi(t+1)}{(t+1)^2-1}$

$$=\lim_{t\to0}\frac{\sin(\pi+\pi t)}{t^2+2t}=\lim_{t\to0}\frac{-\sin\pi t}{t(t+2)}$$

$$=\lim_{t\to0}\boldsymbol{\frac{-\sin\pi t}{\pi t}}\cdot\frac{\pi}{t+2}$$

$$=-1\cdot\frac{\pi}{2}=\boldsymbol{-\frac{\pi}{2}}$$

(2) $\boldsymbol{\frac{1}{x}=t}$ とおくと

$x\longrightarrow\infty$ のとき　$t\longrightarrow+0$

よって　$\lim\limits_{x\to\infty}x^2\left(1-\cos\frac{1}{x}\right)$

$$=\lim_{t\to+0}\frac{1}{t^2}(1-\cos t)=\lim_{t\to+0}\frac{\sin^2 t}{t^2(1+\cos t)}$$

$$=\lim_{t\to+0}\left(\boldsymbol{\frac{\sin t}{t}}\right)^2\cdot\frac{1}{1+\cos t}$$

$$=1^2\cdot\frac{1}{1+1}=\boldsymbol{\frac{1}{2}}$$

(3) $-\dfrac{3}{x}=h$ とおくと

$x \longrightarrow \infty$ のとき　$h \longrightarrow -0$

よって　$\displaystyle\lim_{x\to\infty}\left(1-\frac{3}{x}\right)^x=\lim_{h\to-0}(1+h)^{-\frac{3}{h}}$

$\displaystyle=\lim_{h\to-0}\left\{(1+h)^{\frac{1}{h}}\right\}^{-3}=\frac{1}{e^3}$

129 条件の等式と $\displaystyle\lim_{x\to\frac{\pi}{2}}\cos x=0$ から

$$\lim_{x\to\frac{\pi}{2}}(ax+b)=\lim_{x\to\frac{\pi}{2}}\left(\frac{ax+b}{\cos x}\times\cos x\right)$$

$$=\frac{2}{3}\times 0=\mathbf{0}$$

ゆえに　$\dfrac{\pi}{2}a+b=0$

すなわち　$b=-\dfrac{\pi}{2}a$ ……①

このとき，$x-\dfrac{\pi}{2}=t$ とおくと，$x \longrightarrow \dfrac{\pi}{2}$ のとき $t \longrightarrow 0$ であるから

$$\lim_{x\to\frac{\pi}{2}}\frac{ax+b}{\cos x}=\lim_{t\to0}\frac{a\left(t+\frac{\pi}{2}\right)-\frac{\pi}{2}a}{\cos\left(t+\frac{\pi}{2}\right)}$$

$$=\lim_{t\to0}\frac{at}{-\sin t}=-a$$

よって　$-a=\dfrac{2}{3}$　すなわち　$\boldsymbol{a=-\dfrac{2}{3}}$

① から　$\boldsymbol{b=\dfrac{\pi}{3}}$

130 (1) 求める条件は

$$\lim_{x\to0}f(x)=f(0)$$

$$\lim_{x\to0}\frac{\cos x-1}{x^2}=\lim_{x\to0}\frac{(\cos x-1)(\cos x+1)}{x^2(\cos x+1)}$$

$$=\lim_{x\to0}\frac{-\sin^2 x}{x^2(\cos x+1)}$$

$$=\lim_{x\to0}\left(\frac{\sin x}{x}\right)^2\cdot\frac{-1}{\cos x+1}$$

$$=1^2\cdot\frac{-1}{1+1}=-\frac{1}{2}$$

したがって　$\boldsymbol{A=-\dfrac{1}{2}}$

(2) $f(x)=x(2x-3)^2-k$ とする。

関数 $f(x)$ は連続であり，$0<k<1$ であるから

$\boldsymbol{f(0)=-k<0,\ f(1)=1-k>0}$

よって，方程式 $f(x)=0$ すなわち

$x(2x-3)^2=k$ は $0<x<1$ の範囲に少なくとも1つの実数解をもつ。

131 $\displaystyle\lim_{h\to0}\frac{f(a-2h)-f(a+3h)}{h}$

$$=\lim_{h\to0}\frac{f(a-2h)-f(a)-\{f(a+3h)-f(a)\}}{h}$$

$$=\lim_{h\to0}\frac{f(a-2h)-f(a)}{-2h}\cdot(-2)$$

$$-\lim_{h\to0}\frac{f(a+3h)-f(a)}{3h}\cdot3$$

$=-2f'(a)-3f'(a)=-5f'(a)=\boldsymbol{-5\alpha}$

132 まず，$f(x)$ が $x=1$ で連続であることが必要である。したがって

$$\lim_{x\to1+0}f(x)=\lim_{x\to1-0}f(x)=f(1)$$

すなわち　$\displaystyle\lim_{x\to1+0}(ax+b)=\lim_{x\to1-0}x^2=1$

よって　$a+b=1$

すなわち　$b=1-a$ ……①

① から　$ax+b=ax+1-a$

$x=1$ における微分係数について

$$\lim_{h\to+0}\frac{f(1+h)-f(1)}{h}$$

$$=\lim_{h\to+0}\frac{\{a(1+h)+1-a\}-1}{h}=\lim_{h\to+0}\frac{ah}{h}$$

$$=\lim_{h\to+0}a=a$$

$$\lim_{h\to-0}\frac{f(1+h)-f(1)}{h}=\lim_{h\to-0}\frac{(1+h)^2-1}{h}$$

$$=\lim_{h\to-0}(2+h)=2$$

よって，$f'(1)$ が存在するためには，$a=2$ でなければならない。

$a=2$ のとき，① から　$b=-1$

逆に，$a=2$，$b=-1$ のとき，$f(x)$ は $x=1$ で微分可能である。

以上から　$\boldsymbol{a=2,\ b=-1}$

133 (1) $y'=\dfrac{(2x+2)(x^2+1)-(x^2+2x-2)\cdot2x}{(x^2+1)^2}$

$$=\boldsymbol{\frac{-2x^2+6x+2}{(x^2+1)^2}}$$

別解　$y=1+\dfrac{2x-3}{x^2+1}$ と変形できるから

$$y'=\frac{2(x^2+1)-(2x-3)\cdot2x}{(x^2+1)^2}=\boldsymbol{\frac{-2x^2+6x+2}{(x^2+1)^2}}$$

(2) $y'=\dfrac{1}{2}\left(\dfrac{x-1}{x+1}\right)^{\frac{1}{2}-1}\cdot\left(\dfrac{x-1}{x+1}\right)'$

$$=\frac{1}{2}\left(\frac{x-1}{x+1}\right)^{-\frac{1}{2}}\cdot\frac{x+1-(x-1)}{(x+1)^2}$$

$$=\frac{1}{2}\sqrt{\frac{x+1}{x-1}}\cdot\frac{2}{(x+1)^2}=\boldsymbol{\frac{1}{\sqrt{(x-1)(x+1)^3}}}$$

(3) $\boldsymbol{y'}=\left(\dfrac{\cos x}{\sin x}\right)'=\dfrac{(-\sin x)\sin x-\cos x\cdot\cos x}{\sin^2 x}$

$=\dfrac{-(\sin^2 x+\cos^2 x)}{\sin^2 x}=-\boldsymbol{\dfrac{1}{\sin^2 x}}$

(4) $\boldsymbol{y'}=10^{\cos x}\log 10\cdot(\cos x)'$

$\boldsymbol{=-(\log 10)10^{\cos x}\sin x}$

(5) $\boldsymbol{y'}=\dfrac{(\sin x)'}{\sin x\cdot\log a}=\boldsymbol{\dfrac{\cos x}{(\log a)\sin x}}$

(6) 両辺の絶対値の自然対数をとると

$\log|y|$

$=2\log|x+1|-3\log|x+2|-4\log|x+3|$

両辺を x で微分すると

$$\boldsymbol{\frac{y'}{y}=\frac{2}{x+1}-\frac{3}{x+2}-\frac{4}{x+3}}$$

すなわち　$\dfrac{y'}{y}=-\dfrac{5x^2+14x+5}{(x+1)(x+2)(x+3)}$

よって　　$\boldsymbol{y'=-\dfrac{(x+1)(5x^2+14x+5)}{(x+2)^4(x+3)^5}}$

134 (1) (ア) $\dfrac{dx}{dt}=-3\cos^2 t\sin t$

$\dfrac{dy}{dt}=3\sin^2 t\cos t$

よって，$\sin t\cos t \neq 0$ のとき

$$\boldsymbol{\frac{dy}{dx}}=\frac{\frac{dy}{dt}}{\frac{dx}{dt}}=\frac{3\sin^2 t\cos t}{-3\cos^2 t\sin t}$$

$$=-\frac{\sin t}{\cos t}=\boldsymbol{-\tan t}$$

(イ) 両辺を x で微分すると

$$\frac{x}{2}+\frac{2y}{9}\cdot\frac{dy}{dx}=0$$

よって，$y\neq 0$ のとき

$$\boldsymbol{\frac{dy}{dx}=-\frac{9x}{4y}}$$

(2) $y'=-\sin x=\cos\left(x+\dfrac{\pi}{2}\right)$

$y''=-\sin\left(x+\dfrac{\pi}{2}\right)=\cos\left(x+\dfrac{\pi}{2}+\dfrac{\pi}{2}\right)$

$=\cos\left(x+\dfrac{2\pi}{2}\right)$

$y'''=-\sin\left(x+\dfrac{2\pi}{2}\right)=\cos\left(x+\dfrac{2\pi}{2}+\dfrac{\pi}{2}\right)$

$=\cos\left(x+\dfrac{3\pi}{2}\right)$

………

よって，$y^{(n)}=\cos\left(x+\dfrac{n\pi}{2}\right)$　…… ① と推測できる。

これを数学的帰納法で証明する。

[1]　$n=1$ のとき　　① は明らかに成り立つ。

[2]　$n=k$ のとき

$y^{(k)}=\cos\left(x+\dfrac{k\pi}{2}\right)$ とすると

$y^{(k+1)}=-\sin\left(x+\dfrac{k\pi}{2}\right)=\cos\left(x+\dfrac{k\pi}{2}+\dfrac{\pi}{2}\right)$

$=\cos\left\{x+\dfrac{(k+1)\pi}{2}\right\}$

ゆえに，$n=k+1$ のときも ① が成り立つ。

[1]，[2] から，① はすべての自然数 n について成り立つ。

したがって　　$\boldsymbol{y^{(n)}=\cos\left(x+\dfrac{n\pi}{2}\right)}$

135 $y=a^x$ から　　$y'=a^x\log a$

接点の座標を $(t,\ a^t)$ とすると，接線の方程式は　　$\boldsymbol{y-a^t=(a^t\log a)(x-t)}$

すなわち　　$y=(a^t\log a)x+a^t(1-t\log a)$

これが $y=x$ と一致するから

$a^t\log a=1$　　…… ①

$a^t(1-t\log a)=0$　…… ②

$a^t>0$ であるから，② より　　$1-t\log a=0$

$t\neq 0$ であるから　　$\log a=\dfrac{1}{t}$

ゆえに　　$a=e^{\frac{1}{t}}$

① に代入して　　$e\cdot\dfrac{1}{t}=1$

よって　　$t=e$

以上から　　$a=$ ア $\boldsymbol{e^{\frac{1}{e}}}$，

接点の座標は　(イ $\boldsymbol{e}$，ウ $\boldsymbol{e}$)

136 $f(x)=2\sin x$，$g(x)=a-\cos 2x$ とすると

$f'(x)=2\cos x$，$g'(x)=2\sin 2x$

2 曲線 $y=f(x)$，$y=g(x)$ が，x 座標が p である点で接するとすると

$\boldsymbol{f(p)=g(p)}$　**かつ**　$\boldsymbol{f'(p)=g'(p)}$

よって　　$2\sin p=a-\cos 2p$　…… ①

$2\cos p=2\sin 2p$　…… ②

② から　　$\cos p(1-2\sin p)=0$

ゆえに　　$\cos p=0$　または　$\sin p=\dfrac{1}{2}$

$0\leqq p\leqq 2\pi$ であるから

$$p=\frac{\pi}{2},\ \frac{3}{2}\pi,\ \frac{\pi}{6},\ \frac{5}{6}\pi$$

これらは ① の解でもある。

$p=\dfrac{\pi}{2}$ のとき，① から　　$2\sin\dfrac{\pi}{2}=a-\cos\pi$

よって　$2\cdot 1=a-(-1)$　ゆえに　$a=1$

同様にして　$p=\frac{3}{2}\pi$ のとき　$a=-3$

$p=\frac{\pi}{6}$, $\frac{5}{6}\pi$ のとき　$a=\frac{3}{2}$

したがって　$\boldsymbol{a=-3,\ 1,\ \frac{3}{2}}$

137 関数 $f(x)=\log x$ は $x>0$ で微分可能で

$$f'(x)=\frac{1}{x}$$

区間 $[x,\ x+1]$ で平均値の定理を用いると

$$\boldsymbol{\log(x+1)-\log x=\frac{1}{c},\quad x<c<x+1}$$

を満たす c が存在する。

$0<x<c<x+1$ から　$\frac{1}{x+1}<\frac{1}{c}<\frac{1}{x}$

よって　$\frac{1}{x+1}<\log(x+1)-\log x<\frac{1}{x}$

138 (1) $y'=12x^3-48x^2+36x$

$=12x(x^2-4x+3)$

$=12x(x-1)(x-3)$

$y'=0$ とすると　$x=0,\ 1,\ 3$

y の増減表は次のようになる。

x	$\cdots$	0	$\cdots$	1	$\cdots$	3	$\cdots$
y'	$-$	0	$+$	0	$-$	0	$+$
y	↘	極小 5	↗	極大 10	↘	極小 -22	↗

よって　**$x=0$ で極小値 5,**

$x=1$ で極大値 10,

$x=3$ で極小値 -22

別解　**第2次導関数を利用する。**

$f(x)=3x^4-16x^3+18x^2+5$ とする。

$f'(x)=12x^3-48x^2+36x=12x(x-1)(x-3)$

$f''(x)=36x^2-96x+36=12(3x^2-8x+3)$

$f'(x)=0$ とすると　$x=0,\ 1,\ 3$

$f''(0)=36>0$, $f''(1)=-24<0$,

$f''(3)=72>0$ であるから

$x=0$ で極小値 5,

$x=1$ で極大値 10,

$x=3$ で極小値 -22

(2) $y'=2\cos x+1$

$y'=0$ とすると　$\cos x=-\frac{1}{2}$

$0\leqq x\leqq 2\pi$ であるから　$x=\frac{2}{3}\pi,\ \frac{4}{3}\pi$

y の増減表は次のようになる。

x	0	$\cdots$	$\frac{2}{3}\pi$	$\cdots$	$\frac{4}{3}\pi$	$\cdots$	2π
y'		$+$	0	$-$	0	$+$	
y	0	↗	極大	↘	極小	↗	2π

よって　**$x=\frac{2}{3}\pi$ で極大値 $\sqrt{3}+\frac{2}{3}\pi$,**

$x=\frac{4}{3}\pi$ で極小値 $-\sqrt{3}+\frac{4}{3}\pi$

(3) 関数の定義域は実数全体で，$y=2x+3x^{\frac{2}{3}}$ であるから，$x\neq 0$ のとき

$$y'=2+3\cdot\frac{2}{3}x^{-\frac{1}{3}}=2+\frac{2}{\sqrt[3]{x}}=\frac{2(\sqrt[3]{x}+1)}{\sqrt[3]{x}}$$

$y'=0$ とすると　$\sqrt[3]{x}=-1$

すなわち　$x=(-1)^3$　ゆえに　$x=-1$

関数 y は $x=0$ のとき微分可能でない。

y の増減表は次のようになる。

x	$\cdots$	-1	$\cdots$	0	$\cdots$
y'	$+$	0	$-$	／	$+$
y	↗	極大 1	↘	極小 0	↗

よって　**$x=-1$ で極大値 1,**

$x=0$　で極小値 0

139 $f'(x)=\frac{(2ax+b)(x^2+1)-(ax^2+bx+1)\cdot 2x}{(x^2+1)^2}$

$=\frac{-bx^2+2(a-1)x+b}{(x^2+1)^2}$

$f(x)$ が $x=1$ で極小値 $\frac{1}{2}$ をとるための条件は

$$\boldsymbol{f'(1)=0,\quad f(1)=\frac{1}{2}}$$

したがって　$\frac{a-1}{2}=0,\quad \frac{a+b+1}{2}=\frac{1}{2}$

これを解いて　$a=1,\ b=-1$

このとき　$f(x)=\frac{x^2-x+1}{x^2+1}$,

$f'(x)=\frac{(x+1)(x-1)}{(x^2+1)^2}$

よって，次の増減表が得られ，条件を満たす。

x	$\cdots$	-1	$\cdots$	1	$\cdots$
$f'(x)$	$+$	0	$-$	0	$+$
$f(x)$	↗	極大 $\frac{3}{2}$	↘	極小 $\frac{1}{2}$	↗

以上から　$a=1,\ b=-1$

$x=-1$ のとき極大値 $\frac{3}{2}$

140 (1) $y'=4x^3-6x^2=2x^2(2x-3)$

$y'=0$ とすると　$x=0,\ \frac{3}{2}$

$-1\leqq x\leqq 2$ における y の増減表は，次のようになる。

x	-1	$\cdots$	0	$\cdots$	$\frac{3}{2}$	$\cdots$	2
y'		$-$	0	$-$	0	$+$	
y	3	↘	0	↘	極小 $-\frac{27}{16}$	↗	0

よって　**$x=-1$ のとき最大値 3,**

$x=\frac{3}{2}$ のとき最小値 $-\frac{27}{16}$

(2) $y'=1-2\cos 2x$

$0\leqq x\leqq \pi$ の範囲において，$y'=0$ すなわち

$\cos 2x=\frac{1}{2}$ を満たす x の値を求めると，

$0\leqq x\leqq \pi$ より，$0\leqq 2x\leqq 2\pi$ であるから

$2x=\frac{\pi}{3},\ \frac{5}{3}\pi$　すなわち　$x=\frac{\pi}{6},\ \frac{5}{6}\pi$

$0\leqq x\leqq \pi$ における y の増減表は，次のようになる。

x	0	$\cdots$	$\frac{\pi}{6}$	$\cdots$	$\frac{5}{6}\pi$	$\cdots$	π
y'		$-$	0	$+$	0	$-$	
y	0	↘	極小	↗	極大	↘	π

よって　**$x=\frac{5}{6}\pi$ のとき最大値 $\frac{5}{6}\pi+\frac{\sqrt{3}}{2}$,**

$x=\frac{\pi}{6}$ のとき最小値 $\frac{\pi}{6}-\frac{\sqrt{3}}{2}$

(3) 定義域は　$x>0$　　$y'=\log x+1$

$y'=0$ とすると　$x=\frac{1}{e}$　　また　$\lim_{x\to\infty} y=\infty$

y の増減表は次のようになる。

x	0	$\cdots$	$\frac{1}{e}$	$\cdots$
y'		$-$	0	$+$
y		↘	極小 $-\frac{1}{e}$	↗

よって

$x=\frac{1}{e}$ で

最小値 $-\frac{1}{e}$,

最大値はない

141 $a=0$ のときは $y=0$ となり，条件に適さない。よって，$a\neq 0$ である。

$y'=a(1-2\cos 2x)$

$y'=0$ とすると　$\cos 2x=\frac{1}{2}$　$\left(-\frac{\pi}{2}\leqq x\leqq \frac{\pi}{2}\right)$

よって　$2x=\pm\frac{\pi}{3}$　　ゆえに　$x=\pm\frac{\pi}{6}$

[1]　**$a>0$ のとき**

x	$-\frac{\pi}{2}$	$\cdots$	$-\frac{\pi}{6}$	$\cdots$	$\frac{\pi}{6}$	$\cdots$	$\frac{\pi}{2}$
y'		$+$	0	$-$	0	$+$	
y		↗	極大	↘	極小	↗	

$x=-\frac{\pi}{6}$ のとき　$y=\left(\frac{\sqrt{3}}{2}-\frac{\pi}{6}\right)a$

$x=\frac{\pi}{2}$ のとき　$y=\frac{\pi a}{2}$

$\left(\frac{\sqrt{3}}{2}-\frac{\pi}{6}\right)a<\frac{\pi a}{2}$ から，最大値は $\frac{\pi a}{2}$

条件より　$\frac{\pi a}{2}=\pi$　　よって　$a=2$

これは $a>0$ を満たす。

[2]　**$a<0$ のとき**

x	$-\frac{\pi}{2}$	$\cdots$	$-\frac{\pi}{6}$	$\cdots$	$\frac{\pi}{6}$	$\cdots$	$\frac{\pi}{2}$
y'		$-$	0	$+$	0	$-$	
y		↘	極小	↗	極大	↘	

$x=-\frac{\pi}{2}$ のとき　$y=-\frac{\pi a}{2}$

$x=\frac{\pi}{6}$ のとき　$y=\left(\frac{\pi}{6}-\frac{\sqrt{3}}{2}\right)a$

$\left(\frac{\pi}{6}-\frac{\sqrt{3}}{2}\right)a<-\frac{\pi a}{2}$ から，最大値は $-\frac{\pi a}{2}$

条件より　$-\frac{\pi a}{2}=\pi$　　よって　$a=-2$

これは $a<0$ を満たす。

[1]，[2] から　**$a=\pm 2$**

142 (1) $y'=-2\sin x+2\cos x\sin x$

$=2\sin x(\cos x-1)$

$y''=2\cos x(\cos x-1)-2\sin^2 x$

$=4\cos^2 x-2\cos x-2$

$=2(\cos x-1)(2\cos x+1)$

$0<x<2\pi$ で，$y'=0$ とすると　$x=\pi$

$y''=0$ とすると　$x=\frac{2}{3}\pi,\ \frac{4}{3}\pi$

y の増減とグラフの凹凸は，次のようになる。

x	0	$\cdots$	$\frac{2}{3}\pi$	$\cdots$	π	$\cdots$	$\frac{4}{3}\pi$	$\cdots$	2π
y'		$-$	$-$	$-$	0	$+$	$+$	$+$	
y''		$-$	0	$+$	$+$	$+$	0	$-$	
y	1	↘	$-\frac{5}{4}$	↘	-3	↗	$-\frac{5}{4}$	↗	1

よって，グラフは〔図〕

(2) 定義域は $\boldsymbol{x \neq 0}$ である。

$$y' = -\frac{1}{x^2}e^{\frac{1}{x}} \qquad よって \qquad y' < 0$$

$$y'' = -\left\{-\frac{2}{x^3}e^{\frac{1}{x}} + \frac{1}{x^2}\left(-\frac{1}{x^2}e^{\frac{1}{x}}\right)\right\}$$

$$= \frac{2x+1}{x^4}e^{\frac{1}{x}}$$

$y''=0$ とすると　　$x = -\frac{1}{2}$

y の増減とグラフの凹凸は，次のようになる。

x	$\cdots$	$-\frac{1}{2}$	$\cdots$	0	$\cdots$
y'	$-$	$-$	$-$	／	$-$
y''	$-$	0	$+$	／	$+$
y	↘	$\frac{1}{e^2}$	↘	／	↘

また　　$\lim_{x \to +0} y = \infty$，$\lim_{x \to -0} y = 0$

$\lim_{x \to \infty} y = 1$，$\lim_{x \to -\infty} y = 1$

ゆえに，漸近線は 2 直線 $x=0$，$y=1$ である。

よって，グラフは〔図〕

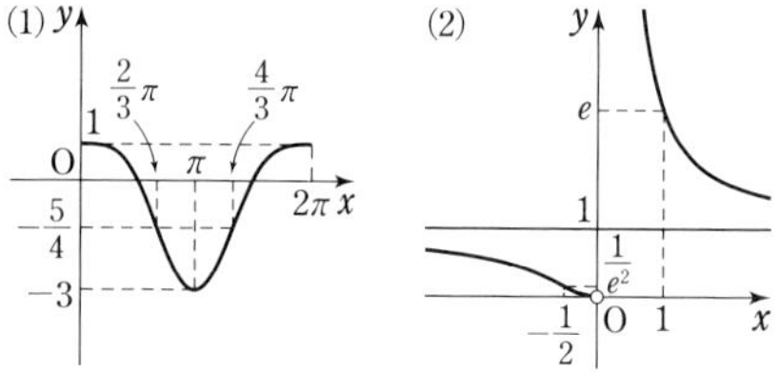

143　$y=(1-x)e^x$ から

$$y' = -e^x + (1-x)e^x$$
$$= -xe^x$$

曲線 $y=(1-x)e^x$ 上の点 $(t,\ (1-t)e^t)$ における接線の方程式は

$$y-(1-t)e^t = -te^t(x-t)$$

すなわち　$y = -te^tx + (t^2-t+1)e^t$

この直線が点 $(a,\ 0)$ を通るとすると

$$-te^ta + (t^2-t+1)e^t = 0 \quad \cdots\cdots ①$$

$t=0$ はこの方程式の解ではないから

$$t \neq 0$$

$e^t>0$ であるから，① より

$$\boldsymbol{t-1+\frac{1}{t}=a}$$

$f(t) = t + \frac{1}{t} - 1$ とすると

$$f'(t) = 1 - \frac{1}{t^2} = \frac{t^2-1}{t^2}$$

$f'(t)=0$ とすると　　$t=\pm 1$

$f(t)$ の増減表は次のようになる。

t	$\cdots$	-1	$\cdots$	0	$\cdots$	1	$\cdots$
$f'(t)$	$+$	0	$-$	／	$-$	0	$+$
$f(t)$	↗	-3	↘	／	↘	1	↗

また　　$\lim_{t \to \infty} f(t) = \infty$，$\lim_{t \to -\infty} f(t) = -\infty$，

$\lim_{t \to +0} f(t) = \infty$，$\lim_{t \to -0} f(t) = -\infty$

よって，$y=f(t)$ のグラフは右の図のようになる。

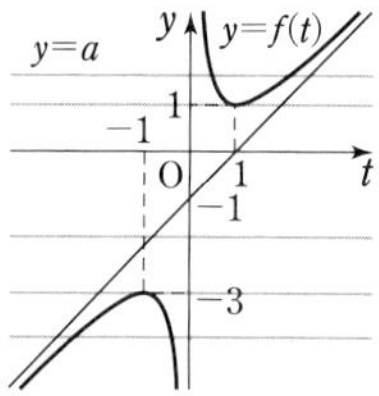

求める接線の本数は，このグラフと直線 $y=a$ との共有点の個数と一致するから

$a<-3$，$1<a$ のとき　2 本

$a=-3$，1 のとき　1 本

$-3<a<1$ のとき　0 本

144　$a^x \geqq x$　$\cdots\cdots$ ①　とする。

$x>0$ の範囲で ① の両辺の自然対数をとると

$\log a^x \geqq \log x$　すなわち　$x\log a \geqq \log x$

ゆえに　　$\log a \geqq \frac{\log x}{x}$　$\cdots\cdots$ ②

$f(x) = \frac{\log x}{x}$ とすると

$$f'(x) = \frac{\frac{1}{x}\cdot x - \log x}{x^2} = \frac{1-\log x}{x^2}$$

$f'(x)=0$ とすると　　$x=e$

$f(x)$ の増減表は次のようになる。

x	0	$\cdots$	e	$\cdots$
$f'(x)$		$+$	0	$-$
$f(x)$		↗	極大	↘

したがって，$x>0$ における $f(x)$ の最大値は

$$f(e) = \frac{1}{e}$$

よって，② が $x>0$ の範囲で常に成り立つための条件は　$\log a \geqq \dfrac{1}{e}$　すなわち　$\boldsymbol{a \geqq e^{\frac{1}{e}}}$

これが求める a の値の範囲である。

145 綱をたぐり始めてから t 秒後の岸壁と舟の水平距離を x m，岸壁の上から舟までの綱の長さを y m とする。

条件から　$x^2+30^2=y^2$　…… ①，

$y=58-4t$　…… ②

①，② の両辺を t で微分すると

$$2x\frac{dx}{dt}=2y\frac{dy}{dt} \quad \cdots\cdots ③,\quad \frac{dy}{dt}=-4$$

$t=2$ のとき，② から　$y=58-4\cdot 2=50$

① から　$x=\sqrt{50^2-30^2}=40$

これらの値を ③ に代入して

$$2\cdot 40\cdot\frac{dx}{dt}=2\cdot 50\cdot(-4)$$

ゆえに　$\dfrac{dx}{dt}=-5$

よって，2 秒後の舟の速さは

$$\left|\frac{dx}{dt}\right|=|-5|=\mathbf{5\ (m/s)}$$

注意　$\dfrac{dx}{dt}$ の符号のマイナスは，舟が岸壁に近づいていることを表す。

146 C は積分定数とする。

(1) $\displaystyle\int\frac{(x-1)^2}{x\sqrt{x}}dx=\int\frac{x^2-2x+1}{x^{\frac{3}{2}}}dx$

$$=\int\left(x^{\frac{1}{2}}-2x^{-\frac{1}{2}}+x^{-\frac{3}{2}}\right)dx$$

$$=\frac{2}{3}x^{\frac{3}{2}}-4x^{\frac{1}{2}}-2x^{-\frac{1}{2}}+C$$

$$=\boldsymbol{\frac{2}{3}x\sqrt{x}-4\sqrt{x}-\frac{2}{\sqrt{x}}+C}$$

別解　$\sqrt{x}=t$ とおくと　$x=t^2$，$dx=2t\,dt$

したがって

$$(\text{与式})=\int\frac{(t^2-1)^2\cdot 2t}{t^3}dt=2\int(t^2-2+t^{-2})dt$$

$$=\frac{2}{3}t^3-4t-\frac{2}{t}+C$$

$$=\boldsymbol{\frac{2}{3}x\sqrt{x}-4\sqrt{x}-\frac{2}{\sqrt{x}}+C}$$

(2) $\displaystyle\int\frac{x}{x^2-x-2}dx=\frac{1}{3}\int\left(\frac{1}{x+1}+\frac{2}{x-2}\right)dx$

$$=\frac{1}{3}(\log|x+1|+2\log|x-2|)+C$$

$$=\boldsymbol{\frac{1}{3}\log\{|x+1|(x-2)^2\}+C}$$

注意　$\dfrac{x}{x^2-x-2}=\dfrac{a}{x+1}+\dfrac{b}{x-2}$ とおいて，分母を払うと　$x=a(x-2)+b(x+1)$

これが x の恒等式であることから

$$a=\frac{1}{3},\quad b=\frac{2}{3}$$

(3) $\displaystyle\int\frac{1}{\tan^2 x}dx=\int\frac{\cos^2 x}{\sin^2 x}dx=\int\frac{1-\sin^2 x}{\sin^2 x}dx$

$$=\int\left(\frac{1}{\sin^2 x}-1\right)dx$$

$$=\boldsymbol{-\frac{1}{\tan x}-x+C}$$

注意　$\displaystyle\left(\frac{1}{\tan x}\right)'=-\frac{1}{\tan^2 x}(\tan x)'$

$$=-\frac{1}{\tan^2 x}\cdot\frac{1}{\cos^2 x}$$

$$=-\frac{1}{\sin^2 x}\ \text{であるから}$$

$$\boldsymbol{\int\frac{1}{\sin^2 x}dx=-\frac{1}{\tan x}+C}$$

(4) $\sin 3x\cdot\sin 2x$

$$=-\frac{1}{2}\{\cos(3x+2x)-\cos(3x-2x)\}$$

$$=-\frac{1}{2}(\cos 5x-\cos x)$$

よって　$\displaystyle\int\sin 3x\cdot\sin 2x\,dx$

$$=-\frac{1}{2}\int(\cos 5x-\cos x)dx$$

$$=-\frac{1}{2}\left(\frac{1}{5}\sin 5x-\sin x\right)+C$$

$$=\boldsymbol{-\frac{1}{10}\sin 5x+\frac{1}{2}\sin x+C}$$

147 C は積分定数とする。

(1) $\displaystyle\int 3^{1-2x}dx=-\frac{1}{2}\cdot\frac{3^{1-2x}}{\log 3}+C=\boldsymbol{-\frac{3^{1-2x}}{2\log 3}+C}$

(2) $\displaystyle\int\sin^3 x\,dx=\int\sin^2 x\cdot\sin x\,dx$

$$=\int(1-\cos^2 x)(-\cos x)'dx$$

$$=\int(\cos^2 x-1)(\cos x)'dx$$

$$=\boldsymbol{\frac{1}{3}\cos^3 x-\cos x+C}\qquad(\text{A})$$

別解　**3 倍角の公式 $\boldsymbol{\sin 3x=3\sin x-4\sin^3 x}$** を利用すると

$$\int\sin^3 x\,dx=\frac{1}{4}\int(3\sin x-\sin 3x)dx$$

$$=\boldsymbol{-\frac{3}{4}\cos x+\frac{1}{12}\cos 3x+C}$$

注意 前ページの解答(A)と見かけは異なるが，3 倍角の公式 $\cos 3x=4\cos^3x-3\cos x$ を用いて変形すると一致する。

(3) $e^x+1=t$ とおくと，$t>0$ で　$e^x dx=dt$

$$\int\frac{e^{2x}}{e^x+1}dx=\int\frac{e^x}{e^x+1}\cdot e^x dx=\int\frac{t-1}{t}dt$$
$$=\int\left(1-\frac{1}{t}\right)dt=t-\log t+C'$$
$$=e^x+1-\log(e^x+1)+C'$$
$$=\boldsymbol{e^x-\log(e^x+1)+C}$$

注意 $1+C'$ を C とおいた。

(4) $\displaystyle\int\frac{1}{x\log x}dx=\int\frac{(\log x)'}{\log x}dx=\boldsymbol{\log|\log x|+C}$

148 **C は積分定数とする。**

(1) $\displaystyle\int\log(x+1)dx=\int(x+1)'\log(x+1)dx$

$$=(x+1)\log(x+1)-\int(x+1)\cdot\frac{1}{x+1}dx$$
$$=\boldsymbol{(x+1)\log(x+1)-x+C}$$

(2) $\displaystyle\int x^2e^{-x}dx=\int x^2(-e^{-x})'dx$

$$=-x^2e^{-x}+2\int xe^{-x}dx$$
$$=-x^2e^{-x}+2\int x(-e^{-x})'dx$$
$$=-x^2e^{-x}+2\left(-xe^{-x}+\int e^{-x}dx\right)$$
$$=-x^2e^{-x}-2xe^{-x}-2e^{-x}+C$$
$$=\boldsymbol{-(x^2+2x+2)e^{-x}+C}$$

(3) $\displaystyle\int e^x\cos x\,dx=\int(e^x)'\cos x\,dx$

$$=e^x\cos x-\int e^x(\cos x)'dx$$
$$=e^x\cos x+\int e^x\sin x\,dx$$
$$=e^x\cos x+e^x\sin x-\int e^x\cos x\,dx$$

よって，積分定数を考えて

$$\int e^x\cos x\,dx=\boldsymbol{\frac{1}{2}e^x(\sin x+\cos x)+C}$$

149 (1) $\boldsymbol{\sqrt{2-x}=t}$ とおくと

$x=2-t^2$,

$dx=-2t\,dt$

x	$0\longrightarrow 2$
t	$\sqrt{2}\longrightarrow 0$

したがって

$$\int_0^2\sqrt{2-x}\,dx=\int_{\sqrt{2}}^0 t(-2t)dt$$
$$=2\int_0^{\sqrt{2}}t^2dt=2\left[\frac{t^3}{3}\right]_0^{\sqrt{2}}$$
$$=\boldsymbol{\frac{4\sqrt{2}}{3}}$$

別解 $\displaystyle\int_0^2\sqrt{2-x}\,dx=\int_0^2(2-x)^{\frac{1}{2}}dx$

$$=\left[-\frac{2}{3}(2-x)^{\frac{3}{2}}\right]_0^2$$
$$=\boldsymbol{\frac{4\sqrt{2}}{3}}$$

(2) $\boldsymbol{x^3=t}$ とおくと

$3x^2dx=dt$

x	$0\longrightarrow 1$
t	$0\longrightarrow 1$

したがって

$$\int_0^1 x^2e^{x^3}dx=\int_0^1 e^t\cdot\frac{1}{3}dt$$
$$=\left[\frac{1}{3}e^t\right]_0^1=\boldsymbol{\frac{1}{3}(e-1)}$$

(3) $\boldsymbol{x^3-3x^2+1=t}$

とおくと

$3(x^2-2x)dx=dt$

x	$1\longrightarrow 2$
t	$-1\longrightarrow -3$

したがって

$$\int_1^2\frac{x^2-2x}{x^3-3x^2+1}dx=\int_{-1}^{-3}\frac{1}{t}\cdot\frac{1}{3}dt$$
$$=\left[\frac{1}{3}\log|t|\right]_{-1}^{-3}=\boldsymbol{\frac{1}{3}\log 3}$$

別解 $\displaystyle\int_1^2\frac{x^2-2x}{x^3-3x^2+1}dx=\frac{1}{3}\int_1^2\frac{(x^3-3x^2+1)'}{x^3-3x^2+1}dx$

$$=\frac{1}{3}\Big[\log|x^3-3x^2+1|\Big]_1^2$$
$$=\boldsymbol{\frac{1}{3}\log 3}$$

(4) $\boldsymbol{\sin x+\cos x=\sqrt{2}\sin\left(x+\frac{\pi}{4}\right)}$

$0\leqq x\leqq\frac{3}{4}\pi$ のとき　$\sin\left(x+\frac{\pi}{4}\right)\geqq 0$

$\frac{3}{4}\pi\leqq x\leqq\pi$ のとき　$\sin\left(x+\frac{\pi}{4}\right)\leqq 0$

よって

$$\int_0^{\pi}|\sin x+\cos x|dx=\sqrt{2}\int_0^{\pi}\left|\sin\left(x+\frac{\pi}{4}\right)\right|dx$$
$$=\sqrt{2}\left\{\int_0^{\frac{3}{4}\pi}\sin\left(x+\frac{\pi}{4}\right)dx-\int_{\frac{3}{4}\pi}^{\pi}\sin\left(x+\frac{\pi}{4}\right)dx\right\}$$
$$=\sqrt{2}\left\{\left[-\cos\left(x+\frac{\pi}{4}\right)\right]_0^{\frac{3}{4}\pi}-\left[-\cos\left(x+\frac{\pi}{4}\right)\right]_{\frac{3}{4}\pi}^{\pi}\right\}$$
$$=\sqrt{2}\left\{\left(1+\frac{1}{\sqrt{2}}\right)-\left(\frac{1}{\sqrt{2}}-1\right)\right\}=\boldsymbol{2\sqrt{2}}$$

150 (1) $\boldsymbol{x=4\sin\theta}$ とおくと

$dx=4\cos\theta\,d\theta$

x	$0\longrightarrow 2$
θ	$0\longrightarrow \frac{\pi}{6}$

また，$0\leqq\theta\leqq\frac{\pi}{6}$ のとき

$\cos\theta>0$ であるから

$$\sqrt{16-x^2}=\sqrt{16-16\sin^2\theta}=4\cos\theta$$

したがって

$$\int_0^2 \frac{dx}{\sqrt{16-x^2}}=\int_0^{\frac{\pi}{6}} \frac{4\cos\theta d\theta}{4\cos\theta}$$

$$=\int_0^{\frac{\pi}{6}} d\theta=\Big[\theta\Big]_0^{\frac{\pi}{6}}=\boldsymbol{\frac{\pi}{6}}$$

(2) $x^2-2x+2=(x-1)^2+1$

と変形できるから，

$\boldsymbol{x-1=\tan\theta}$ とおくと

x	$1 \longrightarrow 2$
θ	$0 \longrightarrow \frac{\pi}{4}$

$$dx=\frac{1}{\cos^2\theta}d\theta$$

したがって

$$\int_1^2 \frac{1}{x^2-2x+2}dx=\int_1^2 \frac{1}{(x-1)^2+1}dx$$

$$=\int_0^{\frac{\pi}{4}} \frac{1}{\tan^2\theta+1}\cdot\frac{1}{\cos^2\theta}d\theta$$

$$=\int_0^{\frac{\pi}{4}} \frac{\cos^2\theta}{\cos^2\theta}d\theta$$

$$=\int_0^{\frac{\pi}{4}} d\theta=\Big[\theta\Big]_0^{\frac{\pi}{4}}=\boldsymbol{\frac{\pi}{4}}$$

(3) $\cos x\sin^4 x$ は**偶関数**であるから

$$\int_{-\pi}^{\pi}\cos x\sin^4 x\,dx=\boldsymbol{2\int_0^{\pi}\cos x\sin^4 x\,dx}$$

$$=2\int_0^{\pi}\sin^4 x(\sin x)'dx$$

$$=2\left[\frac{\sin^5 x}{5}\right]_0^{\pi}$$

$$=\boldsymbol{0}$$

151 (1) $y=-\int_0^x (2t^2-5t+2)dt$ であるから

$$\boldsymbol{y'=-2x^2+5x-2}$$

(2) $\cos^2 t$ の不定積分の 1 つを $F(t)$ とする。

$\int_x^{2x}\cos^2 t\,dt=F(2x)-F(x)$，$F'(t)=\cos^2 t$

したがって

$$\boldsymbol{y'}=\frac{d}{dx}\int_x^{2x}\cos^2 t\,dt=2F'(2x)-F'(x)$$

$$\boldsymbol{=2\cos^2 2x-\cos^2 x}$$

(3) $e^t\sin t$ の不定積分の 1 つを $F(t)$ とする。

$\int_x^{x^2} e^t\sin t\,dt=F(x^2)-F(x)$，$F'(t)=e^t\sin t$

したがって

$$\boldsymbol{y'}=\frac{d}{dx}\int_x^{x^2} e^t\sin t\,dt=2xF'(x^2)-F'(x)$$

$$\boldsymbol{=2xe^{x^2}\sin x^2-e^x\sin x}$$

152 (1) $\boldsymbol{\int_0^1 tf(t)dt=k}$ とおくと

$$f(x)=e^x+k$$

$$\int_0^1 t(e^t+k)dt=\int_0^1 te^t dt+\int_0^1 kt\,dt$$

$$=\Big[te^t\Big]_0^1-\int_0^1 e^t dt+\left[\frac{k}{2}t^2\right]_0^1$$

$$=e-\Big[e^t\Big]_0^1+\frac{k}{2}=1+\frac{k}{2}$$

ゆえに　　$k=1+\frac{k}{2}$

よって　　$k=2$

したがって　　$\boldsymbol{f(x)=e^x+2}$

(2) $f(x)=x^3+\int_0^2 (x-t)f(t)dt$

$$=x^3+x\int_0^2 f(t)dt-\int_0^2 tf(t)dt$$

$\boldsymbol{\int_0^2 f(t)dt=A}$，$\boldsymbol{\int_0^2 tf(t)dt=B}$ とおくと

$$f(x)=x^3+Ax-B$$

$$\int_0^2 f(t)dt=\int_0^2 (t^3+At-B)dt$$

$$=\left[\frac{t^4}{4}+\frac{A}{2}t^2-Bt\right]_0^2$$

$$=4+2A-2B$$

ゆえに　　$4+2A-2B=A$

すなわち　　$A-2B=-4$　…… ①

$$\int_0^2 tf(t)dt=\int_0^2 t(t^3+At-B)dt$$

$$=\int_0^2 (t^4+At^2-Bt)dt$$

$$=\left[\frac{t^5}{5}+\frac{A}{3}t^3-\frac{B}{2}t^2\right]_0^2$$

$$=\frac{32}{5}+\frac{8}{3}A-2B$$

ゆえに　　$\frac{32}{5}+\frac{8}{3}A-2B=B$

すなわち　　$\frac{8}{3}A-3B=-\frac{32}{5}$　…… ②

①，② を連立して解くと

$$A=-\frac{12}{35},\ B=\frac{64}{35}$$

よって　　$\boldsymbol{f(x)=x^3-\frac{12}{35}x-\frac{64}{35}}$

153 (1) $(与式)=\lim_{n\to\infty}\frac{1}{n}\sum_{k=1}^{n}\log\left(1+\frac{k}{n}\right)$

$$\boldsymbol{=\int_0^1\log(1+x)dx}$$

$$=\Big[(1+x)\log(1+x)\Big]_0^1-\int_0^1 dx$$

$$=2\log 2-\Big[x\Big]_0^1$$

$$\boldsymbol{=2\log 2-1}$$

(2) $\lim_{n\to\infty}\sum_{k=1}^{n}\frac{1}{n}\cos^2\left(\frac{k\pi}{4n}\right)$

$=\lim_{n\to\infty}\frac{1}{n}\sum_{k=1}^{n}\cos^2\left(\frac{\pi}{4}\cdot\frac{k}{n}\right)$

$=\boldsymbol{\int_0^1\cos^2\frac{\pi}{4}x\,dx}=\frac{1}{2}\int_0^1\left(1+\cos\frac{\pi}{2}x\right)dx$

$=\frac{1}{2}\left[x+\frac{2}{\pi}\sin\frac{\pi}{2}x\right]_0^1$

$=\frac{1}{2}\left(1+\frac{2}{\pi}\right)=\boldsymbol{\frac{\pi+2}{2\pi}}$

(3) $\lim_{n\to\infty}\sum_{k=1}^{n}\frac{n}{k^2+n^2}=\lim_{n\to\infty}\frac{1}{n}\sum_{k=1}^{n}\frac{n^2}{k^2+n^2}$

$=\lim_{n\to\infty}\frac{1}{n}\sum_{k=1}^{n}\frac{1}{\left(\frac{k}{n}\right)^2+1}=\boldsymbol{\int_0^1\frac{1}{x^2+1}dx}$

$\boldsymbol{x=\tan\theta}$ とおくと

$\frac{1}{1+x^2}=\cos^2\theta,\ dx=\frac{1}{\cos^2\theta}d\theta$

よって　(与式)$=\int_0^{\frac{\pi}{4}}\cos^2\theta\cdot\frac{1}{\cos^2\theta}d\theta$

$=\int_0^{\frac{\pi}{4}}d\theta=\left[\theta\right]_0^{\frac{\pi}{4}}=\boldsymbol{\frac{\pi}{4}}$

154 関数 $y=\frac{1}{x}$ $(x>0)$ は単調に減少するから，

$k<x<k+1$ のとき　$\frac{1}{k+1}<\frac{1}{x}<\frac{1}{k}$

よって　$\boldsymbol{\int_k^{k+1}\frac{1}{k+1}dx<\int_k^{k+1}\frac{1}{x}dx<\int_k^{k+1}\frac{1}{k}dx}$

ゆえに　$\frac{1}{k+1}<\int_k^{k+1}\frac{1}{x}dx<\frac{1}{k}$

この右側の不等式で，$k=1,\ 2,\ 3,\ \cdots\cdots,\ n$ として加えると

$\int_1^{n+1}\frac{1}{x}dx<1+\frac{1}{2}+\frac{1}{3}+\cdots\cdots+\frac{1}{n}$

$\int_1^{n+1}\frac{1}{x}dx=\log(n+1)$ であるから

$\log(n+1)<1+\frac{1}{2}+\frac{1}{3}+\cdots\cdots+\frac{1}{n}$

155 (1) $\sin x=\sin 2x$ とすると

$\sin x=2\sin x\cos x$

よって　$\sin x(1-2\cos x)=0$

ゆえに　$\sin x=0$　または　$\cos x=\frac{1}{2}$

$0\leqq x\leqq 2\pi$ であるから

$x=0,\ \frac{\pi}{3},\ \pi,\ \frac{5}{3}\pi,\ 2\pi$

また，2 曲線の位置関係は，次の図のようになり，面積を求める図形は点 $(\pi,\ 0)$ に関して対称である。

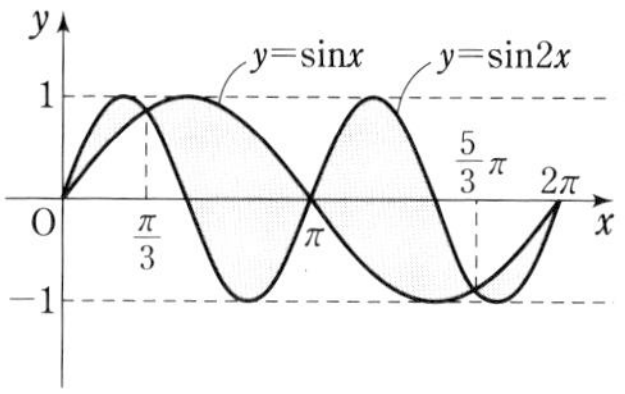

よって　$\frac{1}{2}S$

$=\int_0^{\frac{\pi}{3}}(\sin 2x-\sin x)dx+\int_{\frac{\pi}{3}}^{\pi}(\sin x-\sin 2x)dx$

$=\int_0^{\frac{\pi}{3}}(\sin 2x-\sin x)dx-\int_{\frac{\pi}{3}}^{\pi}(\sin 2x-\sin x)dx$

$=\left[-\frac{1}{2}\cos 2x+\cos x\right]_0^{\frac{\pi}{3}}$

$-\left[-\frac{1}{2}\cos 2x+\cos x\right]_{\frac{\pi}{3}}^{\pi}$

$=2\left(\frac{1}{4}+\frac{1}{2}\right)-\left(-\frac{1}{2}+1\right)-\left(-\frac{1}{2}-1\right)=\frac{5}{2}$

したがって　$\boldsymbol{S=5}$

(2) この曲線は楕円で，x 軸および y 軸に関して対称である。よって，求める面積 S は第 1 象限にある部分の面積の 4 倍である。

$x\geqq 0,\ y\geqq 0$ での曲線の方程式は

$y=\frac{1}{2}\sqrt{1-3x^2}$

また，$1-3x^2\geqq 0$ であるから

$0\leqq x\leqq\frac{1}{\sqrt{3}}$

よって　$S=4\int_0^{\frac{1}{\sqrt{3}}}\frac{1}{2}\sqrt{1-3x^2}\,dx$

$=2\sqrt{3}\int_0^{\frac{1}{\sqrt{3}}}\sqrt{\frac{1}{3}-x^2}\,dx$

$\int_0^{\frac{1}{\sqrt{3}}}\sqrt{\frac{1}{3}-x^2}\,dx$ は，半径 $\frac{1}{\sqrt{3}}$ の四分円の面積を表すから

$S=2\sqrt{3}\cdot\pi\cdot\left(\frac{1}{\sqrt{3}}\right)^2\cdot\frac{1}{4}=\boldsymbol{\frac{\sqrt{3}}{6}\pi}$

156 $0\leqq\theta\leqq 2\pi$ において，$y=0$ となる θ の値は

$\theta=0,\ 2\pi$

また　$\frac{dx}{d\theta}=1-\cos\theta\geqq 0,\ \frac{dy}{d\theta}=\sin\theta$

よって，x，y の値の変化は次のようになる。

θ	0	$\cdots$	π	$\cdots$	2π
x	0	↗	π	↗	2π
y	0	↗	2	↘	0

$dx=(1-\cos\theta)d\theta$ であるから，求める面積を S とすると

$$S=\int_0^{2\pi} y\,dx=\int_0^{2\pi}(1-\cos\theta)(1-\cos\theta)d\theta$$

$$=\int_0^{2\pi}(1-2\cos\theta+\cos^2\theta)d\theta$$

$$=\int_0^{2\pi}\left(1-2\cos\theta+\frac{1+\cos 2\theta}{2}\right)d\theta$$

$$=\left[\frac{3}{2}\theta-2\sin\theta+\frac{1}{4}\sin 2\theta\right]_0^{2\pi}=\mathbf{3\pi}$$

157 (1) $\sqrt{x}\cos x=0$ とすると

$$x=0,\ \frac{\pi}{2}$$

したがって，求める体積は

$$V=\pi\int_0^{\frac{\pi}{2}} y^2 dx=\pi\int_0^{\frac{\pi}{2}} x\cos^2 x\,dx$$

$$=\frac{\pi}{2}\int_0^{\frac{\pi}{2}} x(1+\cos 2x)dx$$

$$=\frac{\pi}{2}\left(\int_0^{\frac{\pi}{2}} x\,dx+\int_0^{\frac{\pi}{2}} x\cos 2x\,dx\right)$$

$$=\frac{\pi}{2}\left(\left[\frac{x^2}{2}\right]_0^{\frac{\pi}{2}}+\left[\frac{x\sin 2x}{2}\right]_0^{\frac{\pi}{2}}-\int_0^{\frac{\pi}{2}}\frac{\sin 2x}{2}dx\right)$$

$$=\frac{\pi}{2}\left(\frac{\pi^2}{8}+\left[\frac{\cos 2x}{4}\right]_0^{\frac{\pi}{2}}\right)$$

$$=\frac{\pi}{2}\left(\frac{\pi^2}{8}-\frac{1}{2}\right)=\frac{\boldsymbol{\pi(\pi^2-4)}}{\mathbf{16}}$$

(2) $y=x^2-4x+4$ から　　$y=(x-2)^2$

$y=0$ とすると　　$x=2$

$x=0$ とすると　　$y=4$

$x-2\leqq 0$ のとき　　$x-2=-\sqrt{y}$

よって　　$x=2-\sqrt{y}$

したがって，求める体積は

$$V=\pi\int_0^4 x^2 dy=\pi\int_0^4(2-\sqrt{y})^2 dy$$

$$=\pi\int_0^4(4-4y^{\frac{1}{2}}+y)dy$$

$$=\pi\left[4y-\frac{8}{3}y^{\frac{3}{2}}+\frac{y^2}{2}\right]_0^4$$

$$=\frac{\mathbf{8}}{\mathbf{3}}\boldsymbol{\pi}$$

(1)
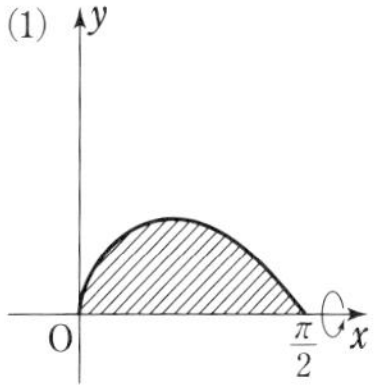

(2)
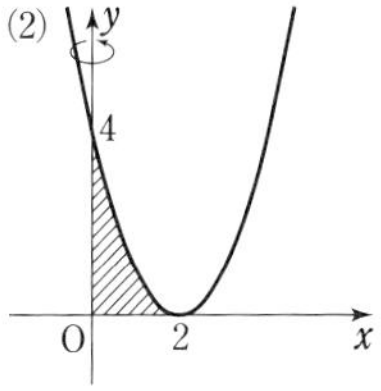

158 (1) $x^2+3x-1=-x^2-x-1$ から

$$2x(x+2)=0$$

ゆえに　　$x=-2,\ 0$

$x=-2$ のとき

$$y=-3$$

$x=0$ のとき

$$y=-1$$

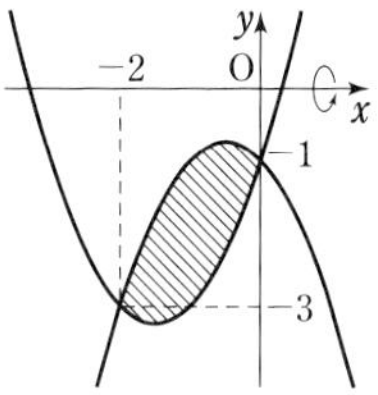

求める体積は，図から

$$V=\pi\int_{-2}^0(x^2+3x-1)^2dx-\pi\int_{-2}^0(-x^2-x-1)^2dx$$

$$=\pi\int_{-2}^0(4x^3+4x^2-8x)dx$$

$$=\pi\left[x^4+\frac{4}{3}x^3-4x^2\right]_{-2}^0=\frac{\mathbf{32}}{\mathbf{3}}\boldsymbol{\pi}$$

(2) $x^2-4=3x$ を解くと

$$x=-1,\ 4$$

$x>0$ の範囲で

$$4-x^2=3x$$

を解くと　　$x=1$

題意の回転体は，図の網目の部分を x 軸の周りに1回転すると得られる。求める体積は

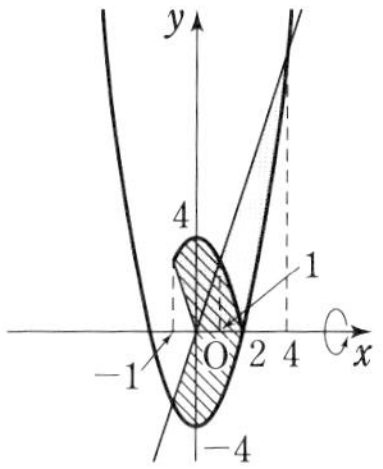

$$V=\pi\int_{-1}^0\{(4-x^2)^2-(-3x)^2\}dx+\pi\int_0^1(4-x^2)^2dx+\pi\int_1^2(3x)^2dx+\pi\int_2^4\{(3x)^2-(x^2-4)^2\}dx$$

$$=\pi\int_{-1}^1(4-x^2)^2dx+\pi\int_1^4(3x)^2dx-\pi\int_{-1}^0(-3x)^2dx-\pi\int_2^4(x^2-4)^2dx$$

$$=2\pi\left[\frac{x^5}{5}-\frac{8}{3}x^3+16x\right]_0^1+\pi\left[3x^3\right]_1^4-\pi\left[3x^3\right]_{-1}^0-\pi\left[\frac{x^5}{5}-\frac{8}{3}x^3+16x\right]_2^4$$

$$=\frac{406}{15}\pi+189\pi-3\pi-\frac{1216}{15}\pi=\mathbf{132\pi}$$

159 (1) $\dfrac{dx}{dt}=3a\cos^2 t(-\sin t)$，

$\dfrac{dy}{dt}=3a\sin^2 t\cos t$ から

$$\left(\frac{dx}{dt}\right)^2+\left(\frac{dy}{dt}\right)^2=9a^2\sin^2 t\cos^2 t$$

よって，求める曲線の長さ L は

$$L=\int_0^{2\pi}\sqrt{\mathbf{9a^2\sin^2 t\cos^2 t}}\,\boldsymbol{dt}$$
$$=\frac{3}{2}a\int_0^{2\pi}|\sin 2t|dt$$
$$=4\cdot\frac{3}{2}a\int_0^{\frac{\pi}{2}}\sin 2t\,dt$$
$$=3a\Big[-\cos 2t\Big]_0^{\frac{\pi}{2}}=\boldsymbol{6a}$$

(2) $\dfrac{dy}{dx}=\dfrac{\cos x}{\sin x}$ から

$$1+\left(\frac{dy}{dx}\right)^2=1+\frac{\cos^2 x}{\sin^2 x}=\frac{1}{\sin^2 x}$$

よって，求める曲線の長さ L は

$$L=\int_{\frac{\pi}{3}}^{\frac{\pi}{2}}\sqrt{\frac{\mathbf{1}}{\mathbf{\sin^2 x}}}\,dx=\int_{\frac{\pi}{3}}^{\frac{\pi}{2}}\frac{1}{\sin x}dx$$
$$=\int_{\frac{\pi}{3}}^{\frac{\pi}{2}}\frac{\sin x}{\sin^2 x}dx=\int_{\frac{\pi}{3}}^{\frac{\pi}{2}}\frac{\sin x}{1-\cos^2 x}dx$$
$$=\frac{1}{2}\int_{\frac{\pi}{3}}^{\frac{\pi}{2}}\left(\frac{\sin x}{1-\cos x}+\frac{\sin x}{1+\cos x}\right)dx$$
$$=\frac{1}{2}\int_{\frac{\pi}{3}}^{\frac{\pi}{2}}\left\{\frac{(1-\cos x)'}{1-\cos x}-\frac{(1+\cos x)'}{1+\cos x}\right\}dx$$
$$=\frac{1}{2}\left[\log\frac{1-\cos x}{1+\cos x}\right]_{\frac{\pi}{3}}^{\frac{\pi}{2}}=\boldsymbol{\frac{1}{2}\log 3}$$

160 点Bは，点Aを原点を中心として $\dfrac{\pi}{4}$ または $-\dfrac{\pi}{4}$ だけ回転し，原点からの距離を $\sqrt{2}$ 倍した点である。

[1] $\dfrac{\pi}{4}$ だけ回転した場合

$$\beta=\sqrt{2}\left(\cos\frac{\pi}{4}+i\sin\frac{\pi}{4}\right)(2+3i)$$
$$=\sqrt{2}\left(\frac{1}{\sqrt{2}}+\frac{1}{\sqrt{2}}i\right)(2+3i)=\boldsymbol{-1+5i}$$

[2] $-\dfrac{\pi}{4}$ だけ回転した場合

$$\beta=\sqrt{2}\left\{\cos\left(-\frac{\pi}{4}\right)+i\sin\left(-\frac{\pi}{4}\right)\right\}(2+3i)$$
$$=\sqrt{2}\left(\frac{1}{\sqrt{2}}-\frac{1}{\sqrt{2}}i\right)(2+3i)=\boldsymbol{5+i}$$

161 (1) $1-i=\sqrt{2}\left(\dfrac{1}{\sqrt{2}}-\dfrac{1}{\sqrt{2}}i\right)$

$$=\sqrt{2}\left\{\cos\left(-\frac{\pi}{4}\right)+i\sin\left(-\frac{\pi}{4}\right)\right\}$$

よって　$(1-i)^{-4}$

$$=(\sqrt{2})^{-4}\left\{\cos(-4)\cdot\left(-\frac{\pi}{4}\right)+i\sin(-4)\cdot\left(-\frac{\pi}{4}\right)\right\}$$
$$=\frac{1}{4}(\cos\pi+i\sin\pi)=\boldsymbol{-\frac{1}{4}}$$

(2) $$\frac{\sqrt{3}+3i}{\sqrt{3}+i}=\frac{2\sqrt{3}\left(\cos\frac{\pi}{3}+i\sin\frac{\pi}{3}\right)}{2\left(\cos\frac{\pi}{6}+i\sin\frac{\pi}{6}\right)}$$
$$=\sqrt{3}\left\{\cos\left(\frac{\pi}{3}-\frac{\pi}{6}\right)+i\sin\left(\frac{\pi}{3}-\frac{\pi}{6}\right)\right\}$$
$$=\sqrt{3}\left(\cos\frac{\pi}{6}+i\sin\frac{\pi}{6}\right)$$

よって

$$\left(\frac{\sqrt{3}+3i}{\sqrt{3}+i}\right)^n=(\sqrt{3})^n\left(\cos\frac{n}{6}\pi+i\sin\frac{n}{6}\pi\right)$$
…… ①

① が実数となるための条件は

$$\sin\frac{n}{6}\pi=0$$

ゆえに　$\dfrac{n}{6}\pi=k\pi$（k は整数）

よって　$n=6k$

したがって，求める n の値は $k=-1$ のときで

$\boldsymbol{n=-6}$

162 (1) 方程式の解 z の極形式を

$z=r(\cos\theta+i\sin\theta)$ …… ① とすると

$$z^3=r^3(\cos 3\theta+i\sin 3\theta)$$

また　$8i=8\left(\cos\dfrac{\pi}{2}+i\sin\dfrac{\pi}{2}\right)$

よって

$$\boldsymbol{r^3(\cos 3\theta+i\sin 3\theta)=8\left(\cos\frac{\pi}{2}+i\sin\frac{\pi}{2}\right)}$$

両辺の絶対値と偏角を比較すると

$r^3=8$，$3\theta=\dfrac{\pi}{2}+2k\pi$（$k$ は整数）

$r>0$ であるから　$r=2$ …… ②

また　$\theta=\dfrac{\pi}{6}+\dfrac{2}{3}k\pi$

$0\leqq\theta<2\pi$ の範囲で考えると，$k=0$，1，2 であるから

$\theta=\dfrac{\pi}{6}$，$\dfrac{5}{6}\pi$，$\dfrac{3}{2}\pi$ …… ③

②，③ を ① に代入すると，求める解は

$\boldsymbol{z=\sqrt{3}+i,\ -\sqrt{3}+i,\ -2i}$

(2) 方程式の解 z の極形式を

$z=r(\cos\theta+i\sin\theta)$ …… ① とすると

$$z^4=r^4(\cos 4\theta+i\sin 4\theta)$$

また　$-2-2\sqrt{3}i=4\left(-\dfrac{1}{2}-\dfrac{\sqrt{3}}{2}i\right)$

$$=4\left(\cos\frac{4}{3}\pi+i\sin\frac{4}{3}\pi\right)$$

よって

$$r^4(\cos 4\theta+i\sin 4\theta)=4\left(\cos\frac{4}{3}\pi+i\sin\frac{4}{3}\pi\right)$$

両辺の絶対値と偏角を比較すると

$r^4=4$, $4\theta=\frac{4}{3}\pi+2k\pi$ （k は整数）

$r>0$ であるから　$r=\sqrt{2}$ …… ②

また　$\theta=\frac{\pi}{3}+\frac{k}{2}\pi$

$0\leqq\theta<2\pi$ の範囲で考えると，$k=0$, 1, 2, 3 であるから

$\theta=\frac{\pi}{3}$, $\frac{5}{6}\pi$, $\frac{4}{3}\pi$, $\frac{11}{6}\pi$ …… ③

②，③ を ① に代入すると，求める解は

$$z=\pm\left(\frac{\sqrt{2}}{2}+\frac{\sqrt{6}}{2}i\right),\ \pm\left(\frac{\sqrt{6}}{2}-\frac{\sqrt{2}}{2}i\right)$$

163 点 z は単位円上を動くから

$|z|=1$ …… ①

(1) $w=(1-i)z-2i$ から　$z=\frac{w+2i}{1-i}$

これを ① に代入すると　$\left|\frac{w+2i}{1-i}\right|=1$

すなわち　$\frac{|w+2i|}{|1-i|}=1$

$|1-i|=\sqrt{2}$ であるから　$|w+2i|=\sqrt{2}$

よって，点 w は**点 $-2i$ を中心とする半径 $\sqrt{2}$ の円**を描く。

参考　$w=\sqrt{2}\left\{\cos\left(-\frac{\pi}{4}\right)+i\sin\left(-\frac{\pi}{4}\right)\right\}z-2i$ であるから，求める図形は，円 $|z|=1$ を，次の ㋐，㋑，㋒ の順に回転・拡大・平行移動したものである。

㋐ 原点を中心として $-\frac{\pi}{4}$ 回転

㋑ 原点を中心として $\sqrt{2}$ 倍に拡大

㋒ 虚軸方向に -2 だけ平行移動

(2) $w=\frac{z-1}{z+2}$ から　$(w-1)z=-(2w+1)$

ここで，$1=\frac{z-1}{z+2}$ を満たす z は存在しないから　$w\neq 1$

ゆえに　$z=-\frac{2w+1}{w-1}$

これを ① に代入すると　$\left|-\frac{2w+1}{w-1}\right|=1$

すなわち　$|2w+1|=|w-1|$

両辺を平方すると　$|2w+1|^2=|w-1|^2$

よって　$(2w+1)(\overline{2w+1})=(w-1)(\overline{w-1})$

ゆえに　$(2w+1)(2\overline{w}+1)=(w-1)(\overline{w}-1)$

展開して整理すると　$w\overline{w}+w+\overline{w}=0$

したがって　$(w+1)(\overline{w}+1)-1=0$

よって，$(w+1)(\overline{w+1})=1$ であるから

$|w+1|^2=1$　ゆえに　$|w+1|=1$

したがって，点 w は**点 -1 を中心とする半径 1 の円**を描く。

(3) ① より，$z\overline{z}=1$ であるから　$\frac{1}{z}=\overline{z}$

ゆえに　$w=2z-\frac{2}{z}=2(z-\overline{z})$

$z=x+yi$ （x, y は実数）とおくと

$2(z-\overline{z})=4yi$　よって　$w=4yi$

点 z は単位円上にあるから　$-1\leqq y\leqq 1$

したがって，点 w は**2 点 $-4i$, $4i$ を結ぶ線分**を描く。

164 (1) 2 点 F(0, 2), F′(0, −2) を焦点とする楕円であるから，その方程式は

$\frac{x^2}{a^2}+\frac{y^2}{b^2}=1$ $(b>a>0)$ とおける。

2 つの焦点からの距離の和が 6 であるから

$2b=6$　ゆえに　$b=3$

焦点の座標が (0, 2), (0, −2) であるから

$\sqrt{b^2-a^2}=2$

$b=3$ を代入して　$\sqrt{9-a^2}=2$

ゆえに　$a^2=5$

よって，求める方程式は　$\frac{x^2}{5}+\frac{y^2}{9}=1$

(2) 2 つの焦点 F, F′ が x 軸上にあり，原点に関して対称であるから，求める双曲線の方程式は

$\frac{x^2}{a^2}-\frac{y^2}{b^2}=1$ $(a>0,\ b>0)$ とおける。

2 直線 $y=\frac{3}{4}x$, $y=-\frac{3}{4}x$ が漸近線であるから

$\frac{b}{a}=\frac{3}{4}$　すなわち　$b=\frac{3}{4}a$ …… ①

焦点の条件から　$a^2+b^2=5^2$

① を代入して　$a^2+\frac{9}{16}a^2=25$

したがって　$a^2=16$

$a>0$ であるから　$a=4$

ゆえに，① から　$b=3$

よって，求める方程式は　$\frac{x^2}{4^2}-\frac{y^2}{3^2}=1$

165 与えられた曲線上の点 $P(X,\ Y)$ を，原点を中心として $\frac{\pi}{6}$ だけ回転した点を $Q(x,\ y)$ とすると

$$\boldsymbol{X+Yi=\left\{\cos\left(-\frac{\pi}{6}\right)+i\sin\left(-\frac{\pi}{6}\right)\right\}(x+yi)}$$
$$=\left(\frac{\sqrt{3}}{2}-\frac{1}{2}i\right)(x+yi)$$
$$=\frac{\sqrt{3}x+y}{2}+\frac{-x+\sqrt{3}y}{2}i$$

したがって

$$X=\frac{\sqrt{3}x+y}{2},\quad Y=\frac{-x+\sqrt{3}y}{2}\quad\cdots\cdots ①$$

点 $P(X,\ Y)$ は，曲線 $7x^2-2\sqrt{3}xy+5y^2=8$ 上の点であるから

$$7X^2-2\sqrt{3}XY+5Y^2=8$$

① を代入すると

$$7\cdot\frac{(\sqrt{3}x+y)^2}{4}$$
$$-2\sqrt{3}\cdot\frac{\sqrt{3}x+y}{2}\cdot\frac{-x+\sqrt{3}y}{2}$$
$$+5\cdot\frac{(-x+\sqrt{3}y)^2}{4}=8$$

両辺を 4 倍して整理すると

$$(21+6+5)x^2+(14-4-10)\sqrt{3}xy$$
$$+(7-6+15)y^2=32$$

これを整理して　　$2x^2+y^2=2$

よって　　$\boldsymbol{x^2+\frac{y^2}{2}=1}$

166 与式から

$$\frac{x}{3}=\sin\theta+\cos\theta,\quad \frac{y}{2}=\sin\theta-\cos\theta$$

両辺を平方して，辺々加えると

$$\left(\frac{x}{3}\right)^2+\left(\frac{y}{2}\right)^2$$
$$=(\sin\theta+\cos\theta)^2+(\sin\theta-\cos\theta)^2$$

右辺を整理して

$$\frac{x^2}{9}+\frac{y^2}{4}=2(\sin^2\theta+\cos^2\theta)$$

$\sin^2\theta+\cos^2\theta=1$ であるから

$$\frac{x^2}{9}+\frac{y^2}{4}=2$$

よって　　**楕円** $\boldsymbol{\frac{x^2}{18}+\frac{y^2}{8}=1}$

167 (1)　$r^2-4r\cos\theta+3=0$ に $\boldsymbol{r^2=x^2+y^2}$，$\boldsymbol{r\cos\theta=x}$ を代入すると

$$x^2+y^2-4x+3=0$$

ゆえに　　$(x-2)^2+y^2=1$

よって　　**中心が点 (2, 0)，半径 1 の円**

(2)　$r=\frac{4}{1-\cos\theta}$ から　　$r-r\cos\theta=4$

$\boldsymbol{r\cos\theta=x}$ であるから　　$r-x=4$

よって　　$r=x+4$

両辺を平方して　　$r^2=(x+4)^2$

$\boldsymbol{r^2=x^2+y^2}$ であるから

$$x^2+y^2=(x+4)^2$$

整理すると　　$y^2=8(x+2)$

したがって　　**放物線** $\boldsymbol{y^2=8(x+2)}$

168 (1)　テストの得点とその人数について

$(x,\ y)=(1,\ 1)$ の生徒は　2 人
$(x,\ y)=(1,\ 2)$ の生徒は　2 人
$(x,\ y)=(1,\ 3)$ の生徒は　8 人
$(x,\ y)=(2,\ 1)$ の生徒は　2 人
$(x,\ y)=(2,\ 2)$ の生徒は　2 人
$(x,\ y)=(3,\ 3)$ の生徒は　4 人

である。

ゆえに，変量 z について

$(x,\ y)=(1,\ 1)$ のとき　　$z=2$
　よって，$z=2$ である生徒は　2 人
$(x,\ y)=(1,\ 2),\ (2,\ 1)$ のとき　　$z=3$
　よって，$z=3$ である生徒は　4 人
$(x,\ y)=(1,\ 3),\ (2,\ 2)$ のとき　　$z=4$
　よって，$z=4$ である生徒は　10 人
$(x,\ y)=(3,\ 3)$ のとき　　$z=6$
　よって，$z=6$ である生徒は　4 人

したがって，変量 z の**平均値は**

$$\frac{1}{20}(2\cdot2+3\cdot4+4\cdot10+6\cdot4)=\boldsymbol{4}$$

分散は

$$\frac{1}{20}\{(2-4)^2\cdot2+(3-4)^2\cdot4+(4-4)^2\cdot10$$
$$+(6-4)^2\cdot4\}=\boldsymbol{\frac{7}{5}}$$

別解　[分散の計算]

$$\frac{1}{20}(2^2\cdot2+3^2\cdot4+4^2\cdot10+6^2\cdot4)-4^2=\boldsymbol{\frac{7}{5}}$$

(2)　生徒 20 人の 2 種類のテストの得点を x_k，y_k とする（ただし，$k=1,\ 2,\ \cdots\cdots,\ 20$）。

2 種類のテストの平均値は

$$\overline{x}=\frac{1}{20}(1\cdot12+2\cdot4+3\cdot4)=\frac{8}{5}$$
$$\overline{y}=\frac{1}{20}(1\cdot4+2\cdot4+3\cdot12)=\frac{12}{5}$$

したがって

$$\sum_{k=1}^{20}(x_k-\overline{x})^2=\left(1-\frac{8}{5}\right)^2\cdot12+\left(2-\frac{8}{5}\right)^2\cdot4+\left(3-\frac{8}{5}\right)^2\cdot4$$

$$=\frac{3^2\cdot12+2^2\cdot4+7^2\cdot4}{5^2}=\frac{320}{25}=\frac{64}{5}$$

$$\sum_{k=1}^{20}(y_k-\overline{y})^2=\left(1-\frac{12}{5}\right)^2\cdot4+\left(2-\frac{12}{5}\right)^2\cdot4+\left(3-\frac{12}{5}\right)^2\cdot12$$

$$=\frac{7^2\cdot4+2^2\cdot4+3^2\cdot12}{5^2}=\frac{320}{25}=\frac{64}{5}$$

$$\sum_{k=1}^{20}(x_k-\overline{x})(y_k-\overline{y})=\left(1-\frac{8}{5}\right)\left(1-\frac{12}{5}\right)\cdot2+\left(1-\frac{8}{5}\right)\left(2-\frac{12}{5}\right)\cdot2$$

$$+\left(1-\frac{8}{5}\right)\left(3-\frac{12}{5}\right)\cdot8+\left(2-\frac{8}{5}\right)\left(1-\frac{12}{5}\right)\cdot2$$

$$+\left(2-\frac{8}{5}\right)\left(2-\frac{12}{5}\right)\cdot2+\left(3-\frac{8}{5}\right)\left(3-\frac{12}{5}\right)\cdot4$$

$$=\frac{3\cdot7\cdot2}{5^2}+\frac{3\cdot2\cdot2}{5^2}-\frac{3\cdot3\cdot8}{5^2}-\frac{2\cdot7\cdot2}{5^2}-\frac{2\cdot2\cdot2}{5^2}+\frac{7\cdot3\cdot4}{5^2}=\frac{6}{5}$$

よって，求める相関係数は　$\dfrac{\frac{6}{5}}{\sqrt{\frac{64}{5}\cdot\frac{64}{5}}}=\dfrac{6}{64}=\boldsymbol{\dfrac{3}{32}}$

三角関数のいろいろな公式

1 半径が r，中心角が θ（ラジアン）である扇形の

弧の長さは $l=r\theta$，面積は $S=\frac{1}{2}r^2\theta=\frac{1}{2}rl$

2 **相互関係** $\tan\theta=\frac{\sin\theta}{\cos\theta}$　$\sin^2\theta+\cos^2\theta=1$　$1+\tan^2\theta=\frac{1}{\cos^2\theta}$

$-1\leqq\sin\theta\leqq1$　$-1\leqq\cos\theta\leqq1$

3 **三角関数の性質**（複号同順）

$\sin(-\theta)=-\sin\theta$　$\cos(-\theta)=\cos\theta$　$\tan(-\theta)=-\tan\theta$

$\sin(\pi\pm\theta)=\mp\sin\theta$　$\cos(\pi\pm\theta)=-\cos\theta$　$\tan(\pi\pm\theta)=\pm\tan\theta$

$\sin\left(\frac{\pi}{2}\pm\theta\right)=\cos\theta$　$\cos\left(\frac{\pi}{2}\pm\theta\right)=\mp\sin\theta$　$\tan\left(\frac{\pi}{2}\pm\theta\right)=\mp\frac{1}{\tan\theta}$

4 **加法定理**（複号同順）

$\sin(\alpha\pm\beta)=\sin\alpha\cos\beta\pm\cos\alpha\sin\beta$

$\cos(\alpha\pm\beta)=\cos\alpha\cos\beta\mp\sin\alpha\sin\beta$

$\tan(\alpha\pm\beta)=\frac{\tan\alpha\pm\tan\beta}{1\mp\tan\alpha\tan\beta}$

5 **2倍角の公式** **導き方** 加法定理の式で，$\beta=\alpha$ とおく。

$\sin2\alpha=2\sin\alpha\cos\alpha$

$\cos2\alpha=\cos^2\alpha-\sin^2\alpha=1-2\sin^2\alpha=2\cos^2\alpha-1$

$\tan2\alpha=\frac{2\tan\alpha}{1-\tan^2\alpha}$

6 **半角の公式** **導き方** cos の2倍角の公式を変形して，α を $\frac{\alpha}{2}$ とおく。

$\sin^2\frac{\alpha}{2}=\frac{1-\cos\alpha}{2}$　$\cos^2\frac{\alpha}{2}=\frac{1+\cos\alpha}{2}$　$\tan^2\frac{\alpha}{2}=\frac{1-\cos\alpha}{1+\cos\alpha}$

7 **3倍角の公式** **導き方** $3\alpha=2\alpha+\alpha$ として，加法定理と2倍角の公式を利用。

$\sin3\alpha=3\sin\alpha-4\sin^3\alpha$　$\cos3\alpha=-3\cos\alpha+4\cos^3\alpha$

8 **積 ⟶ 和の公式**

$\sin\alpha\cos\beta=\frac{1}{2}\{\sin(\alpha+\beta)+\sin(\alpha-\beta)\}$

$\cos\alpha\sin\beta=\frac{1}{2}\{\sin(\alpha+\beta)-\sin(\alpha-\beta)\}$

$\cos\alpha\cos\beta=\frac{1}{2}\{\cos(\alpha+\beta)+\cos(\alpha-\beta)\}$

$\sin\alpha\sin\beta=-\frac{1}{2}\{\cos(\alpha+\beta)-\cos(\alpha-\beta)\}$

9 **和 ⟶ 積の公式**

$\sin A+\sin B=2\sin\frac{A+B}{2}\cos\frac{A-B}{2}$

$\sin A-\sin B=2\cos\frac{A+B}{2}\sin\frac{A-B}{2}$

$\cos A+\cos B=2\cos\frac{A+B}{2}\cos\frac{A-B}{2}$

$\cos A-\cos B=-2\sin\frac{A+B}{2}\sin\frac{A-B}{2}$

10 **三角関数の合成**

$a\sin\theta+b\cos\theta=\sqrt{a^2+b^2}\sin(\theta+\alpha)$　ただし　$\sin\alpha=\frac{b}{\sqrt{a^2+b^2}}$，$\cos\alpha=\frac{a}{\sqrt{a^2+b^2}}$

出題・解法のパターン別索引

例題を出題の型・考え方ごとに分類したデータバンクです。問題を解いてつまったら，この索引を利用してください。

注意 ☑ 2 次方程式　10 ⟵ この数字は例題番号です（ページ数ではありません）。

☑ 任意の x について成り立つ不等式

34［常に成り立つ不等式（絶対不等式）］

☑ すべての～，ある～ の否定

41(2)［条件の否定］

☑ 常に通る点

76［点，曲線が通過する範囲］

⑯ 初期条件に注意する問題

☑ $n=1$ のときに注意

113［階差数列，数列の和と一般項］

119［数学的帰納法］

☑ $\int_a^a=0$ の利用

151［定積分と微分法］

⑰ 思いつきにくい考え方を利用する問題

☑ 2曲線 $f=0$，$g=0$ の交点を通る図形は $kf+g=0$

70［2曲線の交点を通る図形］

☑ 共通項の作成

111［等差数列の共通項］

☑ 微分係数の利用

131［微分係数］

☑ 区分求積法

153［定積分と和の極限］

● 編著者
　チャート研究所

初版
第1刷　平成17年10月1日　発行
新課程
第1刷　平成26年11月1日　発行

● カバーデザイン
　デザイン・プラス・プロフ株式会社

編集・制作　　チャート研究所
発行者　　　　星野　泰也

ISBN978-4-410-14256-7

チャート式®シリーズ
入試必携168　理系対策　数学ⅠⅡAB/Ⅲ

発行所
数研出版株式会社

本社　〒101-0052　東京都千代田区神田小川町2丁目3番地3
　　　　　　　　　　　　　　　〔振替〕00140-4-118431
　　　〒604-0867　京都市中京区烏丸丸太町西入ル
　　　　　　　〔電話〕コールセンター　(077)552-7500
支店　札幌・仙台・横浜・名古屋・広島・福岡
ホームページ　http://www.chart.co.jp/
印刷　株式会社　加藤文明社

本書の一部または全部を許可なく複写・複製することおよび本書の解説書, 問題集ならびにこれに類するものを無断で作成することを禁じます。

乱丁本・落丁本はお取り替えします。　　　　141001

「チャート式」は, 登録商標です。

12 数　　列

初項：a，第 n 項：a_n，第 n 項までの和：S_n

27. 等差数列

・一般項　$a_n=a+(n-1)d$　（d は公差）

・和　$S_n=\dfrac{n}{2}(a+a_n)=\dfrac{n}{2}\{2a+(n-1)d\}$

・数列 a，b，c が等差数列をなす $\iff 2b=a+c$

28. 等比数列

・一般項　$a_n=ar^{n-1}$（r は公比）

・和　$r\neq1$ のとき　$S_n=\dfrac{a(1-r^n)}{1-r}=\dfrac{a(r^n-1)}{r-1}$

　　$r=1$ のとき　$S_n=na$

・数列 a，b，c が等比数列をなす $\iff b^2=ac$

29. 和 Σ の公式（c は k に無関係）

$\displaystyle\sum_{k=1}^{n}c=nc$　　$\displaystyle\sum_{k=1}^{n}k^2=\frac{1}{6}n(n+1)(2n+1)$

$\displaystyle\sum_{k=1}^{n}k=\frac{1}{2}n(n+1)$　　$\displaystyle\sum_{k=1}^{n}k^3=\left\{\frac{1}{2}n(n+1)\right\}^2$

30. 階差数列

数列 $\{a_n\}$ の階差数列を $\{b_n\}$ とすると

$b_n=a_{n+1}-a_n$，　$a_n=a_1+\displaystyle\sum_{k=1}^{n-1}b_k$　$(n\geqq2)$

31. 和 S_n と一般項 a_n

$a_1=S_1$，　$n\geqq2$ のとき　$a_n=S_n-S_{n-1}$

32. 漸化式と一般項

・隣接 2 項間　$a_{n+1}=pa_n+q$　$(p\neq1)\longrightarrow$

$a_{n+1}-\alpha=p(a_n-\alpha)$　[α は $\alpha=p\alpha+q$ の解]

・隣接 3 項間　$pa_{n+2}+qa_{n+1}+ra_n=0$

$px^2+qx+r=0$ の解を α，β とすると

$a_{n+2}-\alpha a_{n+1}=\beta(a_{n+1}-\alpha a_n)$

33. 数学的帰納法

すべての自然数 n に関する命題 A(n) を証明するには，次の [1]，[2] を示す。

[1]　A(1) が真。

[2]　A(k) を仮定して，A($k+1$) が真。

13 関数と極限

34. 無限等比数列 $\{r^n\}$ の極限　$n\longrightarrow\infty$ のとき

$r>1$ のとき　$r^n\longrightarrow\infty$　発散する

$r=1$ のとき　$r^n\longrightarrow1$ ｝ $-1<r\leqq1$ のとき

$|r|<1$ のとき　$r^n\longrightarrow0$ ｝ 収束する

$r\leqq-1$ のとき　振動する（極限はない）

35. 無限等比級数　$\displaystyle\sum_{n=1}^{\infty}ar^{n-1}$，$a\neq0$

$|r|<1$ のとき　収束して，和は　$\dfrac{a}{1-r}$

$|r|\geqq1$ のとき　発散する

36. 関数の極限

・右側極限，左側極限

$\displaystyle\lim_{x\to a+0}f(x)=\lim_{x\to a-0}f(x)=p$ のとき，$\displaystyle\lim_{x\to a}f(x)$ は存在し　$\displaystyle\lim_{x\to a}f(x)=p$

・$x\longrightarrow a$ のとき $f(x)\longrightarrow\alpha$，$g(x)\longrightarrow\beta$ なら

①　$kf(x)+lg(x)\longrightarrow k\alpha+l\beta$（$k$，$l$ は定数）

②　$f(x)g(x)\longrightarrow\alpha\beta$，　$\dfrac{f(x)}{g(x)}\longrightarrow\dfrac{\alpha}{\beta}$　$(\beta\neq0)$

③　はさみうちの原理　$f(x)\leqq h(x)\leqq g(x)$，$\alpha=\beta$ ならば　$h(x)\longrightarrow\alpha$

（①～③ は a が ∞，$-\infty$ のときも成立。）

37. 重要な極限

・$\displaystyle\lim_{x\to0}\frac{\sin x}{x}=\lim_{x\to0}\frac{x}{\sin x}=1$　（x は弧度法）

・$\displaystyle\lim_{h\to0}(1+h)^{\frac{1}{h}}=\lim_{x\to\pm\infty}\left(1+\frac{1}{x}\right)^x=e$　$(e=2.718\cdots)$

38. 関数の連続

$f(a)$ と $\displaystyle\lim_{x\to a}f(x)$ が存在し，かつ $\displaystyle\lim_{x\to a}f(x)=f(a)$ のとき，$f(x)$ は $x=a$ で連続である。

14 微 分 法

39. 導　関　数（c は定数）

・定義　$f'(x)=\displaystyle\lim_{h\to0}\frac{f(x+h)-f(x)}{h}$

・定数倍　$(cu)'=cu'$　　和　$(u+v)'=u'+v'$

　積　$(uv)'=u'v+uv'$　　商　$\left(\dfrac{u}{v}\right)'=\dfrac{u'v-uv'}{v^2}$

40. 基本的な関数の微分

・$(c)'=0$，$(x^\alpha)'=\alpha x^{\alpha-1}$　（c は定数，α は実数）

・$(\sin x)'=\cos x$
　$(\cos x)'=-\sin x$　　$(\tan x)'=\dfrac{1}{\cos^2x}$

・$(e^x)'=e^x$，$(a^x)'=a^x\log a$　$(a>0,\ a\neq1)$

・$(\log|x|)'=\dfrac{1}{x}$，$(\log_a|x|)'=\dfrac{1}{x\log a}$

41. 接線と法線の方程式

曲線 $y=f(x)$ 上の点 $(a,\ f(a))$ における

・接線　$y-f(a)=f'(a)(x-a)$

・法線　$y-f(a)=-\dfrac{1}{f'(a)}(x-a)$　$[f'(a)\neq0]$

42. 関数の増減，極大・極小

・$f'(x)>0$ である区間で $f(x)$ は単調に増加
　$f'(x)<0$ である区間で $f(x)$ は単調に減少
　常に $f'(x)=0$ である区間で $f(x)$ は定数

・極大　$f(x)$ が増加から減少に移る点
　極小　$f(x)$ が減少から増加に移る点